专利挖掘

Patent Mining

（第2版）

主　编

马天旗

副主编

赵强　苏丹　郭大为　陈得宗　安惠中

征茂德　周学敏　王艳丽　朱伟　等

知识产权出版社

全国百佳图书出版单位

—北京—

图书在版编目（CIP）数据

专利挖掘/马天旗主编. —2 版. —北京：知识产权出版社，2020.7（2024.4 重印）
ISBN 978-7-5130-6960-1

Ⅰ.①专… Ⅱ.①马… Ⅲ.①专利—研究 Ⅳ.①G306

中国版本图书馆 CIP 数据核字（2020）第 090274 号

内容提要

本书系统梳理了专利挖掘的理论和常用工具，首次通过专利挖掘的主要场景（如基于研发目的和创新点的专利挖掘、应对竞争对手核心专利的专利挖掘、规避设计的专利挖掘等）对专利挖掘进行逐一阐述。此外，还分别从主要技术领域介绍了专利挖掘的手段，并通过典型案例讲解、分析了专利挖掘的具体过程。

读者对象：企业研发人员、专利工程师、专利代理师和专利咨询师、相关专业师生。

责任编辑：黄清明　张利萍　　　**责任校对**：王　岩
封面设计：sun工作室　　　**责任印制**：刘译文

专利挖掘（第 2 版）

主　编　马天旗
副主编　赵　强　苏　丹　郭大为　陈得宗　安惠中　征茂德　周学敏
　　　　王艳丽　朱　伟　等

出版发行：知识产权出版社有限责任公司　　**网　　址**：http：//www.ipph.cn
社　　址：北京市海淀区气象路 50 号院　　**邮　　编**：100081
责编电话：010-82000860 转 8117　　**责编邮箱**：hqm@cnipr.com
发行电话：010-82000860 转 8101/8102　　**发行传真**：010-82000893/82005070/82000270
印　　刷：三河市国英印务有限公司　　**经　　销**：新华书店、各大网上书店及相关专业书店
开　　本：787mm×1092mm　1/16　　**印　　张**：20.25
版　　次：2020 年 7 月第 2 版　　**印　　次**：2024 年 4 月第 5 次印刷
字　　数：420 千字　　**定　　价**：76.00 元
ISBN 978-7-5130-6960-1

本书编写团队

主　编　马天旗

副主编　赵　强　苏　丹　郭大为　陈得宗　安惠中　征茂德
周学敏　王艳丽　朱　伟　胡　涛　王进锋　凌赵华
王　华　李银锁　裴　军　李　杰

本书专家顾问

赵　杰　比亚迪股份有限公司知识产权及法务处总经理

许云凤　比亚迪股份有限公司知识产权及法务处经理

刘　明　公牛集团股份有限公司专利高级经理

王杏媛　阿里巴巴集团高级法务专家

徐伟锋　北京松果电子有限公司副总裁

王桂香　北京市炜衡律师事务所合伙人

张宇峰　北京康盛知识产权代理有限公司高级合伙人

Yalei Sun　Morgan，Lewis & Bockius partner

沈剑锋　深圳市传音控股股份有限公司知识产权总监

周　鹏　北京知人善用信息技术有限公司（IPR daily）CEO

时良艳　金风科技股份有限公司知识产权总监

樊　磊　北京集创北方科技股份有限公司知识产权与标准管理部总监

于立彪　国家知识产权运营公共服务平台常务副总经理

胡春青　常州强力电子新材料股份有限公司事业一部总经理

王加莹　北京市炜衡律师事务所合伙人

李阳光　北京康盛知识产权代理有限公司高级合伙人

陈　尧　中兴通讯股份有限公司知识产权总监

赵礼杰　北京瀛和律师事务所知识产权部主任

序 言

“大力培育高价值核心专利，努力掌握更多会对整个行业技术进步起到重要引领作用，甚至改变整个行业技术发展方向的专利，以及能够成为国际标准的专利，努力提升相关产业的核心竞争力。”国家知识产权局局长申长雨在第八届中国专利年会开幕式致辞中对高价值专利培育进行了深刻阐释。

专利挖掘就是在技术研发或产品开发中，对所取得的高水平技术成果从技术和法律层面进行剖析、整理、拆分和筛选，从而确定用以申请专利的技术创新点和技术方案，进而从最合理的权利保护角度确定用以申请专利的技术创新点和技术方案的过程。简言之，专利挖掘，是指根据由特定需求产生的创新点而形成专利申请的过程。因此，高价值专利挖掘是高价值专利运营的关键环节，是高水平技术创新成果最大可能权利化的过程，是高价值专利运营的基础。

高价值专利是企业的创新之盾、市场之矛、资产之基、利润之源。通过专利挖掘布局获得的高价值专利资产既可作为有效防护措施，提升企业的技术和创新保护强度，又可作为核心竞争手段，提升企业的市场开拓能力和垄断能力；亦可作为无形资产，增加企业的资产总值、市值和估值，提升企业的获利能力和经济效益。

企业研发出高水平创新技术、项目和产品后，可活学活用本书作者们实务经验总结出的专利挖掘理论和方法，参考书中高价值专利挖掘案例，进行可专利点的挖掘及创新点的扩展，检索分析并整理形成一个个可申请专利的技术方案，从而完成高价值专利挖掘的工作。

我本人曾作为本书第1版的指导专家，多次参与了天旗组织的撰写团队的书稿讨论。认识天旗十余年，他专利分析实务经验丰富，编写工作认真严谨。

鉴于广大读者对第1版的反响较好，促使天旗又组织了本书的改版工作，组织撰写团队集中剖析相关案例，力求向读者传递高价值专利挖掘的思想精髓。本书第2版的框架更为合理，知识点更为全面，案例更为丰富且实操性更强，适合企业研发工程师、专利工程师、专利代理师以及相关专业的师生作为指导性读物和业务参考工具书。

国家知识产权运营公共服务平台

华智众创（北京）投资管理有限责任公司常务副总经理

（于立彪）

2020年6月

第1版序言

有效的专利挖掘，能避免研发成果出现专利保护的漏洞，并能帮助形成对技术创新成果进行保护的全面、充分、有效的专利组合。科学的专利挖掘能够将专利保护的范围延伸到所有具有专利申请价值的技术点，并将其权利要求保护范围最大化，进而站在专利整体布局的高度，将专利布局的思维落实成具体的具有战略意义的严密的专利网。此外，专利挖掘也是应对竞争对手核心专利、增加有价值专利资源储备进而提高自身专利风险预警和应对能力的关键技术手段。

然而，我国大多数企业和科研机构仍很缺乏主动进行专利挖掘的意识和科学合理地进行专利挖掘的技能。专利挖掘实质上应作为专利申请前期最基础的一个环节。专利挖掘的整个过程与产品开发和技术研发过程有机关联起来，以便在研发过程中系统、及时地从中挖掘出有价值的技术点并进行专利保护。科学有效地实施专利挖掘，往往需要遵循一定的挖掘思路和行之有效的方式方法，才能最终将技术成果充分转化为专利。这其中的工作难点有很多，比如采取何种专利挖掘工具的问题、不同技术领域技术特点的挖掘思路问题以及基于不同挖掘目的所需采取的不同挖掘手段等。

马天旗此前曾组织一批专利分析爱好者主编了《专利分析——方法、图表解读与情报挖掘》一书，获得业界读者们的一致认可。而由马天旗带领的《专利挖掘》的编写团队实力更为强劲，不仅有专利分析专家，还有各个领域资深的专利审查员，更有企业和知识产权咨询机构里比较知名的专利挖掘实战专家，这样的团队具备了多个领域的专业技术、理论和实务经验互补等特点。从章节布局来看，本书不仅系统梳理了专利挖掘的理论知识和常用的专利挖掘工具，首次通过专利挖掘的主要场景（如基于研发目的和创新点的专利挖掘、应对竞争对手核心专利的专利挖掘、规避设计的专利挖掘等）进行逐一阐述，还分别从主要技术领域介绍了专利挖掘的手段，更增加了针对性。

综上所述，我认为《专利挖掘》这本书的编写团队在专利挖掘方面理论和实践水平高，整本书框架合理，知识点全面，案例讲解深入且实用性强。因此，本书特别适合企业研发工程师、专利工程师作为指导性读物和工具书。对于专利代理和咨询机构的专利代理人和专利咨询师也是必备的工具书，而对于相关专业的大学生来说，也是很不错的一本参考书。

比亚迪股份有限公司高级副总裁

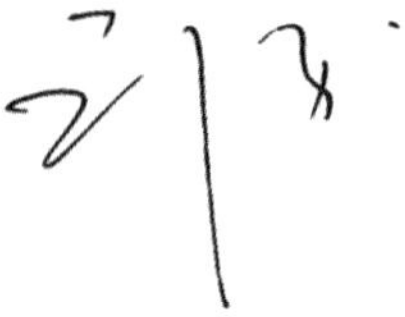（吴经胜）

2016年7月

前　言

党的十八大提出创新驱动战略以来，我国的产业转型升级进入关键时期，对创新主体在创新过程中的智慧贡献进行恰如其分的挖掘并进行专利布局，是支撑我国产业转型升级、增强产业竞争优势的当务之急。党的十九大提出，我国经济已由高速增长阶段转向高质量发展阶段。进入新时代，站在知识产权大国向知识产权强国迈进的重要历史节点上，推动知识产权高质量发展，是摆在我们面前的首要任务。高质量发展阶段的转变，对专利挖掘、专利布局工作提出了更高的要求。

本书第1版在2016年首次出版，及时满足了读者的需求。该书出版后，历经多次加印，在社会上引起较大反响，很多热心读者向编写团队和出版社编辑反馈阅读心得和良好收益，同时还有很多读者和业内专家提出了很多很好的意见和建议。结合这几年专利咨询行业广大同仁和高校师生对专利实务更高层次的知识需求以及各行业最新的专利挖掘实际案例，原作者团队经过协商决定对本书进行修订。

在本书第2版的编撰过程中，马天旗参与全书的修订，赵强参与第一、四章的修订，苏丹参与第八章的修订，郭大为参与第二、三章的修订，陈得宗参与第一、三章的修订，安惠中参与第二章的修订，征茂德参与第一、二、五章的修订，周学敏参与第八章的修订，华帝股份有限公司知识产权部经理王艳丽参与第四、六章的修订。另外，北京瀛和律师事务所知识产权部主任赵礼杰也参与了第一章的修订，国家知识产权局专利局化学发明审查部副处长朱伟参与第九章的修订。

在本书的编撰过程中得到诸多业界专家、领导、同事的帮助和支持，在此一并致谢。感谢比亚迪股份有限公司高级副总裁吴经胜先生为本书第1版作序；感谢比亚迪股份有限公司知识产权与法务高级经理赵杰、比亚迪股份有限公司知识产权及法务处经理许云凤、公牛集团股份有限公司专利高级经理刘明、阿里巴巴集团高级法务专家王杏媛、北京松果电子有限公司副总裁徐伟锋、北京市炜衡律师事务所合伙人王桂香、北京康盛知识产权代理有限公司高级合伙人张宇峰、Morgan，Lewis&Bockius partner Yalei

Sun、深圳市传音控股股份有限公司知识产权总监沈剑锋、北京知人善用信息技术有限公司（IPR daily）CEO周鹏、金风科技股份有限公司知识产权总监时良艳、北京集创北方科技股份有限公司知识产权与标准管理部总监樊磊、国家知识产权公共服务平台常务副总经理于立彪、常州强力电子新材料股份有限公司事业一部总经理胡春青、北京市炜衡律师事务所合伙人王加莹等指导专家提供的材料和意见；感谢北京康盛知识产权代理有限公司高级合伙人宋卉、中国技术交易所国际业务部高级经理范丽芬、玖略咨询（深圳）有限公司总经理贾永华、大唐电信科技股份有限公司知识产权与标准管理经理徐晶晶、北京中科天工管理顾问有限公司总经理赵巍、乐视集团全球专利副总裁谢海楠、美国摩根路易斯律师事务所合伙人孙亚雷等提供的帮助；感谢国家知识产权局专利局材料工程发明审查部李小南处长、化学发明审查部靖瑞处长、电学发明审查部董方源副处长给予的大力支持；感谢黄清明编辑为本书的出版所付出的巨大努力。本书虽倾尽编者们之心血，然仍难免有所疏漏和差错，望广大读者批评指正。

马天旗

2020年6月

第1版前言

自党的十八大提出创新驱动发展战略以来，我国产业转型升级已经进入关键时期，对创新主体在创新过程中的智慧贡献进行恰如其分的挖掘并进行专利布局，是支撑我国产业转型升级、增强产业竞争优势的当务之急。

企业通常根据自身的发展愿景和目标，有目的地制定专利布局规划，并根据专利布局规划对发明创造进行专利挖掘，在获得专利权的基础上，对专利进行保护和运用。因此，专利挖掘是获得专利权的核心手段，是专利战略实施过程中的关键环节。专利挖掘对企业专利战略的实施效果，乃至企业的发展愿景和目标的完成都至关重要。

具体来讲，专利挖掘可以帮助企业更加准确地抓住技术创新成果的主要创新点，并且有助于企业对项目研发和技术创新的成果进行全面的保护，培育和完善现有或将来的专利组合，避免出现专利保护的漏洞。此外，专利挖掘还可以帮助企业通过包绕式专利挖掘或规避设计来应对竞争对手的核心专利。总之，专利挖掘可以帮助企业创造更多高价值的专利，推动专利权由多到优、技术实力由大到强的转变。

“莫听穿林打叶声，何妨吟啸且徐行。”本书编写组在编写的过程中遇到了诸多问题，克服了业务上、工作上和生活上的诸多困难，相互帮助，携手彳亍而行，利用一切可以利用的碎片化的时间，甚至牺牲晚上休息的时间，系统地整理了国内外的相关文献，利用一切之可能搜集真实和鲜活的专利挖掘的典型案例，尽最大努力将所知、所识、所学、所悟完美地展现给读者。

为了学术上的严谨性，本书所述的专利挖掘是指：有意识地对创新成果进行创造性的剖析和甄选，进而从最合理的权利保护角度确定用以申请专利的技术创新点和技术方案的过程。简言之，专利挖掘，是指根据由特定需求产生的创新点而形成专利申请的过程。

专利挖掘和专利布局的最大差别在于工作重心不同。专利挖掘不仅仅是技术人员（或发明人）凭借其朴素的意识自发地提出专利申请，而是专利人员和技术人员主动发现、挖掘出更多的可以或适合申请专利的技术点；

其主要针对专利的产生过程，更多体现为从法律和技术的双视角挖掘可专利点。而专利布局则是通过合理、有目的的设计和规划，构建系统化的、有组织的、更强大、更具有竞争力的专利组合；其强调的是支撑和服务于商业竞争需要和商业竞争布局的专利部署，是专利组合的构建，更多的是从商业目的的角度进行部署。

专利挖掘和专利布局又有紧密的联系。在进行专利挖掘时需要带有专利布局的思维，因此除了在挖掘过程中考虑专利法的各种规定外，还要融合商业的考量，比如为应对某专利诉讼风险而针对性地挖掘用于制衡的专利。有时需要根据专利挖掘的实际结果，重新调整专利布局的规划。也就是说，专利布局和专利挖掘互为表里，相互影响。在制定专利布局策略时，往往需要考虑自身的技术实力和专利挖掘能力；在进行专利挖掘时，需要根据已经制定的专利布局策略把握专利挖掘的方向和重心。因此，专利布局与专利挖掘是你中有我，我中有你，相辅相成。

本书主要从四个方面进行了梳理：

第一个方面涉及专利挖掘手段的理论，主要由第一章的内容组成；

第二个方面主要阐述了辅助专利挖掘时常用的专利创新工具，主要由第二章和第三章的内容组成；

第三个方面以企业在进行专利挖掘时的主要场景为视角，分别从基于研发目的和创新点的专利挖掘策略制定、包绕竞争对手核心专利的专利挖掘策略和针对规避设计的专利挖掘策略等进行展开，主要由第四章至第六章的内容组成；

第四个方面是从不同技术领域出发的专利挖掘策略制定，主要由第七章至第九章的内容组成。

本书编者中马天旗参与了全书的编写、案例梳理以及统稿和审稿工作，赵强参与了第一章和第四章的编写，郭大为参与了第二章和第三章的编写，苏丹参与了第六章和第八章的编写，胡涛参与了第七章的编写，王进锋参与了第九章的编写（上述编者介绍见封面勒口），王华（专利局材料部）参与了第五章的编写，赵杰（比亚迪股份有限公司知识产权及法务部）和凌赵华（超凡知识产权服务股份有限公司专利咨询部）提供了案例素材并参与了审稿工作，李杰（北京合智同创知识产权代理有限公司）提供了案例素材，李银锁（专利局材料部）、朱伟（专利局化学部）、裴军（审协北京中心）参与了审稿工作。

“授之以渔，在乎时势而不在式。”本书总结的专利挖掘手段是对已有资料或案例的总结和归纳，企业当根据自身情况进行调整，不建议照抄照搬。

在本书的编撰过程中得到诸多业界专家、领导、同事的帮助和支持，在此一并致谢。感谢比亚迪股份有限公司高级副总裁吴经胜先生为本书作序；感谢比亚迪股份有限公司高级专利工程师许云凤、联想集团资深专利工程师王杏媛、格力电器股份有限公司知识产权运营主管刘明、北京松果电子有限公司副总裁徐伟锋、北京市中伦律师事务所知名律师王桂香、北京康盛知识产权代理有限公司高级合伙人张宇峰、Morgan, Lewis & Bockius partner Yalei Sun、深圳峰创智诚科技有限公司副总裁沈剑锋、北京知人善用信息技术有限公司（IPR daily）CEO 周鹏、金风科技股份有限公司知识产权总监时良艳、北京集创北方科技股份有限公司知识产权与标准管理部总监樊磊、北京国知专利预警咨询有限公司总经理于立彪、常州强力电子新材料股份有限公司研发中心副部长兼知识产权部副部长胡春青等指导专家提供的材料和意见；感谢北京康盛知识产权代理有限公司高级合伙人宋卉、中国技术交易所国际业务部高级经理范丽芬、深圳峰创智诚科技有限公司研究中心总监贾永华、北京奇虎 360 科技有限公司知识产权总监黄晶、大唐电信科技股份有限公司知识产权与标准管理经理徐晶晶、北京中科天工管理顾问有限公司总经理赵巍、乐视集团全球专利副总裁谢海楠等提供的帮助；感谢国家知识产权局专利局材料工程发明审查部李小南处长、化学发明审查部靖瑞处长、电学发明审查部董方源副处长给予的大力支持；感谢黄清明编辑为本书的出版所付出的巨大努力。本书虽倾尽编者们之心血，然仍难免有所疏漏和差错，望广大读者批评指正。

马天旗

2016 年 7 月

目　　录

案例目录

第一章 概 述

本章概述

专利挖掘是企业实施专利战略的重要环节，是企业获取专利资产的主要手段，它为专利布局提供支撑，是企业知识产权管理的重要内容。本章是对专利挖掘相关内容的概述，主要从专利挖掘的常见类型和专利挖掘的常规方法步骤等方面展开，针对常规专利挖掘节点和方法进行了较为详细的分析，并通过不同目的的专利挖掘案例，旨在系统地阐述专利挖掘的常规方法。

本章知识脉络

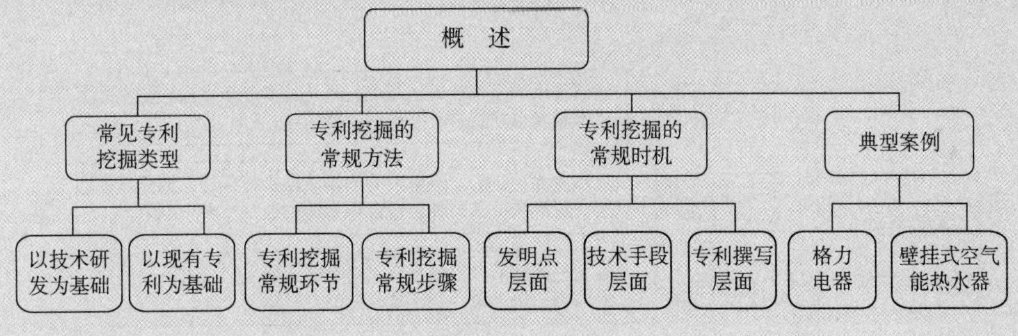

引　言

专利挖掘是指有意识地对创新成果进行创造性的剖析和甄选，进而从最合理的权利保护角度确定用以申请专利的技术创新点和技术方案的过程。简言之，专利挖掘，是指从创新成果中提炼出具有专利申请和保护价值的技术创新点和方案的过程。一般来说，专利挖掘与专利维护是专利布局中的两个主要活动，❶ 专利挖掘为专利布局提供支撑。

专利挖掘至少具备技术性、创造性、权利性、主动性等特性，其内容如图 1-0-1 所示。首先，专利挖掘的基础是技术挖掘，从创新成果发掘技术创新点，再从技术创新点梳理技术方案，技术思维贯穿了整个专利挖掘过程。其次，专利挖掘是一种智力作业，往往需要对繁杂的创新成果进行剖析、拆分、筛选以及合理推测，最终获得满足专利法要求的技术方案，是一种技巧性很强的创造性活动。再者，专利挖掘的最终目的即最终成果是获得对创新或研发成果进行权利要求的最大化，保护最合理、最充分的专利权。此外，就像采矿一样，没有矿工的主动挖掘，好的矿石不会自己跑出来，同样道理，高质量专利权的产出必须基于“专利挖掘师”的有意识的主动“挖掘”行为。

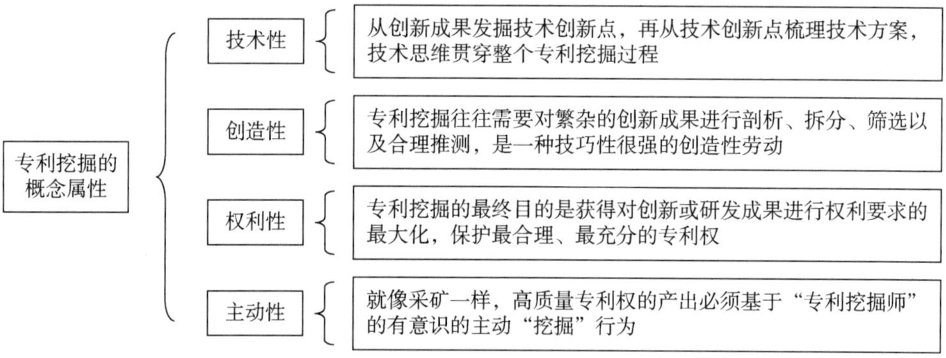

图 1-0-1　专利挖掘的属性

❶ Jinyoung Kim. Patent Portfolio Management of Sequential Innovations：Theory and Empirics［D］. Seoul：Korea University，2015：1.

第一节 常见专利挖掘类型

根据专利挖掘的定义，专利挖掘始于对创新点的发掘、收集和加工。企业只要有可能出现创新点的环节，都是专利挖掘工作关注的对象，这些环节也是专利挖掘工作的“资源”。而从创新点到形成可进行专利申请的技术方案的过程，是一次技术到专利的升华，技术不同，挖掘方法便不同，所需要的资源也不尽相同。因此，为了对专利挖掘进行分类，首先应对产生创新点的资源进行分类，不同种类的资源对应着不同或相同的专利挖掘类型。

企业可获取的资源大致分为两类。

第一类是企业自有资源，也就是企业内部可能产生创新点的所有环节。首先，创新点最为集中的是企业自身的研发项目，尤其对于创新型企业来说，项目研发就是发明创新、技术改造的过程，会解决各种各样的问题，这些问题的解决都是创新点的来源；其次，在企业已经获取的某个创新点的基础上，还可以利用横向扩展、纵向延伸的方式，从技术链和产业链的高度挖掘出相关的创新点，因此，创新点本身就是资源；再者，企业在长期运行过程中，会储备大量自有技术并对这些技术进行持续改进，在自有技术改进的过程中也会产生创新点，因此，企业自有技术也是创新点的来源；最后，对于已经涉足专利工作的企业来说，希望通过一定量的专利储备形成专利组合，通过相应的专利布局实施企业专利战略，那么在完善专利组合的过程中也会产生创新点，使得企业自有专利也成为产生创新点的资源。

第二类是企业外部资源，也就是企业能够从外部获得的可能产生创新点的环节。例如已经公开的技术和专利，企业可以利用这些资源了解行业技术发展路线，识别专利保护壁垒和空白点，调整自身研发方向，进而产生创新点。此外，对于参与行业技术标准运营的企业来说，以专利标准化和标准专利化为目的的研发行为也会产生创新点，因此，行业技术标准也是创新点的重要来源。

通过以上梳理，明确了企业能够获取的各种能够产生创新点的资源。相应地，不同的资源对应不同的专利挖掘类型，具体如表 1-1-1 所示。

表 1-1-1　企业可获取资源对应的专利挖掘类型

企业可获取资源		对应类型
企业自有资源	技术研发项目	基于研发项目的专利挖掘
	创意创新构思	围绕创新点的专利挖掘
	自有技术储备	围绕技术改进的专利挖掘
	自有专利储备	围绕完善专利组合的专利挖掘
企业外部资源	行业公开专利	包绕竞争对手核心专利的专利挖掘
		针对规避设计的专利挖掘
	行业公开技术	围绕技术改进的专利挖掘
	行业技术标准	围绕技术标准构建的专利挖掘

此外，如果从专利挖掘工作开展的基础角度进行梳理，可以将专利挖掘的类型分为：以技术研发为基础的专利挖掘和以现有专利为基础的专利挖掘。其中，基于研发项目的专利挖掘、围绕创新点的专利挖掘、围绕技术标准构建的专利挖掘，以及围绕技术改进的专利挖掘，由于都是在技术研发基础上进行的专利挖掘，因此可以归为以技术研发为基础的专利挖掘；而围绕完善专利组合的专利挖掘、针对规避设计的专利挖掘，以及包绕竞争对手核心专利的专利挖掘，由于都是在已有专利的基础上进行的专利挖掘，因此可以归为以现有专利为基础的专利挖掘，如图 1-1-1 所示。

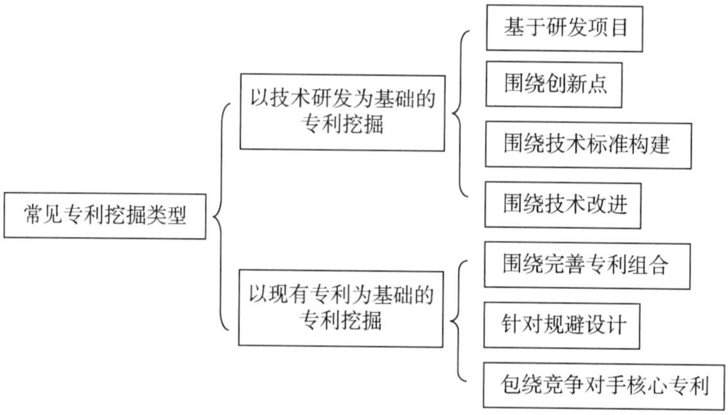

图 1-1-1　常见专利挖掘类型

上述两种不同角度的分类方法将专利挖掘分为七种类型，基本涵盖了目前专利挖掘实践中的所有主要场景。通过以上分类，厘清不同场景下的专利挖掘方法的异同，有利于企业技术人员、专利工作人员对不同类型专利挖掘方法的理解。

以下将对上述七种类型的专利挖掘方法逐一简要介绍。对于主要的和重要的专利挖掘方法，例如基于研发项目和围绕创新点的专利挖掘等类型，将通过单独的章节再进行详细的介绍。

一、以技术研发为基础的专利挖掘

对于大多数企业来说，尤其是创新型企业，技术研发是日常工作的核心，也是企业智慧的集中体现。这就意味着，可以从技术研发的过程中挖掘出大量代表企业智慧的专利。所以，以技术研发为基础的专利挖掘是企业面对的最主要的场景，也是最有效的专利挖掘出发点。

根据技术研发的不同类型，可以将以技术研发为基础的专利挖掘进一步细分为基于研发项目的专利挖掘、围绕创新点的专利挖掘、围绕技术标准构建的专利挖掘，以及围绕技术改进的专利挖掘。

1. 基于研发项目的专利挖掘

企业开展研发项目是企业进行创新工作的主要活动之一，是企业技术创新成果最主要的来源，由于整体性研发项目要解决的技术问题繁多、技术繁杂，相应的专利挖掘的内容丰富、形式多样，因此难以梳理，往往给人以无处下手、无所适从的感觉。可能的一种做法是，将专利挖掘的节点与研发项目开发的节点结合起来，即将专利挖掘嵌入研发项目中，随着研发进程完成专利挖掘工作。因为通过这种方式挖掘出的一系列专利具备天然优势，挖掘活动的成果自然而然形成了一个基于该项目或产品的专利组合，其保护价值较高，保护强度也往往较大。

基于研发项目的专利挖掘嵌入节点如图 1-1-2 所示。该图仅展示如何在项目开发流程中嵌入专利挖掘节点。基于研发项目的专利挖掘的具体内容可参见第四章。

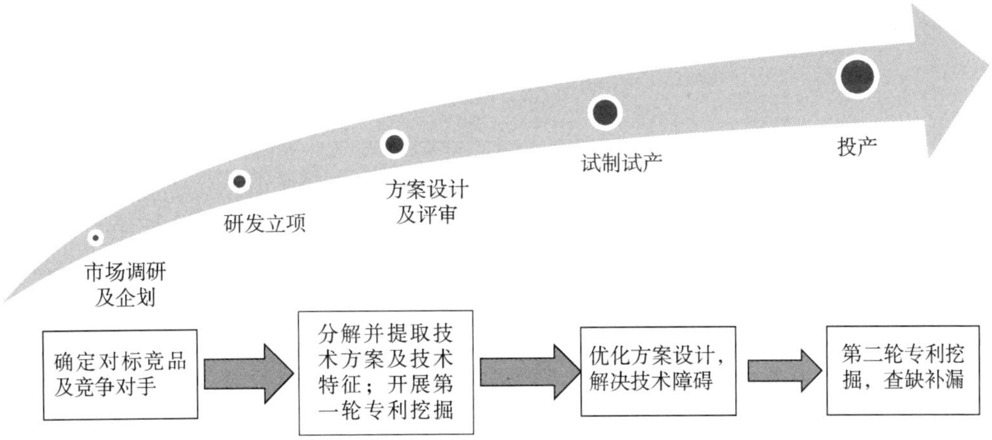

图 1-1-2 基于研发项目的专利挖掘嵌入点

2. 围绕创新点的专利挖掘

如果说基于研发项目的专利挖掘是对已有创新点的发现和梳理，那么围绕创新点的专利挖掘则是根据某个创新点扩展延伸出更多创新点的过程，是一种从一到多的挖掘思路。这类专利挖掘涉及某个具体的创新点，由于所涉及的创新点解决了核心性问题或基础性问题，这类创新点往往可以扩展延伸出更多的创新点，但扩展的方向、延伸的程度难以把握。

围绕创新点的专利挖掘的具体内容可参见第四章。

3. 围绕技术标准构建的专利挖掘

在一些特定领域，比如移动通信行业，技术标准的制定是企业进行专利挖掘的重要驱动因素，能够将专利申请布局在行业技术标准中，有助于企业更好地执行战略发展意图，同时在应对侵权纠纷时减少举证的困扰。❶

根据专利与技术标准的对照关系，专利与技术标准之间是可以互相转化的。这里要讨论的围绕技术标准构建的专利挖掘可以表述为“标准专利化”，即技术标准向专利转化，其含义是用专利包围标准。围绕技术标准构建的专利挖掘的具体思路有以下几点。

（1）引导需求。在外部标准化活动中，使用各种手段引导标准的发展，重点在于需求方面的引导，一旦标准化组织有可能获得这种引导所产生的惯性，就积极组织专利策划，企业即可根据需要完成专利挖掘。

（2）填补空白。针对标准中的“空白”，即那些可能涉及专利，却没有人愿意在标准中把这件事情说清楚的那些方面，不是盲目地提建议，而是在知识产权方面做文章，用自有专利把这些空白点填补上。

（3）衍生专利。针对标准中已经明确规定的功能、安全等要求，构思如何能达到这些要求的技术方案，例如标准中规定了一种信令的功能要求，就衍生挖掘出一个实现这种信令的硬件装置来申请专利；再例如标准中规定了某个装置应该达到某一个性能指标，就衍生挖掘一个对这个性能指标进行调节的方法或系统，等等。❷

围绕技术标准构建的专利挖掘主要思路如图 1-1-3 所示。

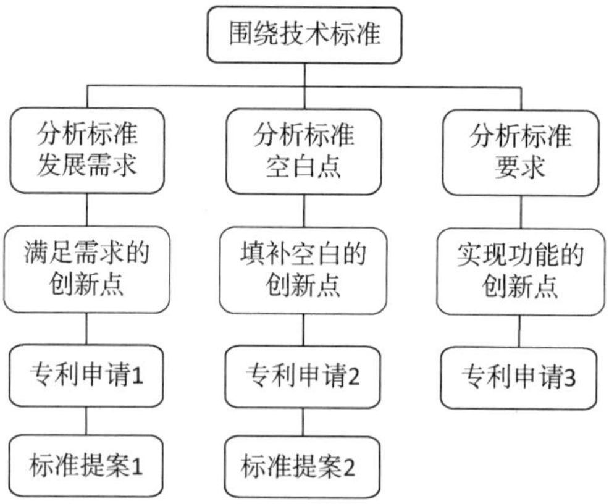

图 1-1-3 围绕技术标准构建的专利挖掘示意

❶ 马天旗．专利分析——方法、图表解读与情报挖掘［M］．北京：知识产权出版社，2015：246.

❷ 王加莹．专利布局和标准运营——全球化环境下企业的创新突围之道［M］．北京：知识产权出版社，2014：15.

【案例 1-1-1】围绕 Mobile 3D 技术标准构建的专利挖掘❶

案例设置目的：理解围绕技术标准构建的专利挖掘方法。

第一步：分析 Mobile 3D 技术标准空白点。

2009 年前后，如何优雅降级以保证通信的稳定性是 Mobile 3D（移动视频）发展过程中的一大技术需求，在相关技术标准中，这一方面还是空白。ETRI（韩国电子通讯研究院）在对 Mobile 3D 技术发展进行分析的基础上，结合对相关技术标准的研究，敏锐地发现了这一空白点。

第二步：确定能够满足需求的创新点，形成专利申请。

在确定这一技术标准空白点后，ETRI 在 2009~2011 年期间，先后申请 5 项专利，分别从通过预览频道减少缓存时间、通过纠错编码解决网络丢包和通过多描述编码 MDC 解决网络丢包三个方面，解决了如何优雅降级的问题。

第三步：基于专利申请，提出标准提案。

随后，在 2011 年 8 月 3GPP（Third Generation Partnership Project）标准化组织的会议中，ETRI 同时提出了三个与上述三个方面相对应的解决可优雅降级的提案，即 S4-110646、S4-110647、S4-110648。

具体情况如图 1-1-4 所示。

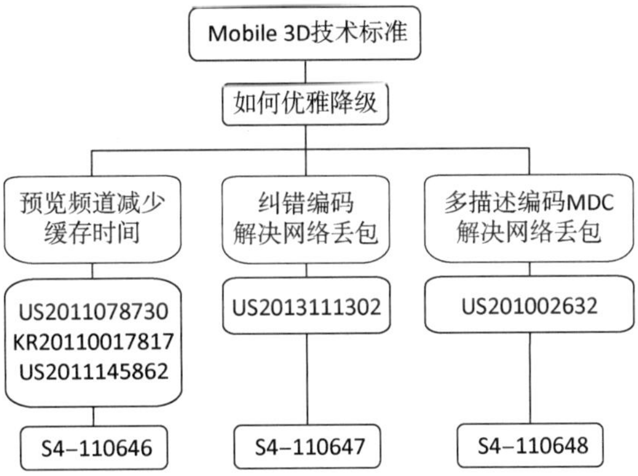

图 1-1-4 围绕 Mobile 3D 技术标准构建的专利挖掘示意

4. 围绕技术改进的专利挖掘

企业的研发过程往往具有一定的连续性，体现在产品的升级换代、生产工艺的持续优化等方面。这种连续性的实质一般就是企业对相关技术的持续改进。在不断的改进过程中，就会产生专利。此外，企业在研发过程中经常会对竞品、论文等其他现有技术进行剖析，在剖析后也可能产生改进思路，从而产生专利。围绕技术改进的专利

❶ 杨铁军．产业专利分析报告（第 31 册）：移动互联网［M］．北京：知识产权出版社，2015：308-320.

挖掘是指为了解决现有技术存在的技术问题、缺陷或者不足所进行的专利挖掘，属于技术问题主导型的专利挖掘。在这种类型的专利挖掘过程中，应当紧扣相关的技术问题和缺陷开拓思维，围绕要素关系改变、要素替代、要素省略等方面充分进行横向发散思考和研究，得到解决技术问题的技术改进点，进一步形成创新点，在此基础上形成可以申请专利的技术方案。围绕技术改进的专利挖掘，还应当关注科技本身的发展，每当有新的技术出现，都应当想到是否可以应用到已知产品上，进而解决应用中出现的问题，进一步挖掘出更多的专利。尤其是要关注决定技术发展走向的节点技术、关键技术，由于其技术价值较高，形成的专利价值也相对较高，应当是专利挖掘的重点。

具体过程如图 1-1-5 所示。

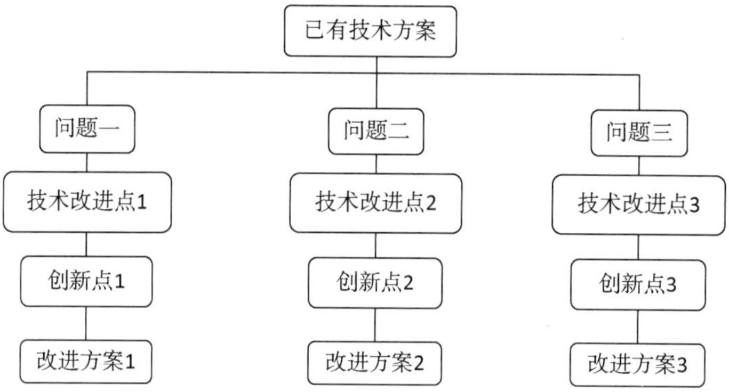

图 1-1-5　围绕技术改进的专利挖掘示意

【案例 1-1-2】围绕奥美拉唑的技术改进的专利挖掘❶

案例设置目的：理解围绕技术改进的专利挖掘方法。

案例背景：阿斯利康公司发现了对胃酸分泌有着良好的抑制作用的一种化合物——奥美拉唑，可有效治疗活动性胃炎、消化性溃疡、胃食管反流病等酸相关性疾病，并于 1979 年 4 月提出专利申请，公开号为 EP0005129A1。

第一步：发现现有技术中存在的问题。

奥美拉唑投入市场后，虽然取得了一定的疗效，但其问题也相继被发现。例如，在药物的生产和使用中发现，奥美拉唑储存稳定性很差，极易发生化学反应，严重缩短了药物的使用期限。这一问题的发现对技术改进提出了需求。

第二步：分析解决问题的关键技术改进点。

针对第一步中发现的问题，技术人员研制出了稳定性更强的奥美拉唑的钠盐和镁盐，很好地解决了储存稳定性差的问题。其中，使用钠盐和镁盐代替原来的奥美拉唑是解决问题的关键技术改进点。

第三步：根据技术改进点提炼创新点。

---

❶ 改编自：卞志家，等．奥美拉唑的全球专利申请状况分析［J］．中国发明与专利，2012（8）：57-60.

在第二步得到的技术改进点有两个，分别是用钠盐和镁盐代替了奥美拉唑。在提炼创新点的过程中，要对技术改进点进行适当的概括，以覆盖尽可能多的情况，即可以用钠盐和镁盐的共性上位概念碱性盐来作为专利挖掘的创新点。

第四步：提炼包含创新点的技术方案，形成专利申请。

根据第三步梳理出的创新点，提炼总结出完整的技术方案，撰写技术交底书，形成专利申请。

同样的情况，针对奥美拉唑的钠盐吸湿性强这一问题，阿斯利康公司继续进行技术改进，利用新型钠盐代替普通钠盐，其专利挖掘的过程同上。

具体专利挖掘的步骤如图 1-1-6 所示。

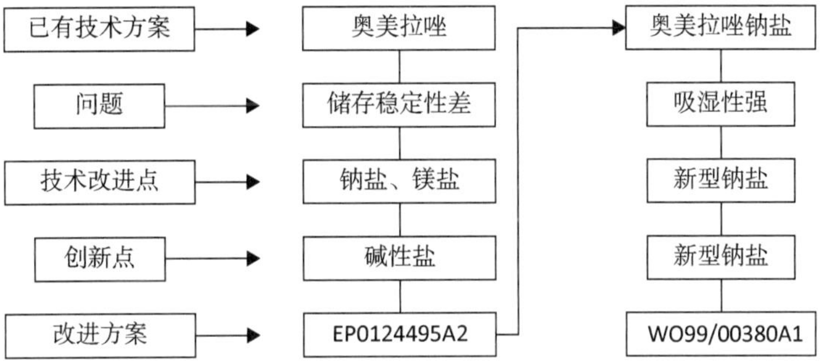

图 1-1-6 围绕奥美拉唑药物技术改进的专利挖掘示意

二、以现有专利为基础的专利挖掘

专利挖掘可以围绕技术研发，同时也可以围绕现有专利来进行。众所周知，专利文件其实也是一种技术文件，绝大多数技术都会在专利文件中有所体现。所以，对专利文件进行深入分析，基本就可以掌握某个领域技术发展的历程，更重要的是，还可以获知该领域未来技术发展的方向、重点和空白点。这些信息，对于企业研发战略的制定具有重要的参考价值。所以，以现有专利为基础的专利挖掘，不仅可以实现专利的产出，还可以实现某一技术的“先专利、后研发”，体现出专利挖掘对企业研发的指导意义。

常见的以现有专利为基础的专利挖掘主要有围绕完善专利组合的专利挖掘、针对规避设计的专利挖掘，以及包绕竞争对手核心专利的专利挖掘。

1. 围绕完善专利组合的专利挖掘

专利组合是将有内在联系的多个专利集合成一个群体，能够互相补充、有机结合，发挥整体作用。专利的真正价值源自专利组合中的集聚效应，即专利组合作为整体的集成价值，而不是各自的价值叠加。[1] 企业的专利挖掘工作不仅要对散落在整体技术解决方案之中、具有实质性技术贡献的孤立技术点的挖掘，更重要的是要通过全面充分

---

[1] Andrew T Pham. Principles of Patent Portfolio Management [M]. Association of Corporate Counsel, 2011.

的挖掘，培育起相互支持、相互补充的专利组合。围绕完善专利组合的专利挖掘的目标，就是要建立健全企业自身的专利组合，确保没有明显的漏洞，能够为企业的核心技术提供强有力的专利保护。

在围绕完善专利组合的专利挖掘过程中，对于挖掘确定的应申请专利的技术创新点，应当区分主次。要分清哪些技术创新点是核心技术，哪些技术创新点是外围技术；进而确定每一件专利的作用及其重要性，分清核心专利和外围专利。对于外围专利，应当根据核心专利从纵向和横向两个维度全面综合梳理关联技术点，以进行全方位的保护。外围专利的挖掘，可以是可替代技术方案的扩展，还可以是核心专利中相关技术特征的改进。具体专利挖掘思路如图 1-1-7 所示。

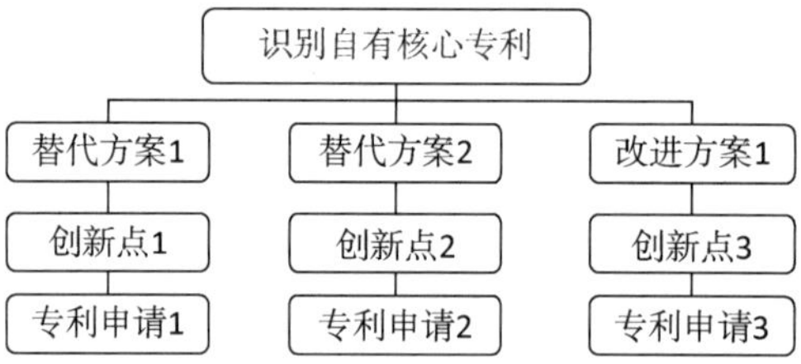

图 1-1-7　围绕完善专利组合的专利挖掘示意

【案例 1-1-3】围绕完善燃气轮机叶片专利组合的专利挖掘[1]

案例设置目的：理解围绕完善专利组合的专利挖掘方法。

第一步：识别自有核心专利。

通用电气公司的专利 US5660524A 对整个燃气轮机行业的技术推动具有重要贡献，不仅该公司后续的很多专利申请引用此专利，行业内的竞争对手也频繁引用，因此从这一点来说，专利 US5660524A 是通用公司自有的核心专利之一。

第二步：围绕核心专利寻找改进和替代方案。

通用公司围绕该核心专利，从完善专利组合的角度出发，寻找改进和替代方案。在改进方案中，通用公司在核心专利公开的单一叶片结构的基础上，从增加连接强度、隔肋结构设置、冷却回路设计等方面持续改进；在替代方案中，通用公司在单一叶片结构的基础上，用蜂窝结构和对称结构替代单一结构。

第三步：根据改进和替代方案提炼创新点，形成专利申请。

在形成了改进和替代方案之后，根据方案梳理提炼出每种方案的创新点，然后根据创新点，提炼总结出完整的技术方案，形成专利申请。

具体专利挖掘情况如图 1-1-8 所示。

---

[1] 改编自：杨铁军．产业专利分析报告（第 17 册）：燃气轮机［M］．北京：知识产权出版社，2014：86-94.

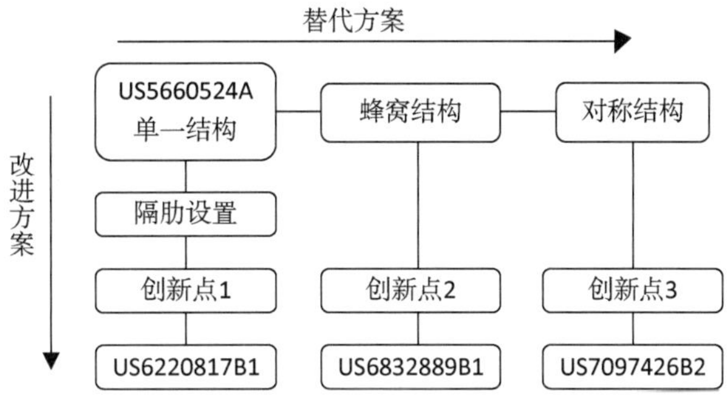

图 1-1-8 围绕完善燃气轮机叶片专利组合的专利挖掘示意

2. 包绕竞争对手核心专利的专利挖掘

包绕竞争对手核心专利的专利挖掘是企业专利战略的重要内容，往往是企业间进行专利交叉许可的基础。其方法步骤一般包括识别竞争对手核心专利，从不同方向进行围绕挖掘，梳理确定不同围绕方向的创新点，以及形成专利申请。

包绕竞争对手核心专利的专利挖掘方法的具体内容可参见第五章的相关内容。

3. 针对规避设计的专利挖掘

规避设计是以专利侵权的判定原则为依据，通过分析已有专利，使产品的技术方案借鉴专利技术，但不落入专利保护范围的研发活动。根据规避设计的技术方案进行的专利挖掘则是针对规避设计的专利挖掘方法。

针对规避设计的专利挖掘方法的具体内容可参见第六章。

【案例 1-1-4】音乐花洒专利挖掘

以针对具有音乐功能、花洒功能和用户识别功能的音乐花洒为例，展示以现有专利为基础的专利挖掘方法的一种流程。

(1) 确定专利挖掘目标。参考专利申请 CN201811361679.1 "一种确定目标的专利在线分析系统" 记载的内容，进行分步骤操作，如图 1-1-9 所示。

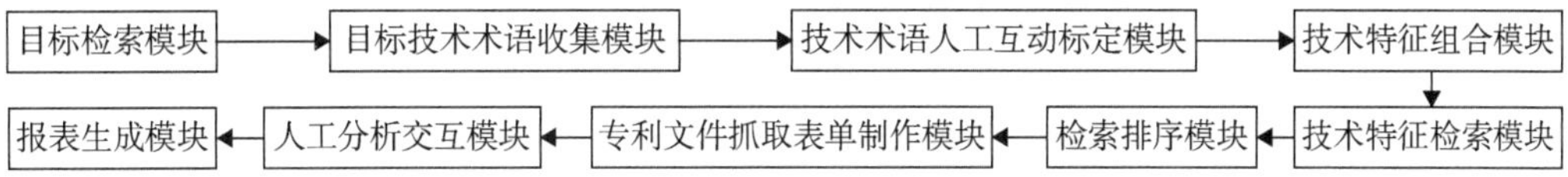

图 1-1-9 确定专利挖掘目标的分析步骤

（中国专利 CN201811361679.1 的说明书附图 1）

具体操作步骤如下：

步骤一：初步精确检索。

在专利数据库检索页面，输入音乐、花洒和识别等关键词进行检索，得到最匹配的专利文献 30 篇，阅读分析后按相关度的大小进行排序，如图 1-1-10 所示。

图 1-1-10　目标专利的检索界面示意图

（参照中国专利 CN201811361679. 1 的说明书附图 2）

步骤二：技术术语标定。

以检索得到的当前最相关专利 CN204276187U 为例，先提取权利要求书中所有带有“序号”的词语，以及权利要求书中“包括、所述、和、通过、设置有、与和连接”等词的后面和前面的词语，进行技术术语标定，如图 1-1-11 所示。

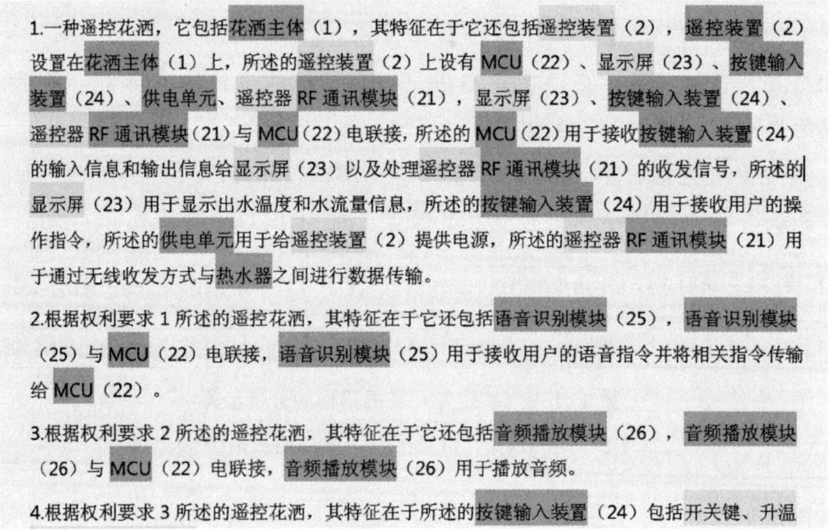
1.一种遥控花洒，它包括花洒主体（1），其特征在于它还包括遥控装置（2），遥控装置（2）设置在花洒主体（1）上，所述的遥控装置（2）上设有 MCU（22）、显示屏（23）、按键输入装置（24）、供电单元、遥控器 RF 通讯模块（21），显示屏（23）、按键输入装置（24）、遥控器 RF 通讯模块（21）与 MCU（22）电联接，所述的 MCU（22）用于接收按键输入装置（24）的输入信息和输出信息给显示屏（23）以及处理遥控器 RF 通讯模块（21）的收发信号，所述的显示屏（23）用于显示出水温度和水流量信息，所述的按键输入装置（24）用于接收用户的操作指令，所述的供电单元用于给遥控装置（2）提供电源，所述的遥控器 RF 通讯模块（21）用于通过无线收发方式与热水器之间进行数据传输。

2.根据权利要求 1 所述的遥控花洒，其特征在于它还包括语音识别模块（25），语音识别模块（25）与 MCU（22）电联接，语音识别模块（25）用于接收用户的语音指令并将相关指令传输给 MCU（22）。

3.根据权利要求 2 所述的遥控花洒，其特征在于它还包括音频播放模块（26），音频播放模块（26）与 MCU（22）电联接，音频播放模块（26）用于播放音频。

4.根据权利要求 3 所述的遥控花洒，其特征在于所述的按键输入装置（24）包括开关键、升温

图 1-1-11　目标专利的技术术语标定示意图

（参照中国专利 CN201811361679. 1 的说明书附图 3）

步骤三：生成技术脉络树形图。

分析目标专利中的技术术语，并将分析后的技术术语生成如图 1-1-12 所示的技术脉络树形图。具体步骤如下：先将图 1-1-11 标定的所有技术术语分别填入独立的方框中，按在权利要求书中出现的次序予以排列；再按权利要求书所提的位置关系、连接关系、上下位包含关系等用直线连接起来，即可获取技术脉络树形图雏形；接着由本领域技术人员或发明团队根据技术实践和专业基础知识，人工标注技术脉络树形图中各个技术术语的技术构造特征和技术替换特征。其中，技术构造特征可分为必要技术特征和重要技术特征；技术替换特征可分为可替换技术特征和不可替换技术特征，分别用不同的颜色（灰度）和粗细线框予以区别标注，如涂色（灰度）的为必要技术特征，线框越粗的为越重要的技术特征。最终结果如图 1-1-12 所示。

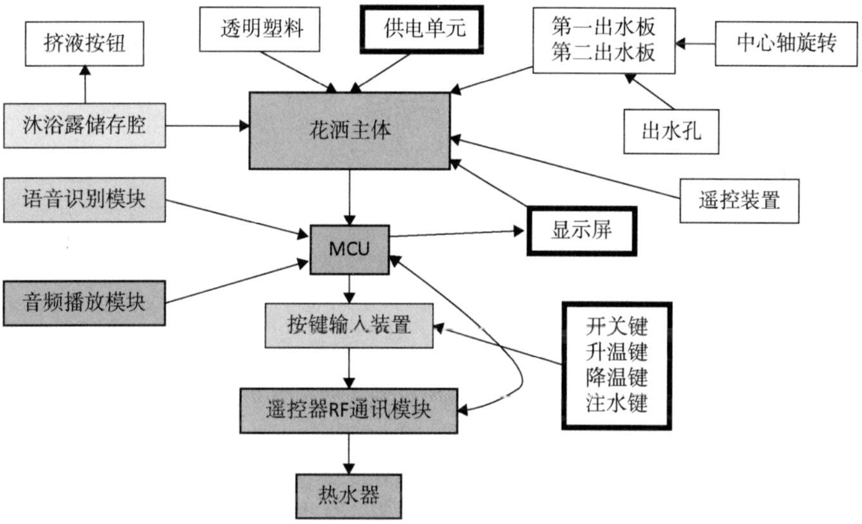

图 1-1-12 目标专利的技术脉络树形图

（参照中国专利 CN201811361679.1 的说明书附图 4）

步骤四：构造近、反义词组合。

如图 1-1-13 所示，形成与必要技术特征、重要技术特征和不可替换技术特征对应的技术术语的近义词和反义词；并将图 1-1-13 中的必要技术特征、重要技术特征和不可替换技术特征的近义词和反义词进行组合，如图 1-1-14 所示。

技术术语或技术特征的近义词或反义词

花洒主体	遥控装置	MCU	按键输入装置	供电单元	RF 通讯模块	显示屏
花洒壳体	遥控器	电路板	按键	电池	通讯模块	显示器
花洒组件	远程遥控	智能主板	按钮	电源	无线信号通讯模块	LCD
花洒塑壳	无线遥控	智能电路	控制开关	供电装置	无线通讯	液晶屏
花洒塑料盖	电子遥控	处理器	触摸屏	发电机	通讯	屏幕
塑料壳体		微控制单元	虚拟开关	供电电容	信号交互	电子屏
花洒外壳		单片机	输入装置	集电器	通讯集成电路	投影

图 1-1-13　目标专利技术特征的近、反义词分解图

（参照中国专利 CN201811361679.1 的说明书附图 5）

组合 1　：花洒组件、电路板、通讯模块、显示屏…
组合 2　：花洒组件、智能电路板、RF 通讯、显示器…
组合 3　：花洒组件、单片机、无线通讯、LCD…
组合 4　：花洒组件、智能主板、通讯、液晶屏…
组合 5　：花洒外壳、电路板、通讯、显示屏…
组合 6　：花洒外壳、电路板、通讯模块、显示屏…
组合 7　：花洒外壳、智能电路板、RF 通讯、显示器…
组合 8　：花洒外壳、单片机、无线通讯、LCD…
组合 9　：花洒塑壳、无线遥控、智能电路、控制开关、供电装置、无线通讯、液晶屏…
组合 10：花洒塑壳、无线遥控、智能电路、控制开关、供电装置
组合 11：花洒塑壳、电路板、通讯模块、显示屏
组合 12：花洒塑壳、控制开关、供电装置、投影
⋮

图 1-1-14　目标专利技术特征的近、反义词组合图

（参照中国专利 CN201811361679.1 的说明书附图 6）

步骤五：扩展检索。

在专利数据库中检索带有组合后的必要技术特征、重要技术特征和不可替换技术特征的专利文献，并将检索后的专利文献以匹配度从高到低进行排序，下载相关度较高的专利，构建专利技术数据库，如图 1-1-15 所示。

图 1-1-15　最相关专利技术数据库

（参照中国专利 CN201811361679.1 的说明书附图 7）

步骤六：构建符号化技术脉络树形图。

首先，筛选匹配度在 50% 以上的专利文献，分别制作它们的技术脉络树形图，按近义词或反义词和替代关系，将其等同为同一个技术特征，如：将花洒主体、花洒壳体、花洒组件、花洒塑壳、花洒塑料盖、塑料壳体、花洒外壳等与花洒外壳有关的或功能等同的技术特征统一命名为花洒壳体，用字母 A 来标识，用圈圈起来，圈的粗细和颜色用来区分必要技术特征、非必要技术特征，以及重要技术特征和非重要技术特征，以此类推，完成技术脉络树形图中所有技术特征的替换。这时，专利之间就可以得到一致度较高、比较直观的符号化的技术脉络树形图，即将图 1-1-12 所示目标专利的技术脉络树形图转化为图 1-1-16 所示的符号化的技术脉络树形图。

步骤七：生成最相关专利数据分析报表。

按以上方法处理后，将筛选后的专利文献合并生成最相关专利详细数据表，表中包括专利申请号、专利名称、摘要、权利要求书、摘要附图、技术脉络树形图等内容。由本领域技术人员和发明团队人工分析表格中的各专利内容，删除与目标专利明显不相关的数据，合并发明与实用新型同日双报的专利数据，生成最相关专利数据分析报表，如图 1-1-17 所示。

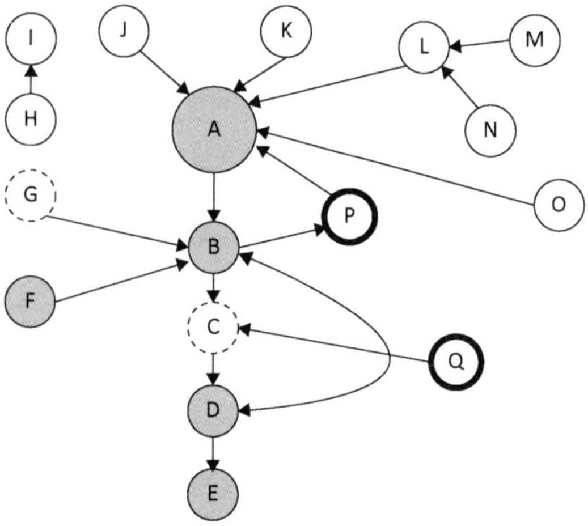

图 1-1-16　符号化的技术脉络树形图

序号	申请日	申请号	摘要	权利要求	缩略图	技术脉络树形图
1	2019-05-23	CN201910435831.4	本发明公开了一种智能花洒，包括花洒阀主体，阀主体上设置有混水控制开关手柄、冷热进水管路及连接至花洒	1.一种智能花洒，包括花洒阀主体，阀主体上设置有混水控制开关手柄、冷热进水管路及连接至花洒喷头的混合	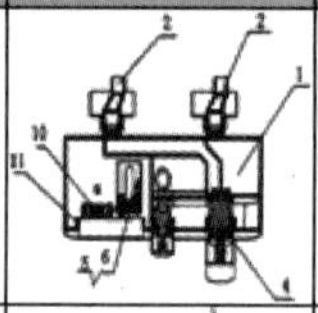	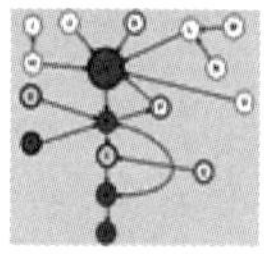
2	2016-07-11	CN201610541032.1	本发明公开一种花洒、热水器及热水器系统，其中，热水器系统包括花洒、热水器，连接花洒与热水器的出水管	1.一种花洒，其特征在于，包括：第一通讯模块，用于接收来自热水器的出水温度预告信息；提示模块，与所	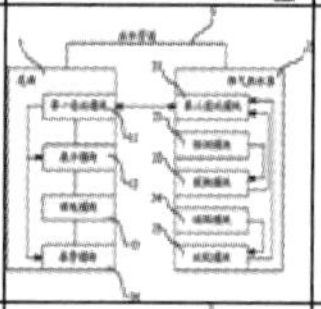	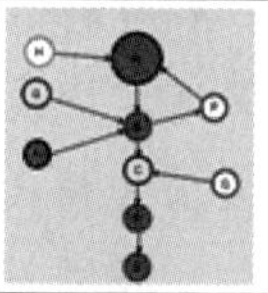
3	2016-07-11	CN201620725047.9	本实用新型公开一种花洒、热水器及热水器系统，其中，热水器系统包括花洒、热水器，连接花洒与热水器的	1.一种花洒，其特征在于，包括：第一通讯模块，用于接收来自热水器的出水温度预告信息；提示模块，与所	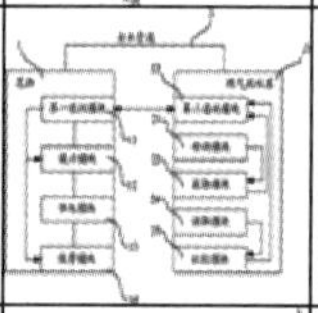	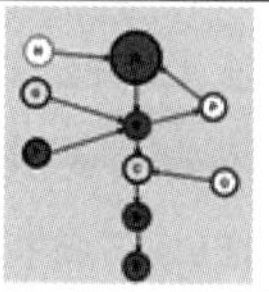
4	2018-08-06	CN201821258311.8	本实用新型公开了一种分体式物联网智能水控机，属于水控机技术领域。包括壳体，所述壳体后方设有后盖，	1.一种分体式物联网智能水控机，其特征在于，包括壳体，所述壳体后方设有后盖，所述壳体前方设有显示屏，	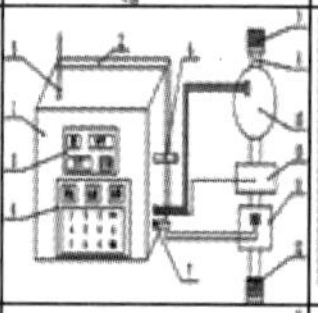	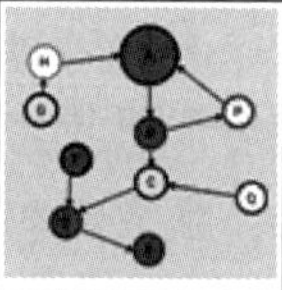
5	2018-08-06	CN201810886917.4	本发明公开了一种分体式物联网智能水控机及使用方法，属于水控机技术领域。包括如下步骤：步骤一：用户通	1.一种分体式物联网智能水控机，其特征在于，包括壳体，所述壳体后方设有后盖，所述壳体前方设有显示屏，	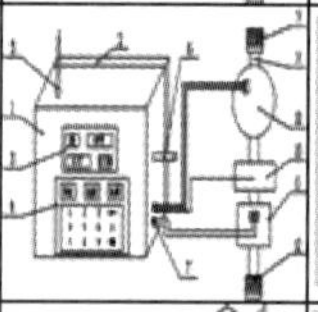	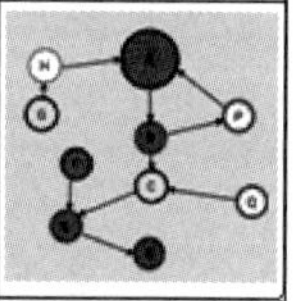
6	2016-06-08	CN201620554029.9	本实用新型提供一种智能淋浴控制系统，包括一壳体和一控制系统本体，壳体由一上盖和一下盖组成；控制系统	1.一种智能淋浴控制系统，其特征在于：包括一壳体和一控制系统本体；所述壳体由一上盖和一下盖组成，所述上		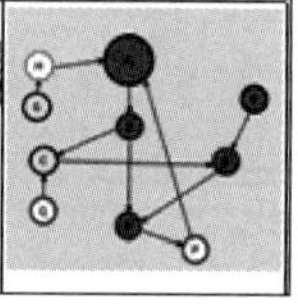

图 1-1-17　最相关专利数据分析报表

（参照中国专利 CN201811361679.1 的说明书附图 8~9，未完整显示）

(2) 专利挖掘。在检索到的最相关专利数据分析报表的基础上，进行相关专利挖掘工作。

步骤一：技术功能扩展。

进一步扩展音乐花洒产品具有的各种功能、工作场景和使用方法。如：音乐花洒能够识别用户是谁，知道用户的喜好；识别用户的当前情绪，能够自动为用户喷洒合适温度、合适量、合适喷法的洗澡水，使用智能，简捷方便，不存在使用失误；针对性播放用户喜爱的音频，去除枯燥性，增长知识；能够关注用户的健康情况，让用户放松；能够发现洗澡过程中的异常并予以示警和报警；让用户爱上洗澡，又不迷恋洗澡，充分用好音乐花洒的价值等。

步骤二：虚拟产品构成。

在本技术领域的专业人士的技术支持下，在技术功能扩展的基础上，虚拟产品的构成模块、功能模块以及产品零部件。音乐花洒应包括喷水模块、加热模块、壳体模块、传感器模块、防水模块、控制模块、智能电路板、软件控制系统、用户体验设定模块、用户信息体验数据收集模块、智能分析模块、大数据处理模块、个性偏好数据库、通信模块、示警模块、环境及其适配模块和互动模块等。

步骤三：构建技术脉络树形图并符号化。

在以上分析的基础上，构建技术脉络树形图。此例中，按照技术实现的难度分为一代花洒和二代花洒分别构建，如图 1-1-18 和图 1-1-19 所示。

为了方便与检索到的现有技术进行比较，确定创造性和有益启示的关系，还需要将一代花洒和二代花洒的技术脉络树形图，转化为符号化技术脉络树形图，分别如图 1-1-20 和图 1-1-21 所示。

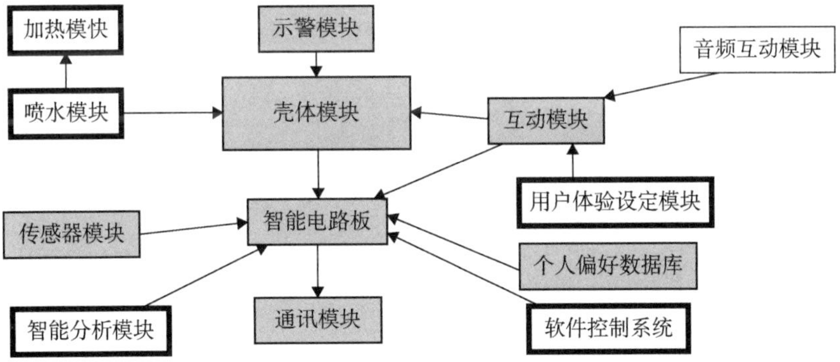

图 1-1-18 一代花洒技术结构脉络图

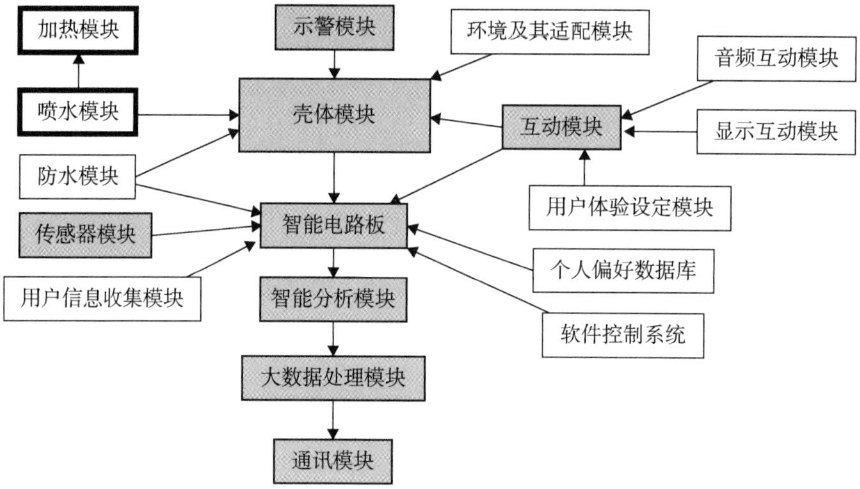

图 1-1-19　二代花洒技术结构脉络图

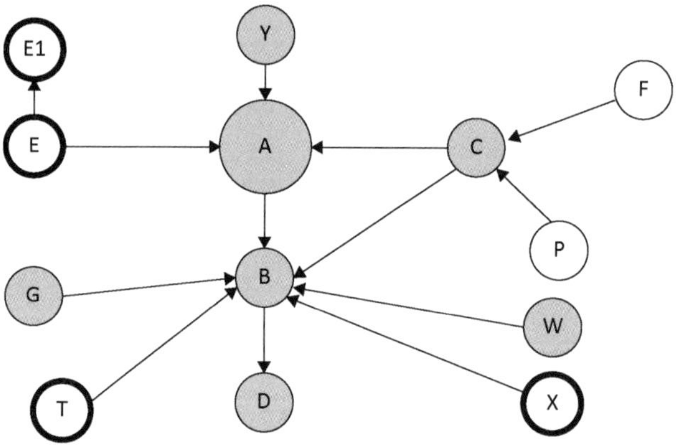

图 1-1-20　一代花洒的符号化技术脉络树形图

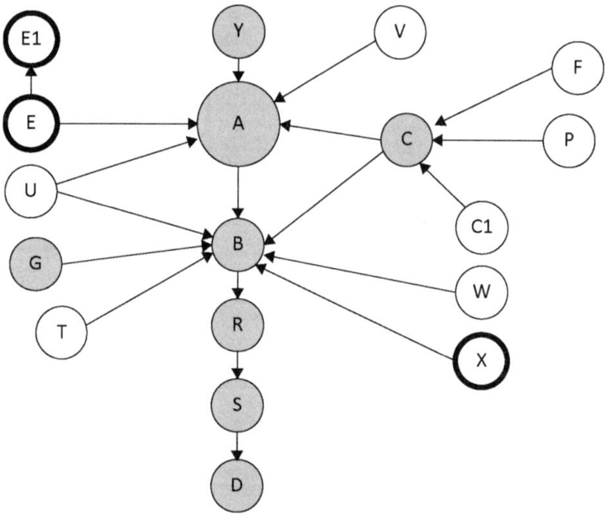

图 1-1-21　二代花洒的符号化技术脉络树形图

步骤四：对比分析。

用一代花洒的符号化技术脉络树形图（见图1-1-20）与图1-1-17最相关专利数据分析报表中的技术脉络树形图进行比较，可以发现必要技术特征的结构差异较大，并且一代花洒的必要技术特征W、Y在最相关专利数据分析报表中没有体现，这说明技术特征W、Y具有一定的创造性，可以为之布局申请专利。将一代产品的其他必要技术特征归为一组，命名为Z，即将A+B+C+D+G命名为Z，则至少有Z+W、Z+Y、Z+W+Y这三种排列组合可以申请核心专利，其他非必要技术特征如E、P、F、T、X也可以与Z、W、Y的三种排列组合相结合，排列组合出各种非核心的边缘专利组合，有效预防竞争对手的专利挖掘进攻。其独立权利要求可以表示为：

Z+W系列：Z+W+E+P，Z+W+E+T，Z+W+F+P，Z+W+P+T，Z+W+X+T……

Z+Y系列：Z+Y+T+P，Z+Y+E+T，Z+Y+F+P，Z+Y+P+X，Z+Y+X+T……

Z+W+Y系列：Z+W+Y+T+P，Z+W+Y+E+T，Z+W+Y+F+P，Z+W+Y+P+X……

综上所述，经过分析，一代花洒至少可以布局3个核心专利和15个边缘专利的组合。

（3）确定专利申请方案。为确定以上技术方案是否能够申请专利，或是否具有创造性，还需进行查新类检索，在没有比较相关的检索结果的情况下，可以申请专利。

经过检索分析，一代音乐花洒产品的3个核心专利方案和15个边缘专利方案均可布局申请专利，二代音乐花洒产品，以此类推。

第二节 专利挖掘的常规方法

在第一节中介绍了两类七种不同的专利挖掘场景及相应的专利挖掘步骤，基本覆盖了企业专利挖掘工作的主要方面。在企业专利挖掘的具体实践中，应用场景会不断变化，因此应根据具体情况采用相应的专利挖掘方法。例如，在企业中最主要的场景是基于研发项目的专利挖掘，通过围绕技术改进的专利挖掘方法，基本可以将企业研发中的专利全面充分地挖掘出来。在挖掘的过程中，针对具有突出价值的创新点，则可以利用围绕创新点的专利挖掘方法进行扩展延伸。如果在对现有技术的检索中发现了对企业产品构成侵权风险的专利，则可以利用针对规避设计的专利挖掘方法有效规避。如果不能有效规避，还可以利用包绕竞争对手核心专利的专利挖掘方法，挖掘外围专利，以此形成交叉许可的砝码。在专利挖掘的更高阶段，为了配合企业专利布局策略，往往需要利用围绕完善专利组合的专利挖掘方法，培育完善企业专利组合，为专利布局提供支撑；同时，也可配合企业的技术标准运营战略，利用围绕技术标准构建的专利挖掘方法，实现企业的战略目标。

本节将主要介绍企业专利挖掘工作的常规方法步骤，包括专利挖掘常规环节和专利挖掘常规方法。

一、专利挖掘的常规环节

由于研发是企业有可能产生专利最多的场景，因此对专利挖掘常规环节的梳理应围绕企业研发部门的研发流程进行。一般来说，企业的研发流程可以划分为研发规划、研发立项、项目研发、产品测试和生产上市五个阶段，如图 1-2-1 所示。

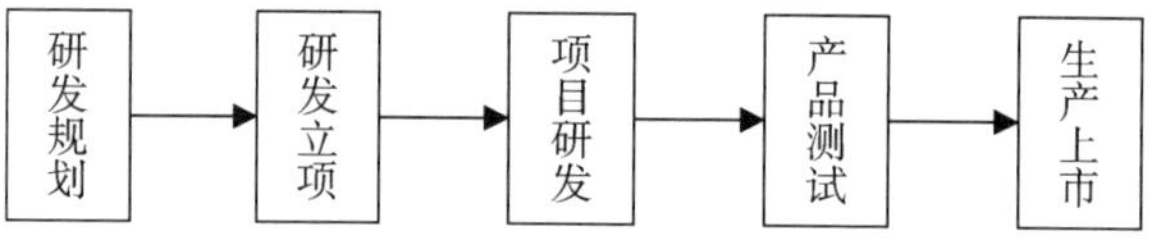

图 1-2-1　企业研发流程中的五个阶段

在这五个阶段中，随时随地都有挖掘专利的时机存在。因此，有必要通过系统的梳理，绘出企业专利挖掘常规环节的流程图，以帮助企业尽可能多地将研发过程中可能产生的专利挖掘出来。

1. 专利挖掘常规环节流程图

图 1-2-2 是对企业专利挖掘中的常规环节的梳理。其中，实线方框和实线箭头表示企业研发流程，虚线方框和虚线箭头表示专利挖掘的具体方法和环节。

2. 专利挖掘常规环节流程说明

图 1-2-2 中横向是企业内部参与专利挖掘工作的三大主体，包括研发部门的研发人员、专利部门的专利工程师以及销售部门的营销人员。

（1）研发部门。研发部门的研发人员是专利挖掘工作中的技术核心，他们决定了挖掘出的专利的创新高度。

（2）专利部门。专利部门的专利工程师是专利挖掘工作的核心，他们需要对内全面掌握企业研发和销售的具体情况，对外全面分析相关专利技术发展的态势和趋势，确定专利挖掘的方向，制定专利挖掘的计划并具体实施。

（3）销售部门。销售部门广义上包括市场分析和开拓、产品售前和销售以及产品发运和售后服务等，他们能够从市场和用户的角度为专利挖掘工作提供方向上的支持。

图 1-2-2 中纵向是围绕企业一般研发流程而梳理出的专利挖掘工作的常规流程。以下将按照企业研发流程的顺序，对专利挖掘工作的常规方法步骤进行梳理。

- 第一阶段：研发规划阶段。

在企业的研发规划阶段，企业需要通过市场调研、技术分析、专利分析等一系列分析工作，确定企业的研发方向，为研发出的产品确定基本功能。在这一阶段，由于对市场需求、自有的技术和专利情况、行业的技术和专利的情况都有了非常系统性的分析了解，因此，这一阶段的专利挖掘工作以围绕创新点、围绕技术改进以及围绕完善专利组合的专利挖掘方法为主。具体步骤如下。

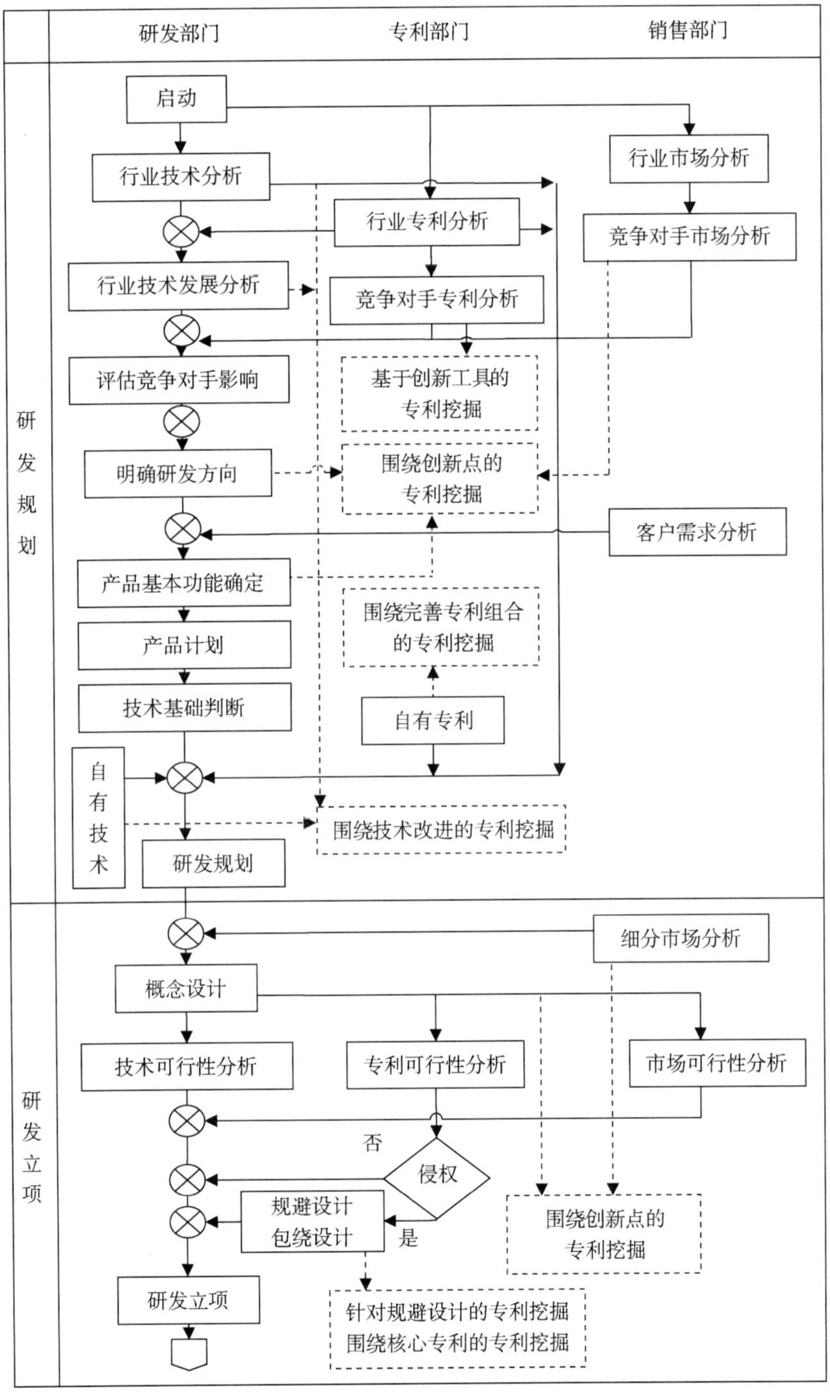

图 1-2-2 企业专利挖掘常规环节流程

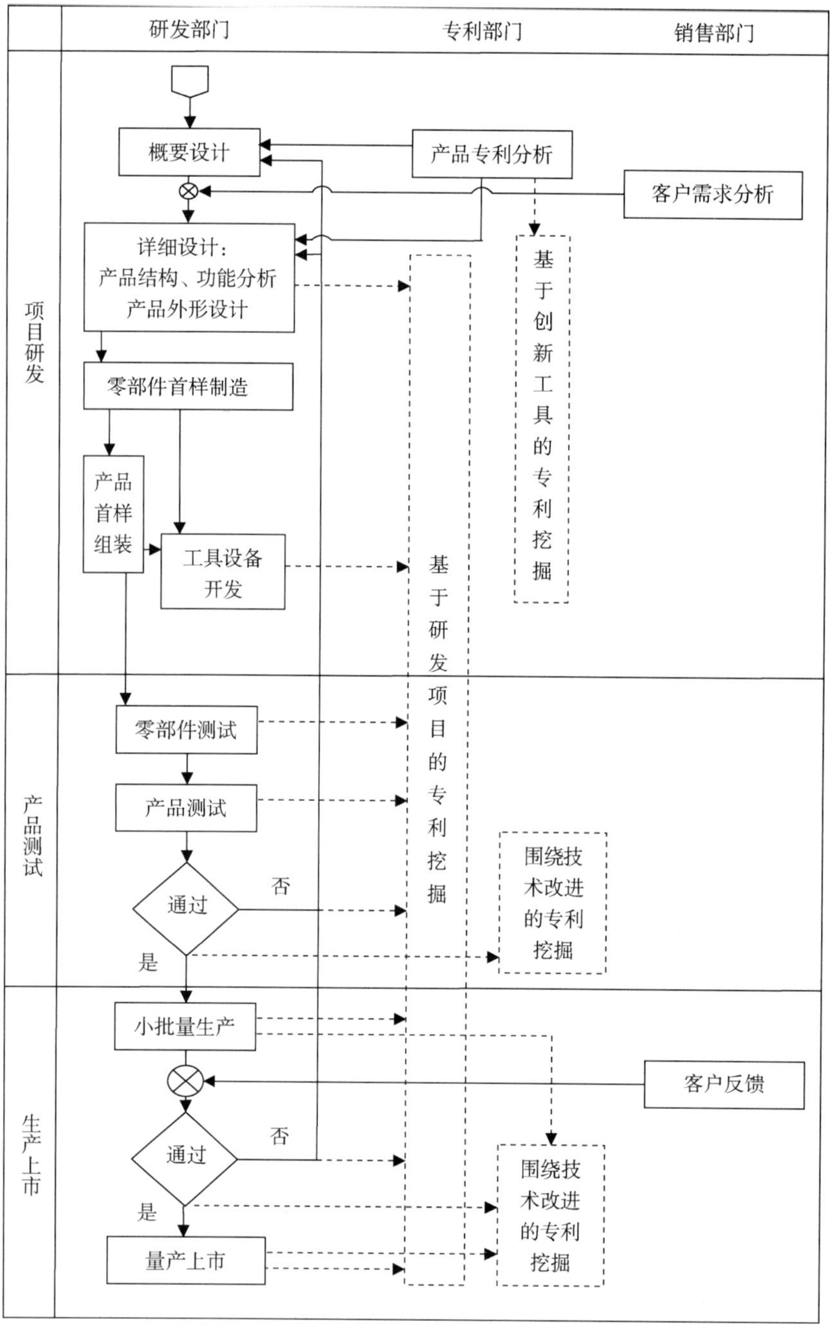

图 1-2-2　企业专利挖掘常规环节流程（续）

第一步：启动研发规划，三部门进行行业分析。

在这一步中，主要的工作是对产品进行技术、专利和市场三方面的行业分析，为研发方向的确定提供支撑。

（1）行业技术分析。研发部门对产品进行行业技术分析，其目的是掌握当前行业中的技术情况。在这一过程中，如果研发人员发现了行业现有技术中存在的缺陷和问题，则可以在专利工程师的协助下，利用“围绕技术改进的专利挖掘方法”，以问题为导向，寻找解决问题的技术改进点，专利工程师则可以将这样的技术改进点提炼为创新点，形成可以申请专利的技术方案。具体步骤可以参见第一节中的“围绕技术改进的专利挖掘”。

（2）行业专利分析。专利部门需要对行业的专利情况进行分析，得出行业专利态势情况，并对主要竞争对手的专利布局情况进行详细分析，为研发规划摸清方向，避免出现研发方向错误、产品整体专利侵权的局面。在行业专利分析的基础上，可以利用“专利地图”等创新工具，发现竞争对手专利布局的空白点，进行专利挖掘。

（3）行业市场分析。销售部门需要对行业整体市场进行分析，并重点对竞争对手的市场进行分析，这样有助于掌握市场的整体需求，发现潜在的机会和威胁，为企业的科研决策提供依据。在对市场进行分析时，可能会发现市场上存在的某一强烈的需求未被满足，这时，专利工程师可以引导技术人员寻求满足这一需求的技术方案，梳理出“创新点”，在直接形成专利申请的同时，利用“围绕创新点的专利挖掘方法”，扩展延伸挖掘出更多的创新点，形成一系列的专利申请。这种满足了市场上存在的强烈需求的专利往往可以成为具有很高价值的核心专利，而围绕该创新点挖掘出的若干外围专利则可以构成围绕这一核心专利的防御型专利，显现出专利组合的雏形。

第二步：明确研发方向，形成产品计划。

在第一步进行的技术和专利的行业分析的基础上，研发部门综合进行行业技术发展分析，得出产品的技术发展路线图。通过技术发展路线图的绘制，可以得出该产品技术发展的重要节点，掌握重要技术节点的专利申请情况，预判未来技术的发展方向。在此基础上，结合行业市场分析的结果，客观评估竞争对手对企业产品的实际影响，从而明确产品的研发方向。在研发方向的指引下，结合销售部门针对客户进行的需求分析，明确产品所应实现的所有基本功能，从而形成具体的产品计划。

在这一步中，能够挖掘出专利的主要环节在于对产品基本功能的确定。因为每个基本功能的实现往往都会带来客户的一个较为重大的问题的解决，即满足了客户某一较为强烈的需求，这是一个有价值的创新点的直接体现。因此，专利工程师应密切关注产品的基本功能，在挖掘出相应专利的同时，利用“围绕创新点的专利挖掘方法”，扩展延伸挖掘出更多的创新点，形成较为完备的专利组合。此外，在明确研发方向的过程中，也有可能产生较为核心和基础的创新点，也是利用“围绕创新点的专利挖掘方法”进行专利挖掘的契机。

第三步：技术基础判断，形成研发规划。

在产品计划形成后，企业应进行相应技术基础的判断，以确定在企业掌握的技术基础上，是否可以完成产品计划，实现相应基本功能。

企业的技术基础主要包括三个方面：企业自有非专利技术、企业自有专利技术以及行业现有技术。针对这三个方面都有潜在的专利值得挖掘。

（1）企业自有非专利技术。企业自有非专利技术是指企业自身掌握的但没有受到专利保护的技术。企业在长期的发展运营中，必然积累了大量的自有技术，有些以专利的形式予以公开保护，有些则以技术秘密的形式予以保密保护。这些自有非专利技术是企业不断创新的重要基础，因此也是产生专利的来源。针对企业自有非专利技术，专利工程师可以引导技术人员发现其中的问题缺陷，利用问题导向的"围绕技术改进的专利挖掘方法"，挖掘出更多的专利。

（2）企业自有专利技术。企业自有专利技术是指企业自身掌握的获得专利保护的相关技术。对于专利意识较强的企业，利用专利对自有技术进行保护是较为常规的选择，尤其是对于易于模仿、易于反向工程的技术来说，专利保护尤为重要。由于这样的企业积累了一些专利，则可以利用"围绕完善专利组合的专利挖掘方法"，将企业自有专利联系起来，形成整体，产生规模效应，为企业核心技术提供强有力的专利保护。具体方法可以参见第一节中的"围绕完善专利组合的专利挖掘"。

（3）行业现有技术。行业现有技术是指他人掌握但被企业所知的技术。除了企业自有技术和专利之外，企业的技术基础还包括他人掌握但被企业所知的技术，具体还可以分为专利技术和非专利技术。对于这两类技术，同样可以利用"围绕技术改进的专利挖掘方法"，挖掘出更多的专利。

第一阶段专利挖掘小结：

在第一阶段中，针对行业技术分析的结果、自有非专利技术判断的结果，可以利用"围绕技术改进的专利挖掘方法"；针对市场分析的结果、企业产品确定的研发方向和基本功能，可以利用"围绕创新点的专利挖掘方法"；针对企业自有专利技术，可以利用"围绕完善专利组合的专利挖掘方法"；此外，针对竞争对手专利分析的结果，还可以利用"专利地图"等创新工具进行专利挖掘。

- 第二阶段：研发立项阶段。

在第一阶段形成的研发规划的基础上，第二阶段的主要任务是对产品进行概念设计，并进行可行性分析，最终确定是否立项。这一阶段的重点是可行性分析，因此专利挖掘的重点也在于此，主要是利用"针对规避设计的专利挖掘方法"和"包绕竞争对手核心专利的专利挖掘方法"。

第一步：概念设计。在确定了研发规划的基础上，销售部门对产品的细分市场再次进行调研分析，根据具体客户的需求，明确产品的具体功能，进行产品的概念设计。在这一过程中，针对细分市场的具体客户的需求，以及针对概念设计中具体功能的实现，都可以利用"围绕创新点的专利挖掘方法"进行专利挖掘。

第二步：可行性分析。在概念设计完成之后，研发部门需要结合技术、专利和市场三方面的可行性分析，确定概念设计是否可以转化为实际生产的产品。其中，专利可行性分析的主要任务是确认概念设计的产品是否落入竞争对手已有专利的保护范围，造成侵权。因此，专利工程师应针对概念设计的产品，全面深入地进行专利检索，确认是否存在专利侵权风险。如果存在侵权风险，可以利用规避设计的方式，降低侵权风险和成本。在规避设计的同时，可以利用“针对规避设计的专利挖掘方法”和“包绕竞争对手核心专利的专利挖掘方法”进行专利挖掘。需要注意的是，如果使用包绕设计，则一定要配合相应的专利挖掘，以便在获得专利权后，可以在必要的情况下争取与目标专利的专利权人进行交叉许可，共同瓜分市场。“包绕竞争对手核心专利的专利挖掘方法”和“针对规避设计的专利挖掘方法”可以参见第五章和第六章的相关内容。

第三步：研发立项。通过综合技术、专利和市场可行性分析的结果，确定产品概念设计的最终方案，进行研发立项。

第二阶段专利挖掘小结：

在第二阶段中，针对规避设计和包绕设计，可以利用“针对规避设计的专利挖掘方法”和“包绕竞争对手核心专利的专利挖掘方法”；此外，针对细分市场的客户需求和概念设计中的具体功能，可以利用“围绕创新点的专利挖掘方法”。

- 第三阶段：项目研发阶段。

成功立项之后，则正式进入项目研发阶段。这一阶段的主要任务是通过概要设计和详细设计，完成对产品首样的设计生产。专利挖掘工作则主要是利用“基于研发项目的专利挖掘方法”进行。

第一步：概要设计。在这一步中，专利工程师应对产品涉及的技术领域进行再一次的专利分析，在排查专利侵权风险的同时，也可以为研发人员提供本领域的现有专利技术，为产品的设计提供技术支持。在对产品的专利分析中，可以继续利用“基于创新工具的专利挖掘方法”，对更为具体的技术层面进行专利挖掘。

第二步：详细设计。在概要设计的基础上，结合销售部门的客户需求分析，研发部门具体设计出产品的详细结构和功能，同时完成产品的外形设计。

（1）首样产品设计。针对首样产品的设计，主要是利用“基于研发项目的专利挖掘方法”，系统梳理项目研发设计的各种结构、实现的各种功能，其中有些结构和功能可能是在产品计划和概念设计阶段没有体现出来的，抑或是更为具体的结构和功能，这些都是本阶段专利挖掘的重要对象。

（2）产品外形设计。对于产品的外形，也应纳入研发项目的分支，挖掘出相应的外观设计专利。

第三步：制造工具和设备开发。对于实体产品（例如手机）而言，在产品详细设计之后，需要进行零部件首样制造和产品首样组装的相关工作。在这一过程中，需要开发制造组装产品的相应工具和设备。这些也应该包含在研发项目的某一分支中，也是基于研发项目进行专利挖掘的对象。

产品研发项目的专利挖掘思路如图 1-2-3 所示。

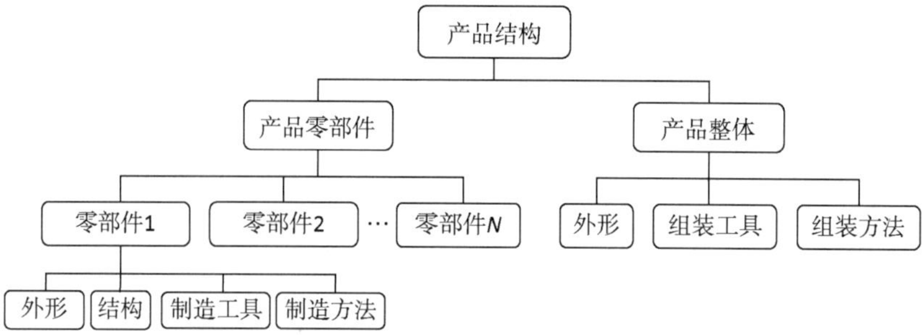

图 1-2-3 产品研发项目的专利挖掘示意

第三阶段专利挖掘小结：

在第三阶段中，主要是针对项目研发的过程，可以利用“基于研发项目的专利挖掘方法”；此外，针对设计之初的产品专利分析，可以利用“基于创新工具的专利挖掘方法”。

- 第四阶段：产品测试阶段。

在产品首样制造组装完成之后，还需要对产品零部件以及产品整体进行测试。如果测试通过，则可以进入小批量生产；如果测试没有通过，则需要返回概要设计或详细设计阶段，进行修改完善。在这一阶段，可以将测试环节纳入研发项目的一个分支，主要是利用“基于研发项目的专利挖掘方法”，对测试阶段的创新点进行梳理和挖掘。另外，产品测试的主要目的就是发现产品的问题，因此，问题导向型的“围绕技术改进的专利挖掘方法”也是需要重点关注的。

第一步：零部件测试。在产品测试阶段，首先需要对零部件进行测试。不同零部件的测试应使用不同的测试设备和测试方法，测量的参数也不相同，这些都是可以在技术分析时梳理出的技术分支。例如零部件的测试可包括工艺性测试、功能性测试、安全性测试、稳定性测试等。

第二步：整体测试。在完成零部件的测试之后，需要对产品整体进行测试。测试内容除了上述对零部件测试的内容之外，还需要整体进行系统性测试。

测试阶段的专利挖掘如图 1-2-4 所示。

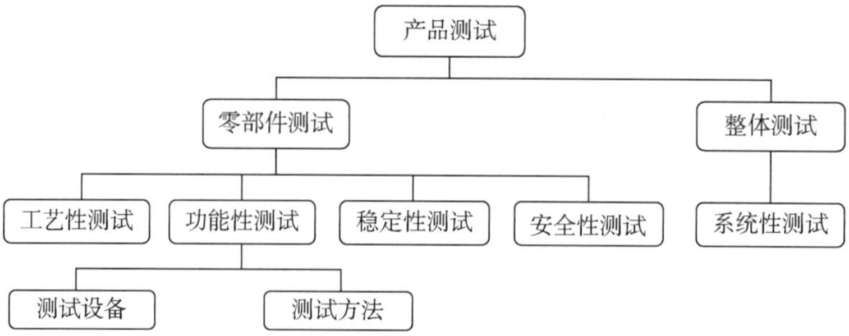

图 1-2-4 产品测试阶段的专利挖掘示意

第四阶段专利挖掘小结：

在第四阶段中，将产品测试也纳入研发项目中，可与项目研发阶段的设计等工作一同利用“基于研发项目的专利挖掘方法”进行技术分析和专利挖掘；针对测试阶段中出现的问题，可以利用“围绕技术改进的专利挖掘方法”进行专利挖掘；此外，针对测试过程中出现的某些有价值创新点，可以利用“围绕创新点的专利挖掘方法”。

- 第五阶段：生产上市阶段。

在产品完全通过测试之后，则可以进行小批量生产，根据试用客户的反馈再次进行设计上的调整完善，直到最终量产上市。在这一阶段，将产品生产也纳入研发项目中，可与项目研发阶段的设计等工作一同利用“基于研发项目的专利挖掘方法”进行技术分析和专利挖掘，其他还可以利用“围绕创新点的专利挖掘方法”进行专利挖掘。

第一步：小批量生产。在第四阶段的产品测试中，主要是企业内部的测试。而在第五阶段，需要通过小批量生产，生产出试用产品让客户试用。由于批量生产与样品生产的差异，会在生产过程中产生一系列新的问题，例如，开模的工艺要求、零部件的规格化、包装的要求等。这些问题的解决都是产生创新点的时机，可以利用“围绕技术改进的专利挖掘方法”，也可以利用“围绕创新点的专利挖掘方法”进行扩展延伸挖掘。

第二步：客户测试反馈。试用产品生产完成后，需要交给试用客户进行试用，并根据客户的反馈继续对产品设计进行调整完善。针对客户反馈问题的解决，也都是创新点产生的时机，可以利用“围绕技术改进的专利挖掘方法”，也可以利用“围绕创新点的专利挖掘方法”进行扩展延伸挖掘。

第三步：量产上市。在通过客户测试之后，就可以正式进入量产上市阶段了。量产时可能会遇到更多的问题，除了在小批量生产时遇到的问题之外，还有可能会在仓储、运输、销售等环节遇到与产品相关的问题，这些问题的解决也都是创新点产生的时机，可以利用“围绕技术改进的专利挖掘方法”，也可以利用“围绕创新点的专利挖掘方法”进行扩展延伸挖掘。

第五阶段专利挖掘小结：

在第五阶段中，将产品生产作为研发项目的一部分，利用“基于研发项目的专利挖掘方法”进行技术分析和专利挖掘，其他主要是针对量产和客户反馈中出现的问题，利用“围绕技术改进的专利挖掘方法”和“围绕创新点的专利挖掘方法”进行专利挖掘。

3. 小　结

本部分主要介绍了专利挖掘的常规环节，通过以上的分析梳理可以看出，在企业研发流程的不同阶段，使用的专利挖掘的具体方法也是不同的。其主要分布如表 1-2-1 所示。

表 1-2-1　不同类型专利挖掘方法在研发流程中的主要分布

<table>
<tr><th>研发流程</th><th>研发规划</th><th>研发立项</th><th>项目研发</th><th>产品测试</th><th>生产上市</th></tr>
<tr><td rowspan="4">专利挖掘方法</td><td>围绕技术改进</td><td>针对规避设计</td><td colspan="3">基于研发项目</td></tr>
<tr><td>围绕完善专利组合</td><td>包绕竞争对手核心专利</td><td>基于创新工具</td><td>围绕技术改进</td><td>围绕技术改进</td></tr>
<tr><td>基于创新工具</td><td colspan="4">—</td></tr>
<tr><td colspan="5">围绕创新点</td></tr>
</table>

在研发规划阶段，由于需要从行业的高度对研发方向进行明确，需要从企业整体专利战略的高度对专利挖掘的方向进行明确，因此在这一阶段，较多使用可以对行业整体进行分析的专利挖掘方法，例如基于创新工具的专利挖掘方法，以及可以对企业自身专利体系进行整体分析的专利挖掘方法，例如围绕完善专利组合的专利挖掘方法。同时在这一阶段，技术改进的需求也会明确，围绕技术改进的专利挖掘方法也是较常使用的。

在研发立项阶段，由于需要确定产品的具体研发计划，判断产品是否可行，需要对产品进行相关专利检索，判断是否存在专利侵权的风险，因此，这一阶段以针对规避设计和包绕竞争对手核心专利的专利挖掘方法为主。

在项目研发阶段，根据确定的产品设计，主要是利用基于研发项目的专利挖掘方法对设计过程中的创新点进行梳理。这一过程也是可能挖掘出专利最多的阶段。同时，由于在产品设计过程中再次进行了专利分析，因此也可以利用基于创新工具的专利挖掘方法。

在产品测试阶段，测试的设备和方法应纳入研发项目整体，因此应继续使用基于研发项目的专利挖掘方法，同样，生产上市阶段的专利挖掘也是类似的情况。

此外，在所有五个阶段中，如果发现了具有价值的创新点，都可以使用基于创新点的专利挖掘方法，扩展延伸出更多的创新点和专利申请。

二、专利挖掘的常规步骤

上一部分介绍了企业专利挖掘工作中的专利挖掘常规环节，对应不同的专利挖掘方法；而不同的专利挖掘方法的起点也是不一样的。但是，专利挖掘的最终成果是专利申请，那么专利申请的特点也就决定了常规专利挖掘的整体过程。专利申请包含技术问题、解决问题的技术手段以及最后达到的技术效果。发现问题是一项专利的起源，那么，常规的专利挖掘方法也应当从发现问题出发，形成解决问题的构思，进而在构思中挖掘出最主要的创新点，成为专利挖掘的核心，最后再围绕这一核心，形成完整的技术方案，满足专利申请的要求。由此，我们可以总结出专利挖掘的常规步骤，共分为三个模块十个步骤，简称“三块十步法”。

1. 常规专利挖掘流程

常规专利挖掘方法的流程如图 1-2-5 所示。适用于不同场景的具体专利挖掘方法都是在常规方法的基础上增减一些步骤而形成的。

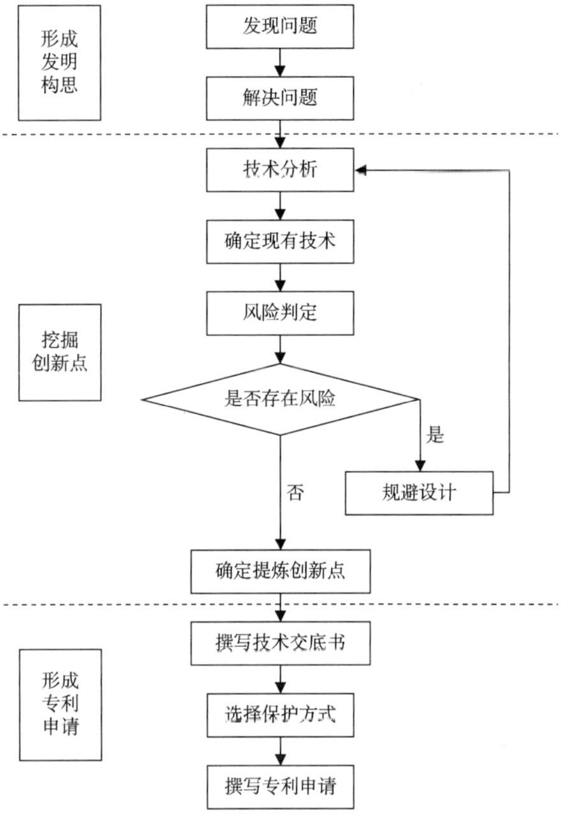

图 1-2-5 常规专利挖掘方法流程

2. 常规专利挖掘步骤说明

● 第一阶段：形成发明构思。

专利挖掘的源泉是发现问题，形成解决问题的构思，我们把这种解决了一定问题的构思、主意、创意，称为“发明构思”。也就是说，形成发明构思是企业专利挖掘的源泉，一般来说，发明构思的数量越多，挖掘出高质量、有价值的专利的机会也就越大。由此可见，发明构思的形成是专利挖掘的首要步骤，也是重要步骤，即第一阶段。

第一步：发现问题。发现问题不仅是企业科技研发的起点，也是企业专利挖掘工作的起点，是形成发明构思的首要步骤。问题的存在是客观的，但是发现问题的能力却因人而异，尤其是对问题重要性的判断和评价，直接决定了后期专利挖掘工作的成效。在企业专利挖掘实践中，根据核心问题进行挖掘而获得的专利往往对应的就是核心专利或基础专利。因此，发现问题的能力和对问题进行分级评判的能力对企业专利挖掘工作至关重要。常见的发现问题的方法有问题树法、鱼骨图法等。

第二步：解决问题。对于如何解决问题，方法也有很多，不同企业的科研人员也有自己解决问题的方法。常见的有TRIZ法、头脑风暴法、技术功效图法等。利用TRIZ等工具进行专利挖掘的方法在第二和第三章有详细介绍。

● 第二阶段：挖掘创新点。

在形成发明构思的基础上，为了能够进一步挖掘出专利，我们需要确定发明构思中的核心部分，也就是在构思中处于决定性地位、对解决问题起到实质性作用的关键点，也就是我们常说的“创新点”。在一个发明构思中，可能只存在一个创新点，也有可能存在多个。但不管何种情况，我们必须通过一定的方式将这些创新点从一个构思中挖掘出来，而且必须做到准确、全面，这是对挖掘创新点工作的基本要求。

“准确”是指从发明构思中挖掘出的创新点不仅要能使最终的技术方案具有新颖性和创造性，能够获得专利权，而且还要使专利申请的权利要求具有适当的保护范围，既不因为保护范围过小而使技术人员的贡献不能完全体现，也不因为保护范围过大而造成权利不稳定。

“全面”是指要对发明构思进行多角度、多层次的理解和把握，通过分解、细化、扩展、延伸等技术分析方法，将一个发明构思全面立体地展现在技术人员和专利工作人员面前，以达到从一个发明构思中尽可能多地挖掘出创新点的目的。

第一步：产品结构分解及技术分析。在企业的专利挖掘工作中，根据发明构思涉及的内容可以大致将发明构思分为两类：一类是涉及研发项目整体的发明构思；另一类是涉及某个具体创新点的发明构思。针对这两类发明构思，可以通过技术分析的方法对其进行全面深入的理解和把握。相应地，技术分析也包括两类：一是从技术研发项目出发，按照研发项目需要达到的技术效果或技术架构进行逐级拆分，直至每个技术点；二是从特定的技术创新点出发，寻找关联的技术因素，寻找其他可能的技术创新点。简言之，对于涉及技术研发项目整体的发明构思，技术分析侧重分解和细化，以达到梳理技术分支、把握技术要素、明确创新节点的目的；对于涉及具有明显价值的创新点的发明构思，技术分析侧重扩展和延伸，以达到梳理关联因素、把握技术维度、明确创新节点的目的。关于技术分析的详细内容可参见本书第四章。

第二步：确定现有技术。确定现有技术的最主要方式就是信息检索，包括专利信息和非专利信息的检索。与其他检索相比，专利挖掘过程中对于发明构思相关的技术方案的检索对应其目的，具有以下特点：一是寻找判断可专利性的证据。从性质上来分析，这种检索是一种查新检索，通过检索获取的证据，评估检索对象是否是新技术、是否未被公开或被申请专利，通过检索比对初步判断本项目研发的技术是否具有新颖性、创造性。二是寻找判定产品侵权风险的依据。这一特点主要通过对专利文献的检索来体现。发明构思相关的技术方案与相应的产品具有很高的相关性，在对技术方案进行检索的同时就可以获得与相应产品具有很高相似度的专利文献，以其作为依据判断现有产品是否侵权，为下一步的规避设计找到参照方案。

第三步：风险判定。主要包括两方面的判定，一方面是获得授权可能性的判定，另一方面是产品专利侵权的风险判定。对授权可能性的判定可以明确企业技术的创造性高度，节约不必要的专利申请费用。对专利侵权风险的判定，主要是对照检索查新后发现的相关专利对发明构思进行比对分析，预估相关技术方案可能面临的潜在专利风险，并着重从技术上寻找规避替代的解决方案，提前制定风险应对预案，为企业最大限度避免和减小损失做好准备。

第四步：规避设计。在确定了风险专利的基础上，要及早寻找技术规避方案。规避方案有多种渠道和途径，在专利挖掘过程中，对于专利风险的规避主要从技术角度入手。典型的方法包括技术上寻找替代方案和进行新的研发和改进。关于规避设计的详细内容可参见本书第六章。

第五步：确定提炼创新点。发明点的确定和提炼，不是简单确认技术点是否“新”，而是从专利运用、技术占位、市场控制、侵权诉讼举证等方面综合进行考量，其涵盖了技术、市场和法律等多重因素。提炼的基本要求是，用于描述主要发明点的技术特征是且仅是关于该发明的最基本的必要技术特征。[1]

- 第三阶段：形成专利申请。

创新点确定提炼出来之后，就需要围绕创新点形成专利申请。

第一步：撰写技术交底书。技术交底书是技术人员与专利工程师沟通的桥梁。一份好的技术交底书应当清楚、完整地记载发明创造的内容，如有必要，应该提供相应的图示。特别是对于涉及机械和单纯电路结构方面的发明创造，图示往往比单纯的文字描述更能清楚反映发明创造的要点。完整的技术交底书一般包括八个部分：发明或实用新型的名称、所属技术领域、背景技术及其存在的问题、发明目的、发明内容、有益效果、最佳实施方式、附图及附图说明。

第二步：选择保护方式。保护方式的选择包括是否申请专利以及申请何种类型的专利。对于专利保护和技术秘密保护之间的权衡，二者并非非此即彼。在满足《专利法》第 26 条第 3 款要求的前提下，可以将产生最优效果的技术参数、技术方法等内容作为技术秘密加以保护，这就是专利保护与技术秘密保护的结合。而在选择专利保护类型时，可以充分利用发明、实用新型以及外观设计专利各自的优势，相互配合，达到目的。

第三步：撰写专利申请。确定申请专利之后，需要根据技术交底书的内容，按照专利法的相关要求，以规定格式撰写专利申请。

需要说明的是，上述第二部分的第一步至第五步仅仅是“挖掘创新点”的一个示例性的常规步骤。在实务中，在进行创新点挖掘时，可以根据实际情况对这些步骤进行增减或变通。例如，在某些专利挖掘的场景下，在第三步“风险判定”中可以仅进行获得专利授权可能性的判定，如果判定授权前景好，则可以直接进行第五步，即确定提炼创新点；而产品侵权风险的判定，可以在专门的专利风险排查项目（即 FTO）中单独进行。实际上，在实务中绝大多数公司的通常做法也是将专利挖掘项目与产品

---

[1] 杨铁军．企业专利工作实务手册［M］．北京：知识产权出版社，2013：66.

FTO 项目分开进行，专利挖掘聚焦在寻找满足专利授权条件的技术方案，而 FTO 则聚焦在识别产品的潜在专利侵权风险。对于企业而言，无论产品专利侵权风险的判定是在专利挖掘项目中进行，还是在单独的 FTO 项目中进行，对于发现的潜在风险专利，都应当采取相应的风险防控措施以保证自身的运营安全。需要提请广大企业特别注意的是，规避设计的确是产品专利风险防控的一项重要措施，但并非唯一措施，在发现风险专利时，除了规避设计，还可以采取购买专利、购买专利许可（含交叉许可）、对风险专利发起无效甚至风险留置等其他多种风险防控措施。至于具体采取哪种或哪几种风险防控措施，需要企业结合自身的商业和产品情况、风险专利涉及的技术情况、风险专利的权利人情况等相关因素进行综合判断后做出对企业最有利的选择。

第三节　专利挖掘的常规时机

从发明创造到专利申请共有三轮进行专利“挖掘”的机会，其中包含发明点层面的挖掘、技术手段层面的挖掘和专利撰写层面的挖掘，如图 1-3-1 所示。

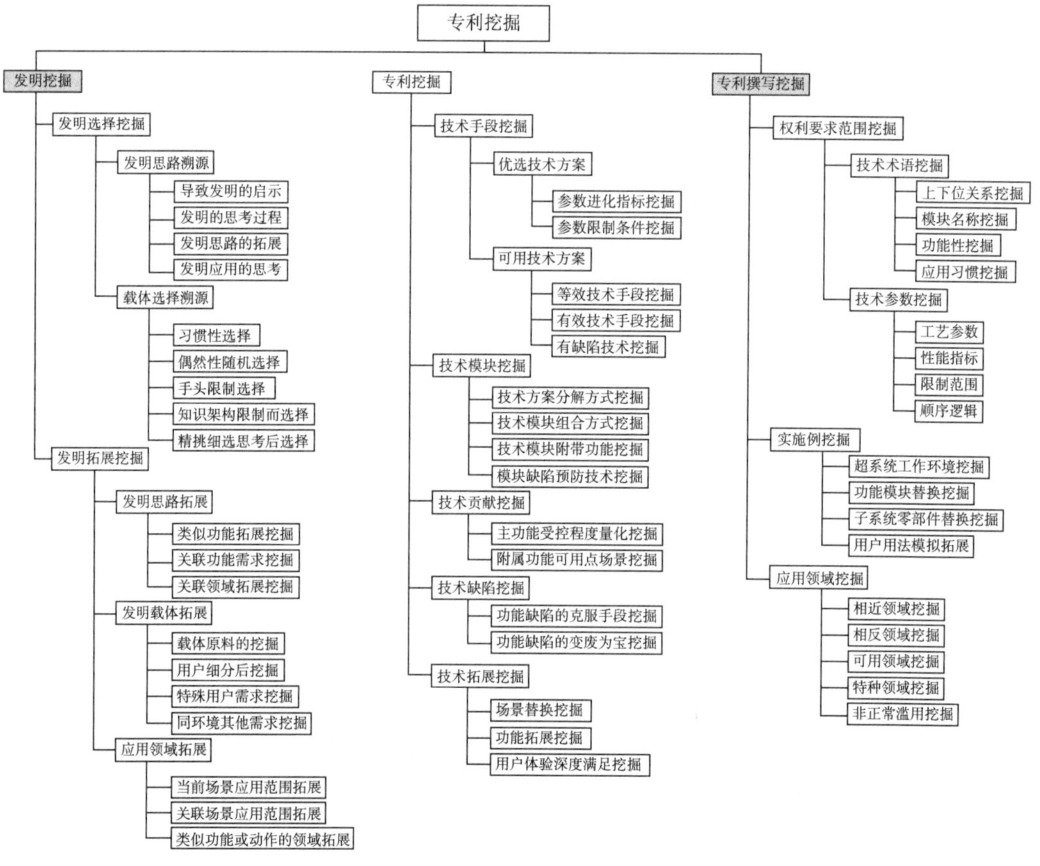

图 1-3-1　专利挖掘的三个层面

一、发明点层面的挖掘

1. 发明点层面挖掘的意义

发明点层面的挖掘又叫发明挖掘，是源头挖掘，挖掘的对象是发明的载体，挖掘的目标溯源发明的思路。在进行发明点挖掘的时候，专利挖掘人员需要尽量多地问自己和发明团队若干个为什么，充分理清发明人获取当前智力成果的动机、原因和思考过程。

发明人的智力成果称为发明载体，它可以是一个产品、一个零部件、一种方法、一套软件算法、一种逻辑顺序等，可以有实体，也可以是虚构的，它是用来承载发明过程的当前选择。

发明人选择当前发明载体的动机、目的和思考过程是什么样的？为什么选择的是现有的载体，而不是其他的载体？

大部分发明其技术交底并不清楚和充分，发明家不是善于表达的演说家，肚子里虽然有干货，却不一定能清楚地表达出自己的发明内容，专利挖掘人员获取的常规技术交底书常常存在较多缺陷。

例如以下情况：

喜欢埋头苦干的发明人员因缺乏言语表达能力、不擅长沟通等，导致表达不清，或误以为专利挖掘人员已经清楚发明内容，从而使得技术交底不完整、不清楚；

发明人员因在发明过程中使用的是自己早已掌握，并经常使用，养成了习惯的技术手段，形成了本能反应，误以为这也是别人可以信手拈来的常规手法，或以为自己简单提及一下，别人就能非常清楚地明白，导致在表达自己发明的内容时，自然而然地予以忽略，导致技术交底不完整、不清楚；

发明人员担心介绍当前发明的内容被泄密，或介绍当前发明内容时会泄露自己其他未公开的发明，因有所顾虑，不愿深谈和有所隐瞒，导致发明内容的技术交底表达得不清、不全等。

专利挖掘人员在得到的技术交底不清楚、不完整、有缺陷的情况下，难以真正体会发明的精髓和潜力，很难准确地做好专利挖掘工作。在社会上，较多专利从业人员往往认为专利撰写的挖掘就等同于专利挖掘，误以为权利要求的范围拓展技巧和技术特征、技术模块的简单替换技巧就是专利挖掘的全部，还为其技巧悠然自得。错误的认知会导致专利挖掘人员工作做不到位，不能很好地挖掘发明创造的潜力，保护好发明创造的成果。专利制度就是公开换保护，但国内很多发明创造的专利成果质量较低，不是专利撰写技巧不到位，而是发明成果得不到专利权利要求的合理全覆盖，存在较多的遗漏或容易规避的区域，这是技术交底工作和专利挖掘工作没有做到位的表现，目前也是一种常态。专利从业人员应用简单的了解发明的功能描述、工作原理、观察样品实物和图纸等常规技术交底手段，缺乏足够多对发明内容的诱导式提问和互动解答，很难完成对发明创造的深度理解和技术交底工作。虽然让专利挖掘人员弄清楚发明的历史诱因和缘由，设计各种诱导式提问和互动解答环节有相当大的难度，但有利于专利挖掘人员抛开发明载体的表象，重点捕捉研究和挖掘发明过程，充分溯源发明思想，还原发明的本质，再在其基础上实现精准的发明点挖掘。

每个发明人员都有自己不同的工作经历、知识面的广博度、知识架构的深度积累、精通的技术领域，以及处理事情的步骤习惯等，将完全相同的发明过程与不同的发明家相结合，不同的发明人员团队得到的最终发明成果和发明载体将会大不相同，各有其特色和优缺点。如果我们只研究发明载体本身，就会使思维惯性地只沿着发明载体的落实方向进行挖掘扩散，这将严重受限于发明载体的外在表现，受原始发明人员本身能力和眼界的限制，发明人员的发明载体选择得好，基于此发明载体的专利挖掘也就会更加准确，发明人员的发明载体选择欠妥或存在明显缺陷，基于此发明载体的专利挖掘也将存在较多局限，有较大机会错过重量级发明的深度挖掘。

每一个发明过程都需要有足够的发明载体来承载发明思想，所有发明载体的科技成果转化都需要依赖各种现有的成熟的技术手段来实现，由发明人对发明的载体进行筛选是非常不准确的，左右发明人最终选择结果的主要因素是发明人的现有知识架构情况、对材料和工艺的熟悉程度、自认为的比较优选方案、经验教训、手头正好拥有的材料和工具以及兴趣爱好的认知等，发明人数越少的团队越难跳出自己的现有格局、认知和选择倾向，越难选择出真正最优方案的发明载体，所以，基本上所有的发明载体或多或少都有些缺陷，存在一些问题。

2. 发明点专利挖掘的操作步骤及思路

（1）专利挖掘的第一步。

①适合采取专利挖掘手段的发明点分析和选择。

②进行发明溯源，理清原始发明人的思维过程（尤其是发明人发现的问题点、思考逻辑和观察问题的角度）。

③了解发明人的个人背景、成长历程、经验教训和擅长领域等现实约束。

④分析发明思维过程中的优缺点，理清发明人选择现有发明载体和技术方案的真正原因。

（2）发明创造过程可以分两个阶段。

①从无到有的发明。此阶段特别强调发明思想的创造性，创新点很难被发现、想到、深化和突破，难度系数为100。虽然跨步幅度很小，但难度系数极大，专利挖掘人员此时如果对其进行深度专利挖掘，将能获取大量基础的难以规避的高价值专利群，属于战略性专利挖掘。

②从有到精的发明。革除发明载体缺陷、对性能指标精益求精，可以获得大量的改良型知识产权成果，其发明进程贯穿从1到100的发明进化进程。发明难度较低，难度系数为1，很容易实现。此阶段基本都能获取一些比较实用的、适合落地的科技成果，能够带来现实利润的有价值的专利，属于战术级专利挖掘。

二、技术手段层面的挖掘

技术手段层面的挖掘又叫技术挖掘，一般由本领域的技术人员牵头，先研究分解发明方案，将其拆解成的各个相互独立的技术模块，然后再分析各个技术模块的功能特性，进行技术手段层面的挖掘，挖掘方案有两个：

方案1：探讨原始发明技术模块的优化改良方案和替代方案，对其进行修改，或寻找其他的等效模块，替换掉原始发明涉及的技术模块，使技术模块之间的差异足够大，从而实现其技术手段层面的挖掘目标。

方案2：探讨将原始发明构成的新技术模块或旧技术模块的新组合在其他产品和服务，或其他领域的应用，寻找需要类似功能或动作的应用场景，或寻找有类似需求的应用场景，或将技术模块向产品构成的子系统（零部件）或超系统（与发明有接触或相互作用关系的一切事物，自身除外）转移，实现新技术模块或旧技术模块的新组合在其他产品和领域上的跨界应用，从而实现其技术手段层面的挖掘目标。

三、专利撰写层面的挖掘

专利撰写层面的挖掘主要包括专利的权利要求覆盖范围的挖掘、专利实施例及其替代方案的挖掘，以及专利应用领域的扩展挖掘。

专利的权利要求覆盖范围的挖掘主要包括参数范围的合理扩大、调整技术术语的上下位包含关系、顺序流程的可变性、功能性挖掘、应用习惯挖掘、性能指标和限制范围等挖掘。

专利实施例及其替代方案的挖掘主要包括实施场景环境的挖掘、实施常用的零部件载体挖掘、功能模块的替换途径挖掘、用户使用场景和使用过程模拟挖掘。

专利应用领域的扩展挖掘主要包括相近的应用领域挖掘、相反的应用领域挖掘、特殊群体的挖掘、特种环境下使用的挖掘等。

专利撰写层面的挖掘非常重要，它决定了专利权的稳定性和专利的权利要求的覆盖范围，也决定了专利是否能够实现真正的维权。维权的时候好不好取证，作为判断侵权依据时能不能拓展技术特征视为等同的范围，容不容易规避或包绕架空等，是专利挖掘成果守护的最后一道屏障。

发明点层面的挖掘、技术手段层面的挖掘和专利撰写层面的挖掘都是专利挖掘路途中不应缺失的重要环节，任何一个环节的薄弱都可能会引来竞争对手的攻击。专利挖掘需要各领域很多的人才参与，需要花较多的精力和代价，专利挖掘需要根据自身的行业特点、竞争现状以及自己的行业地位和行业发展目标等进行选择。

第四节 典型案例分析

格力电器进行专利挖掘五步法❶

1. 专利挖掘五步法

专利挖掘有没有一套通用的流程，既可以不遗漏任何技术创新点，又可以对每个技术创新点进行深入的拓展呢？笔者提出的专利挖掘五步法，或许可以解决此问题。专利挖掘五步法，是指专利挖掘团队按照“技术人员讲解、从核心部件到次要部件进行专利挖掘、沿单一方向进行专利挖掘、回忆未被采用的方案、拓展”这五步，最终挖掘出技术创新点的方法。下面对每一步骤进行介绍。

步骤一：技术人员讲解。

对于技术成果，技术人员通常是最熟悉的。在进行专利挖掘时，应当首先由技术人员讲解他的技术成果，专利人员应当引导技术人员阐述他们所认为的创新点，而不要急于投入具体技术成果的问询当中。由于技术人员长期在某一领域研发，会不自觉地拔高现有技术的水平，忽略一些细节的创新点，而只阐述了主要的创新点，所以技术人员阐述的创新点通常是整个技术成果中最为核心的创新点，极有可能成为专利人员所要捕捉的核心专利。

步骤二：从核心部件到次要部件进行专利挖掘。

一项技术成果，以产品为例，通常可以分为核心部件和次要部件，或者首先分为几大模块，各模块中又可以进一步分为核心部件和次要部件，其中次要部件通常是参照核心部件的要求进行设计的。所以技术创新点通常会集中在核心部件上，并以核心部件辐射至次要部件。

专利人员应当以核心部件为切入点，结合步骤一收集到技术创新点，进一步开展全面有序的专利挖掘，这一过程中专利人员就要区分所有创新点的层次，布局哪些作为核心专利，哪些是外围专利，从而进行申请。

以空调为例，压缩机是核心部件，而技术人员也首先提到压缩机由单转子结构改为双转子结构，专利人员就可以围绕这一创新点，进一步追踪压缩机曲轴的平衡方式、压缩机的吸排气口等有没有创新。

步骤三：沿单一方向进行专利挖掘。

如果无法将技术成果区分出核心和次要的部分，可以沿单一方向进行专利挖掘。所谓单一方向，可以是空间上的，如从上到下，从左到右，从内到外，从进气口到出

❶ 专利挖掘五步法［EB/OL］. www.360doc.com/content/15/0727/19/22751255_487787792.shtml.

气口，从输入端到输出端，也可以是时间上的，如从第一步到最后一步，都是可以遵循的方式。选择最合适的方向，然后认真核查完每一个部件或步骤，可以保证不会遗漏对眼前技术成果的任何一点创新。该步骤虽然欠缺对创新点层次的划分，但仍不能省略，因为它可以极大地提高专利挖掘的全面性，有效防止遗漏技术创新点。

步骤四：回忆未被采用的方案。

通过前三步，一项技术成果能够直接呈现出来的技术创新点基本可以全部被发现，但那些曾经在研发过程中提出过，但最终没有纳入技术成果中的方案，仍然未被发现。此时，专利人员应当引导技术人员回忆，在研发过程中，遇到过哪些问题，有过哪些解决方案，其中有很多最终未被采用的创新的解决方案，我们可以视其为沧海遗珠，它们同样是技术人员智慧的结晶，却没有得到足够的重视。专利人员应当注意，对于这些创新点，即使没有最终在技术成果中被采用，仍然应当考虑是否要申请专利，因为竞争对手在研发相同技术成果时，极有可能遭遇相同的技术问题，这些本次未被技术人员采用的方案，完全有可能出现在竞争对手的技术成果中。所以务必将这些创新方案也申请专利，它们可以极大地丰富专利组合，其价值并不亚于那些为了保护已经被采用的方案而申请的专利。

步骤五：拓展。

专利人员将前四步找到的技术创新点进行整理，再次与技术人员一起，针对每一项技术创新点进行讨论，寻找拓展方案，例如替代方案、改劣方案等。拓展方案通常会因为与已整理的创新点属于相同的发明构思，而不会作为一件独立的专利申请，但对丰富具体实施例，增加权利要求的层次，支撑独立权利要求获得更大的保护范围，仍然具有重要意义；当然也不排除个别情况下，拓展方案具有极强的前瞻性，仅仅是因为造价太高而不适宜在当下实施，此拓展方案或许可以作为一件独立的申请。

2. 专利人员的必要准备

1）在专利挖掘前，对技术成果的现有技术有基本的了解。

2）技术创新点通常会出现在部件的添加、减少、替换，部件与部件之间关系的变换，材料变换，物质组分，特定数值，方法步骤的增加或减少等方面。因此在专利挖掘时，专利人员应当时刻留意这些方面的技术方案，捕捉其中的创新点。

3）建立专利挖掘对照表，将产品的结构、电路、控制方法做全面的细化，并及时更新专利挖掘对照表。每次进行专利挖掘时，专利人员对照此表一条一条检查，能降低专利挖掘遗漏的风险，如此，即使是经验尚不足的专利人员进行专利挖掘，也能取得较好的工作成效。

【案例 1-4-1】壁挂式空气能热水器专利挖掘

案例设置目的：通过实际案例掌握专利挖掘的常规手段的实践方法。

第一阶段：形成发明构思。

第一步：发现问题。

空气能热水器，也称“空气源热泵热水器”。“空气能热水器”把空气中的低温热量吸收进来，经过氟介质汽化，然后通过压缩机压缩后增压升温，再通过换热器转化给水加热，压缩后的高温热能以此来加热水温。空气能热水器具有高效节能的特点，它用相同电量制造出来的热水量，是一般电热水器的4~6倍，其年平均热效比是电加热的4倍，利用能效高，作为一款超级节能产品，近些年逐渐走进千家万户，受到消费者的欢迎。如图1-4-1所示的空气能热水器为整体式，使用的时候存在“需放置在阳台等空地上，占地面积大”的问题。

第二步：解决问题。

某企业技术人员针对现有的整体式空气能热水器占地面积大的技术问题，提出了一种壁挂式空气能热水器，采用一体式横卧设计，内凹式内胆设计极大缩短了水箱长度的同时提高了微通道换热面积，紧凑型横卧机头腔体设计充分节省了安装空间，如图1-4-2所示。

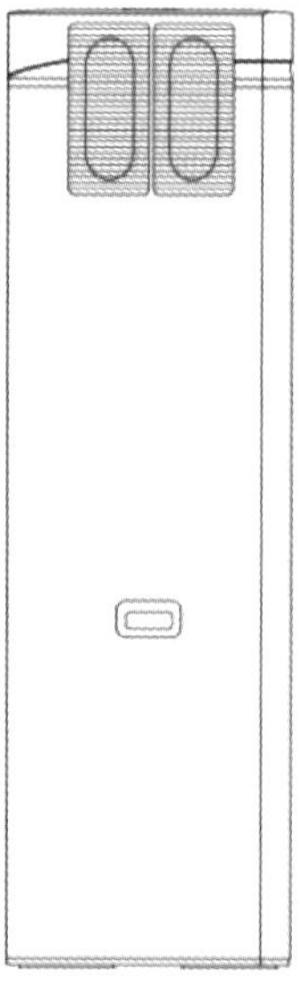

图1-4-1　壁挂式空气能热水器

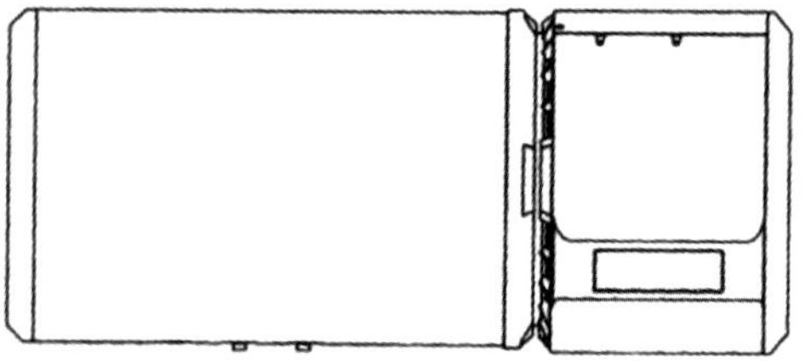

图1-4-2　整体式空气能热水器

第二阶段：挖掘创新点。

第一步：产品结构及技术分解。

对改进后的壁挂式空气能热水器进行结构分解和技术分析。

首先，为了解决最主要的“传统的整体式空气能热水器占地面积大的技术问题”，创造性地提出了壁挂式方案。

其次，在壁挂式方案的基础上采用内凹式内胆设计，缩短水箱长度，提高水箱内换热器的换热面积，进一步缩小了产品体积的同时提升换热效率，这样便可用更小的产品制取更多的热水，满足更多人的用水需求。

最后，通过使用内置式盘管换热技术，进一步提升了空气能热水器的换热效率，使小身板大容量成为可能，用更小的机身制取更多的热水，满足更多人的用水需求。

技术分析的具体结果如图 1-4-3 所示。

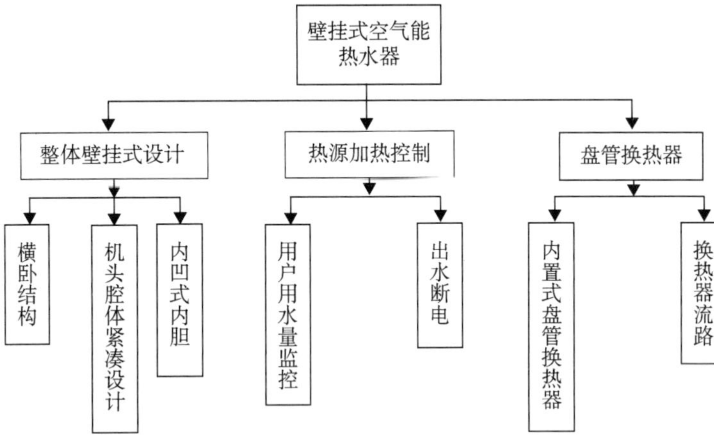

图 1-4-3 技术分析的具体结果

第二步：确定现有技术。

在产品结构分解及技术分析的基础上，对新设计的壁挂式空气能热水器进行专利检索，得到一篇公开于本项目之前的授权专利。说明书主要附图如图 1-4-4 所示。

授权专利的独立权利要求：一种壁挂式空气能热水器，包括机箱、压缩机、热水储水箱、蒸发器、冷气风扇、接水盘、热水循环泵、盘管换热器、节流装置，其特征在于：所述压缩机、盘管换热器、节流装置、蒸发器通过管道连接形成加热循环回路；所述热水储水箱、热水循环泵、盘管换热器通过管道连接形成热水循环回路；所述加热循环回路与热水循环回路均设在机箱内。

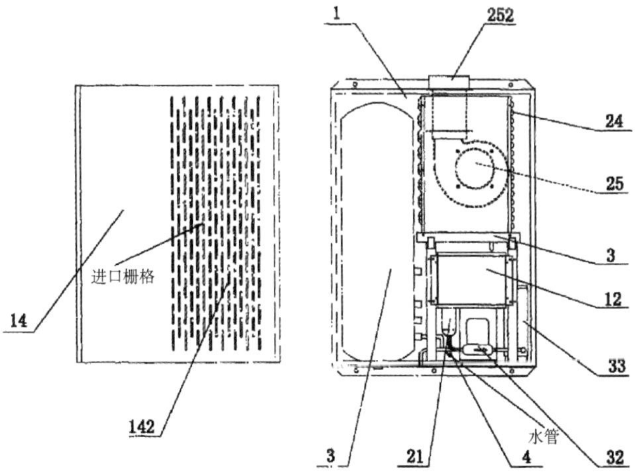

图 1-4-4 壁挂式空气能热水器现有技术专利

第三步：风险判定。

在风险判定环节，需要解决两方面的问题。第一方面，需要确定产品结构分解及技术分析阶段得出的新技术点的技术高度，即新创性，以评估申请专利之后的授权前景；第二方面，需要确定本项目中的新的技术方案的侵权风险，即壁挂式空气能热水器上市之后是否会侵犯现有的专利权。

首先对侵权风险进行判定。根据前面权利要求的技术内容，图 1-4-4 所示的壁挂式空气能热水器的保护范围较宽，凡涉及内置式盘管换热器的方案均可能落入该专利的保护范围。

第四步：规避设计。

专利规避设计是指为规避专利保护范围来修改现有结构设计，在设计思路上重于如何利用不同之构造来达成相同之功能，避免触犯他人权利。规避设计主要遵循两点原则：第一是要素省略，即通过减少组件数量来使产品无法被规避专利全面覆盖；第二是要素替换，即在要素无法省略的情况下替换其中的部分组件以使规避后的技术方案与规避专利权利要求中的技术方案不相同或等同。针对图 1-4-4 所示的壁挂式空气能热水器的技术方案，可以使用要素改变的方法，用微通道换热器替换盘管换热器，且将微通道换热盘管的缠绕方式改为外盘。微通道换热器不同于常见的盘管换热器，这种换热器的扁平管内有数十条细微流道，在扁平管的两端与圆形集管相连。集管内设置隔板，将换热器流道分隔成数个流程，其换热效率比盘管换热器提升超过 100%。规避设计后的方案如图 1-4-5 所示。

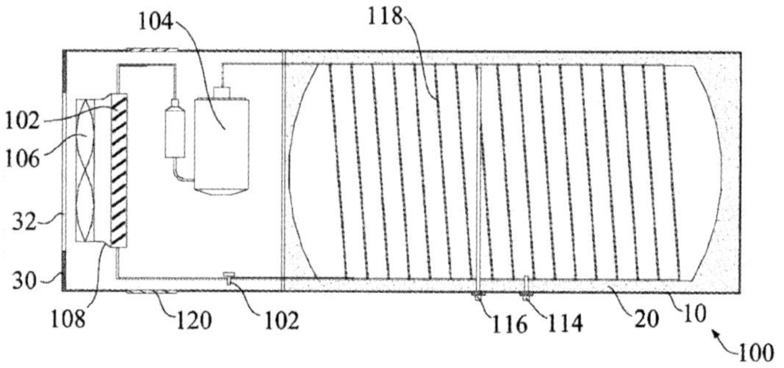

图 1-4-5　规避后的壁挂式空气能热水器

尽管外置式微通道盘管换热器的方案规避了现有专利，由于使用了微通道换热技术，其换热效率并没有下降，但由于盘管外置，其加热速度不如内置盘管，为了满足及时用水需求，可在原有的方案中，增加双源动力技术，即在水箱内增加电加热管，来满足即时用水需求。优化后的方案如图 1-4-6 所示。

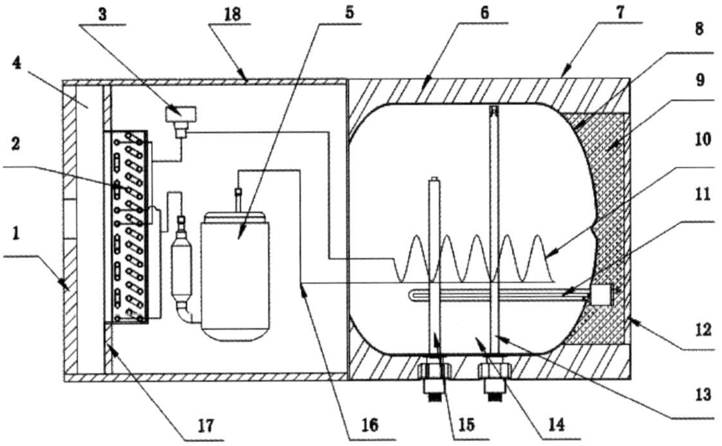

图 1-4-6 增加了电加热管的壁挂式空气能热水器

通过以上规避设计及技术方案优化，我们已经完全规避了现有专利的侵权风险，但同时所采用的技术方案与最初的技术方案有了较大区别，因此需要再次进行产品结构分解和技术分析、确定现有技术和风险判定的步骤，以确定当前技术方案的专利侵权风险较低。第二次技术分析的结果如图 1-4-7 所示。

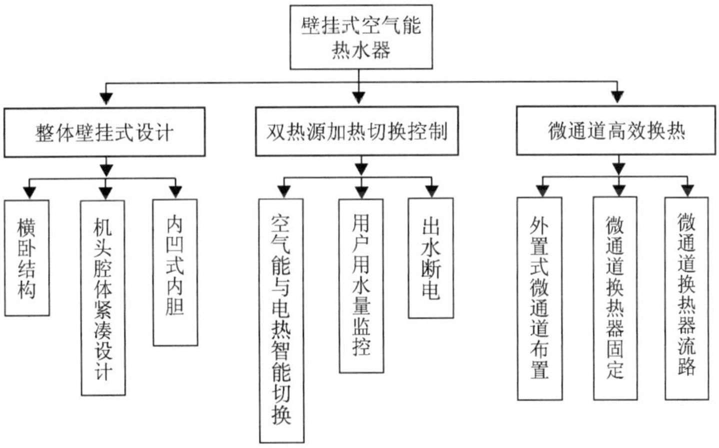

图 1-4-7 最终采用的壁挂式空气能热水器的结构分解和技术分析示意

第五步：确定提炼创新点。

通过产品结构分解和技术分析与现有技术的壁挂式空气能热水器的比较，来确定创新点。

首先，“外置式微通道换热器”这一技术特征是现有的壁挂式空气能热水器中没有的，而且由于外置式微通道换热器的使用，导致的换热器结构、换热器与水箱之间的固定方式、换热器的流路以及为了满足即时用水而设置的电加热管等都与现有技术存在差异，何况结构特征发生较大变化之后，相应的产品功能和控制方案也会发生变化，例如本产品中新增的双源动力切换控制、用户用水量监控方法以及出水断电控制方法，都是本项目中的重要创新点。

第三阶段：形成专利申请。

第一步：将创新点进行扩展合并，形成提案清单。

在提炼出创新点之后，还需要将这些创新点进行进一步扩展，将技术点扩展成技术方案，梳理时，主要考虑是否解决了明确的技术问题，是否采取了相应的技术手段，是否达成了某个技术效果三个方面，可以通过一个简单的表单来进行梳理，形成提案清单，如表1-4-1所示。

表1-4-1　提案清单

提案序号	提案名称	解决的技术问题	采取的技术手段	达到的技术效果	是否合案	备注
1	空气能热水器	现有盘管换热器换热效率低	外置式微通道换热器	结构紧凑，换热效率高	否	
2	空气能热水器的控制方法	双源加热切换控制	水量不足或出水量大时启动电加热	满足即时用水需求的同时充分利用空气能实现节能	否	
3	一种整体横式壁挂热泵热水器	热水量不足或制热水不及时	水箱内安装电加热管	满足即时用水需求	否	
4	……	……	……	……		

第二步：撰写技术交底书。

原则上技术交底书的内容包括八部分，但考虑技术交底书的撰写以研发人员为主，可以适当做一些简化，最主要的内容有五方面，分别是背景技术即现有技术，本发明创造要解决的技术问题，为解决该技术问题所采取的完整技术方案，采取该技术方案之后可预期的技术效果以及本技术方案最想保护的点。

第一是背景技术，即本发明创造之前已经存在的技术方案是怎么样的。可以让研发人员按自己的专业经验进行判断并提供背景技术的情况，也可以通过检索来确定背景技术。在本案例中可以将检索到的现有技术专利作为背景技术。

第二是本发明创造要解决的技术问题，现有技术与本发明创造相比之后存在的不足就是本发明创造要解决的技术问题。

第三是为解决上述技术问题所采取的完整技术方案，本部分是交底书中最核心的内容，也是决定最终专利申请文件保护方向和保护质量的决定因素，因此，务必要引导发明人将所有技术细节充分完整地呈现出来。

第四是采取该技术方案之后可预期的技术效果，技术效果应当根据技术方案得出，并与技术问题和技术方案形成前后呼应。

第五是本技术方案欲保护的点。尽管提炼保护点是专利代理师的职责，但作为最了解技术方案的角色，发明人在交底书中提供的保护点对代理人具有重要参考意义，对整个专利申请文件的质量也具有重要影响，因此，在笔者的日常工作中，通常会要求发明人自己提供保护点。

第三步：选择保护方式。

空气能热水器属于面向用户的产品，且属于结构型产品，易于逆向工程，显然无法通过商业秘密进行保护。因此，通过专利申请进行保护是最恰当的保护方式。

决定了申请专利之后，还需要考虑通过哪些类型的专利进行保护以及在哪些国家和地域进行申请。中国专利的三种类型区别非常明显，发明保护产品和方法，保护时间长，保护强度高，但审查周期长、审查尺度严；实用新型授权容易且较快，但保护周期只有10年；外观设计只能保护产品外观，无法保护产品的结构和构造。根据以上分析，结合空气能热水器的市场特点，空气能热水器属于生产、销售周期较长的产品，所使用的技术的生命周期也较长，同时产品外观影响消费者选择，但又有尽快上市的需求，因此三种类型的专利都需要申请，对于一些比较重要的且生命周期较长的技术申请发明，一些改进不大的微创新技术申请实用新型，产品外观申请外观设计专利。必要的情况下，可以对一个技术方案同时申请发明和实用新型，在发明审查阶段，实用新型可以快速获得授权。

第四步：撰写专利申请文件。

专利申请文件既是技术文件也是法律文件。因此撰写专利申请文件是一项专业性非常高的工作，笔者建议在财力允许的前提下尽可能委托外部的专业代理机构进行撰写以保证申请文件的质量。

根据前述技术分析得出的创新点，结合发明人提供的技术交底书的内容，可以针对每个创新点分别申请专利，每个专利申请围绕一个创新点撰写权利要求。当然，在可能的情况下，也可以让代理人进行合案，将多个创新点写到一个专利申请文件中，利用独立权利要求与从属权利要求的灵活运用，形成不同的保护范围。读者需要明白的是，并非任何两个技术方案都可以合案，合案的前提是具备合案的条件，这方面我们应当充分信任外部专利代理师的专业能力。

第二章　基于 TRIZ 理论进行专利挖掘

本章概述

TRIZ 理论❶是专利挖掘过程中重要的创新工具之一，本章将对 TRIZ 理论体系及其在专利挖掘中的应用做进一步的介绍，尤其是 TRIZ 理论中涉及的矛盾与 40 条发明原理、39 个通用工程参数与技术矛盾矩阵、常见的物理矛盾与分离原理等，并结合相关案例进一步阐述利用 TRIZ 理论进行专利挖掘的手段和具体操作方法。

本章知识脉络

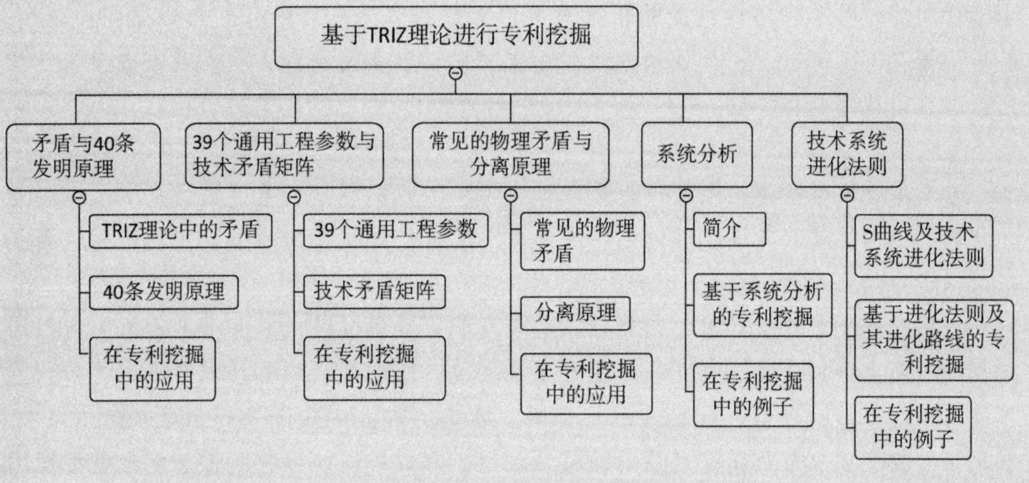

❶ TRIZ 理论是“发明问题解决理论”俄文首字母的缩写，其英文缩写为 TIPS（Theory of Inventive Problem Solving）。它是苏联学者阿奇舒勒（Altshuller，1926—1998）对 250 余万件专利进行分析和研究后所提出的。

引　言

专利挖掘是一种技术创新活动，其核心在于如何在现有技术中发现新的技术问题，并对其进行改进，最终获得新的技术创新点。专利挖掘这一创新活动的方法有很多种，最为常见的有头脑风暴法和 TRIZ 理论等。

头脑风暴法可以用于解决任何问题，但是其主要依赖参与者的技术知识储备、技术经验积累以及思维能力，属于一种相对依赖主观因素的创新方法。

与此不同，TRIZ 理论是基于知识的方法学，它利用从专利数据库中整理出来的关于问题解决方式的知识，与采用自然科学工程中效应的基本知识相结合，来启发设计者面临问题时的解题方向，是一种客观规律的呈现。❶

与传统的专利挖掘方法相比，TRIZ 理论强调解决问题的规律性，其作为一种具体问题的分析与解决工具，对于专利挖掘有着重要的指导意义。

TRIZ 理论的基本内容主要包括技术系统进化法则、最终理想解、技术矛盾、40 条发明原理、39 个通用工程参数及技术矛盾矩阵、物理矛盾与四大分离原理、物-场模型与标准解、How to 模型与知识库、发明问题的解决算法（ARIZ）等，其体系如图 2-0-1 所示。

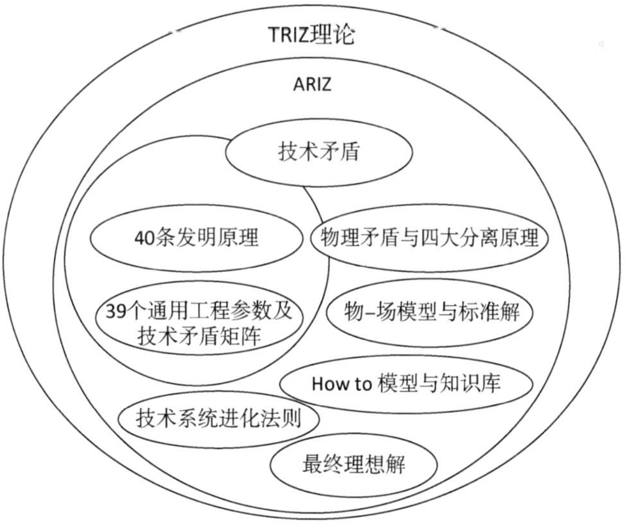

图 2-0-1　TRIZ 理论体系❷

❶ J Terninko, A Zusman, B Zlotin. Systematic Innovation: An Introduction to TRIZ (Theory of Inventive Problem Solving) [M]. Boca Raton: Crc Press, 2010.

❷ 丛秀娟. TRIZ 理论在机电产品创新设计中的应用研究 [J]. 现代制造技术与装备, 2011 (3): 20-22.

在利用 TRIZ 理论进行创新设计的过程中，设计者先把待解决的创新问题进行深入细致的描述和分析；接着再把相应的问题进行分类，即参数、结构、资源和系统综合问题；然后再把分类后的问题转化为 TRIZ 理论的标准问题模型（如技术矛盾模型、物理矛盾模型、物-场模型和 How to 模型），再通过中间工具（如技术矛盾矩阵、分离方法、知识库效应库和标准解系统）找到相应的标准解（如 40 条发明原理、76 个标准解以及知识库效应库中的方案等），最后通过结合工程实际情况和工程实践经验得到相应的创新设计方案，其创新设计过程模型如图 2-0-2 所示。

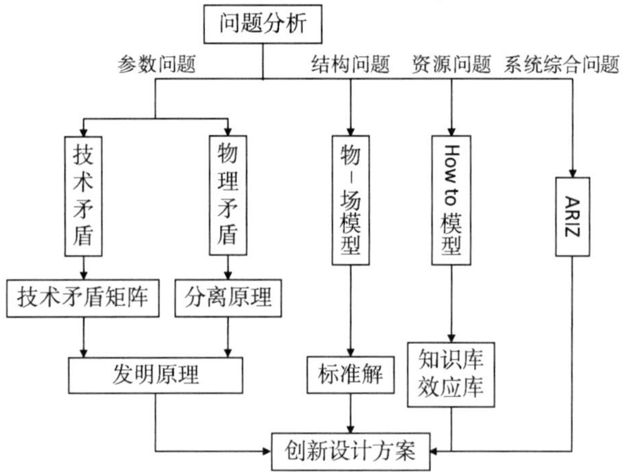

图 2-0-2　TRIZ 理论创新设计过程模型

专利挖掘中面对的技术问题往往是参数问题以及结构问题，所以在专利挖掘中常遇到的技术问题一般是 TRIZ 理论中提及的技术矛盾、物理矛盾、物-场模型等，而其中又以技术矛盾和物理矛盾最具代表性和规律性。

另外，我们可以将参与创新的人员主要分成两类。第一类技术人员为企业工程技术人员，适合做技术改进，对自己的当前产品不满意，想要提升性能、克服缺陷等发明问题就可以交给他们做，对应地需要加强他们解决技术矛盾和物理矛盾的能力，多训练物-场模型与标准解、How to 模型与知识库方面的解题能力，熟能生巧，发明目标是力求将现有产品做得更精致、更实用、更省钱；第二类技术人员为企业核心研发人员，技术基础无须扎实，但眼界和见识一定要足够广阔，思维要足够活跃，能够善于发现问题、观察问题、分析问题和解决问题，以进行跨代发明或跨界发明为发明目标，寻找发明闪光点，进行较大幅度的跨越式发明，与其对应的 TRIZ 工具是技术系统进化法则、九屏幕法、最终理想解和情景充分代入式发明法（见图 2-0-3）。

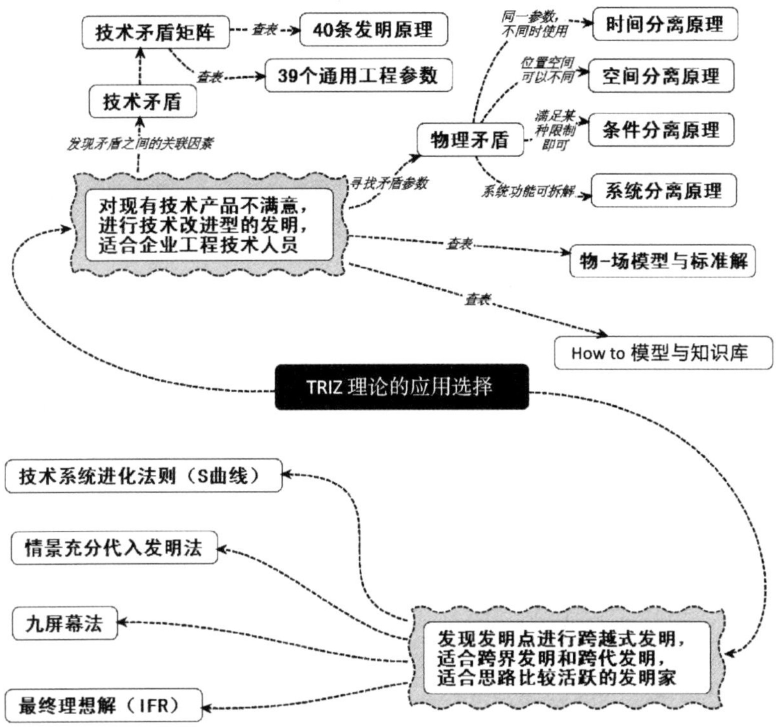

图 2-0-3　针对不同研发人员的 TRIZ 理论应用建议

第一节　TRIZ 理论中的矛盾与 40 条发明原理

一、TRIZ 理论中的矛盾

TRIZ 理论认为，创造性问题是指包含至少一个矛盾的问题。在 TRIZ 理论中，工程中所出现的种种矛盾可以归结为三类：第一类是物理矛盾，第二类是技术矛盾，第三类是管理矛盾。

物理矛盾是指系统中的问题是由一个参数导致的。其中的矛盾是，系统一方面要求该参数正向发展，另一方面要求该参数负向发展。当一个技术系统的通用工程参数具有相反的需求时，就出现了物理矛盾。例如，为了让灯泡亮度更大，要提高功率，而为了节约能耗，又希望降低灯泡功率，这种要求灯泡具有小的功率和大的功率的情况，对于灯泡设计来说就是物理矛盾。

技术矛盾是指系统中的问题是由两个参数导致的。当技术系统中某个特性或参数得到改善时，常常会导致其另一个特性或参数恶化，该矛盾就称为技术矛盾。例如，使用者希望手机电池的容量大，从而续航能力强，可是增加容量势必导致电池本身体积变大，进而使得手机体积变大，而为了便于携带，使用者又希望手机尽量轻薄，这就构成了一对技术矛盾，即手机体积和电池容量之间的矛盾。

所谓管理矛盾是指，在一个系统中，各个子系统已经处于良好的运行状态，但是子系统之间产生不利的相互作用，相互影响，使整个系统产生问题。

由此可知，技术矛盾涉及的是一个系统中的两个基本参数，而物理矛盾涉及的是系统中的一个组件，在很多时候，技术矛盾是更显而易见的矛盾，而物理矛盾是隐藏得更深的、更尖锐的矛盾，是本质矛盾或内在矛盾。

二、40 条发明原理

在对大量专利进行分析研究的基础上，TRIZ 理论提出了 40 条发明原理，如表 2-1-1 所示。这些原理在专利挖掘中对于指导技术人员的发明创造、创新具有非常重要的作用。

表 2-1-1　40 条发明原理

序号	原理名称	序号	原理名称	序号	原理名称
1	分割原理	15	动态特性原理	29	气压和液压结构原理
2	抽取原理	16	未达到或过度的作用原理	30	柔性壳体或薄膜原理
3	局部质量原理	17	空间维数变化原理	31	多孔材料原理
4	增加不对称性原理	18	机械振动原理	32	颜色改变原理
5	组合原理	19	周期性作用原理	33	均质性原理
6	多用性原理	20	有效作用的连续性原理	34	抛弃或再生原理
7	嵌套原理	21	减少有害作用的时间原理	35	物理或化学参数改变原理
8	重量补偿原理	22	变害为利原理	36	相变原理
9	预先反作用原理	23	反馈原理	37	热膨胀原理
10	预先作用原理	24	借助中介物原理	38	强氧化剂原理
11	事先防范原理	25	自服务原理	39	惰性环境原理
12	等势原理	26	复制原理	40	复合材料原理
13	反向作用原理	27	廉价替代品原理		
14	曲面化原理	28	机械系统替代原理		

三、发明原理在专利挖掘中的应用

通常，发明人提供的技术交底书的技术方案较为简单，一般仅有一个产品结构或方法，即单一的实施方式。对于只有单一实施方式的专利申请，其保护范围相对较窄，比较容易被他人尤其是竞争对手所规避，使得专利失去阻挡他人实施的作用。这就需要从单一的实施方式中挖掘出多个实施方式，来对发明构思进行全面保护。

TRIZ 理论的 40 条发明原理可以给出丰富的实施方式的启示。

【案例 2-1-1】一种高尔夫球杆头的专利挖掘❶

图 2-1-1 是一种高尔夫球杆头的示意图，其示出了一种高尔夫球杆头的结构，其中右图为左图中沿 2—2 线的剖视图，本发明对现有技术的主要改进在于：在主体上形成两条与向后的长形主体凸起有关的相交叉的凹槽，这两条凹槽包括一条前后延伸的主凹槽 21 以及一条底切凹槽 22，使得部件 24 和 25 处向后凸起，从而提高了击球过程中的耐扭曲力以及控制力。

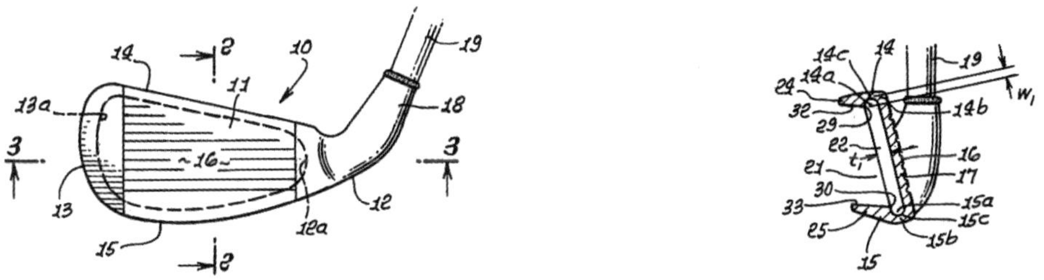

图 2-1-1　美国专利 US5282625 的附图❷

本发明提出了一个最佳的实施方式，但是如果利用 TRIZ 理论中的发明原理对其进行改造，可以挖掘到更多可以申请的技术方案。

方法一：发明原理 2——抽取原理

抽取原理一般用于从一个物体中去掉产生负面影响的部分或属性，或者在一个物体中仅保留必要的部分或属性。为了简化结构、降低生产成本，而又保证高尔夫球杆击球过程中的耐扭曲力以及控制力，可利用抽取原理，抽取掉球头的凹槽 21 和 22，同时对后凸起部 24、25 结构进行改变，可以获得如图 2-1-2 所示的技术方案。

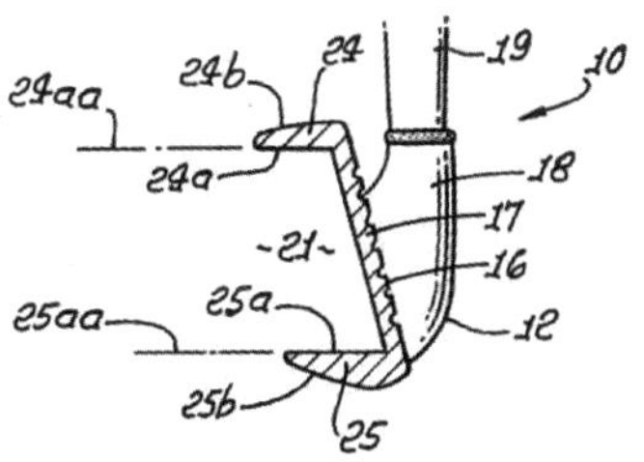

图 2-1-2　利用抽取原理后形成的新的技术方案❸

---

❶ 改编自：楊惟中，等. 發明法則於建構專利組合之研究［EB/OL］.［2016-06-30］. http://www.doc88.com/p-7344274208338.html.

❷ 美国专利 US5282625 的说明书附图 1、附图 2。

❸ 美国专利 US5344150 的说明书附图 2。

方法二：发明原理4——增加不对称性原理

增加不对称性原理一般用非对称性代替对称性，或者增加不对称物体的不对称程度。在保证高尔夫球杆头结构稳定的前提下，为了增大触球的甜点区域，并且使杆头的制程不过于复杂，利用增加不对称性原理，在结构上增加了一个凸缘50，可以获得如图2-1-3所示的技术方案。

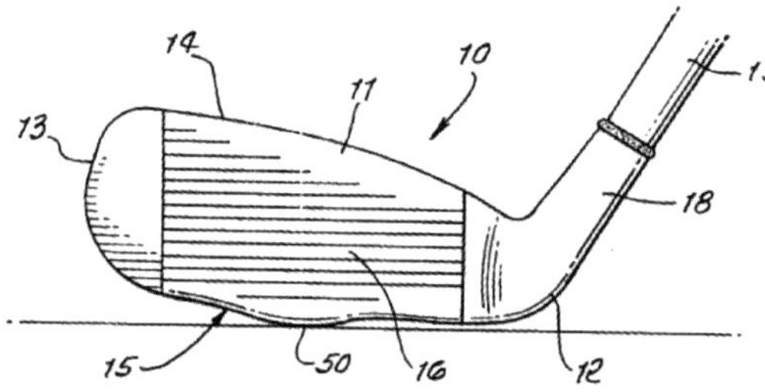

图2-1-3　利用增加不对称性原理后形成的新的技术方案❶

方法三：发明原理17——空间维数变化原理

空间维数变化原理一般用于以下情况：a. 将物体变为二维运动，以克服直线运动或定位的困难，或过渡到三维空间运动以消除物体在二维平面运动或定位的问题；b. 将单层排列的物体变为多层排列；c. 将物体倾斜或者竖直放置；d. 利用物体的反面。利用空间维数变化原理，采用多层配置去取代单层配置。为了削减球杆碰撞高尔夫球过程中的声音的效果，将减震薄板450配置为多层结构，即带有一由黏接材料451a构成的薄板451，其中黏接材料451a相反的两侧上带有黏接剂薄层的451b和451c，可以获得如图2-1-4所示的技术方案。

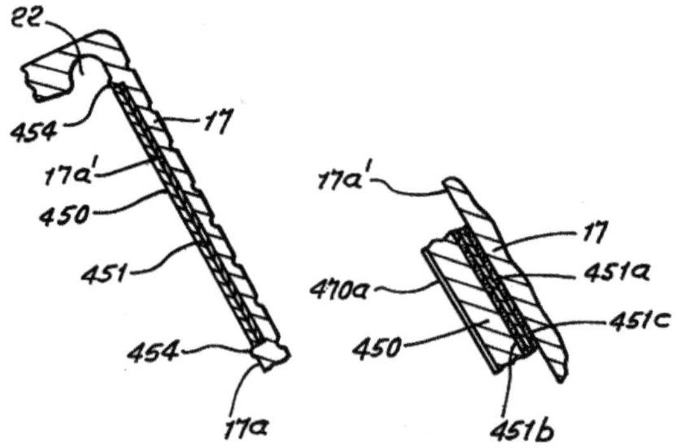

图2-1-4　利用空间维数变化原理后形成的新的技术方案❷

❶ 美国专利US5588922的说明书附图1。

❷ 美国专利US5409229的说明书附图5、附图6。

除此之外，例如为了减轻高尔夫球杆的重量可以采用多孔材料原理等，均可以用于丰富其实施例，由于篇幅原因不再一一举例。

第二节 39 个通用工程参数与技术矛盾矩阵

一、39 个通用工程参数

TRIZ 理论列出了工程领域常用的表述系统性能的 39 个通用工程参数（如表 2-2-1 所示），通用工程参数一般是物理、几何和技术性能的参数。

表 2-2-1 39 个通用工程参数

序号	名　称	序号	名　称	序号	名　称
1	运动物体的重量	14	强度	27	可靠性
2	静止物体的重量	15	运动物体的作用时间	28	测量精度
3	运动物体的长度	16	静止物体的作用时间	29	制造精度
4	静止物体的长度	17	温度	30	作用于物体的有害因素
5	运动物体的面积	18	照度	31	物体产生的有害因素
6	静止物体的面积	19	运动物体的能量消耗	32	可制造性
7	运动物体的体积	20	静止物体的能量消耗	33	操作流程的方便性
8	静止物体的体积	21	功率	34	可维修性
9	速度	22	能量损失	35	适应性，通用性
10	力	23	物质损失	36	系统的复杂性
11	应力，压强	24	信息损失	37	控制和测量的复杂性
12	形状	25	时间损失	38	自动化程度
13	稳定性	26	物质的量	39	生产率

39 个通用工程参数中常用到运动物体与静止物体两个术语。运动物体是指自身或借助于外力可在一定的空间内运动的物体，静止物体是指自身或借助于外力都不能使其在空间内运动的物体。

二、技术矛盾矩阵

39 个通用工程参数可以用来描述技术系统中出现的绝大部分技术矛盾。通用工程参数之间可能存在技术矛盾，比如为解决某一技术问题，改善某一通用工程参数时，恶化了另一通用工程参数，则这两个通用工程参数即为一对技术矛盾。

TRIZ 理论还将描述技术矛盾的 39 个通用工程参数与 40 条发明原理通过技术矛盾矩阵（其局部如表 2-2-2 所示，完整矩阵见附录）建立了对应关系，很好地解决了设计过程中选择发明原理的问题。

表 2-2-2　技术矛盾矩阵（局部）

恶化的通用工程参数 / 改善的通用工程参数		1 运动物体的重量	2 静止物体的重量	3 运动物体的长度	4 静止物体的长度	5 运动物体的面积
1	运动物体的重量	+	–	15，8，29，34	–	29，17，38，34
2	静止物体的重量	–	+	–	10，1，29，35	–
3	运动物体的长度	8，15，29，34	–	+	–	15，17，4
4	静止物体的长度	–	35，28，40，29	–	+	–
5	运动物体的面积	2，17，29，4	–	14，15，18，4	–	+

技术矛盾矩阵为 39 行 39 列形成的一个矩阵，矩阵元素中或空，或有几个数字，这些数字表示 40 条发明原理中推荐采用的原理序号，顺序的先后表示应用频率的高低；无数字的格表示无常用的发明原理。矩阵中的第一列所代表的通用工程参数是需改善的一方，第一行所描述的通用工程参数为矛盾中可能引起恶化的一方。

三、技术矛盾矩阵在专利挖掘中的应用

技术矛盾矩阵在专利挖掘中应用很广泛，利用技术矛盾矩阵进行专利挖掘一般按照如下步骤进行：

（1）确定目标主题以及技术问题

技术问题可以是技术方案本身的缺陷导致的，也可以是从市场以及客户调研而来，例如根据客户的需求、市场的反馈等。技术问题的表达一般不要过于专业化，以便于后面的步骤和矛盾的解决。

（2）将技术问题和技术效果表达为对应的通用工程参数

用 39 个通用工程参数来重新表达技术问题是整个步骤中的难点，需要研发人员对 39 个通用工程参数充分理解，并需要本领域丰富的专业技术知识做支撑。

确定需要改善的特性，以及提升该需要改善的特性必然带来的恶化的特性，二者组成一对技术矛盾。在实践中，可以对该矛盾进行反向描述，假如改善一个被恶化的参数，判断被改善的参数是否也相应被削弱，从而确定技术矛盾是否判断准确。

（3）组建矛盾对，检索解决矛盾的发明原理

这一步只需要熟悉掌握查阅技术矛盾矩阵即可。

（4）发明原理具体化

将推荐的发明原理逐条地应用到具体问题上，探讨每个原理在具体问题上能否应

用和实现。这个步骤同第二步一样，也是整个步骤中的难点，需要对 40 条发明原理充分理解，以及具备本领域丰富的专业技术知识。一般情况下，解决某技术矛盾的发明原理不止一条，应该对每一条相应的原理进行解决技术矛盾方案的尝试。

（5）筛选可能实施的技术方案

从以上设计的技术方案中，来选择可能实施的技术方案，其判断的主要依据就是是否解决了步骤一中所提出的技术问题。如果没有取得可实施的技术方案，则应考虑步骤二是否真正地表达了技术问题的本质，反映了针对技术问题进行改进的方向。如果需要，可以重新设定技术矛盾，重复上述步骤。

下面，用两个案例对上述步骤做详细说明。

【案例 2-2-1】一种家用燃气灶的专利挖掘[1]

第一步：确定目标主题以及技术问题。

家用燃气灶是一个小型的技术系统，主要由被加热的锅、支锅的支架、燃烧火焰、燃烧器四部分组成。

在现有燃气灶中，燃气的燃烧一般比较充分，不必做大的调整，我们可以改进的方向有以下几点：①由于锅底的形状和大小不同，锅底接触火焰的程度不同，会影响加热效率；②家用燃气灶是一个开放的系统，外界环境气流会影响火焰的稳定性；③外界环境气流会带走一部分燃烧热。

第二步：提取技术特征参数，组建矛盾对，检索解决矛盾的发明原理。

从上述技术问题中可以提出三对技术矛盾。

第一对技术矛盾是现有结构造成锅底与燃烧器的距离随锅底的尺寸和形状不同，火焰不可能以最优的方式把热量传给锅。

这对矛盾中，欲改善的参数为 32“可制造性”，可能引起恶化的参数为 22“能量损失”。经查阅技术矛盾矩阵，可以得到 19、35 两种可选择的发明原理。其中发明原理 19 为周期性作用原理，发明原理 35 为物理或化学参数改变原理。把两个发明原理结合在一起思考，可以得到锅底与燃烧器之间应该解决周期性变化的问题。

第二对技术矛盾是目前的燃气灶的火焰径长，外界气流会影响火焰的稳定性，造成系统对环境有害因素的高度敏感和火焰静尺寸变化的矛盾。

这对矛盾中，欲改善的参数为 30“作用于物体的有害因素”，可能引起恶化的参数为 4“静止物体的长度”。经查阅技术矛盾矩阵，可以得到 1、18 两种可选择的发明原理。其中发明原理 1 为分割原理，发明原理 18 为机械振动原理。其中分割原理在这里可以理解为把火焰分为细小区域，机械振动原理不适合于该系统。

第三对技术矛盾是燃气灶为一个开放的技术系统，环境里空气会与系统内热气进行交换带走热量。

[1] 改编自：沈世德．TRIZ 法简明教程［M］．北京：机械工业出版社，2010：60-63.

这对技术矛盾中，欲改善的参数为 35“适应性、通用性”，可能引起恶化的参数为 22“能量损失”。经查阅技术矛盾矩阵，可以得到 18、15、1 三种可选择的发明原理。其中发明原理 18 为机械振动原理，发明原理 15 为动态特性原理，发明原理 1 为分割原理。机械振动原理不适合于该系统，分割原理和动态特性原理则可以理解为把燃气灶系统和外界环境分离开来，而且应该是动态可变的。

第三步：发明原理具体化，筛选可能实施的技术方案。

为解决第一对技术矛盾，应采用发明原理 19 和 35 的组合，随锅底尺寸和形状的变动，使锅底与火焰的距离基本保持不变。可以采用支架可移动或者火焰可移动的方法。上例的发明专利采用了燃烧器可随锅底升降，使锅底与火焰距离恒定的方法。当无锅放置时，燃烧器受重物和杠杆的作用向上运动到极限位置；放上锅后，锅底压在定距 U 形环上，燃烧器随之下降，杠杆另一端的重物上升，同时此距离还不受锅底形状变化的影响，如图 2-2-1 所示。

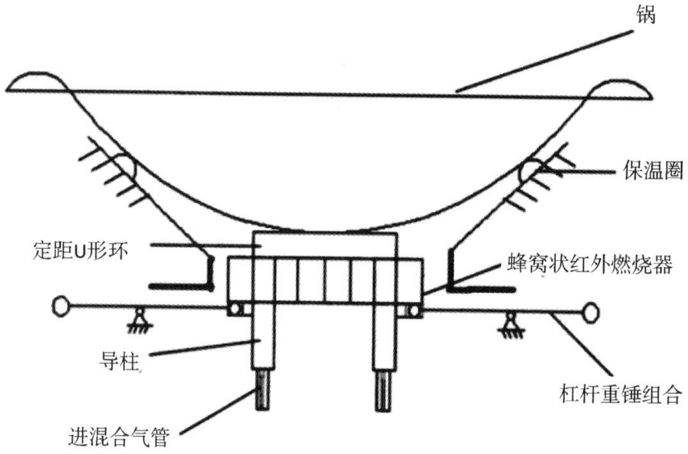

图 2-2-1　升降定位式燃气灶结构

为解决第二对技术矛盾，应把火焰分割成细小区域，增加稳定性。在专利产品中，用陶瓷红外燃烧器代替普通燃烧器喷头，在陶瓷燃烧片上设置几十个小孔，成为燃烧孔，燃烧充分稳定。

为解决第三对技术矛盾，在支架上设置金属保温圈罩，随锅底变化。可取用不同形状大小的保温圈罩。本产品考虑操作方便，只采用了一件保温圈罩，如图 2-2-1 所示。

另外，针对第一对技术矛盾，在图 2-2-1 中，锅底压在定距 U 形环上，使得燃烧器沿导柱下行，直到锅底碰到保温圈。按照 TRIZ 理论原理提供的方案，也可以采用锅底先接触保温圈，保温圈下移，直至锅底碰到定距 U 形环这一技术方案。

针对第三对技术矛盾，为了更好地减少环境对火焰传热过程的影响，按照 TRIZ 理论原理提供的方案，可把保温圈做成由若干瓣片做成的锥形圈，当锅底接触这些瓣片时，瓣片之间可以微微开合，使瓣片能对燃烧提供更好的保护，使得热效率更高。

【案例 2-2-2】一种提升 LED 亮度以及可靠性的专利挖掘❶

第一步：明确技术主题、技术问题、技术效果。

LED 进入照明领域以来，为了扩大 LED 的应用范围，提升 LED 亮度成为各企业积极研发的方向，而可靠性也是衡量照明产品的一个重要指标，这对于 LED 来说也不例外。

因此，本案例目标是挖掘一种亮度更高的 LED 技术，希望能够达成增加明亮度以及提升可靠性等两大技术效果。

第二步：将功效转换成 39 个通用工程参数中的欲改善的一方，并分析会恶化的通用工程参数。

根据 39 个通用工程参数，将增加明亮度的功效转换为编号为 18 的“照度”参数，将提升可靠性的功效转换为编号 27 的“可靠性”参数。

当确定了“照度”这一通用工程参数后，相对地必须找出因提升亮度所可能同时导致恶化的各项通用工程参数，例如提升亮度的发明技术可能同时导致温度的提升、加速组件的损坏速度、降低组件的可靠性、消耗更多的能量等不利因素。

因此，找出“恶化的通用工程参数”依序为：17“温度”、16“静止物体的作用时间”、27“可靠性”以及 20“静止物体的能量消耗”等。

同理，当确定“可靠性”为改善的通用工程参数后，也要考虑可能导致的不利因素，例如可能大幅增加 LED 的复杂程度、增加/减少组件的数量、增加制作时间、降低 LED 亮度等，因此其对应的“恶化的通用工程参数”依序为：36“系统的复杂性”、26“物质的量”、25“时间损失”以及 18“照度”。

第三步：组建矛盾对，检索解决矛盾的发明原理。

根据上一步，为了改善 LED 的亮度，可以组建以下四组矛盾对：（18 照度-17 温度）、（18 照度-16 静止物体的作用时间）、（18 照度-27 可靠性）以及（18 照度-20 静止物体的能量消耗）。将其带入技术矛盾矩阵，查到对应的发明原理分别为：（19、32、35）、（无解）、（无解）、（1、15、32、35）。取其并集，可以获得为了改善亮度需要考虑的发明原理（1、15、19、32、35），详见表 2-2-3。

---

❶ 改编自：楊惟中，等．結合發明法則之專利技術功效佈局分析［EB/OL］．［2016-06-30］．http：//www.doc88.com/p-776894146654.html.

表 2-2-3　改善 LED 亮度的发明原理集

改善的通用工程参数	恶化的通用工程参数	对应的发明原理	发明原理并集
照度	温度	19、32、35	1、15、19、32、35
照度	静止物体的作用时间	–	
照度	可靠性	–	
照度	静止物体的能量消耗	1、15、32、35	

同样地，为了改善 LED 的可靠性，可以组建以下四组矛盾对：（27 可靠性–36 系统的复杂性）、（27 可靠性–26 物质的量）、（27 可靠性–25 时间损失）以及（27 可靠性–18 照度）。将其带入技术矛盾矩阵，查到对应的发明原理分别为：（1、13、35）、（3、21、28、40）、（4、10、30）以及（11、13、32）。取其并集，可以获得为了改善可靠性需要考虑的发明原理（1、3、4、10、11、13、21、28、30、32、35、40），详见表 2-2-4。

表 2-2-4　改善 LED 可靠性的发明原理集

改善的通用工程参数	恶化的通用工程参数	对应的发明原理	发明原理并集
可靠性	系统的复杂性	1、13、35	1、3、4、10、11、13、21、28、30、32、35、40
可靠性	物质的量	3、21、28、40	
可靠性	时间损失	4、10、30	
可靠性	照度	11、13、32	

第四步：研发人员根据实际情况选用适当的发明原理。

因为本创意的构想是希望同时获得亮度及可靠性的功效，因此可以对上述两个发明原理集再取交集，进而得到（1、32、35）这三个发明原理，即分别是：分割原理、颜色改变原理、物理或化学参数改变原理，可以提供给研发人员激发创意构想。

第五步：依据选定的发明原理提出创意构想，完成最终专利挖掘。

根据颜色改变原理，第一个创意构想可以是：使用不同颜色的荧光粉，让 LED 激发后透过不同颜色的荧光粉产生光亮度的白光，但因蓝色 LED+黄色荧光粉之专利掌握在本领域重要申请人日亚化学的手上，因此荧光粉的颜色必须往其他方向做思考，最终决定以蓝色 LED+红绿荧光粉作为未来研发方向。

根据物理或化学参数改变原理，第二个创意构想可以是：从磊晶或晶粒制程中思考如何提升 LED 发光亮度，可行的做法有：①改变磊晶结构，例如在磊晶层中采用双异质结构或量子结构；②改变 LED 晶粒的外形，例如使用 TIP（Truncated Inverted Pyramid）结构；③改变晶粒的表面粗化；④改变磊晶的晶格参数等。最终决定以双异质接面结构设计来进行磊晶制程。

经由上述发明原理的建议后，决定提出下列两项创意构想：

(1) 研发高效能的红绿荧光粉，以提升白光 LED 的发光亮度及可靠性。

(2) 研发双异质接面的磊晶结构，以提升 LED 的发光效率及可靠性。

第三节　常见的物理矛盾与分离原理

一、常见的物理矛盾

在技术矛盾矩阵中，从左上角到右下角的对角线上，没有任何数字显示的空格里所表示的均属于物理矛盾。

物理矛盾可以根据系统所存在的具体问题，选择具体的描述方式来进行表达。总结归纳物理学中的常用参数，主要有三大类：几何类、材料及能量类、功能类。每个大类中的具体参数和矛盾如表 2-3-1 所示。

表 2-3-1　常见的物理矛盾

类　别	物　理　矛　盾			
几何类	长与短	对称与非对称	平行与交叉	厚与薄
	圆与非圆	锋利与钝	宽与窄	水平与垂直
材料及能量类	时间长与短	黏度高与低	功率大与小	摩擦系数大与小
	多与少	密度大与小	导热率高与低	温度高与低
功能类	喷射与堵塞	推与拉	冷与热	快与慢
	运动与静止	强与弱	软与硬	成本高与低

二、分离原理

要解决物理矛盾，就有必要对矛盾的需求所涉及的参数，主要指空间、时间、形式、内容、结构和不同性质等进行选择，然后有必要找到一个适当的方式，改变所选的参数，让矛盾从对立走向统一，从而使得该矛盾得以解决。

解决物理矛盾有四大分离原理：空间分离原理、时间分离原理、条件分离原理、整体和部分分离原理，其分别是将矛盾双方在不同的空间上、不同的时间段上、不同的条件下、不同的层次上进行分离，以降低解决问题的难度。

四个分离原理与 40 条发明原理之间是存在一定关系的。如果能正确理解和使用这些关系，就可以把四个分离原理与 40 条发明原理做一些综合应用，这样可以开阔思路，为解决物理矛盾提供更多的方法与手段。四个分离原理与 40 条发明原理之间的关系做如表2-3-2所示的对应。

表2-3-2 分离原理与发明原理的关系

分离原理	发明原理
空间分离原理	1，2，3，4，7，17
时间分离原理	9，10，11，15，34
条件分离原理	3，17，19，31，32，40
整体和部分分离原理	1，5，12，13

下面举几个简单例子对四个分离原理做出解释说明。[1]

（1）空间分离原理。教师讲课用的教鞭，在使用时希望它长，而在讲完课后又希望它短，能放到书包里带走。人们使用了发明原理7，即嵌套原理，来比较好地解决了这个问题，让教鞭能够呈嵌套形状，自由伸缩。

（2）时间分离原理。自行车在使用的时候体积要足够大，以便载人骑乘，在存放的时候体积要小，以便不占用空间。于是，人们利用了发明原理15，即动态特性原理，解决方案就是采用单铰接或者多铰接车身结构，让刚性的车身变得可以折叠，形成了当前比较流行的折叠自行车。

（3）条件分离原理。我们希望新鲜的室外空气进入房间，所以应该将窗户开着，但是为了防止强烈的阳光进入房间，我们又希望窗户是关着的。于是，人们利用发明原理17，即空间维数变化原理，可以利用百叶窗来改变风的运动方向，从而达到了既可让空气流通，又可以阻止阳光进入房间的效果，即对于空气来说窗户是开着的，而对于阳光来说窗户是关着的。

（4）整体和部分分离原理。拉重物的钢丝绳为了保证其强度，必须足够硬，而为了方便折叠起来进行收纳，又希望其很软。应用整体和部分分离原理，让绳子在整体上是软的，在部分上是硬的。于是，利用发明原理1，即分割原理，将绳子做成链条，从而解决了钢丝绳又要软又要硬的矛盾。

三、分离原理在专利挖掘中的应用

分离原理在专利挖掘中应用的规律性没有技术矛盾矩阵那么强，分离原理可以从四个方向给研发人员一定启示，还需要结合领域的技术知识和经验来对矛盾进行具体的分析和解决。

下面的案例揭示了利用分离原理进行专利挖掘的一般步骤。

---

[1] 陈广胜．发明问题解决理论（TRIZ）基础教程［M］．哈尔滨：黑龙江科学技术出版社，2008：127-130.

【案例 2-3-1】一种螺旋输送机的专利挖掘❶

螺旋输送机是一种利用螺旋叶片将物料推移而进行物料输送的设备，主要用于对各种粉末状、颗粒状等松散物料的水平输送和垂直提升。螺旋输送机的特点是结构简单、密封性好、工作可靠、使用方便、成本低廉，但在输送过程中螺旋叶片及料槽容易磨损，物料容易破碎和磨损，破碎后的细小物料容易挤入轴端密封机构，加大轴承和轴承座等机件的磨损，需经常更换。

如图 2-3-1 所示，螺旋输送机轴端结构主要由挡料板、端挡板、法兰盘、轴承座、滚动轴承和轴端盖组成。其中挡料板、挡料盘具有挡料的功能，骨架油封具有防止灰尘和细小物料进入轴承座的作用。但在长期使用过程中发现，物料破碎磨损后形成的细小物料直径小于挡料板、骨架油封和法兰盘与传动轴之间的配合间隙值，细小物料仍然可以挤入轴承座，加重轴承座和滚动轴承的磨损，降低螺旋输送机的使用寿命。因此，传动轴与法兰盘之间的配合间隙既要大又要小。间隙大导致细小物料容易挤入轴承座，造成其磨损加大。间隙小则使得细小物料不易挤入轴承座，从而减小磨损，但是轴和与其相配合零件的磨损加剧，很显然这是一对物理矛盾。

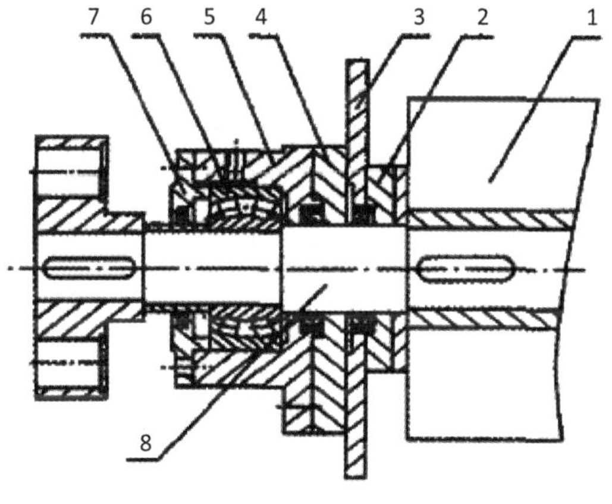

图 2-3-1 螺旋输送机轴端结构图

1—推料板 2—挡料板 3—端挡板 4—法兰盘

5—轴承座 6—滚动轴承 7—轴承盖 8—传动轴

本案例可以采用空间分离原理来解决问题。空间分离原理是将矛盾的双方在不同的空间上分离开来。空间分离原理可以与 1、2、3、4、7、13、17、24、26、30 等十项发明原理综合使用。经过仔细的分析和研究后，可以综合运用发明原理 4 和空间分离原理来解决螺旋输送机轴端的磨损问题。

❶ 改编自：韩彦良．TRIZ 理论在螺旋输送机磨损问题中的应用研究［J］．机械设计与制造，2012（3）：201-203.

根据发明原理4“增加不对称性原理”的提示，解决问题的方向是增加法兰盘的不对称程度。将法兰盘设计成如图2-3-2所示的马蹄形法兰，在上下不对称的基础上，马蹄形法兰被分成不同的部分，上部内孔小，下部内孔大，实现了空间上矛盾双方的分离。细小物料在经过法兰时，可以通过马蹄形法兰的开口漏到地面上，有效地避免了细小物料挤入轴承座而引起的磨损问题，如图2-3-3所示。

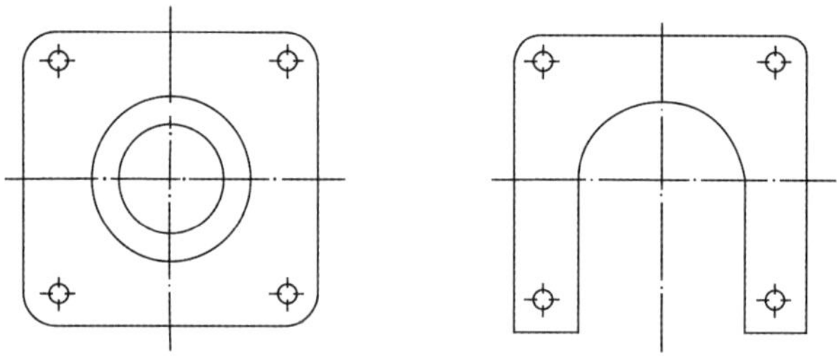

图2-3-2　改进前后法兰对比

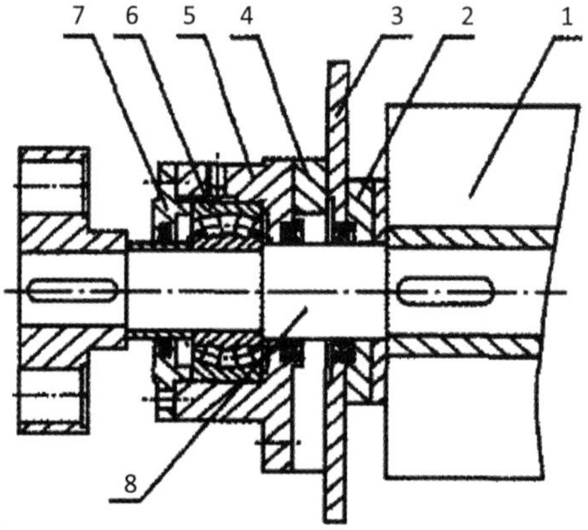

图2-3-3　改进后螺旋输送机轴端结构

1—推料板　2—挡料板　3—端挡板　4—马蹄形法兰　5—轴承座
6—滚动轴承　7—轴承盖　8—传动轴

【案例2-3-2】用TRIZ理论工具对新筷子的专利挖掘

本案例要用TRIZ理论工具来研究新的筷子，进行发明创造。

第一步：用TRIZ理论工具的九屏幕法（见图2-3-4）分析筷子的现在、过去和将来，了解筷子技术的历史发展过程，预测筷子技术今后的发展趋势。

首先进行专利技术检索，获取信息，建立专利技术数据库，分析筷子过去和现在的技术和产品，将得到的信息资料填写在九屏幕法的中间（即当前系统）一栏，再在系统的未来这一栏填写自己对筷子的将来发展方向的预测。

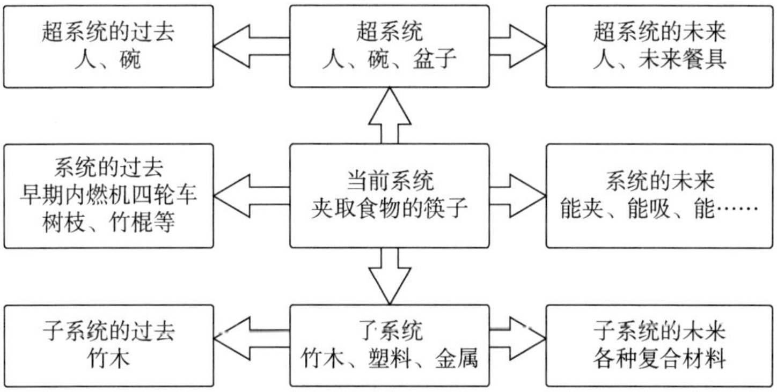

图 2-3-4　用九屏幕法分析筷子的超系统、当前系统、子系统

填写完当前系统，也就是筷子本身的技术信息后，再用九屏幕法分析筷子子系统（即零部件组成、形状、尺寸、结构、规格等）的现在、过去和将来，筷子的子系统包括单根筷子的形状、材质、表面处理、雕刻装饰和加工工艺等，再通过技术检索，获取和建立筷子子系统的数据库，研究筷子材料及其组成部分的技术发展历史，将其填写在如下面一栏的子系统的过去和子系统中，再在子系统的未来这一栏填写自己对筷子构成材料和技术的将来发展方向的预测。

接着，再用九屏幕法分析筷子超系统（与筷子有接触的所有的人或事物、环境），分析超系统的现在、过去和将来，研究筷子受体的发展。

最后，可以在填写好的 9 个栏目中选择任意内容，写下自己认为存在不足、不好、不方便等因素的情况和意见，从中获取产品技术的不足之处和改善方向，如表 2-3-3 所示。

表 2-3-3　九屏幕法分析总结记录

	不足之处	改善之处
九屏幕法分析筷子得出结论	·筷子功能单一，只能夹取食物 ·筷子的原材料单一，未使用先进复合材料 ·餐具的发展比较迅速，筷子有落后的趋势	·增加筷子功能，改变只能夹取食物的现状 ·采用复合先进材料和先进工艺制作筷子 ·让筷子也能跟上时代的步伐，多姿多彩

第二步：用 TRIZ 理论工具的最终理想解（IFR）[1] 分析筷子功能，提高筷子理想度的方方面面。

我们利用九屏幕法的子系统、系统、超系统模块提及的内容，进行提高理想度的尝试，并将其制表记录下来，如表 2-3-4 所示。

[1] 最终理想解（IFR）：使产品处于理想状态的解，让目标产品成为最终理想的系统，在能够保证所有有用功能正常运作的同时，还能够自行消除所有有害的、不足的、过度的作用。

表 2-3-4　提高理想度分析记录

<table>
<tr><td>1</td><td>从超系统角度提高理想度</td><td colspan="3">· 筷子是用来进食的，最好筷子能拥有所有餐具所拥有的功能
· 筷子要能提高超系统的方便性、安全性
· 筷子应该使用更方便
· 筷子的制造应该更方便
· 筷子的性价比高，附加值更高</td></tr>
<tr><td rowspan="2">2</td><td rowspan="2">从使用环境中的有用产品和功能角度提高理想度</td><td>工具</td><td>作用</td><td>是否有替代性</td></tr>
<tr><td>· 刀
· 叉
· 调羹
· 筷子
· 杯子
· 漏勺</td><td>切割食物
取起食物
捞取易滑食物、喝汤
夹取食物
喝饮料、汤、糊
捞取易滑食物</td><td>用筷子替代不安全
可以用筷子替代
可以用筷子替代
自有功能
可以用筷子代替
可以用筷子代替</td></tr>
<tr><td>3</td><td>提高超系统的方便性</td><td colspan="3">方便携带、多功能化、一物多用</td></tr>
<tr><td>4</td><td>提高超系统的安全性</td><td colspan="3">需求：　　　　　　　　功能：
能分辨毒物　　　　　　防止中毒
能知道食物的冷热　　　防止冷刺激和热烫伤</td></tr>
<tr><td>5</td><td>从子系统角度提高理想度</td><td colspan="3">制造加工更方便
· 筷子的结构方便加工　　　　结构越复杂，越难直接加工
· 筷子的制造方便大批量生产　有成熟、大批量生产的机器和工艺
· 筷子的加工制造成本要低　　价廉才适合大众化，适合推广
筷子的性价比高，附加值高
· 筷子的总成本不能高　　　　带来便利不是靠多花冤枉钱实现的
· 筷子的使用价值要高　　　　功能值得使用，不累赘
· 筷子的使用成本要低　　　　功能成本不能比功能叠加之和高</td></tr>
<tr><td>6</td><td>从系统角度提高理想度</td><td colspan="3">筷子作用的方便性
　　方便携带、多功能化、一物多用
　　夹取食物一夹就上，不会滑落
筷子的外观更美观
　　高雅、新颖、美观，拿得出手</td></tr>
</table>

通过九屏幕法和最终理想解（IFR）的分析，我们希望理想的筷子最好具有以下功能，作为阶段性的总结，如表 2-3-5 所示。

表 2-3-5　分析后理想产品的功能列表

理想的筷子最好应具备的功能	· 能当勺子喝汤、吃糊、饮料等流体、半流体食物 · 能方便将固体食物放入口中进食 · 夹取食物时不会让食物滑落 · 能够识别食物的温度，防止冷刺激和热烫伤 · 能够辨别常规的食物有没有毒，能否安全食用 · 筷子能否方便地大批量制造 · 多功能的筷子能否价格低廉，物超所值

第三步：完成发明创造，将想法和思路转化成可实现的高价值发明。

想让筷子能当勺子喝汤、吃糊、饮料等流体、半流体食物等；可以考虑将筷子做成吸管筷子。

想让筷子夹取食物时不会让食物滑落；可以设置防滑结构，如凸凹结构、粗糙表面、沟槽卡位等。例如，利用物-场分析的作用不足的原理，增加止滑槽，防止食物滑落（见图 2-3-5）；增加对中槽，方便拼接形成吸管，防止错位。

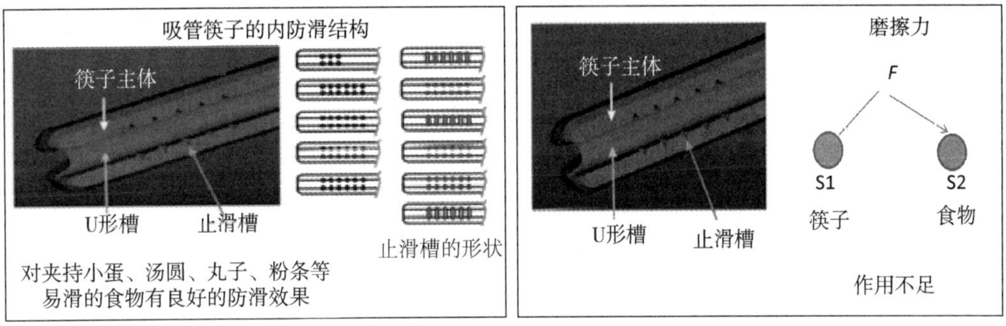

图 2-3-5　用物-场原理解决筷子不能防滑的问题

想让筷子能够识别食物的温度，防止冷刺激和热烫伤，可以增加温度传感器和温度显示器，经查询，感温变色涂料是比较理想的载体，可以设置食物温度低于某温度，可能刺激牙齿过敏时的颜色显示为黄色；设置食物温度高于某温度，可能会导致口腔烫伤时的颜色显示为红色；中间温度使用是安全无忧的，可以将颜色显示为绿色。

想让筷子能够辨别常规的食物有没有毒，能否安全食用，可以引入银条，使用量少，成本低，能够识别自然毒素和砷类剧毒，但不能预防人工合成的氰类剧毒，并且银的导热性好，可以与变色感温涂层相结合使用，提高变色感温涂层的灵敏度。

想让筷子能方便地大批量制造，抛弃不利于增加功能结构的常规竹木材料，采用先进加工制造工艺，选用易于成型各种复杂结构的材料，如：塑料或不锈钢，通过注塑或压铸或粉末冶金工艺，用专用模具成型，高效，快速，能够一次成型多种复杂结构，细节精确，一致性高。

想让多功能的筷子价格低廉，物超所值，采用多型腔模具成型复杂结构和复杂表面纹理的筷子，能够实现价格低廉的目标，越是复杂高档的筷子，越能体现物超所值的目标。

选用的技术方案是引用新的技术模块进入筷子，用吸管食用汤汁、流质食物等，当我们引入新的子系统进入发明产品时，马上就会带来新的问题，如子系统的兼容问题、子系统本身的问题、子系统新应用环境带来的挑战等新问题，这就需要我们进行整合，解决所有新问题。我们选用了吸管，就受到筷子本身的限制问题。

如筷子的长度和截面大小，筷子的加工工艺问题等，筷子长，意味着管子长，采用打孔的手段就意味着孔极深，因筷子的截面小，所以管孔就大不了，同时因为筷子需要一定的刚度和强度，管径只能更小。

细小而较长的管孔应该如何加工，什么加工手段能够保证质量？

吸管一般是一次性的，用完即抛弃，而吸管筷子肯定不是一次性筷子，使用后吸管内壁应该如何清洗？

吸管吸饮料，饮料中缺少杂物，基本不用考虑堵塞风险，而吸管吸食流质食物，各种颗粒大小的都有，堵塞风险极大。

先利用物理矛盾的空间分离原理，解决筷子的吸管想要方便吸取汤汁，想要管径尽可能地大，又因为筷子尺寸限制、强度限制和机械加工工艺限制等管径不能过大的困境，利用空间分离，将吸管分离，切割做成半管，摆脱单只筷子的限制，每只筷子各有半个吸管，一双筷子拼合在一起即构成完整的吸管，既极大限度地增加了管径，又不影响结构强度，非常完美。

再利用时间分离原理，解决了吸管既能吸又能清洗的问题，如图2-3-6所示。

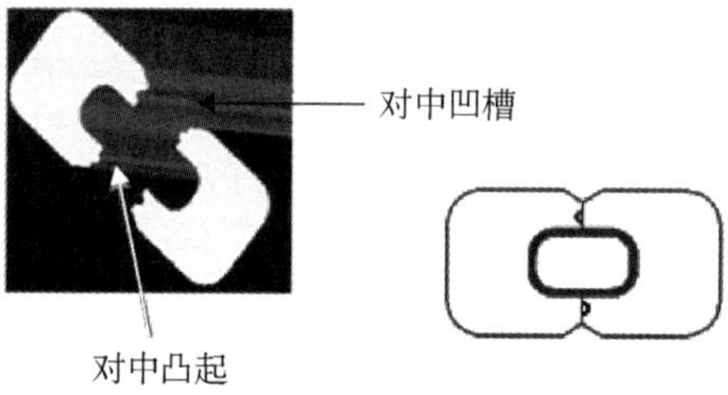

图2-3-6　用物理矛盾分离原理解决吸管大小、强度和清洗难题

再利用最终理想解（IFR）分析，自行消除有害的、不足的、过度的作用，完成有用功能，预先作用，设置防堵支路，防止吸管堵塞。

利用物-场分析的有害作用原理，吸管容易堵塞，引入吸管沟槽的变种——吸管沟槽支路，防止吸管被堵住。吸管是容易堵塞的，根据条件分离原理和空间几何原理，可以在吸管的头部设置分支沟槽；根据合并的方便性和空间几何原理，可以在合缝处设置对中槽，解决合缝时会漏液的问题，这采用的是条件分离原理。利用最终理想解和物-场分析原理设置防堵支路如图2-3-7所示。

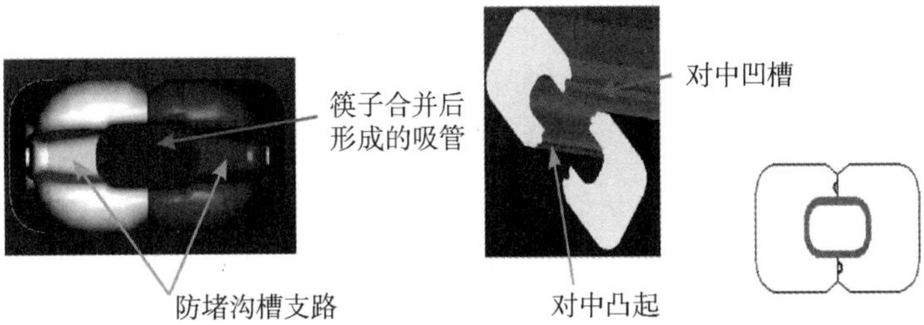

图 2-3-7　利用最终理想解和物-场分析原理设置防堵支路

解题过程完成，输出发明创造成果，并申请专利（如专利名称：一种辨毒、识温、防滑、防堵吸管筷子；发明专利：201110071887. X；实用新型：201120080375. 5）。

第四节　系统分析

如本书第一章概述中所述，专利挖掘是指有意识地对创新成果进行创造性的剖析和甄选，形成专利申请的过程。这个过程既需要精通本领域专业知识的研发技术人员的参与，也需要理解专利知识的有经验的专利代理师的参与。由于各个技术领域的发展均趋向于越来越专业、精深和细化，使得找寻同时掌握精深的对口专业技术知识和广博的专利相关知识的高端人才变得既重要又困难。在目前现实的人才资源情况下，一个比较合理且容易的方法是，将掌握精深专业知识的专业技术人员和掌握专利相关知识的专利代理师组织起来形成团队，互相配合完成技术挖掘并最终形成描述准确、保护合理且符合专利授权条件的专利申请文件。但怎样使这两类人员发挥所长，互补、协调地完成专利挖掘，是摆在企业面前亟待解决的问题。而本节即将介绍的系统分析可以很好地解决该问题。

一、系统分析简介

（一）系统

“系统”一词最早源于古希腊语。亚里士多德曾说过“整体大于部分之和”，就是对“系统”特性比较早也比较有名的诠释。系统论的主要创立者贝塔朗菲（美裔奥地利生物学家）给系统下的定义是：“处于一定的相互联系中的、与环境发生关系的各组成部分的整体”。贝塔朗菲强调，任何系统都是一个有机的整体，它不是各个部分的机械组合或简单相加，系统的整体功能是各要素在孤立状态下所没有的新性质；同时，各个要素在系统中发挥着各自的独特功能。[1]

[1] 创新方法研究会，中国 21 世纪议程管理中心．创新方法教程（中级）［M］．北京：高等教育出版社，2015：88-89.

我国著名科学家钱学森对系统的定义是："系统是由若干要素以一定结构形式联结构成的、具有某种功能的有机整体。"从中，我们可以从以下三方面理解系统的概念：

（1）系统是由若干要素（部分）组成的。这些要素可以是元件、器件、设备，甚至是非实体的抽象概念，比如"孔""槽""凹陷"等。比如台灯是由灯座、灯泡、灯罩、开关、电线等部件构成的；比如置于笔记本电脑下方给笔记本电脑散热的笔记本电脑散热器包括风扇、电线、容纳风扇的外壳以及外壳上的散热孔等。

（2）系统有一定的结构。就是说，系统中的各构成要素之间相互关联，既相互联系，也相互制约。这也是"整体大于部分之和"的原因。各构成要素的简单堆砌是"部分之和"，而整体则是各个部分之间的相互关联，正是由于这种部件之间的相互关联使系统成为一个实现特定功能的有机整体。如钟表是由齿轮、发条、指针等零部件按一定的方式装配而成的，但一堆齿轮、发条、指针随意放在一起却不能构成钟表。系统各构成要素之间的相互关联因系统而异，主要的相互关系有连接关系、空间位置关系、能量传递关系、信息传递关系、控制关系等。

（3）系统有一定的功能/目的。系统的功能是指系统与外部环境相互联系和相互作用中表现出来的性质、能力和用途。由人类为了实现一定的功能、达到一定的目的制造的人造系统又称技术系统。技术系统的目的是该系统最初被人制造出来的主要原因和主要用途。

比如手机的目的是通话；现代的手机功能除通话、通信外，又增加了诸如阅读电子书、观看视频、收听音乐、拍照等多种功能。

既然系统要实现一定的功能，那我们就有必要对"功能"有个明确的定义和清晰的认识。

（二）功能

产品/技术系统的功能是指产品/技术系统能够做什么或能够提供什么功效。顾客购买一种产品实际上是购买的产品所具有的功能和产品使用性能。

以规范性语言表述功能，有利于对技术系统的功能产生更本质的理解。以中文表述为例，人们表达某个技术系统的"功能"，通常是通过"动作+对象""动作+参数"或"动作+对象+参数"等方式。不同的表述方式及表述内容，对技术系统功能的揭示角度和层级会有所不同。比如，冰箱的功能通常被认为是"保鲜食品"（"动作+对象"），但这只是冰箱的目的，而没有揭示其根本功能或本质功能。冰箱的功能还可以表述为"保持容纳物的温度"（"动作+对象+参数"）或者"保持低温"（"动作+参数"）。显然后两者的表述更侧重其工作原理。另外，前两者的表述"保鲜食品"及"保持容纳物的温度"更为具体，而后者的表述"保持低温"更为抽象和上位。对于同一技术系统，可能定义出不同的功能。比如，冰箱的功能除上述的功能定义外，还可以表述为"降低容纳物的温度"（"动作+对象+参数"）或"降低温度"（"动作+参数"），由此可见，对于同一技术系统定义不同的功能，能显出人们在不同阶段（保温阶段 vs. 降温阶段）或不同角度（被动的保温 vs. 主动的降温）对技术系统功能的认识差异。对技术系统的功能定义上的差异会引起解决问题角度上的差异。在实际中可根据不同的工况或不同的经验选择对功能的不同描述方式。

在系统分析中，功能用于描述技术系统内部的问题，因此功能主要包括 4 种类型，即充分的功能、不足的功能、过度的功能、有害的功能。除此之外，功能还包括一种无关紧要的类型，即中性的功能。比如，汽车轮胎的充分功能是“改变汽车的位置”或者“提供摩擦力”，若从轮胎“提供摩擦力”的功能角度出发，其可能出现的不足的功能可以是轮胎“提供的摩擦力不足”（比如车辆行驶在冰面上，或轮胎的表面光滑），可能出现的过度的功能可以是轮胎“提供的摩擦力过大”（比如车辆行驶在沙土地上，或轮胎的表面纹路过于粗糙），可能出现的有害的功能可以是轮胎“易爆裂”或“耐磨性差”。需要说明的是，上述不足的功能、过度的功能、有害的功能并不一定与充分的功能相匹配，比如轮胎的不足的功能还可以是轮胎“气压低”、过度的功能还可以是轮胎“气压高”、有害的功能还可以是“路面磨损轮胎”或轮胎“形状不规则”等。

（三）系统的层级

产品可以看作一个技术系统，技术系统可以简称为系统。系统是由多个子系统组成的，并通过子系统间的相互作用来实现一定的功能。子系统可以是零件或部件甚至构成元素。系统是处于超系统之中的，超系统是系统所在的环境，环境中的其他相关的系统可以看作超系统的构成部分❶。比如，若以汽车为技术系统，则道路系统为汽车运行的超系统；而道路系统中的道路、各类车辆、交通信号系统、交通管理系统、监控系统等均为道路系统中的子系统。而构成汽车的部件，诸如车轮、车壳、车座、发动机、方向盘、制动系统等，均属于汽车的子系统。超系统之上仍可以有更高层级的超系统；类似地，子系统下仍可以有组成该子系统的下一级子系统。比如汽车的发动机是汽车的子系统，但汽车发动机自身又由曲柄连杆机构、配气机构、冷却系、燃料供给系、润滑系、点火系、启动系这两大机构及五大系的子系统组成。

（四）系统分析

系统分析方法来源于系统科学。它的产生和发展标志着人类的科学思维由以“实物为中心”过渡到以“系统为中心”，是一个划时代突破。最早是由兰德公司在“二战”结束前后提出并加以使用的。先是在军事领域得到应用，很快在政府部门推广，形成了著名的“计划-规划-预算系统”（PPBS）方法。随后美国民企也开始应用系统分析方法来改善交通、通信、计算机、公共卫生设施的效率和效能；在消防、医疗、

❶ 杨清亮. 发明是这样诞生的：TRIZ 理论全接触［M］. 北京：机械工业出版社，2006：11.

电网、导航等领域，系统分析方法得到广泛的应用。❶

为了发挥系统的功能，实现系统的目标，运用科学的方法对系统加以周详的考察、分析、比较、试验，并在此基础上拟定一套有效处理步骤和程序，或对原来的系统提出改进方案的过程，就是系统分析。系统分析的显著特点是完整地而不是零星地处理问题，考虑各种主要变化因素及其相互的影响，全面地思考和解决问题。❷

系统分析是一种研究方略，它能在不确定的情况下，确定问题的本质和起因，明确咨询目标，找出各种可行方案，并对这些方案进行比较，帮助决策者做出科学抉择。❸

（五）系统分析的流程

目前常见的系统分析主要有两类：一类是基于 FAST（Function Analysis System Technique，功能分析系统技术）的功能分析，建立功能与结构之间的联系；另一类是基于组件的功能分析，建立组件之间的功能关系。

1. 基于 FAST 的功能分析

FAST 是由 Sperry Rand 公司的 C. 比塞韦（Charles W. Bytheway）于 1965 年在国际价值工程协会上提出的。FAST 是分析功能相互关系的强有力的图形工具。FAST 图是完整的产品功能体系，反映设计者用什么样的设计构思去实现用户的要求，适合于构建新的系统。把功能体系分解为各个功能域，便于找出改进应从哪一级入手。

基于 FAST 的功能分析，是通过构建 FAST 图的方式从系统的目的和手段两个角度深入分析系统的多个功能之间的相互关系，并形成系统的功能网络图。所述 FAST 图以目标或结果为起点，由左向右问“怎么办”寻找实现功能的手段；由右向左探寻功能的目的即“为什么”，可参见示意图 2-4-1。

构建 FAST 图❹可参考如下步骤：

（1）画两条一左一右的虚垂线，这两条虚线定义了产品开发目标的区域。把基本功能放在左界线的右边，并向右提出问题“为什么要创建基本功能”；在基本功能的左边列出上位功能，用以明确实现该基本功能的目的；用一条线把所述基本功能和上位功能连接起来，然后开始构造要径路线。

（2）从基本功能开始，按照逐个询问“如何实现该功能”的问题模式向右依次建立各级子功能，并在每次建立子功能后，以该子功能向左询问“建立该子功能的目的是什么”的问题模式验证所建立的子功能是否合理。用直线把这些功能连接起来构成要径路线。

（3）要径路线以位于右界线外的“下位功能”为结束点。该功能位于区域以外，即外部功能。如：使用能源等。

---

❶❷❸ 创新方法研究会，中国 21 世纪议程管理中心. 创新方法教程（中级）[M]. 北京：高等教育出版社，2012：94-95.

❹ 赵岩，等. DAOV 培训讲义：A25-功能分析 [Z]. 2009.

（4）创建要径路线之外的子功能，把它们放在要径路线上与其相关的基本功能或子功能的下面，这些功能或是同时产生，或是由要径路线上的功能引起。对于某一个子功能来说，在完成功能的同时也会产生一定的副作用，必须创建新的功能来抑制这些副作用。该步骤即构建功能域。

（5）将开发目标（左）、一次性功能（中）和伴随功能（右）添加到图的上方。

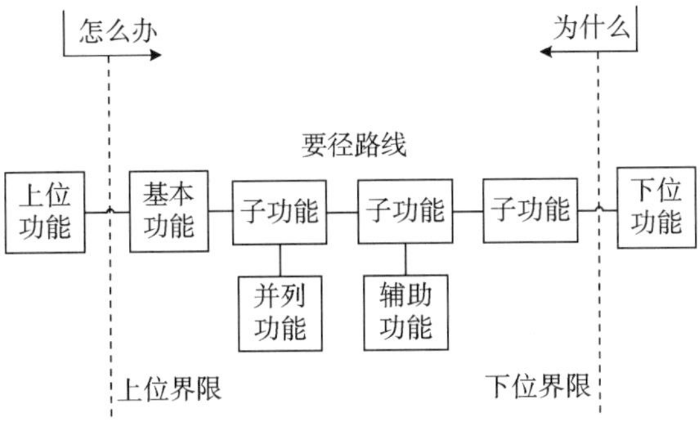

图 2-4-1　FAST 示意图

以手电筒为例，建立其FAST图，如图2-4-2所示。第一步，确定手电筒的基本功能是“发出亮光”。第二步，向左探寻“发出亮光的目的是什么”这一问题的答案，找到其上位功能“照亮物体”，并将基本功能与上位功能连接。第三步，从基本功能“发出亮光”向右探寻“怎样发出亮光”的答案，创建第 级子功能“加热灯丝”，并向右依次建立子功能“通电流”、并列的下一级子功能“构成回路”和“供电”、并列的下一级多个子功能“构成触点”“转换能量”等，并将上述基本功能、各级子功能通过连线进行连接，形成要径路线。第四步，分析要径路线上的各级功能，并创建各级子功能的并列功能和辅助功能，完善技术系统的功能关系。第五步，在最后一级子功能的右侧，即右侧虚线外依据“怎样实现系统的目的”的问题启示，创建“下位功能”，从而形成由上位功能、基本功能、各级子功能及其并列功能和辅助功能、下位功能构成的完整功能网络。

基于 FAST 的功能分析的特点总结如下：

（1）FAST 通过图形的方式来表示逻辑关系，构建 FAST 图的目的是强迫人们从另一个角度来思考问题。

（2）FAST 图是否完成并不那么重要，而建立 FAST 图的过程却与结果同样重要。

（3）FAST 是把分析系统作为一个整体而非整体的一部分来进行处理的；而一个系统之所以存在是因为其内部功能之间存在相互依赖的关系。

（4）FAST 的主要作用是：通过一个独特的视角来理解问题，高效地寻找解决问题的方案，最终提高系统的价值。

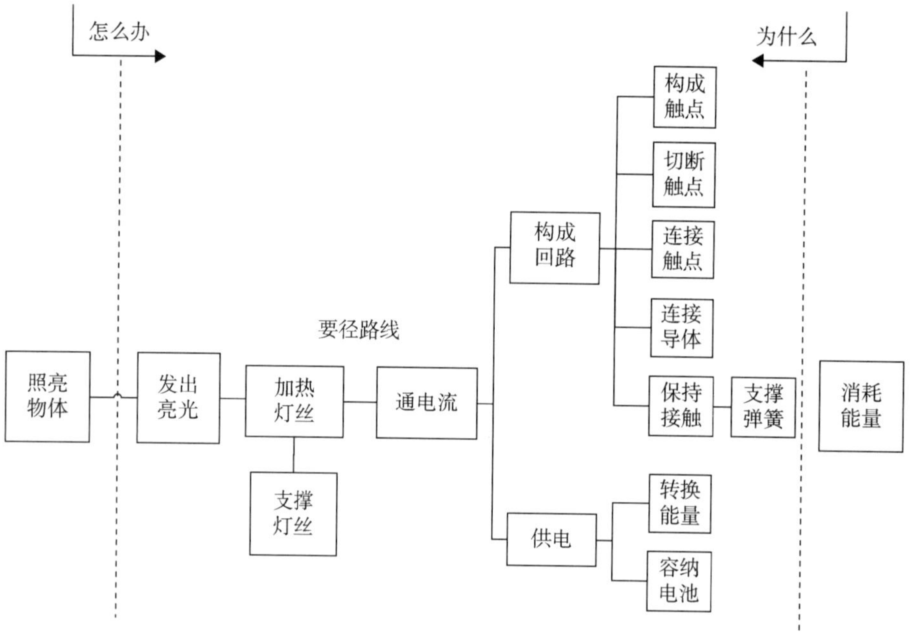

图 2-4-2　手电筒的 FAST 图

2. 基于组件的功能分析

基于组件的功能分析，是从系统的构成组件之间的相互关系（即功能）来分析系统。相对于基于 FAST 的功能分析，基于组件的功能分析（简称为组件模型）更适合于完善已有的系统，关注已有系统的细节，从而发现已有系统中的薄弱环节和可利用资源。

基于组件的系统分析的一种参考流程如下：

（1）在搜集信息的基础上，明确所分析系统的具体工况，例如系统的目的、使用环境、主观及客观的限制要求、客户要求等。

（2）明确该系统的作用对象、系统内的主要组件，并适当了解所分析系统的超系统和各级子系统的组件。该步骤主要描述技术系统的组成和各系统组件的层次，回答了技术系统是由哪些组件组成的，包括系统作用对象、系统组件、子系统组件，以及和系统组件发生相互作用的超系统组件。所述系统的作用对象是承受所分析系统的主要功能的载体，因此系统作用对象本身不是系统的组件，而是特殊的超系统组件。比如，杯子的主要功能是容纳液体，则被杯子容纳的液体就是该杯子的系统作用对象，显然，此处的液体不属于杯子的系统，而是相对于杯子的超系统的组件。

（3）分析各组件之间的相互作用关系，以可视化符号建立组件模型。以矩形框表示系统组件，以不同于矩形框的其他图形（比如六角形框）或其他颜色的矩形框表示超系统组件，并以特定图形（比如圆角矩形框）或特定颜色的矩形框表示系统作用对象，如图 2-4-3 所示；以带箭头的线段连接相互作用的两个组件，并在线段上描述这两个组件之间的相互作用（即功能），建立组件模型。建立完成的组件模型图的示例如

图 2-4-4 所示，其中，带箭头的直线段代表充分的相互作用（即功能），箭头方向代表由施加作用的组件指向承受作用的组件，带箭头的虚线段代表不足的相互作用，带箭头的波浪线代表有害的相互作用。

（4）通过组件模型，全面系统地审查当前系统，找到当前系统的薄弱环节和资源；然后结合其他方法或 TRIZ 工具以及资源解决现有问题。

组件模型可以帮助工程人员更为深入地理解系统组件之间的相互作用和可用资源，进而发现系统中的隐藏问题，并为解决该问题提供既有资源，从而为以较小的成本解决现有问题提供前提基础。

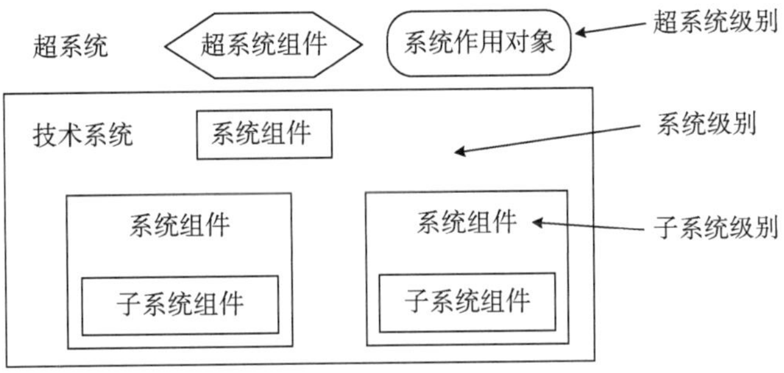

图 2-4-3　系统层级示意图

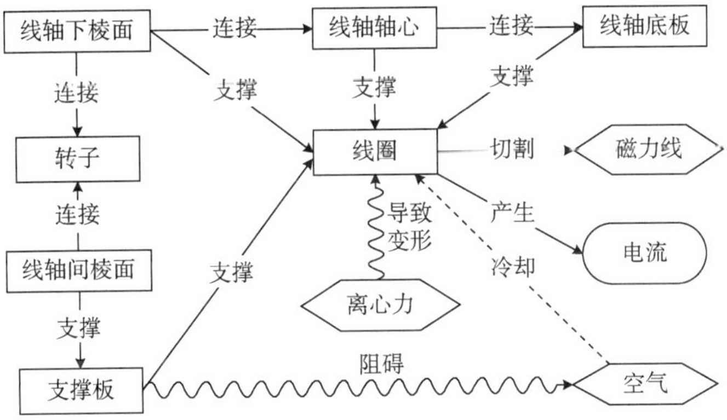

图 2-4-4　组件模型图示例

建立组件模型的关键步骤，即上述步骤（3），可以由多种方式实现。为便于理解，现提供一种比较简单易学的参考方式，详述如下：

（3-1）基于步骤（2）所明确的系统作用对象、系统组件以及有用的超系统组件，建立组件列表。所述有用的超系统组件是指在系统工作时与系统组件发生相互作用从而与系统组件发生物质、能量、信息交流的超系统组件，以及虽然当前未与系统内组件发生相互作用，但在后续的解决问题和系统改进过程中，可以/可能被利用的超系统组件。该步骤可以借助图 2-4-5 完成。

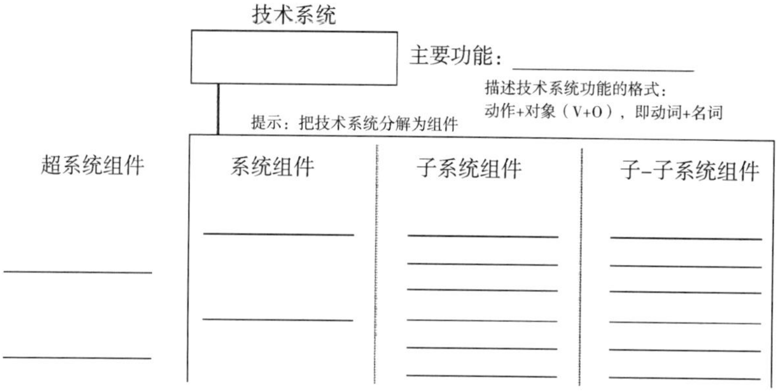

图 2-4-5　组件列表模板

（3-2）对上述步骤中明确的系统组件、超系统组件进行功能分析，描述组件之间的相互作用关系。该步骤可以借助图 2-4-6 完成。结构关系模板引导使用者对技术系统及其超系统中的每两个组件之间是否有相互关系进行逐对筛查，避免在建立组件模型时遗漏组件之间的功能。

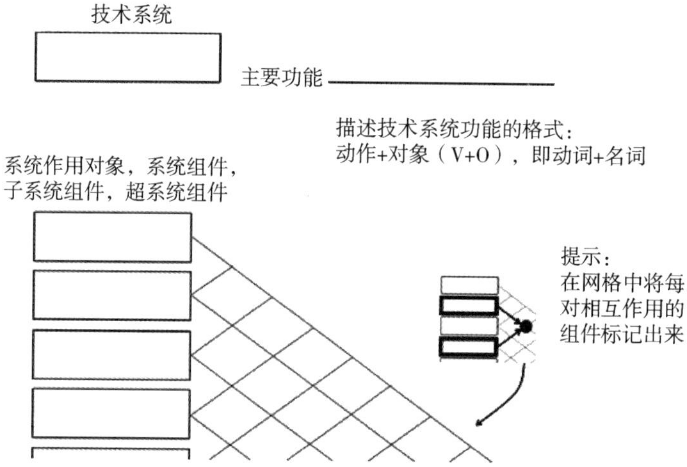

图 2-4-6　结构关系模板

（3-3）建立组件模型，用规范化的功能描述（“动作+对象”，或“动作+对象+参数”），揭示技术系统及超系统中重要组件之间的相互作用关系，以及如何实现系统功能❶。

实践证明，基于组件的功能分析是非常有效的分析方法。它的目的是通过对系统各组件之间的内部功能的分析，发现系统的薄弱环节以及可以借用的资源，从而优化技术系统，提高系统的理想度。

❶ 亿维讯公司．Pro/innovator 5.5 用户手册［Z］．2009.

二、基于系统分析的专利挖掘

如本书第一章概述所说，专利挖掘为专利布局提供支撑，也就是说，专利挖掘是将战略层面的专利布局付诸实施的具体实务过程。因此，以下将从实务的角度介绍如何借助系统分析的思想及具体组件模型进行实际的专利挖掘。

本节所介绍的基于系统分析的专利挖掘，除上述的能够发现系统中的薄弱环节及现有资源之外，还可以作为专业技术人员与理工科背景的专利代理师之间沟通的“语言”，即使专业技术人员不擅长文字表达也能够通过系统分析的方法将技术信息直观高效地呈现给专利代理师，使专利代理师能够快速理解技术方案，减轻专利代理师理解技术方案的难度、避免一些明显或隐藏的错误，提高专利代理师撰写专利申请文件的准确度和效率。

由于企业的产品研发过程通常都需要长期的持续性工作，涉及产品的迭代。一方面，对于某种产品的研发，企业会在某个型号面世之后不断解决产品中新发现的技术问题，使产品性能不断改进、完善；另一方面，企业会以某个型号的已有产品为基础，基于客户的不同需求，在已有产品上做定制化的改进，从而形成适合不同客户需求的系列产品。在这两种情况下，都会涉及多个产品的迭代。这些同系列或不同系列的多个产品之间既有关联又有区别。在对这类产品进行专利挖掘过程中，如何既保留产品的共性又突出每个专利的独特性，在形成互相补强的专利布局体系的同时，还能降低重复劳动、提高专利挖掘和撰写效率，也可以通过系统分析的方法实现。

从现有技术/产品中进行专利挖掘，通常会有两种类型的情景。第一种情景是，专业技术人员已经有了一些创新成果（比如新的产品或新的功能），但缺少从中提炼出完整的、便于专利代理师理解和整理的技术交底书的经验；而专利代理师受专业背景和沟通成本所限，不能完全理解专业技术人员的完整技术方案。第二种情景是，企业已经有了产品，但不知道产品中的哪些技术内容可以以专利的形式进行保护。不同的情景对应的系统分析的步骤不尽相同，但其中核心的步骤又是非常类似的。以下将详细介绍通过系统分析（本节的系统分析特指基于组件模型的功能分析）进行专利挖掘的方法。

对于上述第一种情景，即已经明确了新的产品或新的功能，则将该创新成果转化为合格的技术交底书，只是涉及如何表述的问题。此时，技术方案的框架已经在发明人的脑海中，只是尚未将其转化成符合专利法要求的“清楚、完整”，以及尚未对其进行方案拓展。这种情况下，系统分析起到的主要作用是：一，作为专业技术人员与专利代理师之间的“语言”，即一种沟通的桥梁；二，厘清技术方案的逻辑链，避免技术方案在逻辑上的自相矛盾和错误，排查技术盲点，避免技术方案公开不充分以及缺少必要技术特征。其步骤较简单，具体如下。

步骤 S110：确定技术系统解决的主要功能。当然，在企业 IP 人员或专利代理师刚刚接触原始的交底材料时，并不容易完成这个目标。首先需要确定的是该技术系统的作用对象是什么，以及技术系统中的核心组件有哪些。并在后续的各个步骤中不断迭代和更新信息，通过不断与发明人面谈及逻辑思维的方式逐渐建立和不断完善组件模型，从而逐渐了解技术方案的技术系统，以及逐步接近技术系统的本来面貌。

步骤S120：了解背景技术，描述技术问题，推断技术效果。根据技术系统的主要功能，对比同一领域内实现同样或近似功能的现有技术或产品，反推出上述技术系统所解决的技术问题。若尚未知晓同一领域内实现同样或近似功能的现有技术或产品，则根据上述技术系统的作用对象以及核心组件进行现有技术检索，找到相近的现有技术（如专利、文献等），再进行上述对比。而且，在了解现有技术的情况下，可撰写出技术方案的背景技术。并且，可以依据推出的技术问题结合技术方案得到该技术系统的技术效果。

步骤S130：建立组件模型。按上述“基于组件的系统分析”的第（2）及第（3）步，建立组件模型。需要注意的是，上述“基于组件的系统分析”的步骤是基于发现问题、解决问题的角度，目的是描述技术系统并从中找到薄弱环节加以解决，因此重点在于“找组件”和“找功能”。而在专利挖掘中应用组件模型则有所不同，因为专利挖掘的前提是已经有了潜在的或明确的技术成果，则此时系统分析的作用是将不甚明确的技术方案通过组件模型描述出来，清晰呈现在发明人和专利代理师面前，其侧重点在于描述技术方案。因此上述步骤（3-2）中采用穷尽列举的方式寻找组件之间的相互作用关系，就有些不合时宜了。使用者在熟悉掌握如何建立组件模型的情况下，可以选择适合自己的方式灵活地建立组件模型。

步骤S140：建立动态组件模型。该步骤为可选项。对于产品而言，人们不仅关注产品在静止状态下的连接关系，还更为关注产品在工作状态下的动态功能。因此，对于同一产品的组件模型，有时也有必要建立至少一个动态组件模型。相对于动态组件模型，则也可以将上述步骤建立的组件模型称为静态组件模型。动态组件模型与静态组件模型之间既有联系又有区别。在建立了上述静态组件模型的基础上，依据产品在工作时各组件之间的动态功能关系，对静态组件模型做相应调整，可得到产品的动态组件模型，从而对产品的运行情况有所了解。

步骤S150：通过分析上述步骤建立的组件模型，理解技术系统结构或运作细节，并在逻辑推理的帮助下，发现组件模型中遗漏的组件或相互作用以及组件之间错误的相互作用。修改完善组件模型，使组件模型与技术方案相符合。此时，可以依据该组件模型，明确权利要求中的必要技术特征，并对具体实施方式中的技术方案进行完整、清楚的介绍，从而满足专利法及其实施细则对于权利要求（《专利法实施细则》第20条第2款“独立权利要求应当从整体上反映发明或者实用新型的技术方案，记载解决技术问题的必要技术特征”、《专利法》第26条第4款“权利要求书应当以说明书为依据，清楚、简要地限定要求专利保护的范围”）的规定，以及对说明书（《专利法》第26条第3款“说明书应当对发明或者实用新型作出清楚、完整的说明，以所属领域的技术人员能够实现为准”）的规定。

步骤 S160：基于建立的组件模型进行方案拓展。基于已建立的描述当前产品的组件模型，通过假设性问题尝试逐个取消或替换已有组件、改变组件的种类或改变组件之间的相互作用关系，在此过程中挖掘新的结构或新的功能；对于未建立相互作用关系的多个组件，尝试在其中建立新的相互关系，从而挖掘新的实施例或新方案。在这种尝试中，探寻有价值的替代方案、新的结构或新的功能，从而拓展技术方案或发现当前产品的新功能。专利代理师可以依据该步骤得到的新的结构、功能，分析这些新方案是否适合申请新的专利，或者将其放入具体实施方式作为拓展方案。

通常情况下，人们很难一次就获取完整准确的背景信息，比如必要组件、技术背景、技术问题。而组件模型的建立过程本身又是对技术系统加深了解的过程，因此上述各步骤通常会有多次迭代，执行的次数以及步骤的顺序也可能有所不同。在多次迭代过程中，始终以"组件模型准确地描述技术方案"为目标，以逻辑作为判断、衡量组件模型是否准确、完备的工具，最终必将建立恰如其分描述技术方案的组件模型。

对于上述第二种情景，需要从完整的产品中剖析、甄选出一系列即各自独立又互相联系和补强的技术方案。在这些技术方案的基础上，经专利代理师的加工形成专利申请文件。该种情况下，系统分析不仅只用于将某个或某几个具体的技术成果转化为专利，还对企业研发体系下的各类产品的系列开发产生巨大的辅助作用。系统分析在此过程中的主要作用体现在：第一，能够明晰技术系统的组件、结构、内部功能、外部功能等技术细节；第二，能帮助研发人员捋顺产品逻辑，为研发人员提供清晰的框架模型，便于从专利布局角度对产品进行庖丁解牛般的拆解，同时还有可能发现产品中的缺陷及薄弱环节；第三，有利于产品的改进和迭代，有利于高效地形成系列产品，减少重复劳动。具体步骤如下。

步骤 S210：拆解产品（未必是真的拆开产品，也可以通过分析设计图样、观察爆炸图或分析实物模型进行模拟拆解），将产品的组件尽可能列出，同时明确组件所属的层级。为使系统层级上和逻辑上清晰，可从整个产品向下依次划分层级。比如对于台式计算机而言，第一层级包括键盘、鼠标、显示器、CPU、存储器、机箱、散热系统。第一层级的每个组件又是下一层级的系统，可以向下一层级细分。比如第一层级的键盘包括按键、键盘外壳、键盘芯片、WiFi 或连线等子系统作为第二层级组件。以此类推，在多个层级中选择关注的层级分析其组件及组件之间的相关作用。

步骤 S220：建立组件模型。该步骤一方面用于准确描述当前技术系统的结构、功能和逻辑，另一方面也是通过建立组件模型发现技术系统中的漏洞、冲突或薄弱环节，并解决这些缺陷，从而完善技术系统。该步骤与组件模型的常规使用是相同的，即按上述基于组件的功能分析的第（2）及第（3）步，以及上述对第（3）步细化的步骤（3-1）~（3-3），建立组件模型。当然，上述细化步骤（3-1）~（3-3）仅是对于初学者的引导和举例，当人们熟悉使用了组件模型之后，可以更快、更简便地建立组件模型。建立组件模型的步骤也势必更为灵活、准确。

在上述步骤 S220 基础上，还可以有细分步骤，比如根据客户需求在原有组件模型基础上做修改的定制产品；或从原有组件模型中找到薄弱环节，将解决薄弱环节的新设计补充到原组件模型上形成产品的新组件模型。

步骤S230：建立动态组件模型。该步骤为可选项。对于产品而言，人们不仅关注产品在静止状态下的连接关系，还更为关注产品在工作状态下的动态功能。因此，对于同一产品的组件模型，有时也有必要建立至少一个动态组件模型。相对于动态组件模型，也可以将上述步骤建立的组件模型称为静态组件模型。动态组件模型与静态组件模型之间既有联系又有区别。在建立了上述静态组件模型的基础上，依据产品在工作时各组件之间的动态功能关系，对静态组件模型做相应调整，可得到产品的动态组件模型，从而对产品的运行情况有所了解。

相对于第一种情景的比较固定的步骤，第二种情景根据目的的不同、对当前技术系统认识程度的不同，其步骤的灵活性更大，因此需根据具体情况制定具体步骤。但其均需执行类似于步骤S220的核心内容，即建立组件模型。当所分析的技术系统为动态运行系统时，还会涉及执行步骤S230。后续的分析以及步骤均需以上述步骤S220、S230建立的组件模型为基础。

步骤S240：基于不同型号的产品，建立至少一个组件模型；在需要对产品进行改进或完善时，从组件模型中分析薄弱环节或产品改进后的新的相互关系，判断新产品的优劣；在产品改进时，对组件模型进行相应的修改，使组件模型与对应型号的产品保持一致，从而使组件模型成为产品研发过程中的有效辅助工具。

需要注意的是，虽然系统分析看似仅对硬件类技术方案具有强大的表现力，但其实系统分析也可以用于描述方法类或材料成分/化学组分类的技术方案。

三、系统分析在专利挖掘中的例子

在企业实践中，专利挖掘的过程类似于侦探破案的过程。根据不同的情况，有经验的企业知识产权工作人员（简称企业IPer）会基于发明人提供的原始交底材料按系统分析的思路一步一步挖出撰写专利所需的必备信息，以逻辑为剃刀以组件模型为工具，去粗取精，剔除错误，从顽石一样的原始材料中雕琢出具有清楚完整不矛盾的逻辑、包括各种可能性的拓展方案且与权利要求相呼应的实施例、具有恰当的保护范围且层次明确清晰的权利要求书的美玉一般的专利申请文件。为了便于介绍，案例中以上述情景中的步骤进行介绍，以便读者理解、加以借鉴和应用。

【案例2-4-1】机车信号系统的专利挖掘

案例设置目的：在已有创新成果但创新成果尚未描述清楚的情景下，通过组件模型进行专利挖掘。

本案例涉及机车信号系统，属于铁路通信信号领域。机车信号主机是处理机车从钢轨上接收到的轨道电路信号的主要部件，其工作原理如图2-4-7所示。机车信号主机通过接收线圈（通过电磁感应原理）从钢轨上接收轨道电路信号，经过译码处理，将与轨道电路连接的轨道信号机上的灯位信息显示在车载信号机相应的灯位上，向司机提供行车许可，确保行车安全。

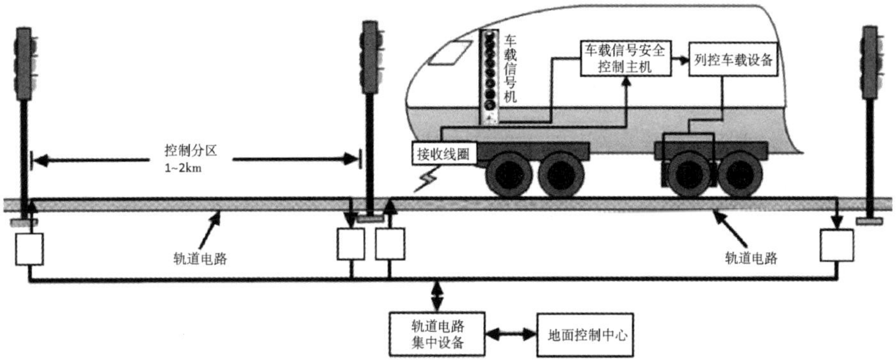

图 2-4-7　机车信号系统工作示意图

第一阶段：初步了解技术方案。

收集原始交底材料。图 2-4-8 是发明人初次提供的原始交底材料，该交底材料是产品的实际结构图。由于一个产品往往会实现多个功能，因此产品的结构图自然也就会包含实现各个功能模块的多套结构。而专利需要解决特定的问题、实现特定的功能，因此就必须从产品的实际结构图中将实现特定功能的相关结构挖掘提炼出来，对产品结构图进行修改。如何从产品结构图中提炼出撰写专利的必要信息，是专利挖掘的一项基本内容。通常可以通过咨询式问答方式实现该目的。

由图 2-4-8 可见，这是一台机车信号系统的结构图，但对于企业 IPer 或专利代理师来说，通过该结构图很难看出该系统是怎样运作的，也不了解哪些是核心组件，哪些是辅助组件，是否遗漏了必要技术特征，技术问题也不甚明确。

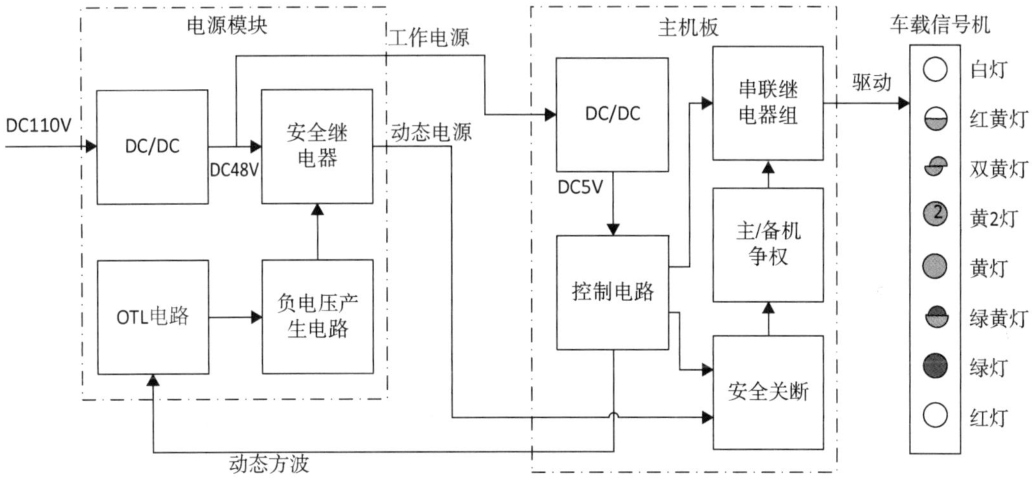

图 2-4-8　发明人的原始交底材料

第二阶段：根据第一阶段收集到的初步信息，建立组件模型。

该阶段需要完成的主要任务有：

（1）收集技术领域基本的背景知识。

（2）以符合《专利法》第26条、《专利法实施细则》第20条等撰写要求的最终专利申请文件为目标，以终为始，依据逻辑找出原始交底材料缺少的信息，据此拟定询问列表。

（3）与发明人当面或电话沟通，解决上述询问列表中的各项问题，并基于已掌握的行业信息、原始交底材料，在询问过程中延伸问题，得到逻辑完整的答复。

（4）确定实现发明创造目的的必要组件以及组件之间的相互作用关系，确定系统作用对象以及相关的超系统组件。

（5）确定发明创造所解决的技术问题和达到的技术效果；根据技术问题、组件以及各组件之间的相互作用关系，建立组件模型。

该阶段的重点环节在于，如何设置询问列表以及如何进行咨询式问答。可以从以下几个角度准备咨询问题：（1）各个组件是怎么连接的？各组件有何作用？（2）各组件是否必要？（3）各功能组件的具体形式有哪些？有没有可替代的其他方式？（4）根据逻辑，结构图中是否缺少了组件？（5）根据逻辑，结构图中各组件的连接及相互作用关系是否有错误或遗漏？（6）根据逻辑，两个组件之间的连接及相互作用关系，其间是否缺少环节？（7）对于已提供但不明确作用的组件，询问这些组件的功能。通过发明人对这些咨询问题的解答以及逻辑判断，明确必要组件及其功能、必要组件的归类（比如每个组件的系统层级、隶属于哪个模块或设备等），去除无关组件，逐渐建立和完善组件模型。需要注意的是，对技术系统的认识和组件模型的建立，往往是逐渐深入、迭代进行的，因此可以多次与发明人之间进行沟通，不断解决发现的问题。

与发明人当面沟通：通过询问，逻辑判断以及确定组件的系统层级归属，最终得到的结构图如图2-4-9所示，主要的修改包括：将原始交底材料中与本发明主旨不相关的"主/备机争权"去掉了，将本发明的必要组件"接收线圈"加入当前结构图；将驱动电路的一种具体形式——"OTL电路"和"负电压产生电路"进行归并、上位为"驱动电路"模块；将"控制电路"改名为"主机板CPU"，从而确定了结构图中各组件的层级和归属；同时，通过当面沟通，了解"安全继电器"的原理、了解"串联继电器组"的运作方式以及了解"主机板CPU"如何控制"串联继电器组"从而驱动车载信号机显示正确的灯位信息。

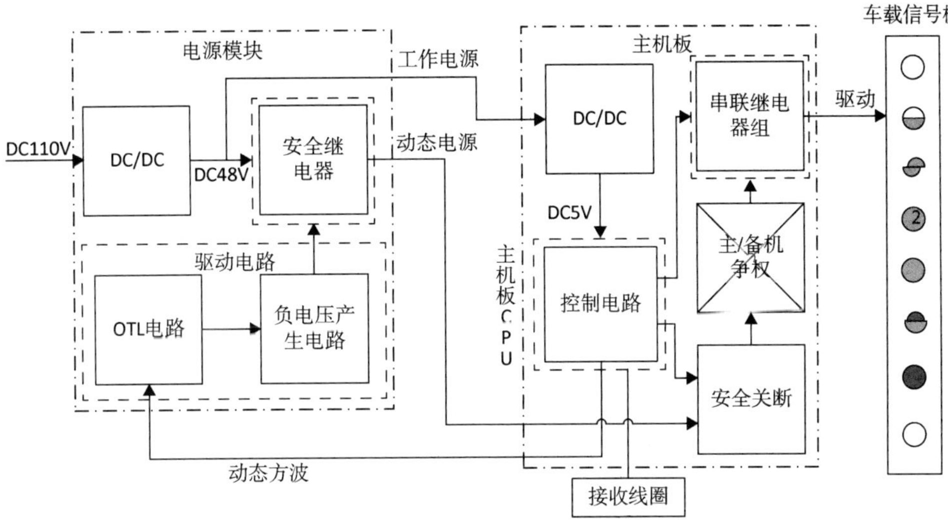

图 2-4-9　修改后的结构图

在了解技术系统的技术方案的同时，对该系统的功能以及解决的技术问题也有了比较准确的认识，了解到现有技术的车载信号机的主要功能是向司机显示前方铁道线路是否占用，但存在如下问题：司机无法从车载信号机上得到机车信号主机自身发生故障的信息，在机车信号主机自身存在故障时可能向司机发出错误的前方铁道线路信息，存在行车安全隐患。相关的背景技术以及技术问题总结如表 2-4-1 所示。

表 2-4-1　问题描述阶段的信息汇总表

专利名称	机车信号系统
技术领域	铁路通信信号领域
背景技术	机车信号主机的功能是处理机车从钢轨上接收到的轨道电路信号。机车信号主机通过感应线圈从钢轨上接收轨道电路信号，经过译码处理，将灯位信息显示在车载信号机相应的灯位上，向司机提供行车许可
技术问题	车载信号机的主要功能是向司机显示前方铁道线路是否占用，但司机无法从车载信号机上得到机车信号主机自身发生故障的信息，在机车信号主机自身存在故障时可能向司机发出错误的前方铁道线路信息，存在行车安全隐患

根据技术问题确定技术方案的功能，从而明确了系统作用对象是“司机”，即通知司机知道机车信号主机自身故障。按照以终为始的原则，从系统作用对象倒推，描述正常情况下机车信号主机的工作过程：首先找到与司机具有相互作用关系的组件“车载信号机”（通过不同颜色的灯以及灯位告知司机）；然后找到对“车载信号机”起控制作用的组件“串联继电器组”。此处，可能有人会认为是“主机板 CPU”对车载信号机进行控制，但根据与发明人的沟通以及对结构图的分析，发现了“主机板 CPU”

与“车载信号机”之间的中间环节“串联继电器组”，即主机板CPU通过控制串联继电器组中的不同继电器开合，从而控制车载信号机上不同灯位上的灯的亮灭。此处，还可能有人从另一角度提出疑问，认为串联继电器组中的每个继电器应该是组件模型中合适的组件，但根据与发明人沟通以及对技术系统层级的分析发现，串联继电器组作为一个整体控制车载信号机的灯位，至于串联继电器组中各个继电器如何控制车载信号机上的每个灯位，不是本发明的创新点，而只是实现本发明的一个技术细节，因此将该技术细节即继电器如何控制车载信号机上每个灯位的技术作为说明书的具体实施方式加以披露，以满足专利的充分公开要求即可。根据结构图发现，串联继电器组除了被主机板CPU控制之外，还与安全继电器和主机板CPU共同控制的“安全关断”连接，因此带来以下逻辑问题：

“安全关断是组件还是某个组件的一个状态？”

“既然主机板CPU对串联继电器组有直接控制的功能，为何主机板CPU还需要与安全继电器共同控制安全关断并对串联继电器组进行控制？”

“主机板CPU除了控制串联继电器组和安全关断之外，又有一路通过控制驱动电路来控制安全继电器，作用是什么？”

由此可见，在此处的结构图上，主机板CPU、串联继电器组、安全继电器、驱动电路、安全关断之间的关系已经非常复杂，只从结构图已无法厘清这些组件之间的关系，此时需要建立组件模型以明确这些组件之间的关系。通过上述分析及后续与发明人的沟通，上述这些组件除了安全继电器需要上位为“安全开关”以及“安全关断”被确定为安全开关以及控制电路的一种控制状态之外，其他组件都是组件模型中的重要组件，这为下一步建立组件模型打好了基础。

在画图软件或纸面上列出上述主要组件，并明确各组件所属的系统层级，比如司机（系统作用对象，以六角矩形表示）、车载信号机（其子系统包括多个灯位）、主机板CPU、串联继电器组（其子系统包括多个继电器）、安全开关（其下位概念是安全继电器）、驱动电路（其具体形式可以是单只晶体管，或门电路，或由分立的晶体管组成的OTL电路）等；考虑到信号来源和能量来源，还可以列出车载天线和车载直流电源（本发明中，由于不涉及电源方面的功能改进，因此组件模型图中略去了车载直流电源及其与其他组件的相互作用关系）。然后按照以终为始的原则，从系统作用对象反推两两组件之间的相互作用关系，比如由“车载信号机”将轨道电路上的信号机灯位显示给“司机”，为了在组件模型中描述简便，在组件模型中只用最少的动词（有时还包括必要的表示参数的名词）表示相互作用关系（即功能），因此在组件模型中就描述为“[车载信号机]显示[司机]”。类似的，根据结构图以及由发明人处得来的技术方案的信息，依次建立两两组件之间的关系，并用带箭头的直线将对应的两个组件连接起来。建立的组件模型参见图2-4-10，对照组件模型与上述的结构图可见，组件模型图通过简单的几何图形及连线即把组件及组件之间的相互作用关系表示清楚了，相对于结构图更加简洁、清楚。建立组件模型之后，需对照了解到的技术方案检查组件模型图是否准确表达了创新成果的技术方案。在对图 2-4-10 检查的过程中发现，虽然该步骤符合发明人的描述，但仍未真正解决第一阶段提出来的“司机无法从车载信号机上得到机车信号主机自身发生故障的信息，在机车信号主机自身存在故障时可能向司机发出错误的前方铁道线路信息”的技术问题。通过与发明人共同分析组件模型发现，真正表达技术方案的组件模型图应为图 2-4-11，也就是在车载信号机上有向主机板 CPU 的信息反馈。

需要说明的一点是，对于系统中的一些重要组件在不同情况下，会与不同的其他组件具有相互作用关系，或与相同的其他组件有不同的相互作用关系。比如本案中，主机板 CPU 除了接收车载天线的轨道电路信息并控制串联继电器组（即车载天线传输轨道电路信息到主机板 CPU控制串联继电器组）之外，还采集和判断车载信号机的灯位信息，并通过控制驱动电路控制安全开关，从而最终控制串联继电器组的供电，此处的主机板 CPU、串联继电器组、车载信号机均有两个方向的功能流向，称为流。流描述了能量（信息，物质）如何在系统中传递，或其组件之间是如何相互控制、支撑或导向从而对系统的主功能进行贡献❶。在组件模型中，流将一组有关的组件及其相互作用关系建立关联，整体分析这一系列组件及其相互作用关系。因此在条件允许的情况下可以用不同的标记或颜色对不同的流进行区别。

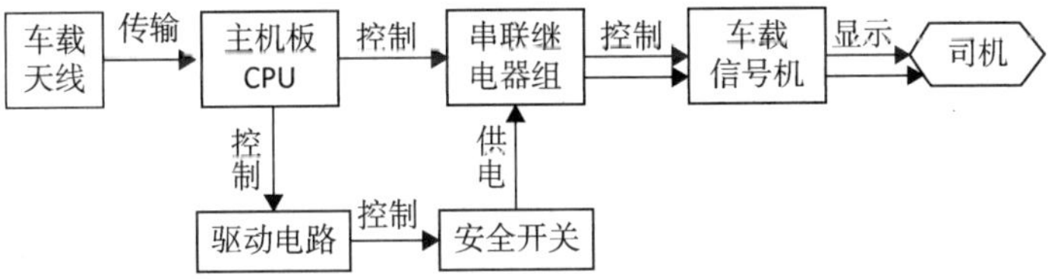

图 2-4-10　初步的组件模型

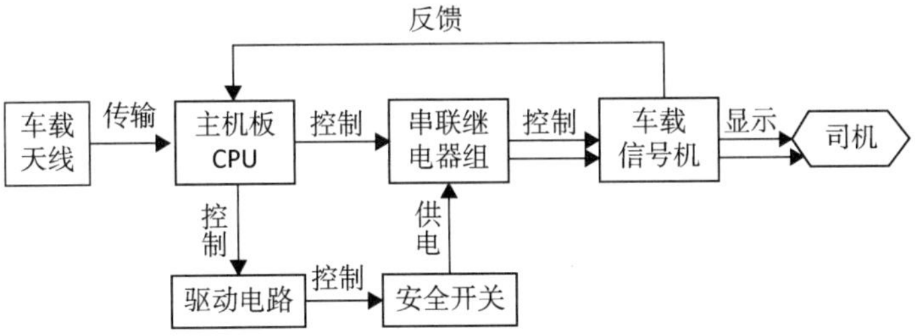

图 2-4-11　检查完善后的组件模型

图 2-4-11 的组件模型，既表明了各组件之间的连接关系，即机车信号系统的静态组件模型，又体现了机车信号系统正常运行时的动态关系，即机车信号系统在正常运行时的动态组件模型。但该组件模型仍未指出机车信号系统发生异常（即发生上述技

❶ 亿维讯公司. Pro/innovator 5.5 用户手册［Z］. 2009.

术问题）时的组件模型，因此需要建立异常的动态组件模型。建立异常时的组件模型，如图 2-4-12 所示，可以发现，由车载信号机对主机板 CPU 的信号反馈导致主机板 CPU 关断驱动电路，从而控制安全开关停止向串联继电器组供电，从而使车载信号机的所有灯位都熄灭，从而引起司机注意，帮助司机发现机车信号主机异常。

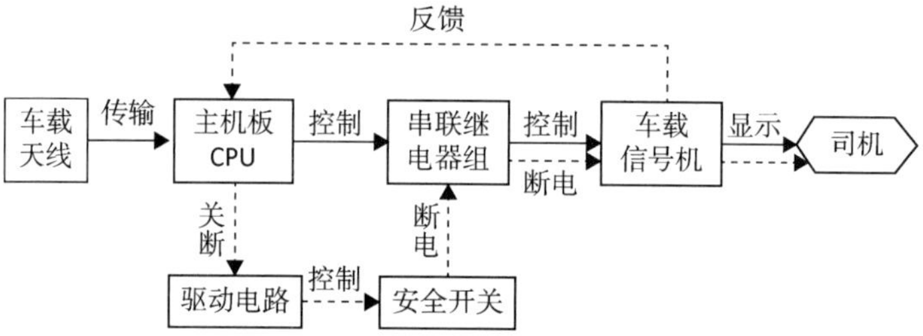

图 2-4-12　异常动态模型示例

第三阶段：基于前述建立的组件模型，撰写权利要求，如下：

1. 一种机车信号系统，包括车载天线、车载直流电源、机车信号主机、车载信号机，所述机车信号主机包括电源板、主机板，其特征在于，所述电源板包括电源模块；所述主机板包括主机板 CPU、串联继电器组；（该段依据上述统计的组件，以及组件的层级关系确定）

所述直流转换器与车载直流电源连接，将车载直流电源输入的直流电进行转换并分两路输出，第一路输出向机车信号主机的主机板供电，第二路输出向安全开关供电；（该段是关于供电，由于供电比较简单且不是本发明的核心创意点，因此未显示在组件模型里，但为了技术方案的完整，有必要作为必要技术特征加入权利要求中）

车载天线接收轨道电路信息传输给机车信号主机的主机板 CPU，由主机板 CPU 通过控制串联继电器组点亮车载信号机的相应灯位；所述主机板 CPU 还与车载信号机和所述电源模块的驱动电路分别连接，所述主机板 CPU 采集所述车载信号机的灯位信息，并判断所述灯位信息是否满足设定的安全判定条件：若主机板 CPU 采集到的灯位信息不满足主机板 CPU 中设定的安全判定条件，主机板 CPU 停止向所述驱动电路发送控制信号，安全开关断开；

安全开关与驱动电路连接，由所述驱动电路发送的直流信号控制其导通或断开；所述安全开关通过主机板与所述串联继电器组连接，为所述串联继电器组供电。（以上两段依据正常运行的组件模型和异常的动态组件模型的逻辑进行描述，使权利要求清楚简洁，且没有遗漏必要技术特征）

第四阶段：依据确定的权利要求，以及在建立组件模型过程中得到的信息，撰写说明书中的各部分，包括背景技术、技术问题、技术效果、具体实施方式以及附图。比如在该专利中，依据上述组件模型，得到图 2-4-13 所示的系统结构附图。

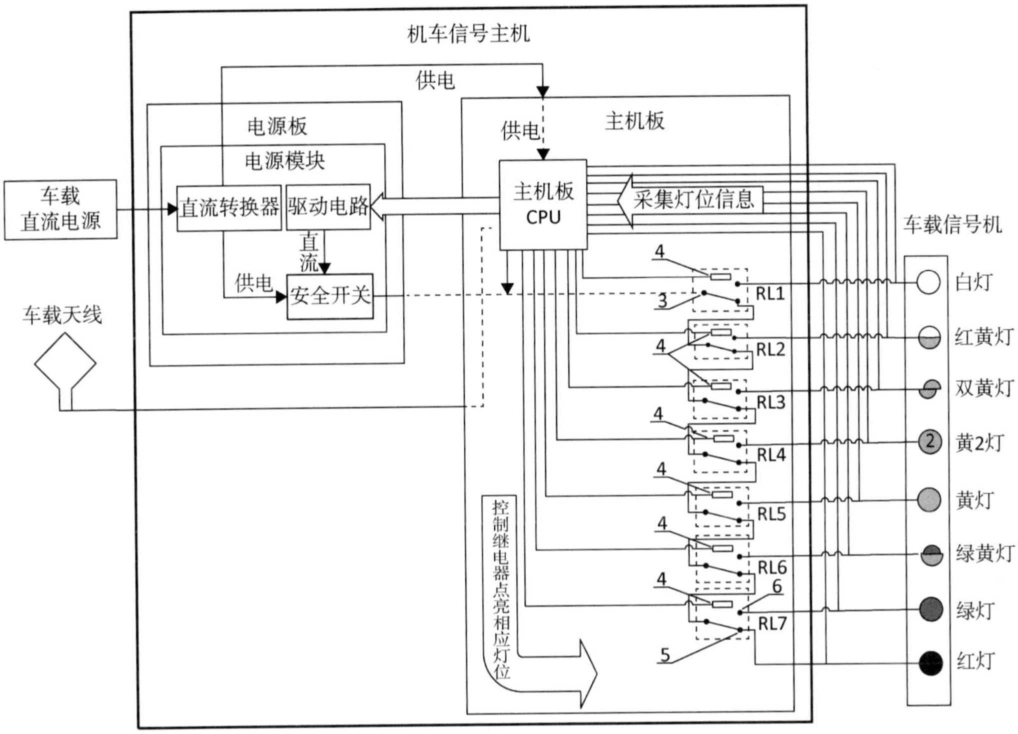

图 2-4-13　说明书中的系统结构附图

依据组件模型也可以描述机车信号系统的工作流程，并形成流程图，如图 2-4-14 所示。

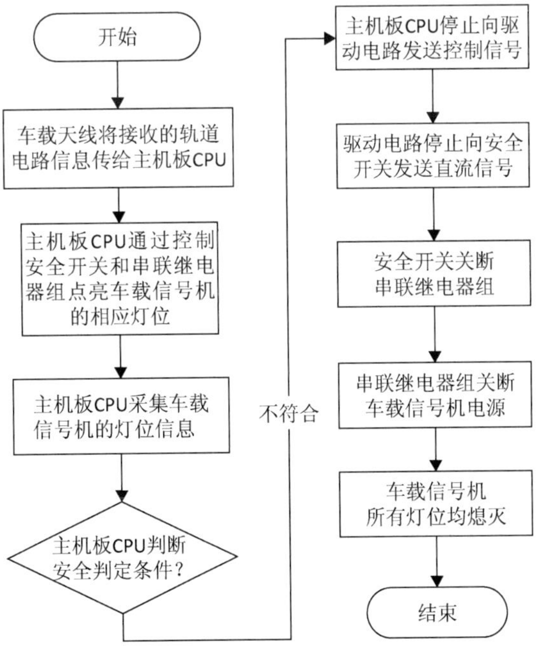

图 2-4-14　说明书流程图

第五阶段：依据本章的组件模型以及其他方法（包括TRIZ理论中的创新原理、进化法则等理论和工具），对现有方案进行拓展。若依据组件模型进行方案拓展，具体方式是通过假设性问题尝试逐个取消或替换组件模型中的已有组件、改变组件的种类或改变组件之间的相互作用关系进行方案拓展；或对于未建立相互作用关系的多个组件，尝试在其中建立新的相互作用关系，从而挖掘新的实施例或新方案。在本例中，除通过上述方案中的使车载信号机断电从而使所有灯位熄灭提醒司机之外，还可以：（1）通过主机板CPU向司机发出报警声音或灯光等报警信息提醒司机；（2）主机板CPU还可以经安全计算机与DMI（Driver Machine Interface，人机界面）连接，将报警信息经安全计算机向DMI发送或以文字的形式将报警信息显示在DMI上，以引起司机对于机车信号系统故障的注意，避免安全隐患。

第五节 技术系统进化法则

技术系统进化论是经典TRIZ中的重要理论。阿奇舒勒技术系统进化论的主要观点是技术系统的进化并非随机的，而是遵循着一定的客观的进化模式，所有的系统都是向“最终理想化”进化的，系统进化的模式可以在过去的专利发明中发现，并可以应用于新系统的开发，从而避免盲目尝试，进而浪费时间❶。

技术系统进化论包括S曲线和技术系统进化法则两个体系，其中技术系统进化法则的大部分进化法则又可以分别延伸出一条或多条技术系统进化路线（简称进化路线）。这些进化路线给出了比较切实可用的技术系统进化的指引方向，研发人员或专利代理师可以借助这些进化路线对既有方案进行方案拓展，增加专利的数量或专利中拓展方案的数量。

一、S曲线及技术系统进化法则

（一）S曲线

阿奇舒勒通过对大量的发明专利的分析，发现产品的进化规律满足S形曲线，简称S曲线❷。S曲线可认为是一条产品技术成熟度预测曲线。图2-5-1是一条典型的S曲线。S曲线描述了一个技术系统的完整生命周期，图中的横轴代表时间；纵轴代表技术系统的某个性能，比如火车这个技术系统，火车的速度、安全性就是不同的性能。性能随时间的发展变化呈S形曲线。

---

❶ 杨清亮．发明是这样诞生的：TRIZ理论全接触［M］．北京：机械工业出版社，2006：11.

❷ 杨清亮．发明是这样诞生的：TRIZ理论全接触［M］．北京：机械工业出版社，2006：15.

一个技术系统的进化一般经历 4 个阶段，分别是：婴儿期、成长期、成熟期、衰退期，如图 2-5-1 所示。

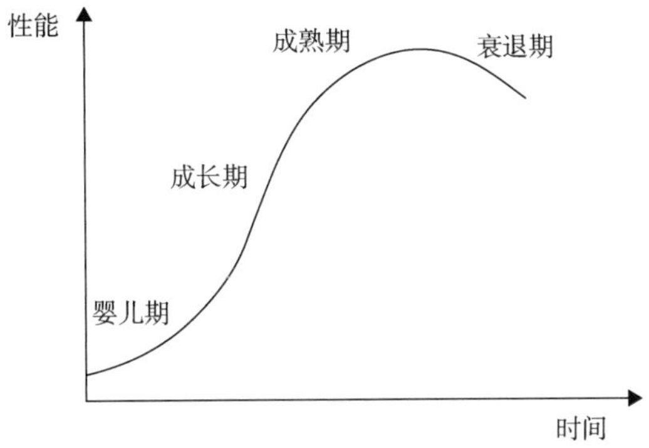

图 2-5-1 S 曲线

由于 S 曲线比较难应用于专利挖掘，不是本书的讨论对象，因此就不对其理论及应用展开介绍了。详细内容可以参见 TRIZ 理论相关书籍。

（二）技术系统进化法则

技术系统进化法则的内容主要体现了产品在实现其相应功能的过程中改进和发展的趋势。经典 TRIZ 理论中有八大类的技术系统进化法则，分别是提高理想度法则、技术系统完备性法则、技术系统能量传递法则、协调性进化法则、子系统不均衡进化法则、动态性进化法则、向超系统进化法则、向微观级进化法则❶。基于进化法则的提示，我们可以更好地预测出产品未来的发展方向。在专利挖掘中，技术系统进化法则及其进化路线可以为拓展技术方案提供启发。

1. 提高理想度法则

提高理想度法则指出，技术系统朝着提高系统理想度的方向进化。采用如下公式定义产品的理想化程度：理想度=有用功能之和/（有害功能之和+成本）。若将“成本”也作为一个有害功能，则上式变为：理想度=有用功能之和/有害功能之和。

产品是某种或某些有用功能的载体。按照上述理想度的公式，越理想的产品，其有用功能应越多和/或有害功能及成本应越少。最理想的产品应该是这样的：该产品作为实体已不存在（因此也就没有有害功能及成本），但是仍能实现有用功能。我们称这种情况下的产品为最理想的产品，这种状况下的设计方案称为最终理想解或理想最终解（Ideal Final Result，IFR）。实际上，最理想的产品或者技术系统在实际中是不存在的，这在哲学上的含义是产品或技术系统的进化是永无止境的，同时指出最终理想解是产品设计的一个努力方向。

❶ 北京亿维讯科技有限公司. TRIZ 简明教程［M］. 2008.

提高理想度法则不仅是所有其他进化法则的基础，是技术系统进化的最基本法则，而且是TRIZ理论解决矛盾问题时的一个关键思想。而技术系统进化的其他法则则为提高技术系统理想度提供了具体的启发方向。理想解的广义表述概念是，技术系统某参数的改进不会对系统的其他参数产生不利影响。首先，最终理想解意味着，在技术系统中，每件事情或功能必须花费系统内部已有的资源自我实现。第二，在技术系统中，所需的操作必须仅在必要的位置和时间进行。因此，我们在对已有技术系统进行改进时应用的“最小改动原则”，也是提高理想度法则的要求，因为只有最小的改动才会尽量少地引入有害功能及成本。图2-5-2为可以用于洗衣机、空调、饮水机等家电的盖板构件，由于该盖板构件与家电本体结合需要诸如螺钉、垫圈、盖板闩、弹簧等配件的配合，导致配件加工成本高、配件精度要求高、配件之间的配合工艺复杂、专业人员的训练成本和人工成本高等不利因素（有害功能）。对该盖板及其配件的设计进行修改，一个方案如图2-5-3所示，在不改变被封装的家电外壳及盖板整体结构的基础上，仅将诸多配件集合为一个配件“门闩”，通过将该门闩与盖板卡接在一起，从而避免了多个配件相互配合方案中的上述诸多问题，该方案符合提高理想度法则。

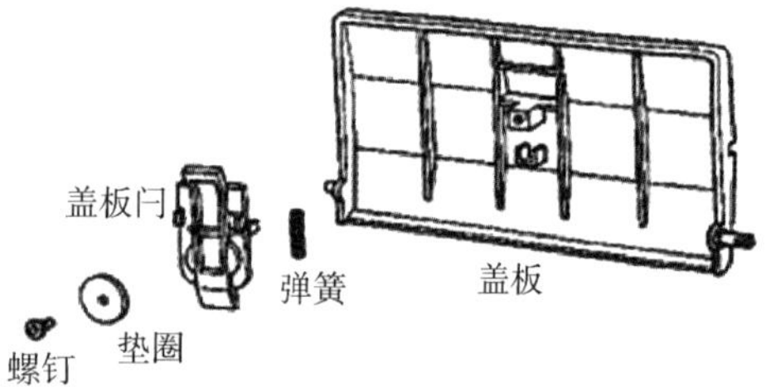

图2-5-2　改前的盖板方案

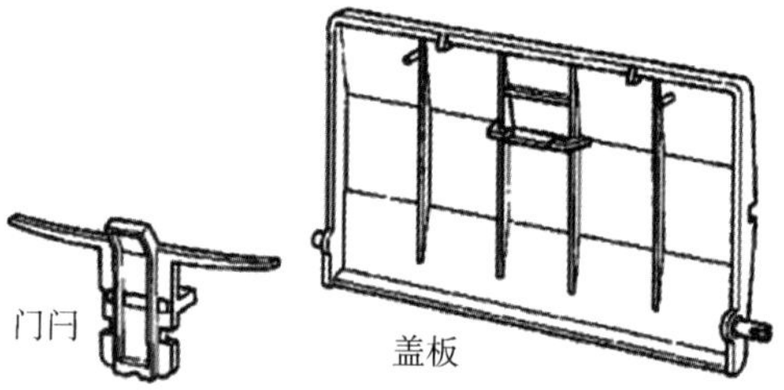

图2-5-3　改后的盖板方案

2. 技术系统完备性法则

技术系统完备性法则指出，一个完善的技术系统需要包含四个相互关联的子系统：动力子系统、传输子系统、执行子系统和控制子系统。其中，动力子系统从能量源获取能量，并转化为系统所需的能源，但动力子系统自身通常不是能量源；传输子系统把能量或场传递给执行装置；执行子系统对系统作用对象实施功能，为便于区别，也常称为“工具”；控制子系统用于控制其他组件如何协调，以实现功能。

完备性法则指出，技术系统会向着技术系统完善的方向进化。比如水磨坊作为一个技术系统，其主要功能是研磨谷物，由此可见其系统作用对象是谷物。则其执行子系统是石磨，动力子系统是水轮（能量源是水流），传输子系统是齿轮，控制子系统是人（普通水磨坊）或计算机（自动化水磨坊）。由此可见，自动化水磨坊自身即具备四类子系统，而普通水磨坊则仅具备三类子系统，从技术系统进化的角度而言，自动化水磨坊比普通水磨坊更完备。比如普通的椅子，虽然仅有执行子系统，但其仍是技术系统，只是普通的椅子并不完备。完备性法则指出椅子可以向着增加其完备性的方向进化，即逐步增加当前缺失的子系统，比如根据人的指令进行按摩的按摩椅或自动运行的轮椅相对于普通的椅子就增加了动力子系统和传输子系统，是比普通椅子更完备的技术系统。当然，还可以通过增加控制子系统使其成为更完备的系统。

3. 技术系统能量传递法则

技术系统能量传递法则指出，技术系统实现其主要功能的必要条件之一是能量能够从能量源流向技术系统的所有元件。如果技术系统的某个元件接收不到能量，它就可能是被遗漏的元件或可取消的元件。

能量传递法则指出，技术系统会向着缩短能量传递/转化路径的方向进化，从而提高能量的传递效率。

比如，火车这一技术系统经历了从蒸汽机车到内燃机车到电力机车的进化过程。蒸汽机车的能量转化方式为：化学能（储存于煤炭中）→热能（产生于燃烧煤炭）→压力能（水受热变成高压水蒸气）→机械能（高压蒸气推动活塞做功，通过连杆将动能传输给车轮），经历了 3 次能量转化；能量利用率为 5%～15%。内燃机车的能量转化方式为：化学能（储存于燃油中，比如柴油）→压力能（燃油燃烧产生高压气体）→机械能（高压气体推动柴油曲柄输出机械能），经历了 2 次能量转化；能量利用率为 30%～50%。电力机车的能量转化方式为：电能→机械能，经历了 1 次能量转化；能量利用率为 65%～85%。由此可见，在火车进化的过程中，能量传递/转化路径是逐渐缩短的。当然，具体技术系统的发展是否符合能量传递法则，还需要考虑储能介质的能量密度、能量转化率及获取成本等因素。因此，该条进化法则只是给出一个总体的方向，技术系统的发展是否符合该条进化法则，仍需要具体系统具体分析。

4. 协调性进化法则

协调性进化法则指出，技术系统向着其子系统各参数协调、系数参数与超系统参数相协调的方向发展进化。进化到高级阶段的技术系统的特征是，子系统为充分发挥其功能，各参数之间要有目的地相互协调或反协调，能够实现动态调整和配合。

子系统各参数之间的协调，包括尺寸、几何结构、空间维度、表面特性、内部特性上的相互协调，质量上的相互协调，频率上相适应，各子系统工作节奏上的相互协调。比如根据车辆的用途不同以及所行驶的地面不同，轮胎的纹理可以是无纹理（用于早期的一级方程式的赛车），一维方向排布的纹理（现代的赛车轮胎），子午线纹理（载重汽车轮胎）等。

5. 子系统不均衡进化法则

子系统不均衡进化法则是指，技术系统的各子系统的进化通常不是同步进行、均衡进化的。这个法则在技术系统发展和进化的各个阶段都适用。该法则有另一个名称，叫作“木桶定律”或“木桶原理”。该法则提示我们，技术系统整体进化的速度受限于理想度较低的组件或子系统的进化速度。该进化法则提醒人们及时发现技术系统中理想度较低的组件或子系统，并对其改进或以较先进的子系统代替。

6. 动态性进化法则

动态性进化法则指出技术系统会向着提高系统柔性、可动性、可控性的方向进化。由上述定义可以看出，动态性进化法则包括三个方向（柔性、可动性、可控性）的进化趋势，技术系统既可以向这三个方向中的任一方向进化，也可以同时向其中的两个或三个方向进化。

技术系统向提高其柔性方向进化启发人们考虑当前刚性系统变为柔性的可能性，或当前柔性系统或部件增加柔性的程度。比如刚性的普通屏幕进化为柔性屏幕，如图 2-5-4 所示。

图 2-5-4　柔性屏幕

技术系统向提高其可动性方向进化启发人们考虑当前系统或系统组件增加可动性的可能性和可动程度。这里的可动性是广义概念，既包括系统整体的可移动性，也包括系统组件之间的相对移动；既包括直线运动，也包括转向以及三维空间内的任何移动方式。该进化趋势还可以与协调性进化法则结合使用，使技术系统在增加运动性的过程中与系统组件或超系统组件相互协调，或在相互协调时增加运动性。比如普通的椅子增加自身移动性进化为转椅，增加整体移动性进化为带滚轮的可移动椅子。

技术系统向提高可控性方向进化启发人们考虑增加当前系统的可控性。比如由无控制的固定风速风扇进化为具有风速调解功能的主动控制的风扇，也可进化为通过测量温度自动控制风速的反馈控制风扇。

7. 向超系统进化法则

所谓超系统，广义上讲是超出当前技术系统之外的其他系统。技术系统在进化的过程中，可以借用超系统的资源提高自身系统的功效，或者将自身系统中的某子系统分离到超系统中，使其子系统摆脱自身进化过程中存在的限制要求，更好地实现原有功能。所以向超系统进化有两种方式：一是使技术系统与超系统的资源组合；二是将当前系统的某子系统容纳到超系统中。

向超系统进化可以发生在技术系统进化的任何阶段。“向超系统进化法则”是系统进化的一种方式，该法则与其他技术系统进化法则结合起来，适用于预测技术系统的整体进化。比如战斗机为进行长距离飞行，需要携带副油箱以提供足够的燃油；根据向超系统进化法则，将战斗机的子系统——副油箱分离到超系统，比如使用单独的空中加油机为战斗机加油（空中加油机是超系统组件），而空中加油机可被看作飞行的燃油箱，则可以使战斗机只需携带较少的燃油即可进行长距离飞行。

8. 向微观级进化法则

向微观级进化法则指出，技术系统及其子系统在进化发展过程中向着尺寸减小的方向进化。也就是说，技术系统及其组件倾向于向着原子和基本粒子的尺度进化。进化的终点意味着技术系统和/或其组件作为实体已不存在，而是通过场或超系统组件来实现其原来的功能。比如人类的收听设备，经历了从留声机、HiFi、随身听、MP3 的进化，最后其实体消失但保留了其自身功能（集成到了另一技术系统手机中）。由此可见，向微观级进化法也符合提高理想度法则。

二、基于进化法则及其进化路线的专利挖掘

技术系统进化法则主要用于对技术系统的发展趋势进行预测。为了使进化法则更加便于应用，多数进化法则又延伸出数量不等的进化路线。在专利挖掘过程中，技术进化路线对于启发思维、拓展方案非常实用。下面对进化法则对应的进化路线以及如何利用进化路线进行专利挖掘进行简单介绍。

（一）由提高理想度法则可延伸出两条进化路线

1. 简化路线

根据理想度公式“理想度 = 有用功能之和/有害功能之和”，如果消除有害功能（即减小分母），则即使仅实现原有功能（即分子保持不变），也会使技术系统向着理想度增加的方向进化。而有害功能通常是伴随着技术系统的实体存在的，比如设备本身的成本、占用的空间、装配维修的复杂度等。所以若能消除或减少技术系统的物理实体，会不同程度地减少技术系统的有害功能。由此延伸出简化路线，即技术系统会向着实体逐渐减少的方向进化，具体而言，可依照如下进化路线：“完整系统→减少一个组件（相对于前述的完整系统）→减少多个组件→最大限度简化的系统”，比如原来的计算机包括机箱、显示器、键盘、鼠标等硬件设备（完整系统）；逐渐减少组件，比如键盘与机箱合并，出现了笔记本电脑（减少了一个组件）；鼠标与笔记本电脑的显示器合并，出现了平板电脑（减少了多个组件）；“最大限度简化”的计算机，可以想到是消除了所有传统硬件的计算机，实际上这种计算机已由麻省理工学院的普拉纳夫（Prarnav Mistry）于 2010 年研制出来，称为“第六感”，这台计算机（“电脑”）是由网络摄像头、微型投影仪以及一面小镜子组成的，可以在任何表面投影和进行输入。

2. 扩展→简化路线

“扩展→简化路线”是从理想度公式中的有用功能和有害功能两方面考虑技术系统的进化，在技术系统进化的前期，主要侧重提升有用功能以提高理想度，在技术系统进化的后期则通过降低有害功能及成本以提高理想度。提高理想度法则与 S 曲线相结合，可以分析技术系统发展各个阶段的理想度的影响因素，如图 2-5-5 所示。在婴儿期（第一阶段），此时一个崭新系统的主要功能（有用功能）的价值远高于其自身的有害功能和成本；比如电灯刚出现时，尽管那时的灯泡寿命很短，有着诸多不便，但电灯带来的是革命性的进步，人类终于第一次有了一种由电提供能量的光源，其影响是深远的。当技术系统发展突破瓶颈期并进入高速成长期（第二阶段），此时其有用功能与有害功能同时增长，但有用功能增长得更快、更迅猛，因此其理想度也是在增加的。比如爱迪生实验了六千多次得到的钨丝比当时的普通灯丝更贵，且为了延长灯丝寿命，在灯丝外面封装透明玻璃的灯泡并在其中通入氮气使灯丝与空气隔绝，还将灯丝绕成了螺旋形。这些措施和步骤都增加了人工成本、设备成本、装配成本，而且引入了玻璃易碎、灯丝高温等有害功能，但相对于电灯给人类的光明，以及灯丝寿命延长给人们带来的便利而言，这时有害功能和成本的增加相对而言是非常小的。当技术系统进入成熟期（第三阶段），此时有用功能基本不变，因此理想度公式的分子部分不变，只能通过减少其有害功能和成本提高其理想度，比如减少灯泡的加工步骤、采用自动化流水线以降低人工成本和装配成本等方式减小分母，以提高理想度，从而进入上述的简化路线。由此可见，“扩展→简化路线”是更完整地体现提高理想度法则的路线，其后段与上述简化路线相同，但前段是通过增加组件以提高有用功能，从而提高理想度。其完整路线为：“最少组件组成的系统（实现其最主要的有用功能）→引入一个附加组件→引入多个附加组件→扩充为完整系统→减少一个组件→减少多个组件→最大限度简化的系统”。

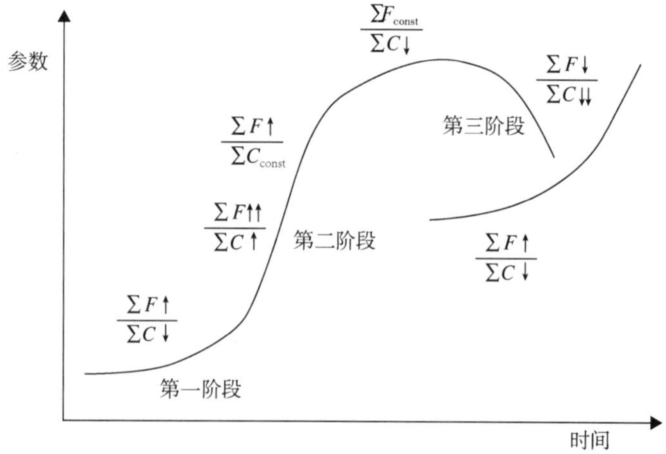

图 2-5-5　S 曲线各个阶段理想度变化趋势

"简化路线"及"扩展→简化路线"用于专利挖掘、方案拓展的启发问题，比如可以是：当前的系统还可以增加哪些功能，这些功能能够利用当前系统中的哪些现有组件；当前系统的组件是否能够组合；当前系统的组件是否可以转移到相关的超系统组件中从而减少系统中的组件。

（二）完备性法则并未提供具体的进化路线

但完备性法则仍可以用来进行专利挖掘，启发拓展方案，比如可以考虑，当前的技术系统是否是完整的（即是否已经具备了动力子系统、传输子系统、执行子系统和控制子系统）；对于非完备的系统所缺少的子系统，可以以何种形式补齐；考虑到很多系统都是因为缺少控制子系统或控制子系统的性能尚不完善，还可以从如何减少人的参与的角度，即"自动化"的角度进行方案拓展。比如原来通过人工识别判断再对设备进行人为控制的方式，由于传感器、物联网、大数据分析的发展，很多已经可以实现完全的自动控制。比如自动进行车辆识别以及行为识别的"海燕系统"，除了可以识别车辆超速、闯红灯等违章行为外，还可以识别驾驶人打电话、抽烟、看手机等行为。

（三）由技术系统能量传递法则可延伸出一条进化路线

场的进化路线：机械场→声场→热场→化学场→电场→磁场→电磁场。当然，其他形式的场也能加入到上述场的进化路线中。比如对于刀的进化，从功能的角度来看，刀具属于切割工具，那么切割功能体现在不同的场的具体形式有哪些呢？利用超声波进行手术的超声波手术刀，是切割功能在声场中的表现形式；利用集中热能使材料熔化或者燃烧并分离的方法称为热切割，是切割功能在热场中的表现形式；在切割氧流中加入纯铁粉或其他熔剂，利用它们的燃烧热和造渣作用实现气割的方法称为氧熔剂切割，既是热场形式下也是化学场形式下的切割功能；电弧切割既是热场形式下也是电场形式下的切割功能；在现有技术中没有找到利用磁场进行切割物体的具体形式，但可以从磁场的特性以及切割功能的要求探索这种形式，可能在不远的未来就会产生一种磁切割的新工具；激光切割、等离子体切割都是切割功能在电磁场中的表现形式。

借助场的进化路线进行专利挖掘、方案拓展，可以提出如下的启发性问题：当前技术系统是哪种功能在哪种场中的表现形式？当前技术系统在场的进化路线中的其他场中可以有哪些表现形式？

（四）由协调性进化法则可以拓展出七条进化路线

1. 点—线—面—体的进化路线

该进化路线是从空间维度角度提出启发，考虑技术系统及其组件是否可以在空间维度上发生变化，从而拓展新的方案。比如各种与地面接触的位移部件，其中可移动椅子上的滚轮对应的是与地面以"点"的形式的零维接触；普通的轮胎对应的是与地面以"线"的形式的一维接触；坦克或拖拉机的履带对应的是与地面以"面"的形式的二维接触；轮船或登陆艇的底面部分浸在水中，因此是与水面以“体”的形式的三维接触。

2. 线组件的进化路线

直线→在两个维度内弯曲的线→在三个维度内弯曲的线→复杂线。

该进化路线启发人们对线组件进行拓展；对于以其“线”起主要作用的结构尤为适用，比如各种管道、棒状体。这里的线组件可以是组件本身具有类似于线的一维性质，比如彩灯；也可以是技术系统缺少的部位具有类似于线的一维性质，比如槽或具有一定深度的孔（通孔或非贯通孔）。线组件可以是微观的线组件，比如能发生毛细现象的很细的管，也可以是长城这样的宏观建筑物。

3. 面组件的进化路线

平坦表面→向一个方向弯曲的表面→大面积变形的表面→复杂表面。

该进化路线启发人们对面组件进行拓展；对于以其“面”起主要作用的结构尤为适用，比如扇叶。

4. 体组件的进化路线

立方体→圆柱体→球体→不规则立方体或复杂立方体。

该进化路线启发人们对体组件进行拓展；对于以其“体”起主要作用的结构尤为适用，比如容纳其他物体的容器，通过浸没使其多个表面起作用的体结构等。

5. 表明属性的进化路线

平滑表面→带有较大尺度凸起或凹陷的表面→有精细结构的表面→引入力或场的表面。

该进化路线启发人们关注技术系统或组件的表面结构；对于以其表面性质为主要作用的系统或组件尤为适用，比如轮胎、鞋底或方向盘等。比如，光滑的鞋底→带大的凸起或凹陷的防滑鞋底→带均匀纹理的防滑鞋底→带贯通气孔从而在鞋内产生气体流动的气场的透气鞋底。

6. 内部结构的进化路线

实心结构→内部具有单个空腔→内部具有多个分隔的空间→内部具有细密的孔结构→引入力或场的内部结构。

该进化路线启发人们关注技术系统或组件的内部结构；对于以其内部结构为主要作用的系统或组件尤为适用，比如汽车保险杠、坦克装甲层、房屋的墙壁或门板等。比如实心门板→空心门板→内部为蜂巢结构的多孔门板→内部有防火材料夹层的多孔门板→内部有注水层从而在遇热时产生液体对流降温的防火门板。

7. 提高频率匹配性的进化路线

恒定值的参数→随时间离散变化的参数（类似于方波形式）→随时间连续变化的参数（类似于正弦波）→利用参数的间隙改变其他参数（类似于分时复用）。

该进化路线启发人们考虑技术系统运行过程中的可利用的时间资源。对于运行中的系统而言，通常不会在瞬间完成任务，那么可以考虑在其运行过程中改变某个参数的频率，或调整某个参数的作用频率或波形，或利用系统运行过程中的间隙进行其他工作。因此该进化路线适用于对运行中的技术系统进行专利挖掘和方案拓展。比如在“一战”时的螺旋桨战斗机的机枪经常打中自己飞机螺旋桨的桨叶，后来瑞士工程师佛朗茨·施耐德于 1914 年提出了螺旋桨与机枪间采用某种机械装置联动，以实现二者的配合，后来经过福克改进，设计出了射击协调器，在机枪射击过程中不会伤到自己飞机的螺旋桨。

上述的由协调性进化法则拓展出的七条进化路线是相互关联的，即从空间维度、形状、表面、内部、频率等相关的几个方面启发人们对当前技术系统进行专利挖掘和方案拓展。比如，在信号领域，对控制信号的拓展问题可以是：直流信号→方波/正弦波/三角波；对调制信号的拓展问题可以是：是否可以用 ASK、FSK、PSK；在结构方面，基于平板方案，拓展问题可以考虑：是否可以为弯曲板，是否可延伸；是否可以是一维或三维的；是否可以有孔、有槽、带凸起；是否可以是贯通孔；是否可以是中空板；内部是否可以有蜂巢结构；是否可以填充水、填充胶体；是否可以是复合结构；是否可折叠、可转动、可拆卸、可嵌套、可组装；是否在板的表面可以覆盖网；是否可以是柔性板；等等。

（五）子系统不均衡进化法则并未提供具体的进化路线

但子系统不均衡进化法则仍可以用来进行专利挖掘，启发拓展方案，比如可以考虑，当前的技术系统中哪些组件是制约整个技术系统的瓶颈；如果找到这些组件，就可以将其作为突破口，利用其他进化法则、进化路线以及其他 TRIZ 工具及创新方法提高该瓶颈组件的理想度，在此过程中可以得到一些方案以解决瓶颈组件的技术问题，从中进行专利挖掘，将这些技术方案以专利形式加以保护。

（六）由动态性进化法则可以拓展出三条进化路线

1. 提高柔性和可动性进化路线

刚体系统→单向可移动系统→提高组件的自由度→用场代替部分组件。该进化路线启发人们考虑技术系统、组件或多个组件之间的连接关系是否可以是柔性的、弹性的，或者是否可以是可动或可移动的；也启发人们考虑技术系统、组件或多个组件之间的连接，其柔软程度、弹性程度或可动程度，从而拓展技术方案、挖掘专利。这是从自由度增加的角度建立的进化路线；但这条路线还是比较粗略，可以更加具体化为如下路线：刚体系统→带有单铰链的系统→带有多铰链的系统→柔性系统→弹性系统→分离结构→粉末→胶体→液体→泡沫→气体→等离子体→场→真空。该进化路线中，粉末、液体、泡沫、气体、等离子体都是离散体系，其力学上的自由度虽然相同，但其离散度不同，因此也将其细化为不同的节点，以启发人们进行更多的联想，为拓展方案提供更丰富的素材。

比如，若将早期的手机（俗称“大哥大”）作为刚体系统，则后来出现的翻盖手机就是单铰链的；后来又出现了翻盖之后可以旋转显示屏的多铰链手机；现在已有可以戴在手腕上的柔性手机；2011 年诺基亚出品了可弯曲的弹性手机 Bendy Kinetic，可以通过扭曲手机实现操控，就是对应于该进化路线上弹性系统的节点；目前有的家庭使用的手机子母机则是分离结构的手机；通过分布式网络连接的多个手机终端可以认为是进化路线中的“粉末”节点所对应的手机，这种分布式网络连接的手机系统中的每一个手机都既是终端又是服务器，类似于粉末的性质；由该进化路线可见，其中的多个节点仍未有相应形式的手机，由此可见，手机在这条进化路线上的进化仍有很大的拓展空间。可以设想，未来会有一种离子型或电磁波形式的手机，使人们在没有手机实体的情况下互相之间实现方便的信息沟通。

2. 提高可移动性进化路线

不动的系统→部分运动→高可动程度→整体可动。

该进化路线的名称与可动性进化路线只有一字之差，但意义却不同：可动性进化路线关注的是系统相对于自身的可动性及系统中各组件的相互关系，而可移动性进化路线关注的是系统相对于外界的运动性能。比如若将房屋作为不动的系统，则可动性进化路线给出的启发侧重于房屋本身的变形、房屋内家具（组件）之间是否可以相对运动以及如何相对运动，比如折叠屋，或屋里的折叠家具、折叠空间等；而可移动性进化路线给出的启发则侧重于房屋相对于外界是否可移动，比如房车，但并不是说房车就必须有可折叠的家具。当然如果同时结合可动性和可移动性两条进化路线，可以启发人们去设计具有可折叠家具或积木式可组合/拆分家具的房车。

3. 提高可控性进化路线

无可控→直接控制→间接控制→反馈控制→自动控制。

该进化路线启发人们从如何控制技术系统的角度拓展思维、挖掘专利。比如以提供可靠性进化路线预测人类未来的生活环境，可以发现，现阶段我们日常接触的很多技术系统都尚未包含控制子系统，但随着传感器技术的发展、网速的不断提高、计算机计算能力的快速提升，万物互联的时代越来越近，那时就可以将桌椅板凳等家具、冰箱洗衣机空调电视等家电，全部通过网络进行控制；随着传感器的种类和数量的增加以及大数据分析技术的发展，未来完全可以由分布式服务器获取传感器信息并通过大数据分析自动调节人们生活环境中的温度、湿度、光照、空气质量等环境参数，从而实现对人们生活环境的自动控制。

（七）由向超系统进化法则可延伸出一条进化路线

单—双—多进化路线：单系统—双系统—多系统。该进化路线指出技术系统沿着单系统→双系统→多系统的方向发展。这里的双系统、多系统既可以是相同组件的多系统，也可以是不同组件的多系统。比如最早的帆船是单桅帆船，只有一个桅杆用于张帆，后来为了获得更多风力，就进化为双桅帆船及多桅帆船，由单桅帆船到双桅帆船或多桅帆船的进化，只是同类组件（桅杆及其上的风帆）数量的变化，因此这就是同类的多系统；工业革命以后，帆船上安装了蒸汽机，桅杆与蒸汽机是不同的组件，那么带有蒸汽机的帆船就是不同组件的多系统。

在利用该进化路线进行专利挖掘时，还需要进行反向思维，即由多系统向单系统方向拓展方案。比如 A 公司专利的权利要求中记载了通过至少三个螺栓固定洗衣机的甩干桶，那么用多于三个螺栓（比如四个螺栓、六个螺栓等）固定洗衣机的甩干桶的方式也都在该专利的保护范围内；而 B 公司是与 A 公司在洗衣机领域有竞争关系的公司，B 公司通过反向思维，考虑只用一个大螺栓固定甩干桶，从而成功地规避了 A 公司的上述专利，而且 B 公司保护其一个螺栓固定甩干桶的方案而申请的专利也很快获得了授权。

（八）由向微观级进化法则可延伸出一条进化路线

分割进化路线：单个实体→两部分→多部分→粒状/粉状→膏状/凝胶→液态→泡沫/雾→气态→原子/等离子体→场→真空。由此可见，该进化路线涵盖了从宏观到微观的尺度变化和物质状态变化。

比如飞行器或航天器的动力装置，在飞机刚被发明时采用螺旋桨推动飞机前进，早期的螺旋桨有单叶片、双叶片、多叶片等形式，对应于分割路线的单个实体、两部分、多部分等节点；后来应用于喷气式飞机的喷气式发动机、应用于火箭或航天器的等离子体发动机分别对应于分割路线的气态、等离子体节点；光子火箭发动机则对应于场的节点（光是电磁场）。从提供给发动机的能量角度考虑，普通飞机以及液体火箭发动机的燃料都是液态，对应于分割路线的液态节点；而固体火箭发动机的燃料是膏状或凝胶状，对应于分割路线的膏状/凝胶节点。目前在分割路线中未涉及的航空/火箭发动机及其能量源的节点，可以继续启发航空/火箭发动机未来的发展。

该进化路线与提高柔性和可动性进化路线有重合之处，但二者产生的基础不同。该进化路线是从对一个物体或系统逐渐细分的角度建立进化路线的各个节点；而后者则是从自由度增加的角度建立的进化路线。当然，在具体使用这两个进化路线的过程中，由于在两条进化路线上有一些重合的节点，难免会启发得到相同或类似的方案。

应用进化法则和进化路线进行专利挖掘及方案拓展时，需要注意以下几项：

（1）虽然进化路线上的节点有排列顺序，但这并不代表后面的节点对应的系统就一定比前面的节点对应的系统更进步。对于特定工况下的技术方案而言，只有适合与不适合该特定工况，并不存在绝对的孰优孰劣。比如，机械阀是通过机械场控制，而电磁阀是通过电磁场控制，似乎电磁阀要比机械阀更高级、更先进，但在一些安全要求高的场合，比如在公交车、列车以及飞机上，通常会采用电磁阀和机械阀两套设备控制车门或舱门，避免由于断电等原因致使电磁阀失效而使车门或舱门打不开或意外打开造成安全事故。

（2）在对某个技术系统或某个技术方案进行方案拓展时，不要执着于所有的进化法则、进化路线都起作用，因为不同的技术系统所适用的进化法则、进化路线是有区别的。也不要执着于必须得到所有可能的方案，因为纠结于大而全会使工作效率降低，也会让使用者在使用 TRIZ 工具进行方案拓展时背负沉重的心理负担；另外，即使多得到一些可能的方案，其中的绝大部分可能并不适合具体的使用环境和工况。这一点同样适用于 TRIZ 理论的其他解决问题的工具，比如发明原理、物场-标准解等。

（3）有时，从多个进化法则、进化路线甚至多个 TRIZ 工具中得到的方案是类似或相同的，即所谓的殊途同归，这时不要贸然认为自己的想象力有局限或受到的启发太少。实际上这种现象很正常，因为 TRIZ 理论是在解决实际工程问题中逐步建立并逐步完善的，因此 TRIZ 工具并不具备 MECE 原则（Mutually Exclusive，Collectively Exhaustive；相互独立，完全穷尽），不像数学或物理定律一样有严密的逻辑和完备的理论。实际上，TRIZ 工具的这个特点使其更适合于人类大脑的想象力和创造力的发挥，因为人类大脑的创造力其实就是非理性的，因此 TRIZ 工具也才能启发出基于数学逻辑、物理理论无法得到的新创意。请使用者完全从实用角度看待和使用 TRIZ 工具，而不要钻牛角尖；只要能启发解决问题的思路，能得到足够多、够合适的可能方案，即达到了使用 TRIZ 的目的。

（4）人类大脑在创造性思维方面的特点是发散性和非理性。基于同样的素材，不同的人会有不同的联想和启发；即使是同一个人，在不同的心境、环境下，受同一个事物启发得到的方案也可能是不同的。TRIZ 工具的最大用处是为人们带来启发，不同的人依据相同的 TRIZ 工具受到启发得到的方案很可能不同。所以，依据 TRIZ 工具得到的所有启发方案没有对错之分。只要是对解决问题适合的方案就是好的方案。

【案例 2-5-1】技术系统进化法则及进化路线在专利挖掘中的应用

案例设计目的：本案例沿用本章第四节中的“机车信号系统”案例，旨在通过对该技术方案的拓展，演示如何应用进化法则及进化路线进行专利挖掘。

基本方案的组件模型图参见图 2-4-8 和图 2-4-9；基本方案的系统结构图参见图 2-4-10。在基本方案的基础上，通过进化法则及进化路线进行方案拓展。具体如下：

拓展方案 1：基于完备性法则并应用进化路线，即“提高可控性进化路线”，在电源板上增加 CPU 这一控制子系统（相对于电源板的子系统），使电源板由“无控制”进化到由主机板 CPU“直接控制”，其组件模型图修改如图 2-5-6 所示，在“主机板 CPU”与“驱动电路”之间增加了“电源板 CPU”，并且主机板 CPU 对车载信号机反馈的灯位信息进行编码并发送给电源板 CPU，由电源板 CPU 解码并根据解码结果控制驱动电路，若解码结果与正确的信号机灯位不同，则命令驱动电路控制安全开关断电；对应于该拓展方案 1 的结构图并未改变，但在说明书中需说明，在电源模块中增加 DSP 或 FPGA 等 CPU，接收主机板 CPU 发送的编码并进行译码，根据译码结果控制安全开关的通断。

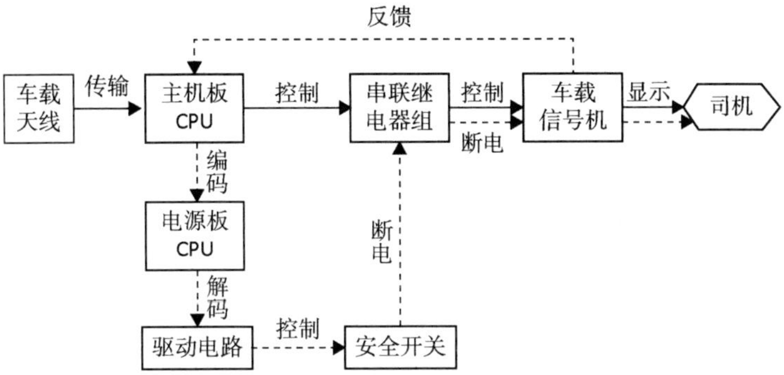

图 2-5-6　拓展方案 1 的组件模型图

拓展方案 2：当前的基本方案是通过主机板 CPU 采集车载信号机的灯位信息，在车载信号机的灯位信息与车载天线获取的轨道电路信息不符时，判断机车信号系统发生故障，通过控制车载信号机断电从而使车载信号机的所有灯位熄灭提醒司机关注机车信号系统故障。基本方案的提示只有灯位的亮灭一种方式。应用“单-双-多进化路线”，采用不同组件的双系统，向司机提供冗余的报警方式，以确保司机收到报警信息及时应对，避免安全事故。再结合行业知识以及进化路线即“场的进化路线”，可以在主机板 CPU 判断机车信号系统发生故障时，向超系统中的安全计算机发出报警信息，再由安全计算机将报警信息发送给 DMI（Driver Machine Interface，人机界面），通过 DMI 以声音、文字、图像等多种形式告知司机机车信号系统发生故障，避免安全隐患。该拓展方案的组件模型图如图 2-5-7 所示，对应的系统结构图如图 2-5-8 所示，在主机板 CPU 上增加与安全计算机的连接；而安全计算机本来就与 DMI 相连并向 DMI 发送各种信息数据，该拓展方案只是在原先安全计算机与 DMI 之间的传送信息中增加一条“机车信号系统自身故障”的信息提示，并没有使系统产生大的改动，属于切实可行的改进方案。当然还可以通过安全计算机将机车信号系统的故障信息通知列控中心及调度中心，增强安全管理。

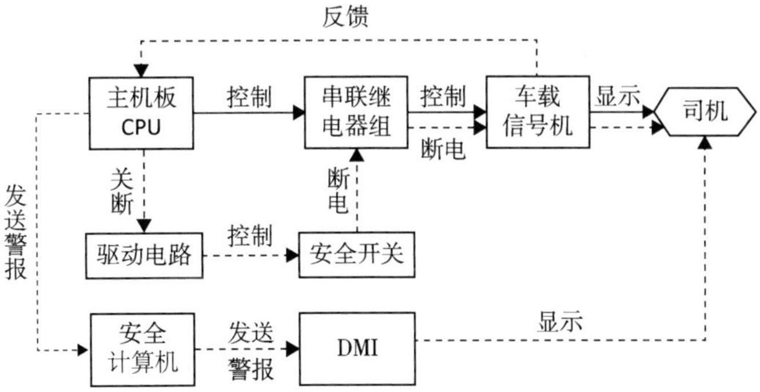

图 2-5-7　拓展方案 2 的组件模型图

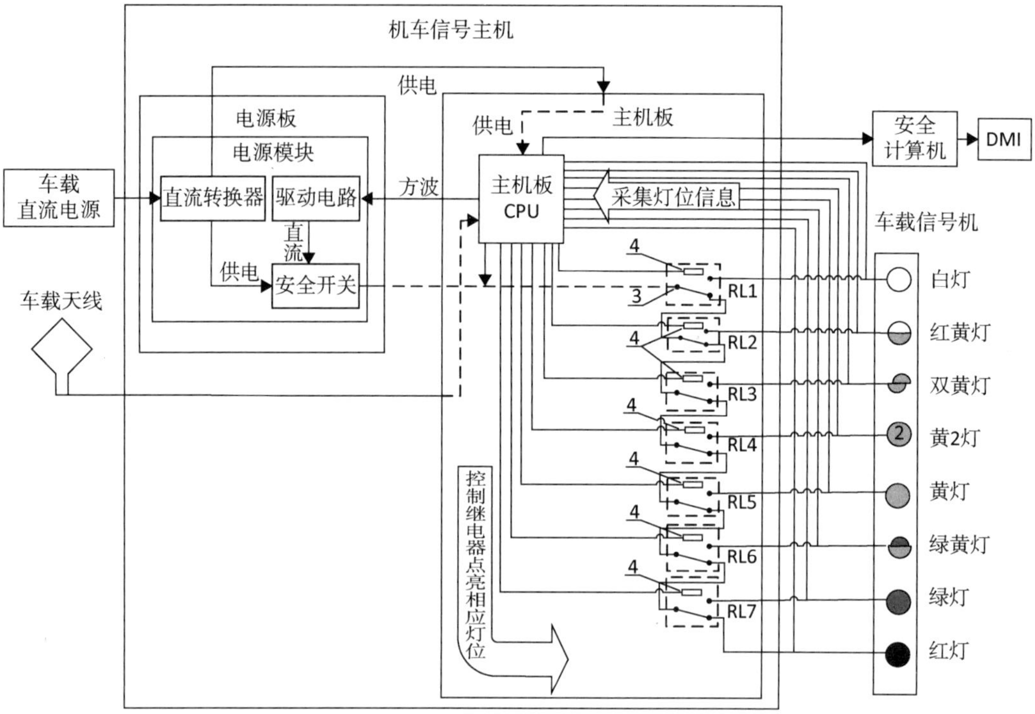

图 2-5-8　拓展方案 2 的系统结构图

拓展方案 3：基于上述拓展方案 2，考虑到安全计算机是更安全可靠的方式，应用“单-双-多进化路线的逆路线：多-单路线”，在使用安全计算机的情况下，可以取消驱动电路和安全开关，仅通过主机板 CPU 通知安全计算机将机车信号系统故障的信息显示在 DMI 上，其组件模型图参见图 2-5-9；相应的系统结构图参见图 2-5-10，其中的电源板仅起到供电的作用，简化了系统，而将故障判断和报警的功能转到主机板 CPU 及安全计算机上。

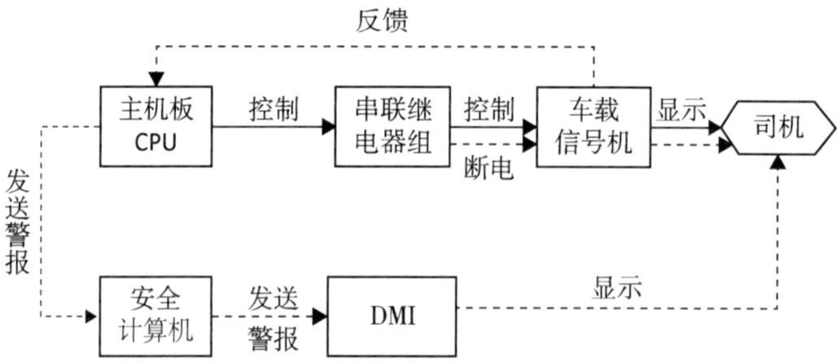

图 2-5-9　拓展方案 3 的组件模型图

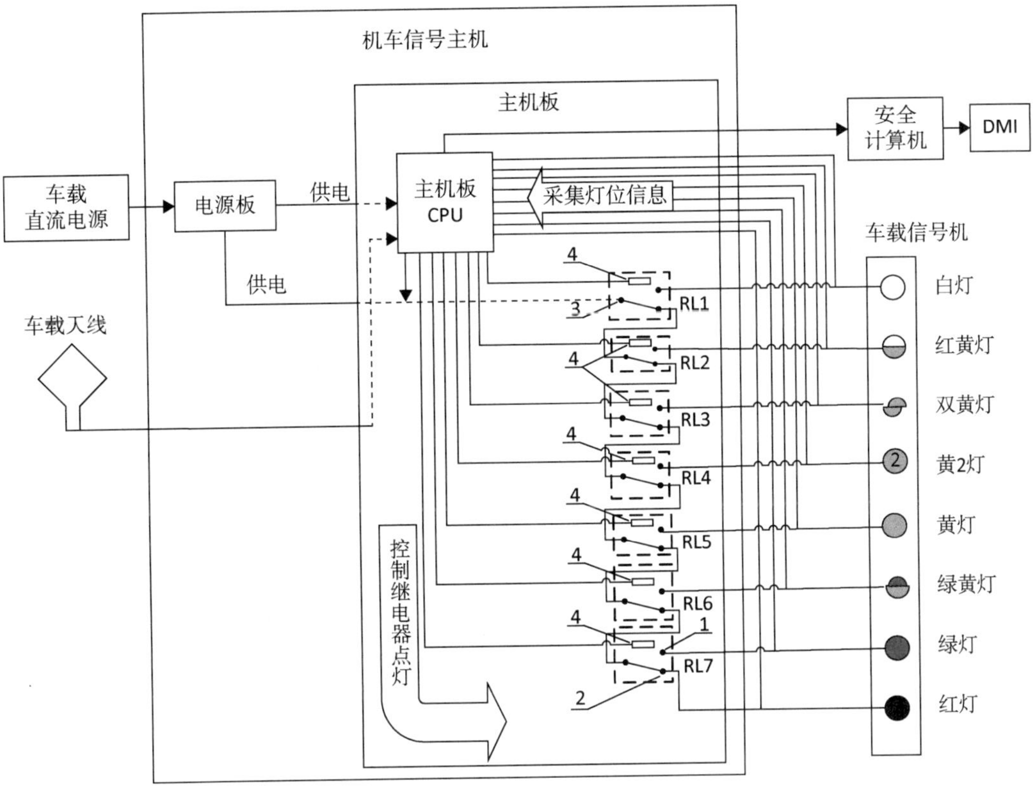

图 2-5-10　拓展方案 3 的系统结构图

拓展方案 4：基于基本方案，结合行业知识以及进化路线，即“场的进化路线”，可以考虑不以基本方案中的光场（车载信号机的灯位的亮灭）作为报警信号，而是采用不同的场，比如无线电波作为报警方式，例如图 2-5-11，通过无线报警模块接收机车信号系统的故障信息并通过无线网络告知司机的无线移动终端及列控中心的无线终端，从而告知机车信号系统的故障；其结构图如图 2-5-12 所示。

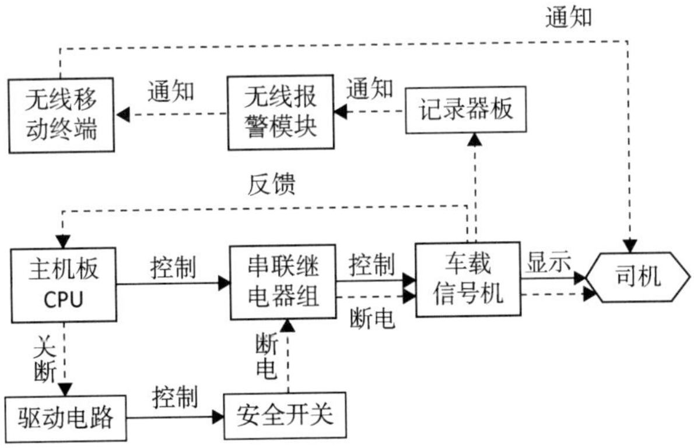

图 2-5-11　拓展方案 4 的组件模型图

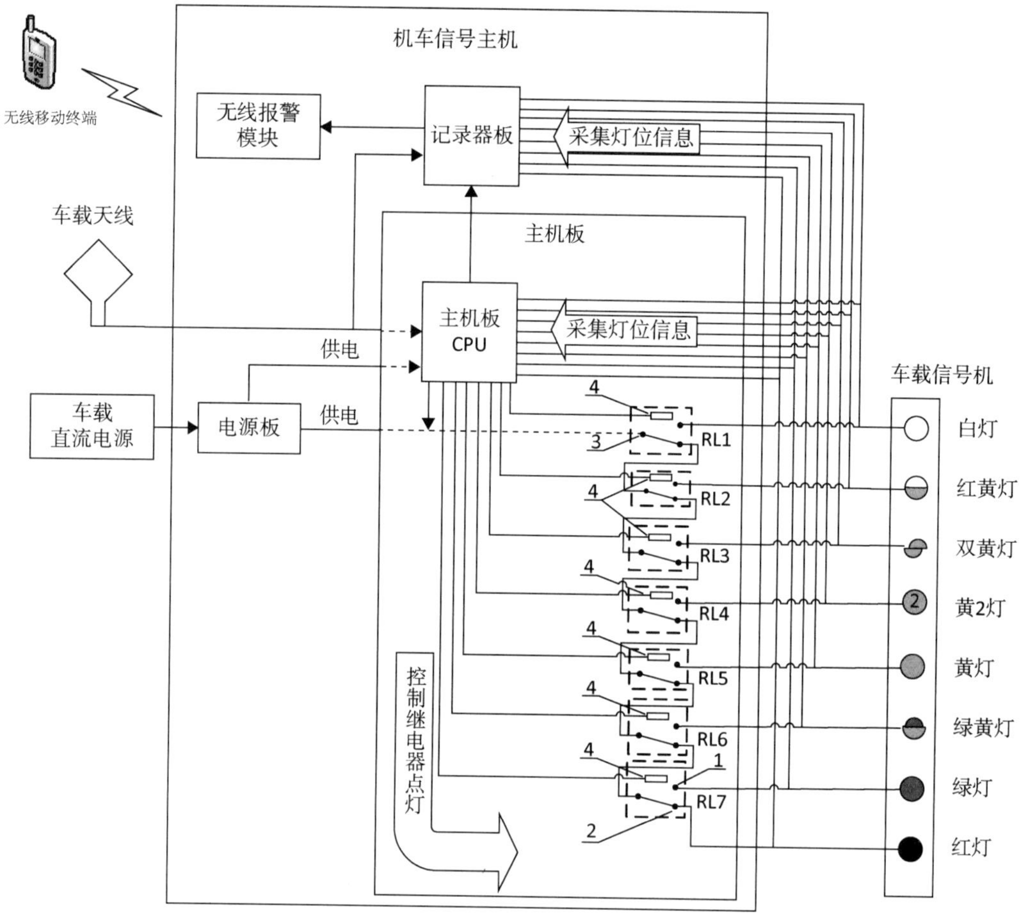

图 2-5-12　拓展方案 4 的系统结构图

第三章　基于专利地图进行专利挖掘

本章概述

专利地图作为专利分析的可视化结果，对于指导专利挖掘有着重要的意义，本章将对专利挖掘中经常用到的专利地图做进一步介绍，并结合相关案例给出借助专利地图进行专利挖掘的方法。此外，本章还给出了TRIZ理论和专利地图相结合的专利挖掘与技术创新流程。

本章知识脉络

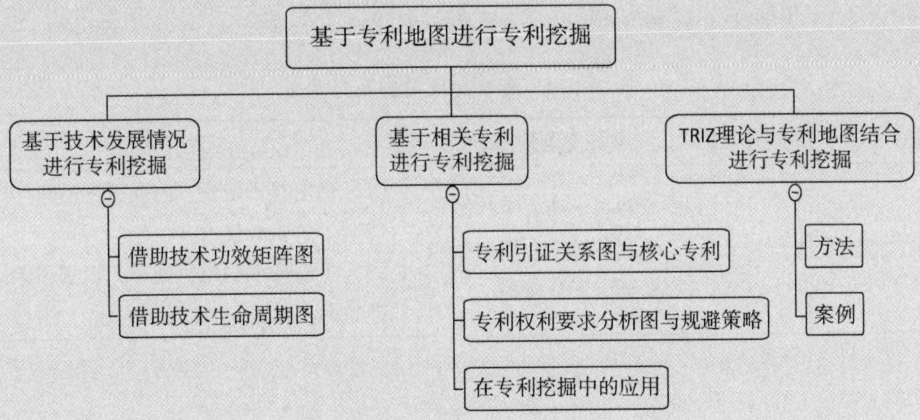

引　言

在专利挖掘中，最重要的是选择正确的挖掘方向和目标，设计合适的技术方案。对于挖掘方向和目标，在适应企业自身条件的基础上，不仅要符合技术发展趋势，而且要符合市场需求；对于技术方案，不仅要规避侵权，而且要充分保护自主创新，保护企业自身的技术成果，或者能达到交叉许可的目的。

专利地图❶作为一种搜集、整理和利用专利信息的工具，是指导政府部门、科研机构、高新企业进行专利挖掘的有效分析手段之一。❷

通过专利地图可以了解技术趋势、技术分支、技术关系不同企业间的技术强弱对比等状况，有助于确定挖掘方向、启发挖掘思路、激发新的创意、规避专利侵权、引导研发创新并提高研发技术的质量，从而发现新的技术领域和技术手段，也可以发现在技术相对密集的领域的技术发展机会点，以及可以对现有技术进行改进的领域，最终促进创新活动，推进技术研发并转化成相应专利成果。❸

如表3-0-1所示，根据专利分析的侧重点不同，专利地图大致可分为三类。❹

表3-0-1　专利地图分类及其意义

分　类	服务对象	常见专利地图种类	意　义
专利技术地图	研发人员	专利技术功效矩阵图 专利技术生命周期图 专利引证分析图	（1）确定技术研发方向及研发空间 （2）了解核心技术 （3）了解技术的强弱分布，识别风险点和机会点

❶ 专利地图（Patent Map）是一种专利分析研究方法和表现形式，通过对专利文献中包含的技术信息、经济信息、法律信息的深度挖掘与缜密剖析，将蕴涵在专利数据内的大量错综复杂的信息以各种视觉直观的图表形式反映出来，具有类似地图的指向功能。引自：张娴，等．专利地图分析方法及应用研究［J］．情报杂志，2007（11）：22-25.

❷ C Jeong，K Kim. Creating patents on the new technology using analogy-based patent mining［J］．Expert Systems with Applications，2014，41（8）：3605-3614.

❸ 王兴旺，等．国内外专利地图技术应用比较研究［J］．情报杂志，2007（8）：113.

❹ B Yoon，C Yoon，Y Park. On the development and application of a self-organizing feature map-based patent map［J］．R & D Management，2002，32（4）：291-300.

续表

分　类	服务对象	常见专利地图种类	意　义
专利管理地图	管理者	历年专利件数动向图 申请人专利件数分布图 发明人专利件数分布图	(1) 识别竞争对手及特点 (2) 获悉技术发展趋势及动向预测 (3) 识别技术研发的主要参与者及领导者
专利权利地图	知识产权人员	专利法律状态解析图 专利权利要求分析图 同族专利图	(1) 明确专利保护范围，了解侵权可能性 (2) 评估自身技术的可专利性 (3) 明确专利权的地域分布，评估自身技术可能的申请地域

由于专利挖掘的主体是研发人员，因此专利技术地图在专利挖掘中应用最为广泛。另外，为了评估待挖掘专利的可专利性或者对相关专利做深度挖掘，也常常用到专利权利地图。

第一节　基于技术发展情况进行专利挖掘

在专利挖掘的初期，科研人员需要对相关行业的技术发展情况有一个整体认识并对研发方向和重点做出正确的判断和选择。这个阶段，为了了解行业总体的研发趋势以及即将研发的技术方向的技术现状，可以重点对宏观的技术趋势和具体的重点技术点进行分析解读。专利地图是一个很好的分析和解读现有技术状况的工具。

例如，通过分析专利技术功效矩阵图，可以了解技术行业发展的整体情况，一方面用于了解实现一种功能效果可以选择某些专利技术以及该专利技术的有效程度，另一方面用于了解一种专利技术可以达到多少功能效果以及主要的功能效果是什么；再如，通过分析专利技术生命周期图，可以了解该行业的技术发展态势和发展动向，可以了解现有技术的成熟度以及所处的阶段。

一、借助专利技术功效矩阵图进行专利挖掘

专利技术功效矩阵图是指分解某一专利技术领域中的技术分支与实现的功能效果，制成矩阵型的统计图表。功能效果作为横（纵）坐标轴，技术分支作为纵（横）坐标轴，图表中的展示对象一般是专利数量、专利号或者申请人（公司）等。

以专利数量作为分析对象，是功效矩阵中最常见的一种构成形式，一般采用气泡图的表现形式，如图 3-1-1 所示。通过不同技术功效图中的专利申请量的分布，可以得到某领域技术或需求发展的整体情况，以及技术密集区、稀疏区和空白区，协助技术研发者发现热点方向、风险点和机会点。

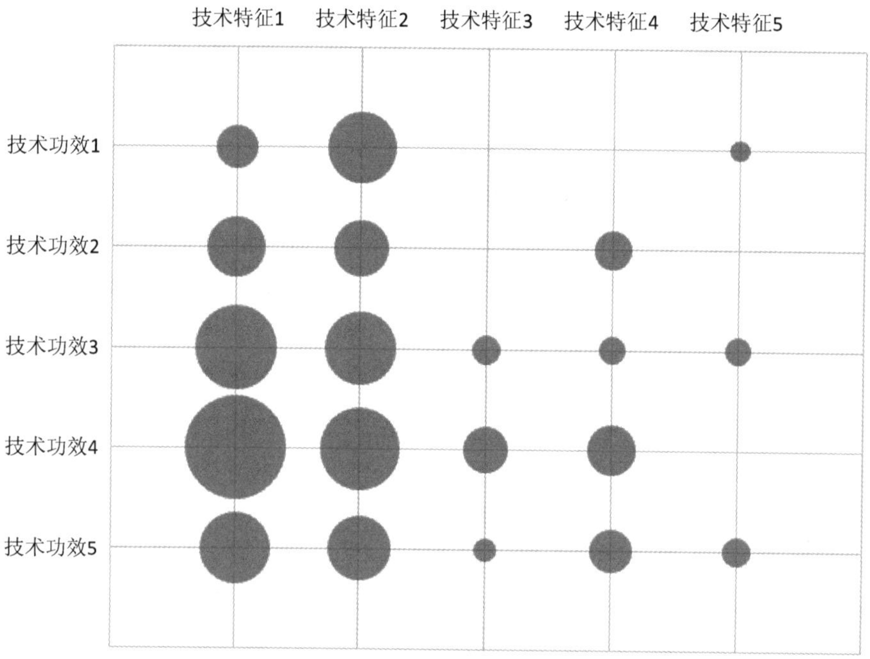

图 3-1-1　专利技术功效矩阵图示例

专利技术功效矩阵图可以作为技术创新的入口，在专利挖掘实际操作中，应当考虑技术密集区、稀疏区、空白区不同的特点，选择不同的挖掘策略。各个区域在专利技术功效矩阵图上的表现形式、区域特点以及相应的挖掘策略如表 3-1-1 所示。

表 3-1-1　针对专利技术功效矩阵图中不同区域的专利挖掘策略

区　域	表现形式	区域特点	相应的专利挖掘策略
技术密集区	气泡面积较大	技术相对成熟，技术雷区多，技术创新或改进空间较小，但同时也是热点技术区域，市场认可度和接受度高	寻找适当的研究空间，在专利挖掘策略上，在现有专利基础上进行规避设计是最重要的任务，也是产生新的技术方案的主要来源
技术稀疏区	气泡面积较小	技术处于发展阶段，专利数量较少，相比技术密集区，该区域较为安全，同时该区域技术具有一定的市场认可度，容易产生差异化技术	（1）改进已有专利，寻找进一步优化和改进的空间 （2）积极寻找新的方向，尤其是技术稀疏区的相邻技术的结合部，依然存在大量的机会区域 （3）重新开辟技术方向，形成差异化技术路线，在该区域进行挖掘，形成主导之势

续表

区　域	表现形式	区域特点	相应的专利挖掘策略
技术空白区	无气泡或者面积很小	研发空间较大，但是需要投入的研发成本以及遇到技术瓶颈的可能性也相对较大，且可能面临研发出的技术不被市场接受的风险，按照风险和机遇对等原则，风险最小，机会成本最高	(1) 由于该区域的新技术无风险或者低风险，因此尽可大胆创新，多尝试或改进该区域的相关技术，以实现相关功效的技术方案 (2) 新的技术成果尽可能申请专利，抢占技术高地 (3) 研发前要仔细分析技术的可行性和市场前景

专利技术功效矩阵图除了可以指明所处区域的技术发展情况外，也可以应用于对现有技术的专利挖掘。

首先，可以以功能改进为目标，在专利技术功效矩阵图中查看现有产品的主要功能，分析在现有功能基础上，还可以增加何种功能，为达到这种功能，目前主要采用何种技术手段，研发人员可以此为基础进行改造，从而对现有技术改进形成新的专利申请。

其次，直接以改进技术为目标，通过功效图分析现有技术手段。通过改进现有技术或利用新技术，改善功能或实现新的功能，从而对现有技术改进形成新的专利申请。

【案例 3-1-1】人工膝关节专利技术挖掘策略

图 3-1-2 所示为人工膝关节的专利技术功效矩阵图，该图可以指导研发者做出以下挖掘策略。

从图 3-1-2 中可以看出，在人工膝关节的技术研发过程中，大部分的研究均着眼于改善弯曲角度、改善平行滑移、增加运动稳定度这些技术功效上，由此可见，这些效果是本领域中的热点。为实现上述技术功效，所用的技术手段多集中在修改股骨骨髁、半月板与胫骨托盘的几何外形等方面，这些区域即为技术密集区。在对该区域进行专利挖掘时要注意防止进入竞争对手布好的雷区，导致挖掘的技术方案不能授权甚至构成侵权，对于已有的核心专利应当采取规避设计。

为了达到改善弯曲角度、改善平行滑移、增加运动稳定度的技术功效，本领域很少从替代材质设计、增设引导曲面、模组化设计等角度去涉足，因此，这些区域明显为技术空白区。在这些区域进行专利挖掘时，会有更大的余地，但是同时应当从本领域技术人员角度上充分地考虑技术可行性以及市场前景等因素。

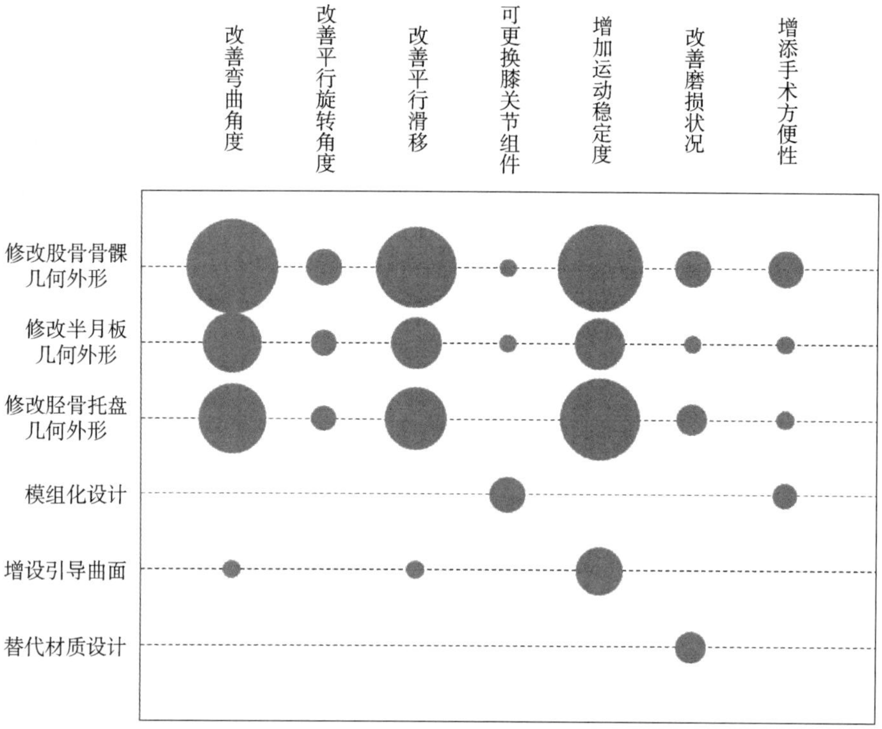

图 3-1-2 人工膝关节专利技术功效矩阵图❶

对于实现改善平行旋转角度、可更换膝关节组件、改善磨耗状况、增添手术方便性等技术功效的研发区域大部分属于技术稀疏区。在对该区域进行研发时，可以从对已有专利的改进着手，进一步挖掘关键专利，另外要加大研发力度，综合各方面因素，挖掘形成自己的核心专利，占据有利先机。

【案例 3-1-2】共享单车专利挖掘策略

本案例从摩拜在共享单车方面的专利申请出发，浅析共享单车的专利挖掘。❷

在国家知识产权局主页的专利检索界面，以“北京摩拜科技”为入口，共检索到33项已公开的专利申请，涉及15项发明专利、13项实用新型专利和5项外观设计专利，经查，各发明专利申请均尚未进入实质审查阶段，各专利布局具体如图3-1-3所示。

---

❶ 尹居中．人工膝关节专利分析［EB/OL］．(2000-06-01)［2016-06-30］．http://designer.mech.yzu.edu.tw/article/articles/design/file/(2000-6-01)%20%A4H%A4u%BD%A5%C3%F6%B8%60%B1M%A7Q%A4%C0%AAR.pdf.

❷ 共享单车专利挖掘策略［EB/OL］．https://mp.weixin.qq.com/s?src=3&timestamp=1569929154&ver=1&signature=QY1*qMdfN*xRlxBxGLt3C8xbQzYu27347Tpjm*cB5Iphd2tJHgbtko2*f*ZL86amEnr*u6q2GPL6WyhPLcBYTe9vYAZ18cCbIpLIZ7-APVpfzN-ADDucfJXR4oGZkXY9gnWUMprRkjOEOOLxACGwaG4KPTmALP*kIO3sLsGJ4eo=.

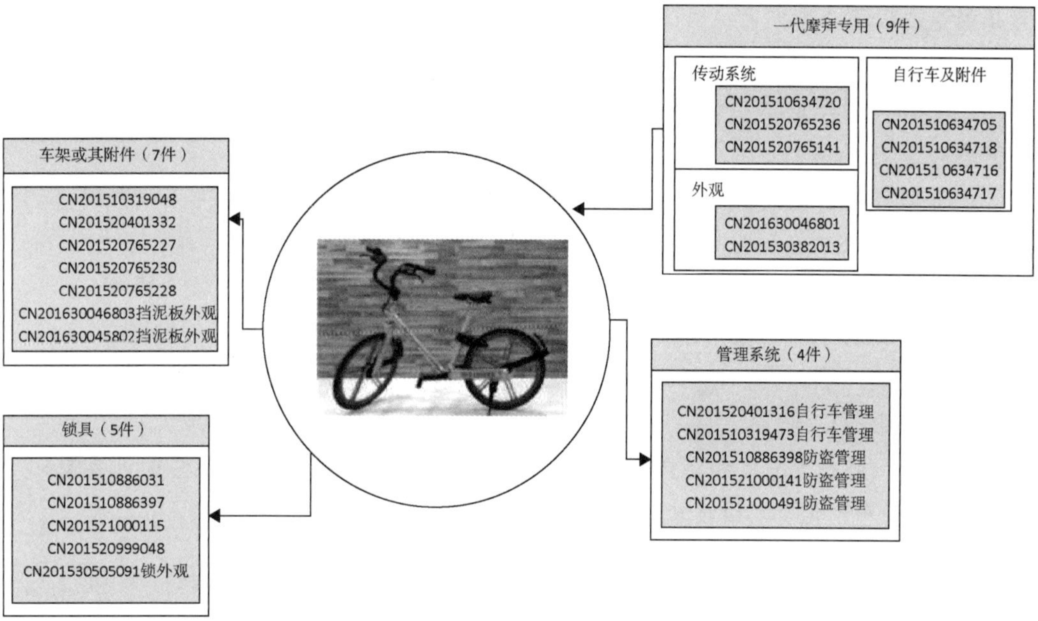

图 3-1-3 摩拜单车专利申请情况

接下来，试着根据摩拜单车专利建立共享单车专利功效矩阵，以探索专利挖掘空白点。但是在形成功效矩阵之前，我们先要树立好共享单车的技术分支结构。

首先，对共享单车的技术进行分解。从字面上即可以看出，共享单车分为“共享”和“单车”两个大的方面，也即“自行车管理系统”和“自行车”。这两大技术分支下的零件或模块都纷杂众多，针对每一细节技术特征均建立技术分支，既不现实，也不利于后面的分析。因此，按照功能模块进行划分，如表 3-1-2 所示。

表 3-1-2 共享单车按照功能模块的划分

	一级分支	二级分支	三级分支
共享单车	自行车	自行车架	
		传动系统	
		制动系统	
		转向系统	
		车辆附件	车锁
			挡泥板
			车铃
	自行车管理系统	GPS 定位系统	
		远程通信系统	
		远程控制系统	
		电子控制单元	
		云端管理系统	

对于共享单车各项技术改进所能解决的技术问题或达到的技术效果，经过分析，

可以概括成以下7个方面：

（1）降低生产成本：包括对工艺方法改进、材料改进所达到的技术效果等。

（2）降低管理成本：包括提高单车使用寿命（如防锈蚀、防破坏、防盗、免维护）等。

（3）提高客户便利性：包括便于客户找到单车、解锁单车、结束单车使用等。

（4）提高账户安全性：包括账户信息安全和资金安全。

（5）提高行车舒适性：包括适应不同身高群体骑乘、防掉链脱链、减振等。

（6）提高行车安全性：包括制动便利、无爆胎等。

（7）提高盈利能力：包括提高单车复用率、大数据深入挖掘应用（如应用于智能交通、科技服务）等。

根据以上的技术分支和功效划分，可以建立摩拜单车的28项非外观专利功效矩阵（其中，自行车细化至二级技术分支），见表3-1-3。

表3-1-3　摩拜单车的非外观专利功效矩阵

技术分支		降低生产成本	降低管理成本	提高客户便利	提高账户安全	提高行车舒适	提高行车安全	提高盈利能力
自行车	自行车架	4						
	传动系统	1	2			6		
	制动系统						6	
	转向系统							
	车辆附件		4					
自行车管理系统			3	2				

从表3-1-3中可以看出，在自行车方面，其通过自行车车架的改进以降低生产成本、通过传动系统的改进提高行车舒适性、通过制动系统的改进提高行车安全性以及通过车辆附件（车锁）的改进降低管理成本方面，进行了一定的专利布局。在自行车管理系统方面，在降低管理成本和提高客户便利性方面存在一定的专利布局。除此之外，摩拜单车在专利布局上仍存在众多的专利空白点，各共享单车企业可以针对这些空白点着重进行专利挖掘，提高专利挖掘效率、进行合理专利布局。比如从以下方面：

1）从自行车传动系统、转向系统、制动系统、车辆附件方面挖掘解决降低生产成本、提高行车舒适性或行车安全性技术问题的专利，比如通过生产工艺的改进、结构的改进、材料的改进等实现这些技术目的的专利技术。

2）从自行车管理系统方面挖掘解决提高账户安全性这一技术问题的专利，比如通过设备结构的改进、电子技术的改进、验证算法的改进等实现这些技术目的的专利技术。

3）从自行车管理系统方面挖掘解决提高盈利能力这一技术问题的专利，比如通过云端管理系统的改进提高单车复用率（如摩拜推出的冷僻位置红包单车）、通过大数据管理的改进挖掘新型商业模式（比如如何根据大数据建立用户行为习惯模型以推送定向推荐信息等，可参考 CN201610100067“一种证券融资融券和资管目标客户的挖掘方法”）的专利技术。

二、借助专利技术生命周期图进行专利挖掘

专利技术生命周期图是根据专利统计数据绘制出的、可以帮助研究者确定当前技术所处的发展阶段以及预测技术发展极限的专利地图。

常见的专利技术生命周期图主要有两种。

（1）时间变化趋势图，通过对若干指标依时间序列变化图形化，了解该技术领域全局情况，这些指标可以是专利申请（公告）量、专利权人数、专利权人国家数、发明人数等。

图 3-1-4 是某项技术随时间变化的趋势图，其表示某项技术从诞生萌芽到发展成熟最后到衰退的一个完整周期内，随时间推移的一个发展趋势。从图中很容易地可以将技术的整个生命周期分成四个阶段，即技术萌芽期、技术成长期、技术成熟期和技术衰退期。

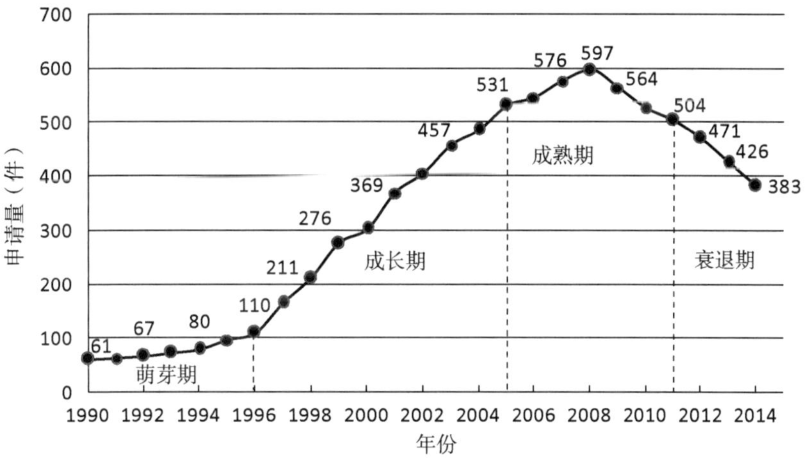

图 3-1-4　某技术领域专利年度走势

（2）技术发展成熟图，将某一技术在不同时间段内专利申请数量与专利申请人（多为公司或机构）数量之间的关系图形化，了解该技术领域的技术成熟度。

图 3-1-5 是图 3-1-4 中某技术领域的技术发展成熟图，其表示在同样的技术生命周期内，申请量和申请人数量之间的一个变化趋势，曲线的延伸指示时间的推移。同样地，技术发展成熟图也示出了技术生命周期的四个阶段。

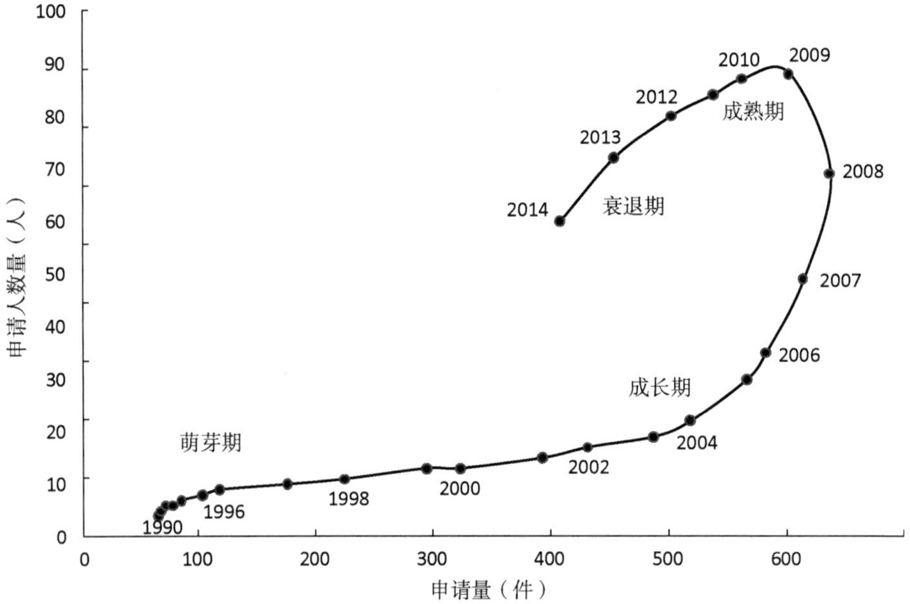

图 3-1-5　某技术领域的技术发展成熟图

如果说 TRIZ 理论中的技术系统进化法则是对某一技术生命周期的预测，那么专利技术生命周期图则是这一技术进化路线的真实反映。但是二者相同的是，均把一项技术在其完整技术生命周期内分成了四个阶段依次呈现：技术萌芽期、技术成长期、技术成熟期和技术衰退期。

进行专利挖掘前，研发人员应事先了解该技术处于技术周期的何种阶段，从而有针对性地进行专利挖掘策略的选择，如表 3-1-4 所示。

表 3-1-4　针对专利技术生命周期不同阶段的专利挖掘策略

技术生命周期	阶段特点	专利状况	相应的专利挖掘策略
技术萌芽期	新技术起步阶段，发展趋势不明朗，研发参与者较少，且比较分散	专利权人和专利数量都维持在较低水平；但产出基础专利的概率较大	（1）选定技术路线，尽早进行专利卡位 （2）围绕核心技术及原理性基础技术构建范围足够大的专利包 （3）申请足够数量的基础专利来抢占技术高地
技术成长期	技术不断发展，市场不断扩大，研发和市场参与者增多，技术进步速度明显加快，技术和产品研发空间较大	专利申请的数量急剧上升，且申请人越来越分散，技术覆盖面越来越广，技术密度越来越大	（1）在产品应用技术层申请大量专利 （2）围绕技术方向大量申请专利，抢占技术空白点，快速形成规模优势，建立技术壁垒

续表

技术生命周期	阶段特点	专利状况	相应的专利挖掘策略
技术成熟期	技术趋于成熟，市场趋于稳定，行业集中度逐渐提高，头部企业的优势逐渐扩大，研发和市场参与者逐渐减少，技术产品速度减缓，只有少数领先企业持续投入研发	专利数量增加速度放慢，行业专利总量趋于平稳，专利保有量较大	(1) 以产品优化设计为主，针对一些改进型技术和微创新技术申请专利 (2) 大企业主动推动行业标准建立，并尽可能将专利技术进行标准化以获取最大收益 (3) 行业后进入者，需考虑侵权风险，规避设计是第一要务，并在此基础上快速积累专利，形成对价，进而通过交叉许可保障业务安全
技术衰退期	技术发展遭遇明显瓶颈，市场认可度逐渐降低，产品被新兴技术所替代，参与者在此项技术上的收益减少，仅少数优势企业维持生存，技术和产品较为固化	新专利增加较少甚至几乎不再有新专利产生，每年申请的专利数量和申请人数量都呈负增长，现有专利逐渐失效	(1) 以微创新为主，研发投入需慎重，可以从降低成本、提升效率等功效上提出专利申请 (2) 应寻找新的技术方向，预测可能出现的替代技术，并在新方向上进行研发投入 (3) 可考虑对产业上下游进行扩展保护，加强上下游控制利于企业生存，并且更容易找到新的技术方向

需要注意的是，由于专利申请与核准公告之间存在时间落差（发明专利从申请到授权平均需要两年左右甚至更长时间），且不同技术的生命周期也会有所不同，因此在判断技术发展趋势以及确定当前技术所处的发展阶段时应当注意。

【案例 3-1-3】无人机专利技术成熟度预测❶

在专利数据库中对无人机进行专利检索，对检索到的专利数据按年份以及专利申请人数进行统计分析，得到图 3-1-6 和图 3-1-7。

从图 3-1-6 中可以看出，自 2002 年以来，世界无人机专利申请总体呈现持续增长态势，2010~2012 年技术发展处于稳定状态，尤其自 2015 年到 2018 年以来世界无人机专利申请数量呈现出爆发式的增长状态，截至 2018 年全年无人机专利申请数量高达 10473 件。随着无人机产业的不断发展与融合，各国政府、企业和科研机构纷纷加大对无人机技术研发，无人机的技术快速发展将持续较长时间。

❶ 楼旭明，张程锦，唐影. 基于专利分析和 TRIZ 理论的无人机技术态势研究［J］. 情报杂志，2020（2）：56.

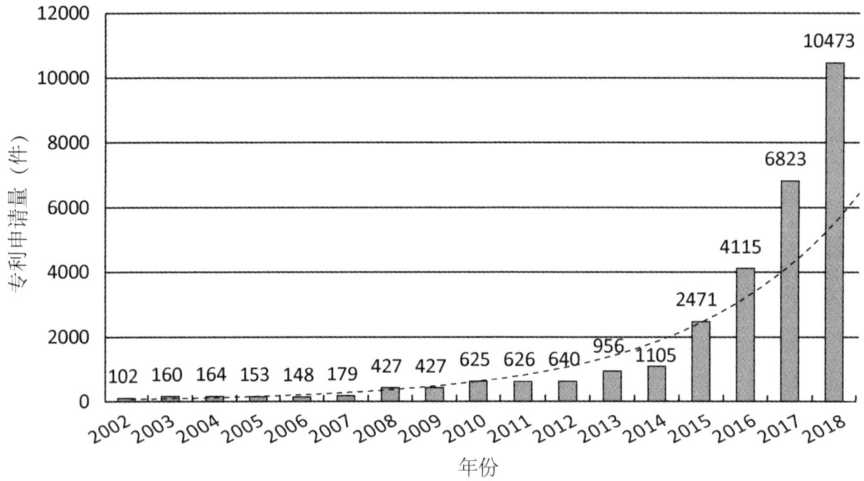

图 3-1-6　2002~2018 年无人机专利申请趋势

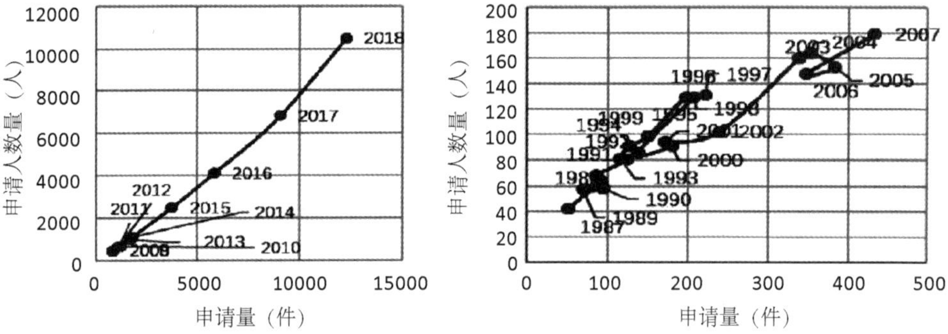

图 3-1-7　1987~2007 年及 2008~2018 年无人机专利技术发展成熟图

从图 3-1-7 中可以看出，世界无人机专利技术生命周期自 1987 年开始经历了萌芽期、成长期、成熟期和衰退期，2006~2007 年又开始进入复苏期，自 2008 年开始无人机产业又进入新的引入期。目前无人机技术正处于高速发展的成长期，稳步向成熟期迈进。最近的 5 年里，无人机技术的研发呈现扩散式发展，技术取得了阶段性突破，市场规模大幅扩张，越来越多的研发主体介入无人机领域，专利申请数量和专利申请人数量呈现井喷式增长态势。

接下来使用 Matlab 软件对各年累计专利数量进行 Logistic 模型回归进而预测技术成熟度，基于 1987~2018 年无人机专利年申请量拟合出的 S 曲线，如图 3-1-8 所示。

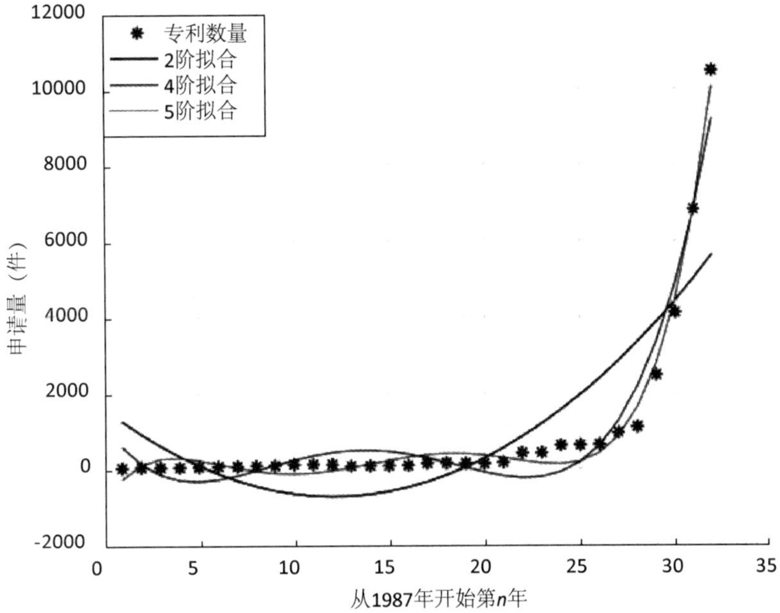

图 3-1-8　1987~2018 年无人机生命周期图

根据曲线的斜率变化，各个生命周期还是比较明显，在 2008 年之前，每年的专利申请数量不超过 500 项，意味着此阶段为无人机技术发展的萌芽期。自 2008 年以来，无人机专利申请量处于激增阶段，数量持续增长，尤其是近几年无人机专利申请数量呈井喷式增长态势，这个阶段为技术发展的成长期。

通过 Matlab 进行 Logistic 回归拟合 S 曲线对未来专利申请数量进行预测，得到表 3-1-5 所示的未来 10 年无人机专利申请数量预测结果。

表 3-1-5　未来 10 年专利申请数量预测结果

年份	数量（件）
2019	14309
2020	19773
2021	26994
2022	35329
2023	45960
2024	58898
2025	74483
2026	93084
2027	115104
2028	140978

从表中可以发现，一方面，未来10年无人机技术仍将处于飞速发展阶段，申请数量保持高速增长，无人机技术仍将处于成长期。另一方面，该阶段内专利级别在逐渐下降，但数量大幅上升，技术系统调整适应新的应用领域，技术系统经济收益也将扩张至各细分市场。

第二节　基于相关专利进行专利挖掘

本节所提及的相关专利是指与待挖掘目标最相关的专利，可以是通过专利地图分析追踪所得到的核心专利，也可以是现有技术中的热点专利或者其他可以借鉴的基础专利。

基于相关专利进行专利挖掘有以下几方面意义。

（1）专利申请的目的是获取经济利益，某一领域申请的专利越多，意味着产业化前景越好，市场机会就越大，而相关专利一般是市场技术的核心所在，在相关专利的基础上挖掘得到新的专利，有助于发现更大的市场机会。

（2）从实际应用的角度来说，以已有的相关专利作为企业产品研发重点，可以避免低水平的重复研究，省时省力，节约成本，进一步推进技术创新。

（3）以相关专利作为参考，尤其是本领域的核心专利，不断对其新的应用进行开发研究，申请大量围绕核心专利的改进专利，对核心专利形成包围之势，使得核心专利拥有者被迫进行交叉许可。

相关专利一般可以经过检索查阅获得，而如果需要某一领域的核心专利作为相关专利时，则可以借助专利地图分析得到。其中，专利引证关系图通过被引频次排名或者聚类分析，可以直接得到相关的核心专利或者核心专利群，是追踪核心专利的最有效的工具之一。

借助专利权利要求分析图对相关专利的结构以及保护范围进行分析，可以在其基础上挖掘出新的技术方案。

一、专利引证关系图与核心专利

一般来说，在某个技术领域中，核心专利的一个重要特征就是其拥有较高的被引频次。通过专利引证分析来追踪核心专利，就要用到专利引证关系图。

常见的专利引证关系图有以下两种表现形式。

1. 引证排名图

按照专利被引频次排序，直观地列出本领域中核心的专利群。其中，专利被引频次分为总被引频次与年均被引频次。总被引频次是指单纯地从专利被引数量方面的统计，而年均被引频次是指某项专利自申请至今平均每年被引用的次数，它可以修正由于年份差异带来的误差，因而更具说服力。

表 3-2-1 是一国外混合动力汽车领域总被引频次最多的 5 件专利的排名图。从表中可以看出，专利 US5343970 在总被引频次上处于领先地位，足见其在该领域的重要地位。而此技术的应用主要在拥有能量存储装置的混合动力车的不同原动机的安装或布置技术领域上，所以在进行相关技术研发的时候有必要对其给予足够的关注，看是否围绕其改进还存在挖掘专利的可能。

表 3-2-1 国外混合动力汽车领域总被引频次最多的 5 件专利❶

专利号	总被引频次（次）	申请人
US5343970	293	SEVERINSKY ALEX J.
US5291960	144	FORD MOTOR COMPANY
US5780980	137	HITACHI LTD.
US6478705	135	GEN MOTORS CORP.
US5713425	131	FORD GLOBAL TECH INC.

2. 引证聚类分布图

引证聚类分布图是对专利之间共被引关系进行聚类分析而绘制的一种引证关系图。需要说明的是，共被引分析建立在高被引（一般是检索数据中被引用最多的前 5%）分析基础之上，是对筛选出的核心专利进行进一步的深入挖掘。

图 3-2-1 是对国际燃料电池汽车领域 46 件高被引专利进行的共被引聚类分布图。从图中可以看出，US5248566 处于这 46 件专利中的核心位置，专利被引频次 154 次，位居高被引排行第四位。该专利与 US5763114、US5991670、US6348278 等 11 项专利关系密切。这 11 项专利的被引频次大多位于 50~99 这一区间，专利涉及的主要技术要素可以归纳为燃料电池汽车的驱动及电源控制技术、燃料电池燃料能量与管理控制等。具体包括燃料电池中氢的循环利用，催化剂运载的碳纳米纤维、燃料电池电极浆料组合物，提供便携式电力的微型电源组件，燃料电池的制造方法以及燃料电池堆温度调节系统等。

借助引证聚类分布图，可以直观地了解高被引专利之间的共引关系，以确定某领域的核心专利群及其之间的关系。挖掘某领域的核心技术，首先需要对该领域的核心专利群进行挖掘，再结合当前技术发展现状，来制定适当的挖掘策略。

值得注意的是，由于专利的引用通常在专利公布后 2~4 年才能达到峰值，因此，专利引证分析对于确定 4~5 年之前某个领域的核心专利是一种非常有效的方法，但不适用于确定最近 1~2 年的核心专利。

---

❶ 李伟．国外混合动力汽车领域专利引证分析［J］．情报杂志，2011，30（9）：7.

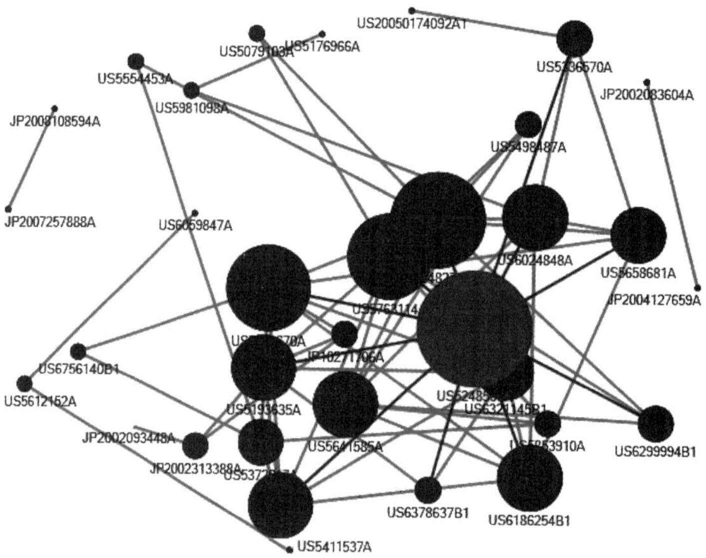

图 3-2-1　基于专利共引的燃料电池汽车技术相似性的聚类分布❶

二、专利权利要求分析图与规避策略

专利权利要求分析图，一般用于分析相关专利，其对于专利挖掘具有直接的指导作用。专利权利要求分析图有以下三种表现形式。

1. 专利范围构成要件图

专利范围构成要件图以图形化形式清楚地表达了一件专利的各独立权利要求与从属权利要求之间的关系，使得复杂的技术方案展示更直观，能启发创新思路。在方案设计中，可以修改独立权项，形成有望获得自主知识产权的新方案；也可以修改从属权项，形成交叉专利。

图 3-2-2 示出了专利 US5640343 专利范围构成要件。该专利有权利要求 13 项，包括 3 项独立权利要求和 10 项从属权利要求。独立权利要求分别是权利要求 1（主题名称为：一种非易失性存储器阵列）、权利要求 10（主题名称为：一个磁存储器阵列）和权利要求 13（主题名称为：一个磁存储器单元），与各自的从属权利要求共同组成 3 组专利保护客体。具体的技术特征在图中列出。

❶ 刘红光．基于专利组合分析的新兴产业核心技术挖掘［J］．情报杂志，2013，32（8）：71.

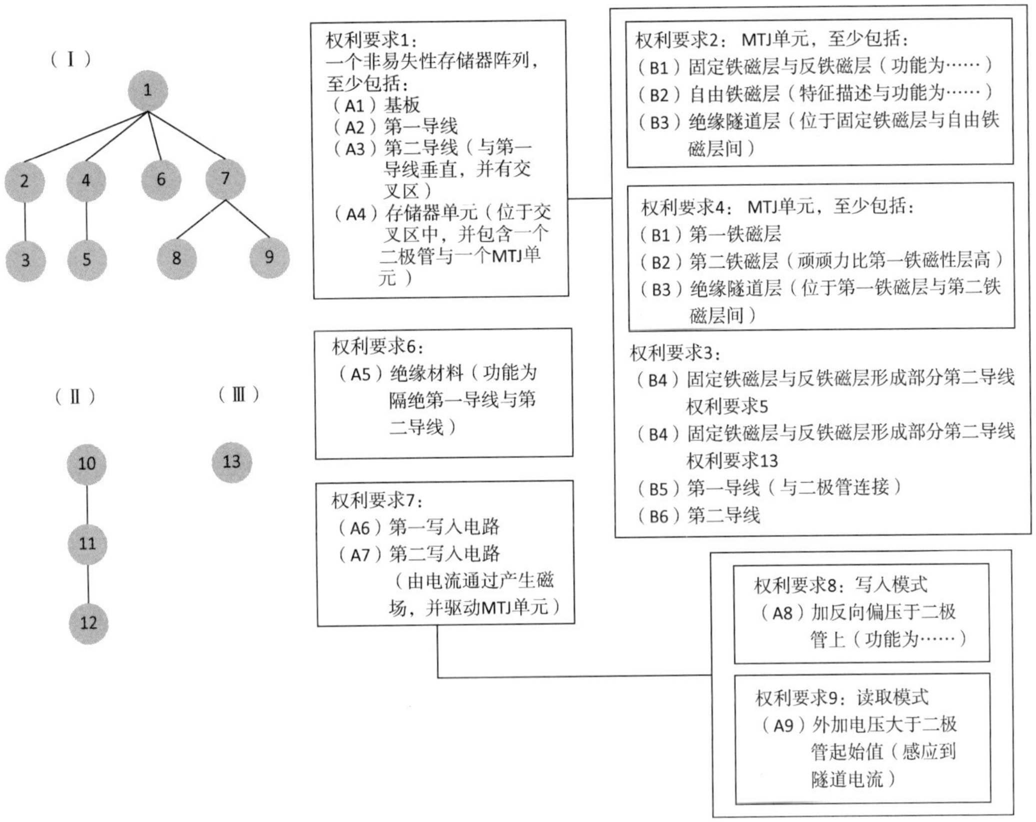

图 3-2-2　专利 US5640343 专利范围构成要件❶

2. 权利范围矩阵分析图

除了采用专利范围构成要件图来展示权利要求保护的范围以及各项之间的关系外，还可以采用权利范围矩阵分析图来标示权利要求项与其被保护的技术内容之间的对应关系。

表 3-2-2 示出了专利 US5640343 专利范围构成要件（字母所指代的构成要件请参见图 3-2-2）。从表中可以清楚地看出每一技术目标下的权利要求范围，研发人员可以很方便地利用此表进行研发方案的规避设计，即绕开目标专利权利保护范围，来挖掘新的技术方案。

在对相关专利群，如核心专利群进行构成要件分析后，一般可以找到这组相关专利群所共有的技术特征。这些特征中有本领域的常规技术特征，也有本领域的关键技术特征，可以结合技术方案本身以及本领域的常规技术知识来进行关键技术特征的确定。

对关键技术特征采取恰当的规避设计，也是专利挖掘的常用思路之一。

❶ 郑凯安．前瞻科技专利布局剖析［EB/OL］．［2016-06-30］．http://www.doc88.com/p-39990970230.html.

表 3-2-2　专利 US5640343 专利范围构成要件

权利要求		1	2	3	4	5	6	7	8	9	10	11	12	13
专利标的		obj1									obj2			obj3
构成要件	A1	√	√	√	√	√	√	√	√	√	√	√	√	
	A2	√	√	√	√	√	√	√	√	√	√	√	√	
	A3	√	√	√	√	√	√	√	√	√	√	√	√	
	A4	√	√	√	√	√	√	√	√	√	√	√	√	
	A5						√	√	√	√			√	
	A6							√	√	√	√	√	√	
	A7							√	√	√	√	√	√	
	A8								√		√	√	√	
	A9									√		√	√	√
	B1		√	√	√	√					√	√	√	√
	B2		√	√	√	√					√	√	√	√
	B3		√	√	√	√					√	√	√	√
	B4			√		√								
	B5													√
	B6													√

3. 权利要求技术功效分析图

根据专利法的规定，除了结构相同之外，要具备相同性质或功能的技术特征才可视为同样的技术特征。也就是说，在一组专利群中各专利权保护范围中的某两个技术特征，虽然采用了相同的技术术语甚至采用了同样的结构组成，但是如果其在各自的权利要求中所起作用不同，则不能认定为相同的技术特征；反过来说，二者虽然采用的技术术语不同，仍可能是实质相同的技术特征。

因此，需要对该专利申请中单独的某一权利要求进行进一步的分析，即在构成要件的基础上结合功能效果的分析，这时就要用到权利要求技术功效分析图。

权利要求技术功效分析图与专利技术功效矩阵图二者既有区别又有联系，其共同点都是用矩阵来表征技术特征与功能效果之间的关联。专利技术功效矩阵图除了反映技术特征与功能效果之间的关联，还要将申请数量、申请人分布情况等按照技术手段、功能效果两个维度进行聚类，可以直观区分出技术密集区、技术稀疏区、技术空白区，是反映某一技术领域技术发展情况的宏观专利地图。而对于权利要求技术功效分析图，其仅仅反映了某项权利要求中各个技术特征与功能效果之间的关联，是一个仅针对权利要求本身的专利地图。表 3-2-3 示出了某权利要求的技术功效分析图。

表 3-2-3　某权利要求的技术功效分析图示例

技术特征＼功效		功效 A	功效 B	功效 C
部件 a	部件 a1	*	*	
	部件 a2			*
	部件 a3			*
	部件 a4			*
部件 b	部件 b1	*		
	部件 b2		*	
部件 c	部件 c1	*	*	
部件 d	部件 d1		*	
	部件 d2			*
	部件 d3		*	

除此之外，也可以将相关专利群的各权利要求在同一个权利要求技术功效分析图中进行分析比对，从而获得相关专利群中的关键技术特征。

规避设计总的原则是要素的减少或要素的替换，在明确了相关专利（群）中的关键技术特征后，一般采用裁剪法、替换法、组合法、分解法四种专利规避策略来对相关专利进行规避，避免对相关专利构成侵权，具体策略如表 3-2-4 所示。

表 3-2-4　相关专利的规避策略

规避策略	相关专利的关键技术特征→经挖掘得到的技术特征	说　明
裁剪法	$A+B+C+D \rightarrow A+B+C_2$ $A+B+C+D \rightarrow A+B_2$	技术特征 $C+D \neq C_2$，$B+C+D \neq B_2$ 裁剪一个或以上技术特征将其功能转移到系统其他组件上
替换法	$A+B+C+D \rightarrow A+B+C+D_2$ $A+B+C+D \rightarrow A+B+C_2+D_2$ $A+B+C+D \rightarrow A+B_2+C_2+D_2$	技术特征 $B \neq B_2$，$C \neq C_2$，$D \neq D_2$ 替换系统一个或以上技术特征
组合法	$A+B+C+D \rightarrow A+B+E$ $A+B+C+D \rightarrow A+F$	技术特征 $C+D \neq E$，$B+C+D \neq F$ 组合替换系统一个或以上技术特征
分解法	$A+B+C+D \rightarrow A+B+C+D_2+D_3$ $A+B+C+D \rightarrow A+B+C_2+C_3+D_3$	技术特征 $D \neq D_2+D_3$，$C+D \neq C_2+C_3+D_3$ 分解替换系统一个或以上技术特征

在专利挖掘实践中，由于专利的复杂程度差异，往往需要多种策略组合才能有效规避原有专利，如裁剪与替换结合、裁剪与组合相结合等，必须灵活运用上述一种或多种方法。

三、专利引证关系图与专利权利要求分析图在专利挖掘中的应用

专利引证关系图与专利权利要求分析图在专利挖掘中的作用主要体现在战术层面上。以下将通过实际案例来详细介绍基于相关专利进行专利挖掘的方法。

【案例 3-2-1】发动机活塞销压装及拆卸装置的专利挖掘❶

活塞销的压装是汽车发动机领域装配活塞连杆组件最关键的一道工序，随着汽车业的快速发展，该套装备越来越重要。本案例主要从专利引证关系图着手，追踪出活塞销压装领域最核心的技术专利群，并对该技术专利群进行专利挖掘，以期得到独创性较高的发明。

第一步：引证分析，追踪核心专利（群）。

绘制活塞销的压装技术专利的专利引证排名图（本案例仅对中国专利的检索结果进行分析），如表 3-2-5 所示，取排名前三项专利作为本次专利规避设计的核心专利群。

表 3-2-5　活塞销的压装技术专利引证排名

编号	专利号	总被引证频次（次）
1	CN100584540C	7
2	CN102198585A	7
3	CN100455412C	6
4	CN102069468A	5
5	CN201931251U	1
6	CN201154432Y	1
7	CN201900427U	1

第二步：构建相关专利（群）的权利要求技术功效分析图。

通过仔细研读专利信息，构建相关专利中每项专利的权利要求技术功效分析图，如表 3-2-6 所示，其中相关专利 1、2、3 的发明公告号分别为：CN100584540C、CN102198585A、CN100455412C。

第三步：找出相关专利（群）的关键技术特征。

结合表 3-2-6 所示出的权利要求技术功效分析图，进一步归纳分析该相关专利

❶ 改编自：穆秀秀．核心专利群规避设计案例研究［J］．工程设计学报，2015，22（3）：204-207.

（群）的关键技术特征。对于本案例，压头、支撑杆/块、压杆均是相关专利群所共有的技术特征。进一步结合技术方案以及本领域的技术知识对这三个技术特征进行分析，可以确定具有挤压活塞销作用的压头、具有支撑活塞（销）作用的支撑杆/块、提供压力的压杆均是该相关专利群的关键技术特征。

表 3-2-6　相关专利群的权利要求技术功效分析图

技术特征			功效	挤压活塞销	支撑活塞	支撑活塞销	安装、固定操作杆	导向活塞销、定位活塞销	旋转压杆	定位导向杆	保护压头	导向压头	缓冲导向杆	旋转定位杆、定位导向柱	容纳齿轮	旋转运动转为直线运动	容纳推杆	容纳定位芯轴	容纳水平平衡杆	提供压力	维持平衡	提供推力	提供旋转力	支撑压杆	支撑压头	提供恢复力	提供弹力
相关专利1	a	a1	压头	*																							
			支撑杆		*																						
		a2	平衡块																		*						
			操作杆座				*																				
			拨杆																			*					
			导向杆					*																			
	b	b1	压杆						*											*							
		b2	定位座							*																	
			导向套								*	*															
	c	c1	弹簧16										*														
			转动轮盘																				*				
			压杆支柱																					*			
			导向支撑板																						*		
			拉簧20																							*	
			定位杆											*													
相关专利2	a	a1	压头	*																							
			支撑块			*																					
		a2	弹簧																								*
	b	b1	压杆																	*							
	c	c1	齿轮座												*												
			齿轮、齿条													*											
			推压齿轮件																			*					
			推杆座														*										
			定位芯轴					*																			
			定位芯轴座															*									
相关专利3	a	a1	压头	*																							
			支撑杆		*																						
		a2	弹簧																								*
			平衡块																		*						
			操作杆座				*																				
			拨杆																			*					
			导向杆					*																			
	b	b1	压杆						*											*							
		b2	定位座							*																	
			导向套								*																
	c	c1	导向座									*															
			平衡座																								

第四步：结合关键技术特征分析现有技术可能存在的技术问题。

选择具有挤压活塞销作用的压头这一关键技术特征做进一步的挖掘，通过分析可以得知，该关键技术特征可能存在的技术问题是，压头挤压活塞销的过程中，如果压头的压力不均匀，长时间会导致活塞销弯曲变形。

第五步：根据上述技术问题找到最适合的解决方案。

寻求解决方案时可以通过上文提到的针对相关专利的规避策略中的四种方法及其组合，结合本领域的技术知识来获得，也可以采用本书第二章提到的TRIZ理论对技术问题（转化为技术矛盾或者物理矛盾）求解。

现尝试采用规避策略中的替换法来使得该技术问题得到解决。

在现有技术中，压头是直接用于对活塞销施压，如果设置一个压头组件来对其进行替换，在进行压销时，整个压头组件由外力驱动，使安置在压头组件内部的压头缓慢下移至压销压头顶头深入活塞销内孔，压销压头和活塞销一同向下移动，直至将活塞销压入活塞连杆体内。具体地，设置一个如图3-2-3所示的压销压头组件，其中，所述压销压头组件由压销压头231、压销锁紧套232、压销锁紧螺母233和压销导柱234组成；压销导柱234具有中间孔2341；所述压销锁紧螺母233和压销锁紧套232分别依次固定在压销导柱234上，压销锁紧螺母233处于压销锁紧套232上部；所述压销压头231固定在驱动机构上并穿过压销导柱234的中间孔2341，压销压头231具有压销压头顶头2311。

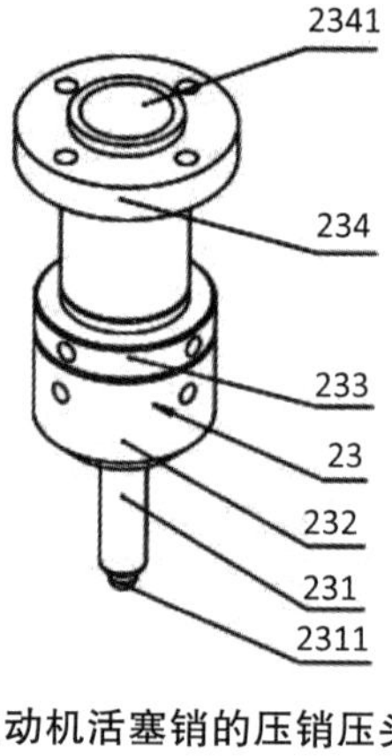

图3-2-3 一种发动机活塞销的压销压头组件❶

其工作原理是，在进行活塞连杆组件压销时，驱动机构驱动压销压头组件23的压销压头231在压销导柱234的中间孔2341里缓慢下移直至压销压头顶头2311深入活塞销内孔，此时压销辅助支撑气缸组件的压销辅助支撑杆随压销压头231和活塞销一同向下移动，直至将活塞销压入活塞连杆体内，最后驱动机构带动压销压头231退回到初始位置进行复位。

上述挖掘得到的技术方案可以解决因压头压力不均匀导致的活塞销弯曲变形的技术问题，并且有效规避了现有专利技术。

❶ 中国发明专利CN104148923A的附图9。

第三节　TRIZ 理论与专利地图结合进行专利挖掘

一、TRIZ 理论与专利地图相结合的方法

通过前文的介绍可以得知，TRIZ 理论和专利地图都是专利挖掘的重要工具，但是二者在专利挖掘的应用中又各有侧重。

TRIZ 理论可以准确定义创新性问题和矛盾，打破知识领域界限，从而寻求问题的创新性解决办法，实现技术突破。其注重从微观角度对技术难题进行系统分析并进行创新，针对不同矛盾类型采用不同的解决工具，如技术矛盾矩阵、通用工程参数、发明原理、物-场模型等工具。

专利地图通过“可视化”图表形式挖掘专利数据中的情报信息，进而规划技术发展方向、突破技术壁垒障碍、拓展技术发展空间。其注重从宏观角度挖掘现有的专利信息，分析技术趋势、技术成熟度、技术生命周期、重点技术、核心技术、潜在或空白技术，并指明技术发展方向。

因此，TRIZ 理论和专利地图作为实现技术创新的有效工具，相互影响又相互补充。在实践中，二者之间相互结合运用，使得专利挖掘的创新效率大大提高。TRIZ 理论和专利地图相结合的专利挖掘与技术创新流程如图 3-3-1 所示。

TRIZ 理论和专利地图相结合的专利挖掘主要包括如下步骤。

1. 分析技术发展现状、确定专利挖掘目标

通过市场调研确定待开发产品的类似产品，根据类似产品的技术特征定义关键词和关键策略，进行专利的检索，绘制相关专利地图；根据 TRIZ 理论的技术系统进化法则，对相关技术进行宏观分析，尤其对技术进化程度、技术进化方向进行全面分析，对相关专利进行追踪，进而确定研发方向以及待挖掘的主题。

2. 选择自主创新或者基于相关专利进行挖掘

若自主创新研发，则需要相关人员根据确定的挖掘目标来进行方案的设计、发明点（关键技术点）的确定等工作，以形成高性价比的技术方案。若基于相关专利进行挖掘，通过专利地图追踪相关专利，并确定相关专利设置的专利陷阱，分析相关专利的权利要求书，对重点的技术特征做进一步的分析，包括技术特征之间的关系、技术特征在技术方案中的重要程度，以确定专利的关键技术特征。

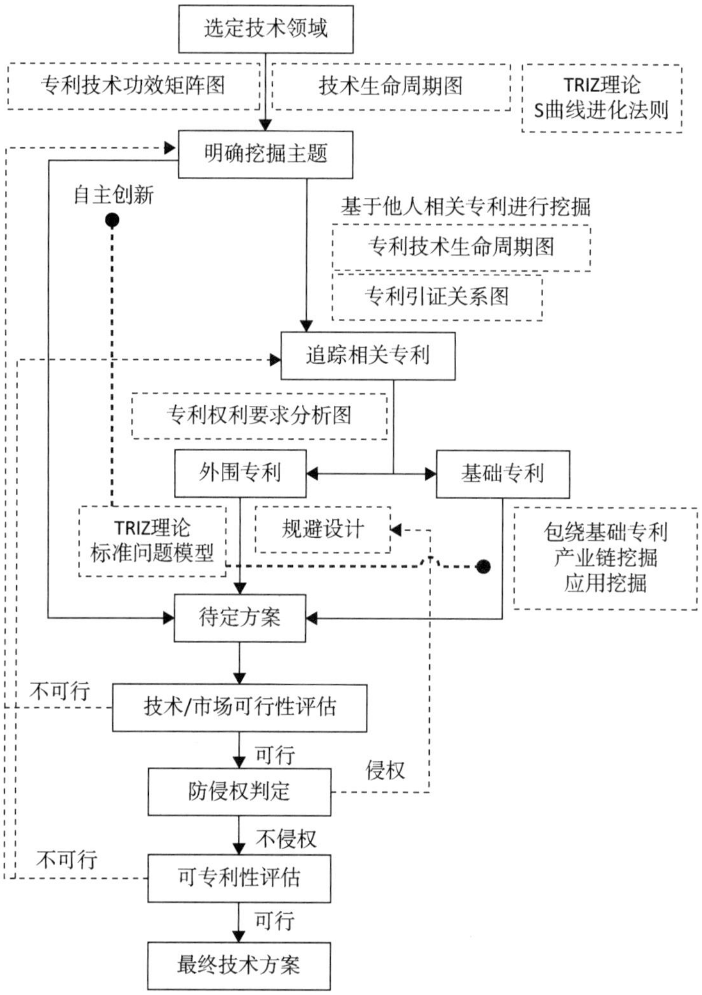

图 3-3-1　TRIZ 理论和专利地图相结合的专利挖掘与技术创新流程

3. 技术创新设计

对于外围专利，以对其进行规避设计为主，以技术改进为主要方向，采用简化原则、替代原则等手段策略，在满足功能要求的前提下利用功能裁剪对产品的结构进行重组或者采用替代的产品结构时，若导致系统产生新的技术问题，可以通过应用冲突分析、物—场模型对现有的专利技术进行标准化描述，将其转化为矛盾或标准解来进行解决，进而形成新的技术方案。

对于基础专利，很难对其进行规避设计，可以采用包绕设计的方式，围绕核心专利和基础专利进行改进和再创新，同样也可以借助 TRIZ 理论的相关模型来寻求解决方案。

4. 技术/市场可行性评估

按照上述的技术创新设计可以得到待定方案。由于技术方案主要依赖原理和规律而产生，故需要对其技术可行性进行评估，即是否存在技术瓶颈、无法实现等。如果方案不可行，则需要回到步骤3重新对方案进行设计。

在对技术可行性进行评估的同时，也可以兼顾考虑应用前景、市场前景等因素。

5. 防侵权判定

针对开发设计进行专利挖掘时，由于产生的技术方案与未来的产品/方法高度一致，需要考虑产品/方法是否可能存在侵犯他人在先专利权的问题，尤其在规避设计时未能充分了解现有技术，有可能导致侵权的发生。

6. 技术方案可专利性评估

将符合要求的技术方案进行全面评估，从技术方案是否满足授权条件（新颖性、创造性、实用性）的角度来评估创新方案的可专利性。

二、TRIZ理论与专利地图相结合进行专利挖掘的案例

【案例3-3-1】电源插头的专利挖掘❶

插头是日常生活中常用的一种电器器具，插头与插座之间应当贴合紧密，从而避免插头铜片外露引发的触电甚至跳火的危险。但是，如果二者贴合过于紧密，会造成插头不好拔除，并且在实际使用中，部分使用者习惯采用直接拉扯电线的方式使得插头从插座上脱离，此种行为会导致电线加速受损，因而会存在安全隐患。

本案例就是对电源插头进行创新设计，从现有技术中挖掘出更为先进的技术方案。

第一步：确定目标主题。

本次设计目标为电源插头的操作性改良设计，并假设以美国为主要销售地区。

第二步：专利检索，绘制相关专利地图。

本次销售地区以美国为主，故着重对美国专利进行检索（对于检索策略以及图表绘制，本案例不做介绍）。

由于本案例的目标是基于现有技术做改良设计，在专利地图的选择上，首先考虑的就是追踪相关专利最为直观有效的专利引证关系。表3-3-1所示为根据检索结果绘制的电源插头领域相关专利的引证排名。很显然，这些专利组成了电源插头领域的核心专利群。

表3-3-1 电源插头领域引证排名

编号	专利号	总被引证频次（次）
1	US4927376	62
2	US4857013	30

❶ 改编自：林明憲. 系統化專利分析與成果評估於迴避設計之研究［D］. 高雄：树德科技大学应用设计研究所，2007：75-84.

续表

编号	专利号	总被引证频次（次）
3	US5679014	21
4	US5062803	21
5	US5567181	21
6	US5057036	20
7	US4210377	16
8	US6089924	16

第三步：找出相关专利（群）的关键技术特征，并分析现有技术可能存在的技术问题。

确定核心专利群的关键技术特征，可以通过逐篇阅读进行比较来获得。对于技术特征比较多，并且技术特征之间关系比较复杂的，也可以采用专利权利要求分析图做详细记录以及分析（例如案例3-2-1）。而对于本案例，由于电源插头的结构相对简单，相关技术特征较少，核心专利群的数量也不多，因此可以直接对其主要结构的技术功效进行分析。

对于美国专利US4927376，如图3-3-2所示，插头的主要结构包括具有勾拉和转动功能的铁环21以及具有防脱落功能的保护盖81等。其利用活动的铁环21将插头10从插座拉出脱离，设置两个凹面44、45易于铁环操作，解决了插头不方便拔出的问题。

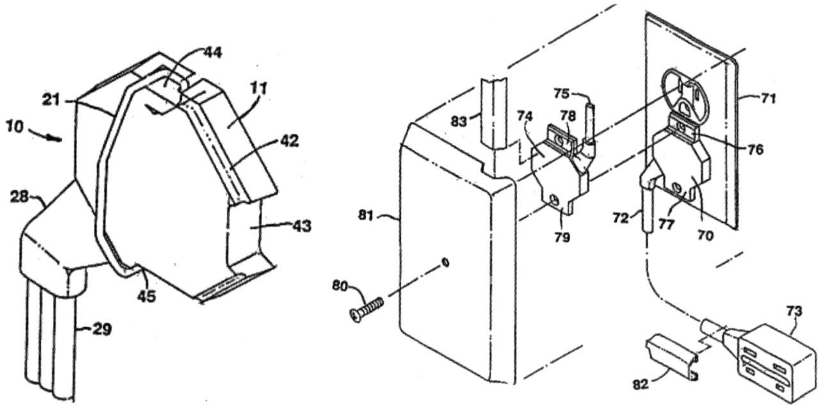

图3-3-2 美国专利US4927376的附图6、附图12

对于US4857013，如图3-3-3所示，插头的关键技术特征为平贴插座2上的弹性拉柄4。在需要将插头1拔出时，将平贴于插头的拉柄4拉起，即可使得插头提升脱离插座，拉柄本身具有弹性可以平贴于插头，从而解决电源插头不易从插座上拔出的问题。

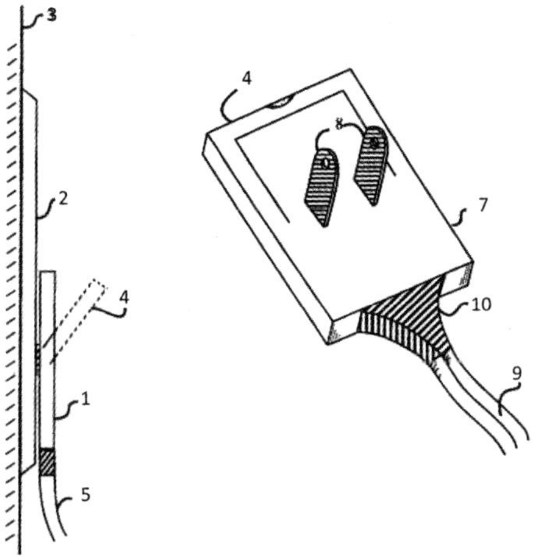

图 3-3-3 美国专利 US4857013 的附图 1、附图 2

对于 US5679014，如图 3-3-4 所示，插头的结构主要包括设置于插头外侧的拉柄 5，拉柄 5 两端的圆头 51，起容纳作用的外壳 1、2 等。在拔出插头时利用拉柄 5 两端的圆头 51 将插头提升与插座 7 脱离，解决电源插头从插座，尤其是插线板上拔除时不顺手的问题。

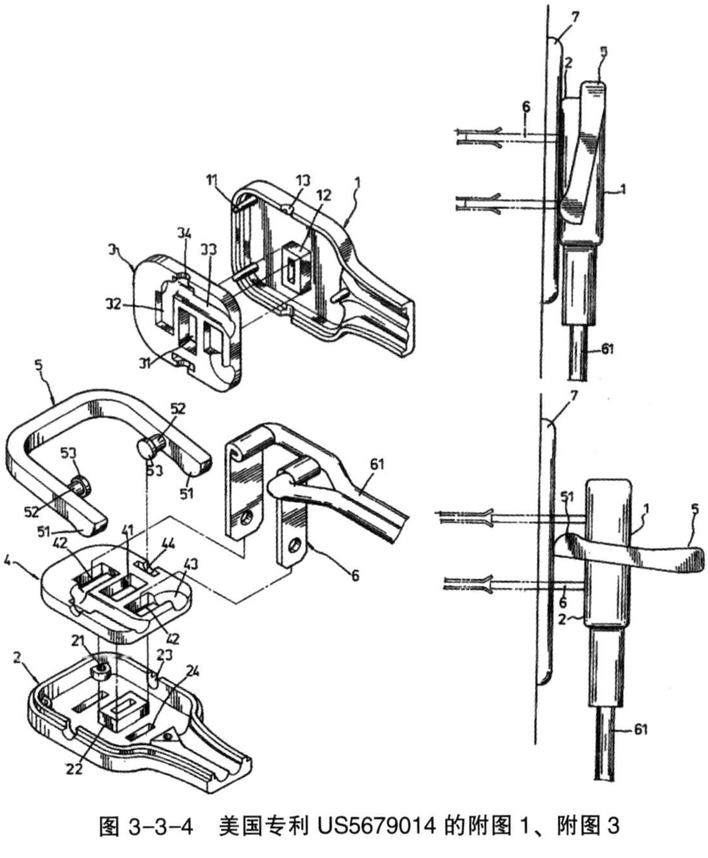

图 3-3-4 美国专利 US5679014 的附图 1、附图 3

由于篇幅关系，其他相关核心专利不再一一列举。通过对上述核心专利群的分析，结合本领域的技术知识，可以得知电源插头领域主要解决的技术问题是插头拔出时不方便以及容易引起误操作等。

插拔电源插头的操作可以从方便操作与确保功能两方面考虑：一方面，一般电源插头在使用的时候，金属插片会被插座的金属簧片有效地夹持而不脱落，因此电源插头要脱离插座时，必须提供有效的脱离力；另一方面，在使用的时候，应避免插头的电线互相纠缠，造成不该掉落的电源插头被拔出的误操作。

第四步：采用TRIZ理论中的矛盾解决方法来解决所提出的技术问题。

本步骤可以采用40条发明原理、技术矛盾矩阵、分离原理或者这些方法的组合来对提出的技术问题求解。

对于本案例，可以将上述技术问题表达为TRIZ理论的技术矛盾，进而通过技术矛盾矩阵求解。

在插头拔出插座的动作中，主要的技术是提供插头脱离插座所需力的传导技术，该技术能使作用力有效地达成插头脱离插座的要求，此处牵涉能量的移转与消耗。另外，本设计主要为插头操作性改良设计，故需针对方便操作与确保功能执行加以考虑。

选择技术矛盾矩阵作为问题解决工具。为了能达到插头脱离插座的有效力，该力的传导方式受限于插头的使用空间，故恶化的通用工程参数为19“运动物体的能量消耗”；另外，希望可以进行较方便的操作方式，因此欲改善的通用工程参数为33“可操作流程的方便性”。

经查阅技术矛盾矩阵，可以得到1“分割原理”、13“反向作用原理”、24“借助中介物原理”三种可选择的发明原理。

经过分析，发明原理1和13很难在按上述要求对电源插头的改良中给出启示，于是尝试选择“发明原理24：借助中介物原理”来解决这一矛盾。

为了将脱离的动作与力利用一中介物达成，首先考虑到本领域的一些常规技术手段，如弹簧、簧片等，一般来说，可变形的组件都有可能达成。进一步检视插头的空间大小，家用电源插头的金属插片长度一般为7mm，故本设计的插头最少要脱离插座7mm以上才算脱离，基于空间限制的考虑，簧片式的设计可能较符合本设计使用。

通过簧片的操作来获得足够的能量可以使得插头组件产生足够的推力来脱离插座，结合本领域的常规技术手段，初步构想使用操作卡点的方式来储存能量与释放能量，另考虑操作方便性，故将释放操作点设置于簧片上部，如图3-3-5所示。

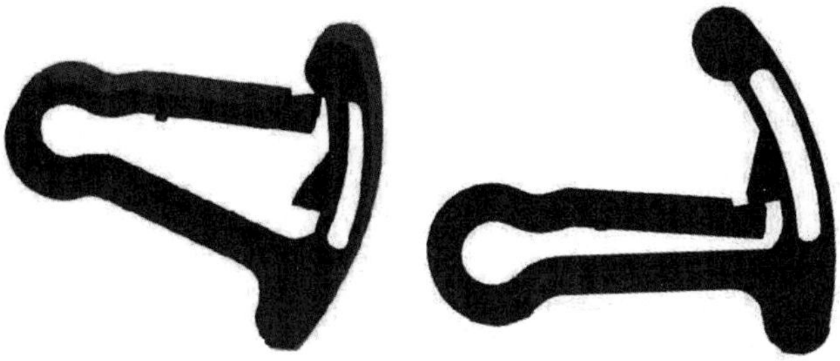

图 3-3-5 簧片释放状态（左）与卡定状态（右）

簧片通过压缩方式储存能量，当插头插入插座时可以顺势将簧片压缩，并同时使簧片形成卡定状态，将能量储存；而当插头不使用时，则透过簧片上方的操作点，将簧片卡定状态解除，释放簧片预储之能量，并使插头的金属插片脱离插座的夹持。为了达到此效果，簧片压缩方式必须与电源插头使用方式互相搭配，因此需要将簧片设置于插头主体的两个金属插片的空间内。另外，插头在使用状态下，即簧片在卡定状态下时，其簧片上方的卡定解除操作点，必须凸出于插头本体之上，以利于操作簧片卡点，故须在插头本体之上方开设一适当的孔，并使簧片上部能穿出此孔，方便操作。

将簧片与电源插头结合完成了电源插头的创新设计，如图 3-3-6 所示（左图为未使用状态，右图为使用状态）。其操作方式为：当插头插入插座时，簧片会被插头插入动作所压缩，并且簧片的卡定点会发生作用，将簧片卡定，能量被储存下来，待解除卡定后才会释放；当想要将插头拔出时，只需将凸出于插头本体上的簧片往上推离，解除簧片卡定，簧片即可释放被储存的弹力，并将插头推离插座 7mm 以上，使插头脱离插座的夹持。

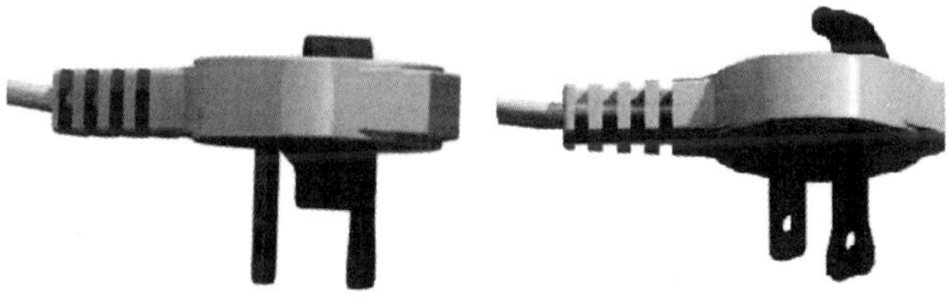

图 3-3-6 电源插头创新设计图

本方案所设计的新型电源插头，除了外形具有不占空间的扁平特色外，更具有方便操作的特性。使用时，将插头插入插座的同时，就已经储存了将插头推离插座的动力；另外，在拔出插座时，只要释放储力簧片，即可利用预先储存的能量将插头推离插座。此设计比原有技术更加简单和便利，并改善了现有插头的使用缺陷。

第五步：对挖掘到的方案进行评估。

对上述方案做出可行性以及可专利性的评估，进而形成最终的技术方案。

【案例 3-3-2】反折集水雨伞的专利挖掘❶

日常生活中，折叠伞十分常见，其占用空间小，重量较轻并且取用方便，但是折叠伞在使用时存在如下问题：折叠伞在使用过后需要收起来，如果人们倒着拿伞，那么雨伞上面的水会顺着伞骨流向地面，使地面变得湿滑，容易发生危险；如果人们握着伞把，这样雨水可能会流向握伞的手臂，将衣服打湿，并且立着握伞会使人们的行动十分不便。

本案例为了解决上述问题，设计出一种新型雨伞。

第一步：专利检索，绘制相关专利地图。

在专利数据库中对雨伞相关的专利进行检索，得到图 3-3-7。

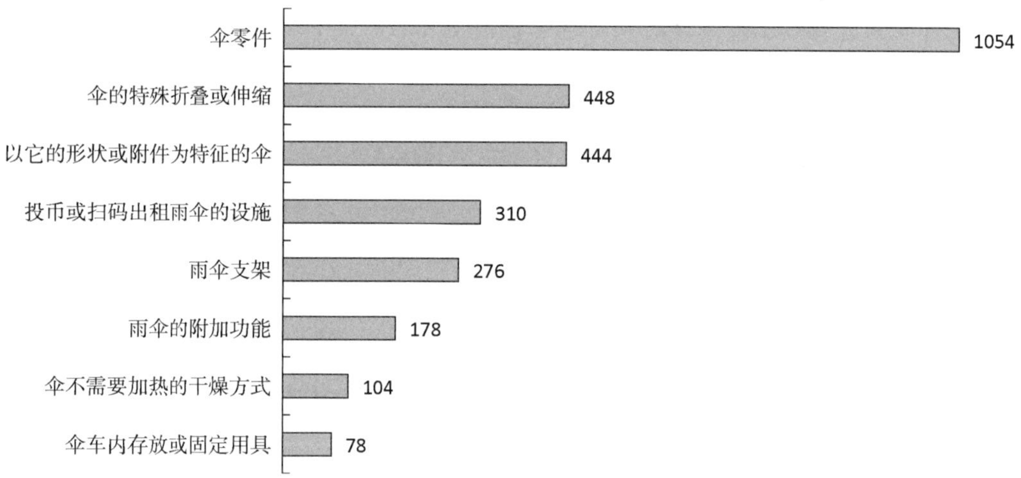

图 3-3-7 雨伞专利的创新点

从图 3-3-7 中可以看出，创新点中占前八位的是伞零件、伞的特殊折叠或伸缩、以它的形状或附件为特征的伞、投币或扫码出租雨伞的设施、雨伞支架、雨伞的附加功能、伞不需要加热的干燥方式以及伞车内存放或固定用具。伞零件的范围过广，选取“伞的特殊折叠或伸缩”作为新产品的创新点。

由“雨伞的附加功能”“伞不需要加热的干燥方式”两个创新点，联想到生活中，雨后湿雨伞收纳、雨水乱流的实际问题。基于创新就是为了给实际生活提供方便的宗旨，给新产品加上“集水”的目标。至此，通过对雨伞的专利挖掘，确定新产品以“特殊折叠”和“集水”作为创新点。

在专利数据库中，以“折叠雨伞”和“集水雨伞/防滴水雨伞”为关键词，对雨伞专利进行检索。本案例中的新产品设计目标是收纳时占据空间小，收纳时伞面雨水不会乱滴。收纳时占据空间小，则需要伞架结构能尽可能地折叠；收纳时伞面雨水不

---

❶ 来佳涛．基于专利规避的反折集水雨伞创新设计研究［D］．杭州：浙江理工大学，2019.

会乱滴，则需要雨伞附带集水装置或者附带能包裹整个雨伞的伞套。

第二步：寻找目标专利，并对其技术方案进行功能和结构分析。

根据设计目标的要求，并分析了专利技术方案和主要功能后，根据两个创新点各自选出一件专利，作为候选规避的目标专利，具体如表 3-3-2 所示。

表 3-3-2 规避的目标专利

涉及创新点	申请号	发明名称	分析
特殊折叠	CN201520629003	一种折叠雨伞	此专利设计的折叠雨伞其主要特征是伞骨暴露在伞面外。由于其上下颠倒的伞骨设计，在开伞时，伞面从上往下展开，避免了开伞时伞下部周围的阻碍。此设计在收伞时，还能将伞面上的雨水包在伞布内
集水	CN201720884070	防滴水雨伞及雨伞组件	此专利设计的防滴水雨伞其主要特征是其伞面反折后，将外侧（即湿面）包在内侧，并且设计有收纳装置。收纳装置集成在雨伞伞柄处，可以收纳反折后的湿伞，可以将伞面上的雨水集中在收纳装置中。由于其反折结构，开伞时从上至下，使雨伞能够在较为狭小的空间撑开

CN201520629003 涉及一种折叠雨伞，其组件包括伞把、伞杆、伞布、伞骨架、骨架推手。伞杆上设有下开关卡勾和上开关卡勾，伞杆上端设有伞顶，所述的伞骨架为上下颠倒的伞骨架，上下颠倒的伞骨架设在伞布的上部面上，骨架推手设在上下颠倒的伞骨架的下端中部，伞布由上往下打开。所述的上下颠倒的伞骨架上端的中部设有骨架上连接环，上下颠倒的伞骨架的上端与骨架上连接环活动连接，骨架上连接环为环形并套接在伞杆的上部并能沿伞杆的上部滑动。所述的伞杆上部设有挡钉，挡钉与伞杆固定连接。所述的挡钉为环形伞钉，环形伞钉套接在伞杆上。根据该目标专利的权利要求书，该专利一共有四项权利要求，主要是保护该雨伞的反折结构设计。图 3-3-8 所示为 CN201520629003 的功能结构图。

CN201720884070 中的防滴水雨伞包括伞骨组件、伞面以及滑套组件。伞骨组件包括主撑杆件和收合撑杆组件，滑套组件套设于主撑杆件且能够沿主撑杆件的轴向滑动，收合撑杆组件的一端与滑套组件铰接，伞面包括迎雨面和背雨面，背雨面与收合撑杆组件固定连接。滑套组件的滑动能够带动收合撑杆组件撑开或者收合，使伞面具有撑开的第一状态，和背雨面能够将迎雨面包裹收合的第二状态。该防滴水雨伞的把手设置有用于容纳收纳件的容纳腔，在不使用雨伞时，可储存于收纳件中；在使用雨伞时，收纳件能够放置于把手处的容纳腔内。根据该目标专利的权利要求书，该专利一共有 10 项，主要是保护该雨伞的伞骨结构设计、双手柄设置以及手柄处设置的收纳机构。CN201720884070 的功能结构图如图 3-3-9 所示，CN201720884070 中收纳机构的功能结构图如图3-3-10所示，其中，图3-3-10（a）为收纳动作，图3-3-10（b）为开伞动作。

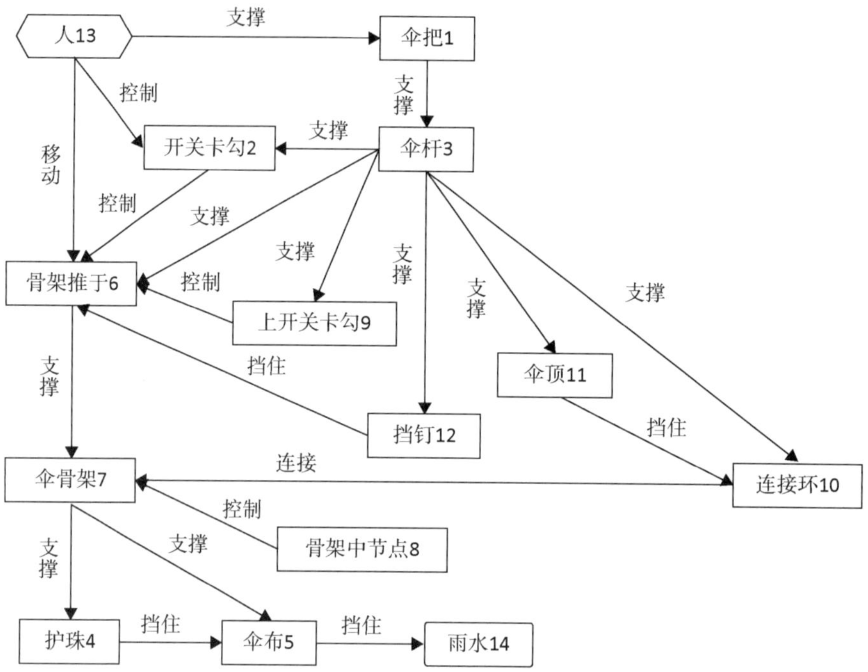

图 3-3-8　CN201520629003 的功能结构图

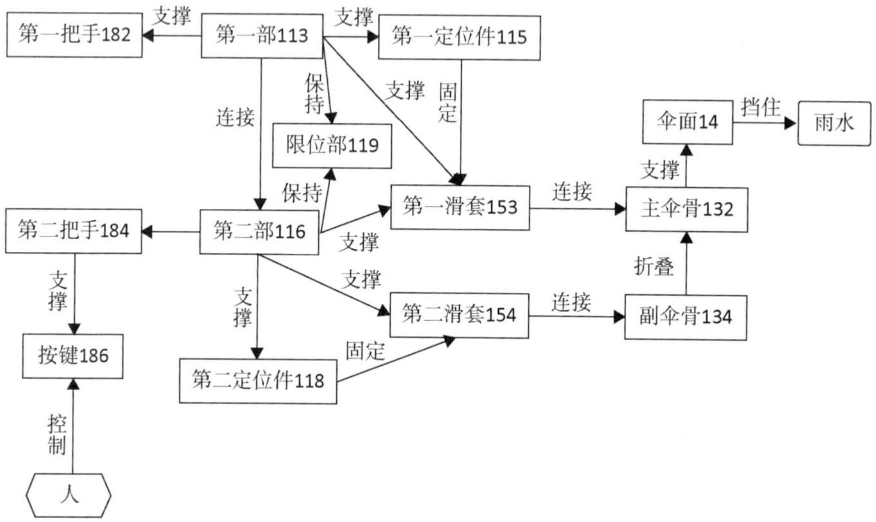

图 3-3-9　CN201720884070 的功能结构图

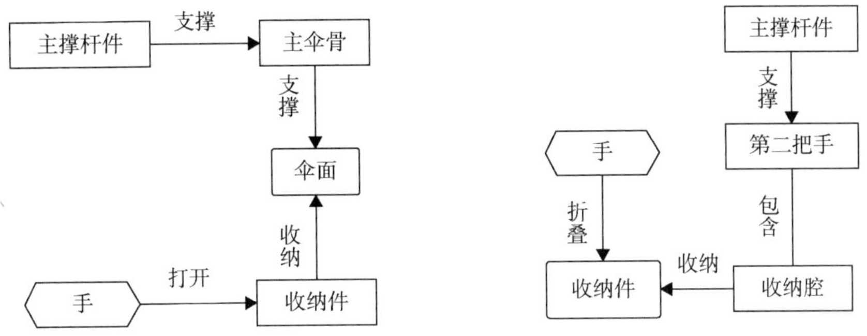

（a）收纳动作　　（b）开伞动作

图 3-3-10　CN201720884070 中收纳机构的功能结构图

第三步：分析现有技术可能存在的技术问题，并采用 TRIZ 理论进行解决。

通过对两个专利技术实施方案的分析，CN201520629003 的核心是该雨伞的反折机构，CN201720884070 的核心是该雨伞的反折机构、收纳湿雨伞的组件以及收纳组件的容纳腔。CN201520629003 存在的问题是反折机构的位置需要改善，CN201720884070 存在的问题是本文的设计目标，即收纳时占据空间小、收纳时伞面雨水不会乱滴，本文主要对目标专利的反折机构和防滴水机构进行规避设计。

CN201520629003 和 CN201720884070 均为直柄雨伞，无法满足收纳时占空间小的要求。伞杆在雨伞撑开时要求有一定长度，在雨伞收纳时需要尽可能短，这形成了一对物理矛盾。

进一步分析可以得知，伞杆不可伸缩为该物理矛盾出现的主要原因。该矛盾对伞杆在开伞时与收纳时有着不同的长度要求，符合时间分离原理的使用情况，故可以采用时间分离原理。与时间分离原理相关的发明原理及适用情况如表 3-3-3 所示。

表 3-3-3　与时间分离原理相关的发明原理及适用情况

编号	发明原理	适用情况
9	预先反作用原理	了解可能出现的问题，预先采取可以解决问题的措施
10	预先作用原理	预先执行某作用的全部或一部分
11	事先防范原理	通过预先准备好的应急措施来补偿对象的可靠性
15	动态性原理	改变对象或环境的特征使作用在任何阶段均能达到最佳性能
16	未达到或过度的作用原理	系统效应预期效应完成困难，则使系统实际效应略强于或略小于预期效应
18	机械振动原理	使对象振动或提高振动频率
19	周期性作用原理	将非周期性作用转化为周期性作用
20	有效作用的连续性原理	建立连续的流程，消除所有空闲及间歇性动作，以提高效率
21	减少有害作用的时间原理	用尽可能短的时间，快速通过某个过程中困难的或有害的部分

续表

编号	发明原理	适用情况
29	气压和液压结构原理	通过利用好液体或气体，甚至利用可膨胀的或可充气的对象来实现气动和液压原理
34	抛弃或再生原理	抛弃是指从系统中去除某些对象，再生是指对系统中某些被消耗的对象进行恢复
37	热膨胀原理	利用对象受热膨胀的原理来产生动力，从而将热能转化为机械能

根据新雨伞的设计目标，伞杆在撑开时和收纳时的长度要产生改变，撑开时长，收纳时短，即伞杆在任何阶段均需要达到最佳长度，所以“15 动态性原理”比较符合伞杆的要求。根据动态性原理的指导，可将伞杆设置成可伸缩式。在雨伞撑开时伸长，雨伞收纳时缩短。

第四步：选择技术矛盾矩阵作为问题解决工具。本设计目标要求伞在折叠后尺寸较小，则需要改善的参数为“4 静止物体的长度”。目标专利折叠机构均为反折机构，运用专利规避的思想，对反折机构进行改进。反折机构相对于普通雨伞的折叠机构而言，其装置的复杂程度会提高，部件数量会增多，故整个雨伞系统的稳定性和强度都会受到影响，则雨伞系统中恶化的参数为“13 稳定性”“14 强度”“26 物质的量”“36 系统的复杂性”，由此可得四对技术矛盾。

经查阅技术矛盾矩阵（39，37，35；15，14，28，26；4，26），分别为三对技术矛盾矩阵所推荐使用的发明原理（其中“4 静止物体的长度-26 物质的量”这对矛盾无解）。

表 3-3-4 列出了上述部分发明原理的适用情况。

表 3-3-4　技术矛盾矩阵所推荐使用的发明原理的适用情况

编号	发明原理	适用情况
39	惰性环境原理	通过去除所有的氧化资源和容易与目标对象起反应的资源
37	热膨胀原理	利用对象受热膨胀的基本原理来产生“动力”，从而将热能转化为机械能或机械作用
35	物理或化学参数改变原理	改变某个对象或系统的属性，以便提供某种有用的功能
15	动态特性原理	改变对象或环境的特征使作用在任何阶段均能达到最佳性能
14	曲面化原理	将对象的线性部件改变成曲线形，把平坦的表面改变成曲面化
28	机械系统替代原理	利用物理场或其他的形式、作用和状态来代替机械的相互作用、装置、机构及系统
26	复制原理	通过使用较便宜的复制品或模型来代替成本过高而不能使用的对象

续表

编号	发明原理	适用情况
1	分割原理	以虚拟或真实的方式将系统分成多个部分，以便分解或合并一种有益或有害的属性

CN201520629003 的反折机构在雨伞使用时会使伞骨露在伞布外，长期暴露在雨中，可能会加大伞骨生锈的概率，而且暴露在外的伞骨可能会勾到其他物体，造成不便。

CN201720884070 的反折机构在收纳时露在伞布外，对收纳造成不便。反折机构的设计目的是缩小收纳尺寸，在目标专利反折机构的基础上进行进一步优化。根据矛盾分析得出的“1 分割原理”，可以将伞骨进一步分割，缩小收纳尺寸。

新设计的雨伞包括伞体组件和伞把组件，如图 3-3-11 所示[1]，在打开伞时，用手推动套杆，套杆在第三伞杆上滑动的同时，第一伞骨和第二伞骨逐渐被打开，随着伞面逐渐被打开，第三伞杆在第二伞杆上向上滑动，第二伞杆在第一伞杆上向上滑动，将伞面的高度逐渐伸长，直到顶盖与伞轴卡接为止，当伞在使用完毕后，向下拉动套杆，第二伞骨向上折叠，第一伞骨绕伞轴转动至竖直状态，直到顶盖卡接在第一伞骨和第二伞骨的铰接处，此时伞面上的湿面对折，第二伞骨的端部伸入伞轴内，将湿面完全包裹住，使湿面上的雨水只能流向第三伞杆内，第三伞杆内的雨水顺着第三伞杆、第二伞杆和第一伞杆流向伞把组件。水会沿着挤水球之间的缝隙流入圆柱形凹槽底部，少部分水会从挤水球之间的缝隙中溢出，通过圆柱形凹槽顶部的第二锥形通孔，溢出的水会再次流入圆柱形凹槽内，通过密封球与弹簧的配合，当伞把本体中轴线与竖直面夹角小于 60°时，密封球将弹簧压下，此时弹簧的弹力与密封球的重力相同，密封球与密封圈形成缝隙，伞体上的水穿过缝隙流入杯座组件中，当伞把本体中轴线与竖直面夹角等于 60°时，密封球与密封圈刚好贴合，当伞把本体中轴线与竖直面夹角大于 60°时，密封球与密封圈紧密贴合，密封球与密封圈之间没有缝隙，避免了当伞把本体倾倒时雨水倒流，且第

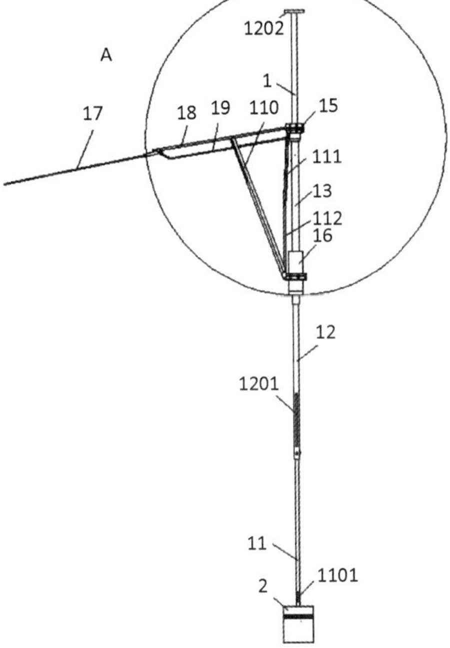

图 3-3-11　伞架示意图

[1] 详细技术方案参见专利申请 CN201810985029.8。

一锥形通孔整体为圆锥形，当第一锥形通孔内留有一定量积水时，即使伞把本体发生倾倒，水流依然会沿着锥形面流入第一锥形通孔底部，最终流入伞盖本体内，拧下伞盖本体后，可将伞盖本体内的水倒出。

第五步：对挖掘到的方案进行评估。对上述方案做出可行性以及可专利性的评估，进而形成最终的技术方案。

第四章　基于研发项目和创新点的专利挖掘

本章概述

对于企业来说，开展研发项目是最重要的创新活动之一，由于在研发项目的过程中需要解决大量的技术问题，因此，研发项目是企业日常活动中创新点密度最高的区域，应作为专利挖掘的重点对象。

对于已经挖掘出来的创新点，如果确认该创新点为具有高价值的基础创新点，则还可以利用围绕创新点的专利挖掘手段，进一步将围绕该创新点的衍生创新点挖掘出来，形成专利组合，提升专利保护强度。挖掘专利组合并进行技术领域分析，是明确自身拥有什么专利、还需要什么专利，以及这些专利价值是多少的关键。[1]

因此，在企业的专利挖掘工作中，基于研发项目和创新点的专利挖掘是最为主要的场景。本章对上述两种场景进行了较为详细的分析，分别通过归纳理论基础和主要手段，结合基于不同目的的专利挖掘案例，旨在系统地阐述上述两种场景下的专利挖掘方法。

本章知识脉络

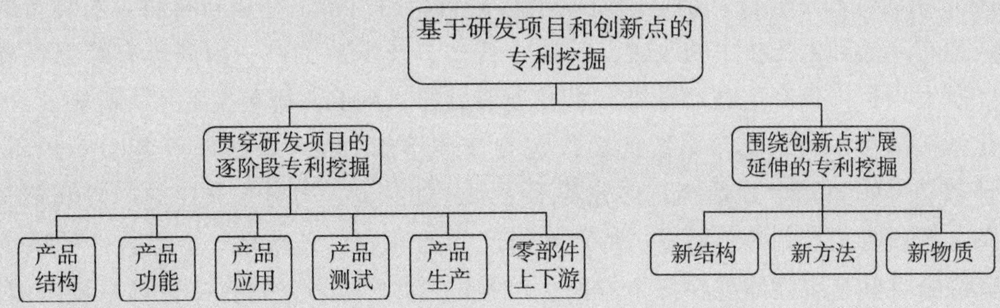

[1] Edward Kahn. Patent Mining in a Changing World [EB/OL]. [2016-06-23]. http://ipfrontline.com/2005/06/patent-mining-in-a-changing-world/.

第一节 贯穿研发项目的逐阶段专利挖掘

一、理论基础

针对基于研发项目的专利挖掘的理论基础，需要从企业研发项目的特点出发，研究讨论相应专利挖掘手段的具体理论。

1. 企业研发项目的特点

企业研发项目主要具有以下四个特点：

（1）目标性。企业的研发项目有明确的目的，宏观上讲，就是围绕企业的战略目标，促进企业的技术进步，培育并增强企业的核心能力，提高企业的经济效益。微观上讲，就是根据企业当前的发展需求开发出符合市场消费趋势的产品，获得销售收入和利润。

（2）复杂性。企业的研发项目的复杂性主要包括两个方面：一是研发项目内涵复杂，尤其是对于大型研发项目，需要涉及不同领域的不同理论和制造技术，例如对于光刻机的研发，据不完全统计，需要涉及基础理论、基础材料、器件物理、计算机、自动控制、光学、化学、真空技术、精密机械、设备制造、统计分析、计量学、环境超洁净控制等469种理论和工程制造技术；❶ 二是研发项目外延复杂，需要涉及多种因素，除研发团队主导之外，往往还需要与采购因素、生产因素、市场因素、知识产权因素等发生密切联系。

（3）系统性和综合性。企业的研发项目是新产品、新工艺、新材料、新装备的开发，或现有产品和生产技术的改进，涉及学科多、技术范围广，因而具有综合性和系统性。研发项目“低介电玻璃纤维”涉及玻璃成分、热工、盐酸盐工艺、机械、自控、有机化学等诸多学科，整个系统的运作包含玻璃熔制、拉丝、纺织等各个生产环节，每个环节又可作为一个分系统，再分若干子项，如拉丝，可分拉丝工艺、浸润剂、拉丝设备、拉丝工艺控制等。研发，特别是新产品的开发，必然是一个综合性的系统工程，其综合性和系统性体现在三个方面。1）项目涉及的研究内容综合且系统，例如，新产品的开发必须与生产工艺的开发结合，而生产技术的改进必须与生产装备与控制结合。综合的研究内容，必然导致研究学科的综合。2）项目开展的过程是一个系统综

---

❶ 崔伯雄，等．高端光刻机专利分析与预警报告［R］//国家知识产权局办公室政策研究处．优秀专利调查研究报告集（Ⅵ）．北京：知识产权出版社，2012.

合过程，新产品的开发，从产品构思，到研究开发设计，再到试生产，周期长，其中可能会涉及应用基础研究、试验发展、研究与试验发展成果应用、生产服务等各种类型活动。各种类型的活动要有配套性，如应用基础研究、试验发展与其成果应用配套，研发成果应用与生产相配套，各种类型的活动都必须满足项目系统的要求。3）项目开展所需资源是综合的，研发项目，特别是新产品开发项目，由于涉及环节多、周期长，各个环节所需资源各有侧重，如应用基础研究和试验发展侧重于科研人员和实验仪器，而研究与试验发展成果应用侧重于人力和资金，试生产则侧重于资金和生产设备，项目开展过程实质上就是各种资源系统且有效配置、综合利用的过程。

（4）不确定性和风险性。企业研发项目的不确定性主要包括三个方面：一是项目需求的不确定性，研发项目总体需求一开始只是一个大概的目标，随着研发的深入，根据可行性分析、技术细节分析，很有可能会对项目需求进行更正；二是技术实现的不确定性，研发项目本身就是一个研发开发的过程，尤其是在研究阶段，经常会遇到由于技术不能实现而修改技术方向的情况；三是进度计划的不确定性，由于项目需求的不确定性和及时实现的不确定性，造成及时实现手段和及时实现难度的不确定性，这些都会导致对季度把握的不确定。研发项目的风险性不仅体现在产品或技术开发成功的不确定性上，还体现在对技术的可靠性（成熟性）要求上。企业开发的产品和技术，最终都要在生产中实现，在实践中检验，如果开发的产品或技术不成熟可靠，生产不能正常进行或产品的质量不能稳定，就会造成生产资源的浪费，给产品的市场开发与推广带来极大的风险。风险性还有源自市场变化的风险、产品和技术寿命风险、资金投入风险等。❶

2. 基于研发项目的专利挖掘的特点

（1）以研发项目任务企划书为基础。由于研发项目具有目标性的特点，即在研发项目立项前，首先要明确研发目标，通常是通过研发项目企划书明确研发目标。因此，基于研发项目的专利挖掘，可以首先从项目任务企划书中的开发缘由、开发目标和技术要求作为出发点，对一些概念性和整体性技术进行分解和梳理，形成第一批专利挖掘清单。当然，由于在企划阶段只有抽象的技术要求，因此专利挖掘只能形成一个大致的技术清单，还无法形成完整的可申请专利的技术方案，但这不影响在此阶段的专利挖掘工作的进行。

（2）以技术分析为基础。由于企业研发项目具有复杂性的特点，那么针对基于研发项目的专利挖掘，首先要从技术研发项目出发进行技术分析，即按照研发项目需要达到的技术效果或技术架构进行逐级拆分，直至每个技术点。这种拆分侧重分解和细化，以达到梳理技术分支、把握技术要素、明确创新节点的目的。这种拆分可以选择以技术功能组成或者技术架构组成作为出发点，找出实现技术功能和组成研发项目的技术分支部分；分析各技术分支部分并将其进一步逐一向下分解成各技术要素；针对

---

❶ 卞毓华. 企业科技开发项目的特点分析及项目管理的几点建议［J］. 玻璃纤维，2003（1）.

各技术要素梳理企业技术研发可能取得的具体技术创新点，最终以技术创新点为基础单元提炼总结技术方案。这一过程层次分明、系统直观，构成一个金字塔式结构，如图 4-1-1 所示。

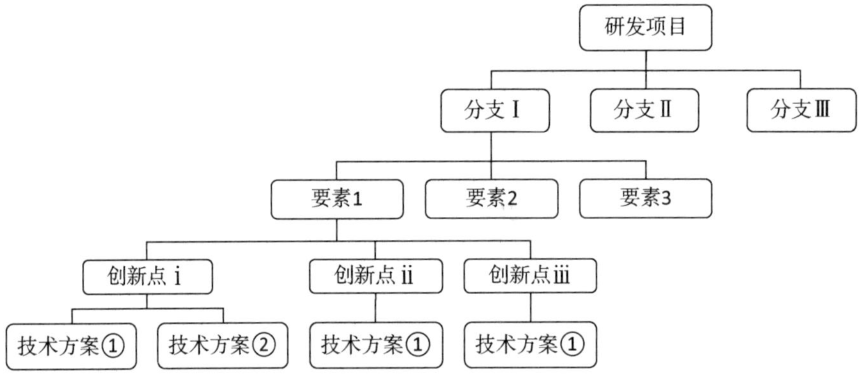

图 4-1-1　基于研发项目的专利挖掘方法示意

从技术功能和技术架构的角度对技术研发项目进行分解和细化，是一种相互补充、相辅相成的关系。具体实践中，可以按照这两种角度分别进行技术分析，将得到的结果比较分析，一方面可以更加全面地挖掘出技术创新点，另一方面也有利于对核心创新点的识别。选择合适的技术分析方式，有助于理清思路，透过繁杂的表象，直入事物本质，快速找到突破点。[1] 需要注意的是，在进行技术分析时，需要与技术人员进行有效交流。[2]

【案例 4-1-1】三星基于智能电视研发项目的技术分析

案例设置目的：理解根据技术架构和技术功能对研发项目分别进行技术分析的方法。

- 根据技术架构进行技术分析

第一步：细化三星智能电视研发项目的技术架构。

在对三星智能电视研发项目进行技术架构细化时，需要全面考虑项目包含的所有主要架构，例如人机交互、电视芯片、应用等。对技术架构的细化应尽可能细致，同时尽量避免不同技术架构分支之间的内容重叠。

第二步：分解每个技术架构的相关技术要素。

针对第一步中细化出的每一个技术架构，具体分析该架构相关技术要素，即该架构由什么样的技术手段组成。比如在人机交互这一架构中，就借助了手势遥控和触摸遥控两种技术要素。对于技术要素较多的架构分支，还需要进一步再具体分析每个一

[1] 杨铁军．企业专利工作实务手册［M］．北京：知识产权出版社，2013：64.

[2] Alan L Porter. Tech Mining［J］. Competitive Intelligence Magazine，2005（8-1）：31.

级技术要素都包括哪些更具体的二级技术要素。

第三步：梳理技术要素相关创新点。

在第二步分解出的具体技术要素的基础上，梳理构成该技术要素的各种构成要素，进而识别发现能够构成创新点的具体要素。例如针对手势遥控这一技术要素，可以梳理出五个构成要素：语音识别和手势遥控的融合、通过手掌反转进行控制、基于激光束的手势跟踪技术、运动传感器与触摸传感器的融合、手势-命令映射等。然后根据对现有技术的认识和研发难度，初步识别出可能的创新点，例如通过手掌反转进行遥控。

具体技术分析情况如图 4-1-2 所示。

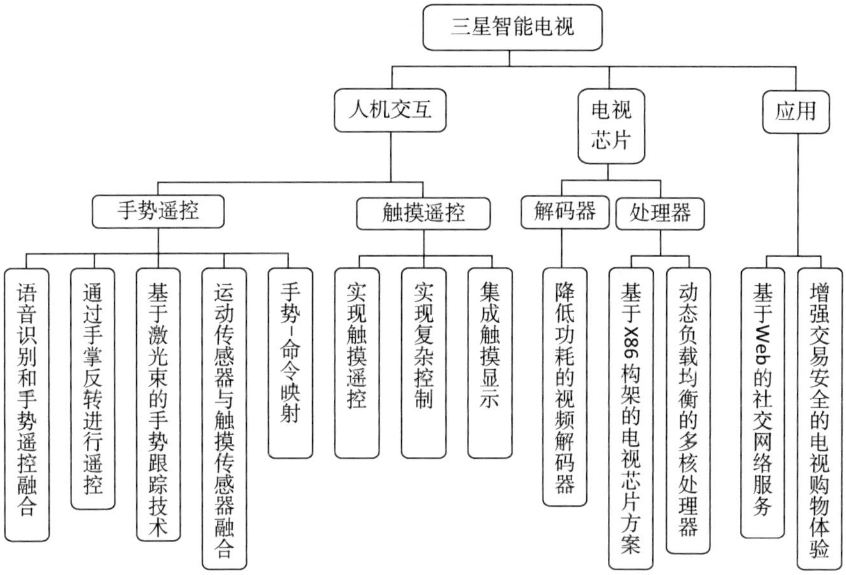

图 4-1-2　根据智能电视技术架构进行的技术分析示意

- 根据技术功能进行技术分析

第一步：细化三星智能电视项目功能。

在对三星智能电视项目进行功能细化时，需要全面考虑项目能够实现的所有功能，例如使用方便、降低功耗、提高性能、提高使用安全性等。对功能的细化应尽可能细致，同时尽量避免不同功能分支之间的内容重叠。

第二步：分解实现功能的相关技术要素。

针对第一步中细化出的每一个功能，具体分析实现该功能相关技术要素，即通过什么样的技术手段达到了上述功能。比如在实现使用方便这一功能中，就借助了遥控和应用两种技术要素。对于技术要素较多的功能分支，还需要进一步再具体分析每个一级技术要素都包括哪些更具体的二级技术要素，比如遥控又可分为手势遥控和触摸遥控等。

第三步：梳理技术要素相关创新点。

在第二步分解出的具体技术要素的基础上，梳理该技术要素的各种构成要素，进而识别发现能够构成创新点的具体要素。例如针对手势遥控这一技术要素，可以梳理出五个构成要素：语音识别和手势遥控的融合、通过手掌反转进行控制、基于激光束的手势跟踪技术、运动传感器与触摸传感器的融合、手势−命令映射等。然后根据对现有技术的认识和研发难度，初步识别出可能的创新点，例如通过手掌反转进行遥控。

具体专利分析情况如图 4−1−3 所示。

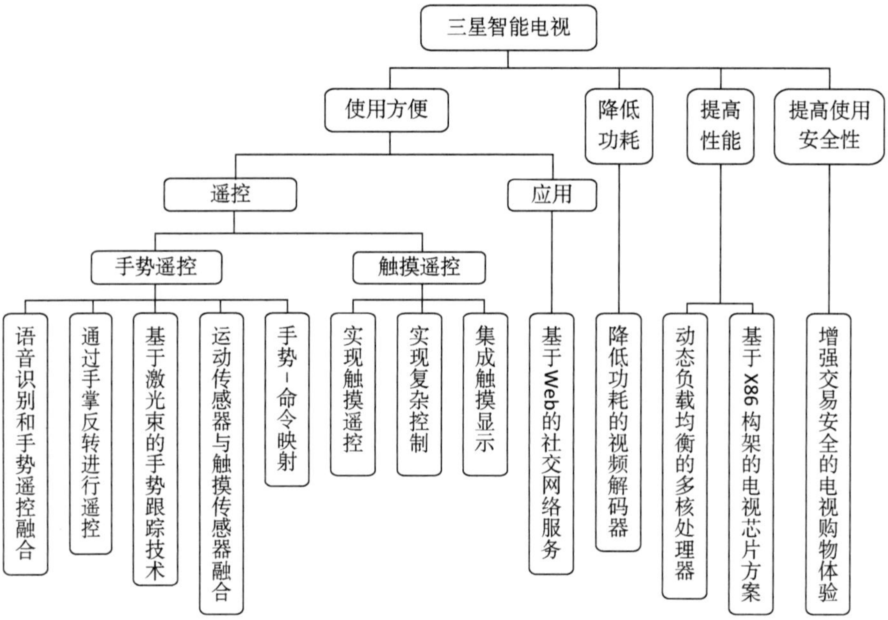

图 4−1−3　根据智能电视技术功能进行的技术分析示意

（2）贯穿研发项目始终。由于企业研发项目具有系统性和综合性的特点，在其所涉及的每一个环节、每一个方面都应该是基于研发项目的专利挖掘应当关注的重点。典型的研发项目的过程包括研究和开发两个阶段，研究阶段主要包括产品的概要设计和详细设计，开发阶段则包括零部件首样制造、产品首样组装制造、产品测试和产品生产等。针对不同阶段的不同环节，都可以是基于研发项目的专利挖掘的起始点，根据不同环节的不同特点，有针对性地进行技术分析，进而挖掘得到专利申请的技术方案。贯穿研发项目始终的专利挖掘节点和专利产出类型如图 4−1−4 所示。

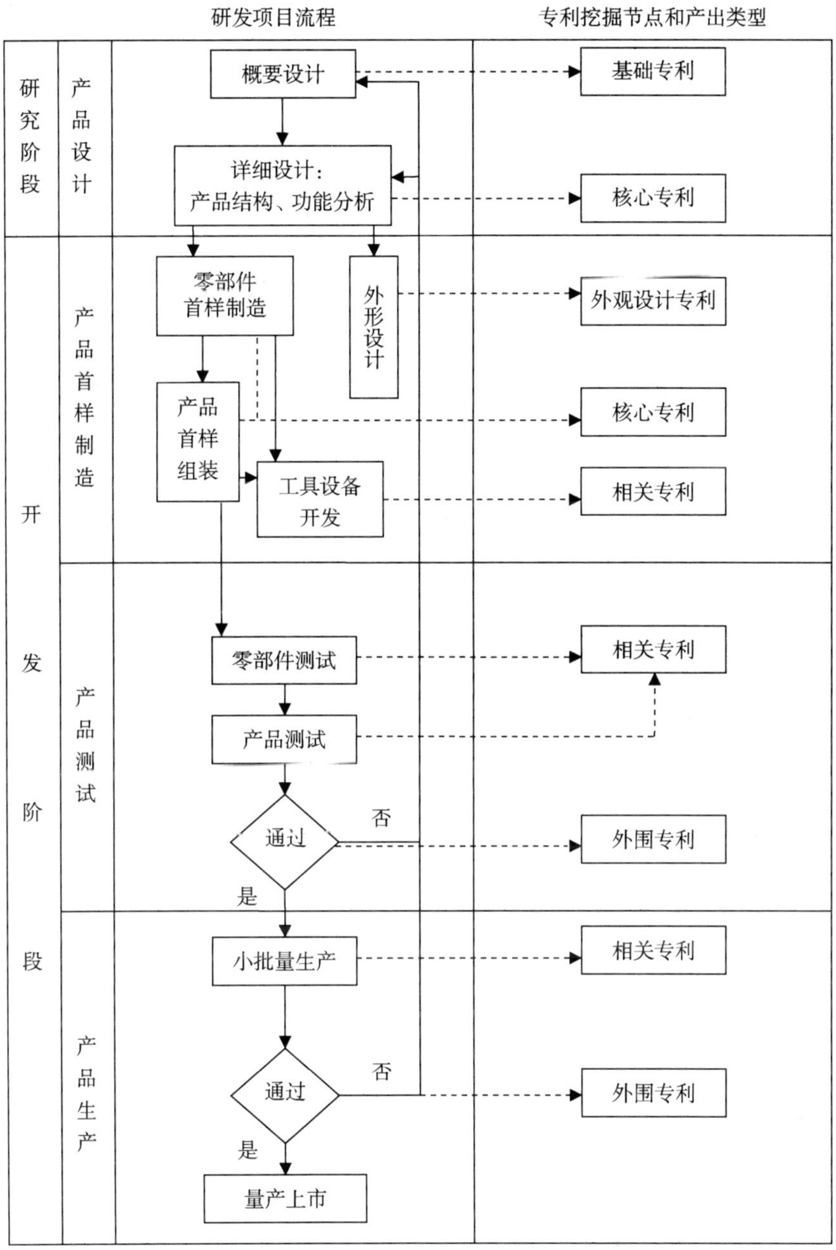

图 4-1-4　基于研发项目的的专利挖掘节点和专利产出类型

（3）服从企业专利战略。企业研发项目具有不确定性和风险性的特点，但对于基于研发项目的专利挖掘工作来说，必须从服从企业专利战略的高度出发，明确专利挖掘工作的对象。也许在研发项目中，某种技术由于成本过高或工艺要求过高等问题最终没有被采用，但对于专利挖掘工作来说，这项技术依然是挖掘的对象，因为专利技术允许存在这样那样的缺陷和问题，只要能够在某一方面具有突出的实质性特点和显著的进步，就有可能满足专利法的要求而获得授权。因此，在基于研发项目的专利挖掘中，不仅要关注实际采用的技术方案，同时也要关注那些被研发人员放弃的或搁置的技术方案，及时将其挖掘成专利申请，形成防御型专利或干扰型专利，从而为今后的企业专利布局、实施企业专利战略提供全方位的支撑。

总结以上理论基础，得到如表 4-1-1 所示的内容。可以发现，基于研发项目的专利挖掘应以技术分析为基础，从研发项目的不同阶段，如产品设计、产品测试、产品生产等不同节点进行全面深入的挖掘，按照企业专利战略的需要形成专利申请。

表 4-1-1　企业研发项目的特点与专利挖掘方法特点对比

企业研发项目的特点	基于研发项目的特点与专利挖掘方法特点对比
目标性	以项目任务书中的技术要求为基础
复杂性	以技术分析为基础
系统性和综合性	贯穿研发项目始终，不同阶段挖掘方向不同
不确定性和风险性	服从企业整体专利战略

二、主要手段

通过以上的理论分析，确定了基于研发项目的专利挖掘手段的基础、节点和对象。根据基于研发项目的专利挖掘手段的“以技术分析为基础”的特点，本部分对专利挖掘手段的具体阐述重点都是围绕技术分析的思路和方法来进行的；根据“贯穿研发项目始终”的特点，本部分梳理出了产品结构类、产品功能类、产品应用类、产品测试类以及产品生产类五个主要场景，基本覆盖了研发项目的整个流程；针对“服从企业专利战略”的特点，本部分在对具体案例的讲解中会结合案例背景对专利挖掘的结果进行分析。

1. 围绕产品结构的专利挖掘

对于企业研发项目来说，从研发产品的结构角度进行专利挖掘是最为有效的方式之一，因为产品结构是实实在在存在的客体，可以直接展现出来，按照产品结构进行技术分析会比较全面，不会遗漏技术细节。

（1）适用场景

基于产品结构类研发项目的专利挖掘方法一般适用于研发项目的目标是实物产品的研发，例如机器、设备、工具等，大到光刻机、盾构机等大型设备，小到照相机、手机等，都可以使用产品结构类的专利挖掘方法。当然，对于计算机、电子、通信领域常见的硬件系统，也可以使用这种方法。

（2）专利挖掘示意

图 4-1-5 所示为基于产品结构类研发项目的专利挖掘方法示意。

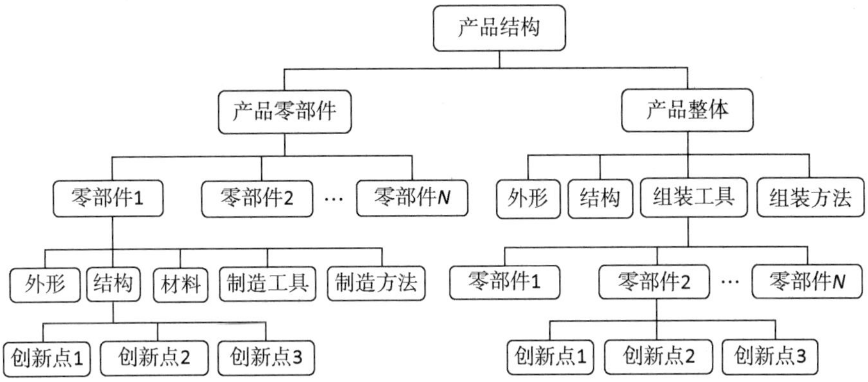

图 4-1-5　基于产品结构的专利挖掘方法示意

其主要方法步骤如下：

第一步：技术分支分析。首先将产品结构类研发项目分为产品零部件和产品整体两大技术分支。接着针对产品零部件，可以进一步细分为不同的零部件 1～N，这一步细分完全可以按照产品实际结构进行，产品有哪些系统、哪些零件，就细分出哪些分支。而针对产品整体，则没有下一层级的技术分支了。

第二步：技术要素分析。在技术分支的基础上，这一步主要考虑每一技术分支所涉及的技术要素。对于零部件来说，主要的技术要素在于零部件自身的结构，是创新点比较集中的节点，应重点进行专利挖掘，其他方面例如还有零部件的材料、外形、制造零部件的工具、制造零部件的方法等。而对于产品整体来说，产品整体的结构也是创新点比较集中的节点，其次还有产品整体的外形、组装产品的工具及方法等。而对于细分出的制造工具、组装工具等技术要素，还可以进一步细分出该工具的零部件，从而在另一个起点上进行技术分析。

第三步：创新点分析。在尽可能穷尽了所有相关的技术要素之后，就可以针对每一个技术要素，分析其可能存在的创新点。例如对于零部件 1 的结构，由于其采用了某种特殊的结构设计，使该零部件的散热效率提高了 10%，或者由于零部件 2 采用了一种新的材料，使该零部件的使用寿命提高了 20%，这些都是具有很高价值的创新点，通过以上层层的技术分析，得以梳理出来。

【案例 4-1-2】基于 ASML 投影式光刻机研发项目的专利挖掘❶

案例设置目的：掌握基于产品结构类研发项目的专利挖掘方法。

第一步：分别对 ASML 投影式光刻机产品的系统结构和整体分析技术分支。

对光刻机技术分支的分析可以具有三个层次：第一层次，将光刻机分为系统结

❶ 改编自：崔伯雄，等. 高端光刻机专利分析与预警报告［R］//国家知识产权局办公室政策研究处. 优秀专利调查研究报告集（Ⅵ）. 北京：知识产权出版社，2012.

构和整体结构两个分支；第二层次，在系统结构的基础上进一步细分为照明系统、投影系统、对准系统、工作台系统以及调焦调平系统五大技术分支，这也是光刻机典型的五大分系统，对光刻机在整体上又进一步细分出框架减振这一技术分支；第三层次，在五大分系统的基础上，进一步将每一个分系统细分为更具体的技术分支，例如将照明系统按照光源波长细分出极紫外照明系统，按照照明方式细分出离轴照明系统。

第二步：分解每个技术分析的相关技术要素。

针对第一步中细分出的每个技术分支，进一步分解出相关的技术要素。例如，针对极紫外照明系统，其涉及辐射源、光学系统设计以及系统污染控制等技术要素；而对于离轴照明系统，则涉及离轴照明方式生成的元件、照明系统光学设计、照明光源的选择设计等技术要素。

第三步：梳理技术要素相关创新点。

在第二步分解出的具体技术要素的基础上，进一步梳理出每一技术要素中可能存在的创新点，例如，在辐射源技术要素中，ASML在中国的专利申请有3件涉及放电等离子体光源，3件涉及激光等离子体光源，7件涉及透射极紫外光的过滤器，2件涉及极紫外光源系统的设计等。

具体专利挖掘情况如图4-1-6所示。

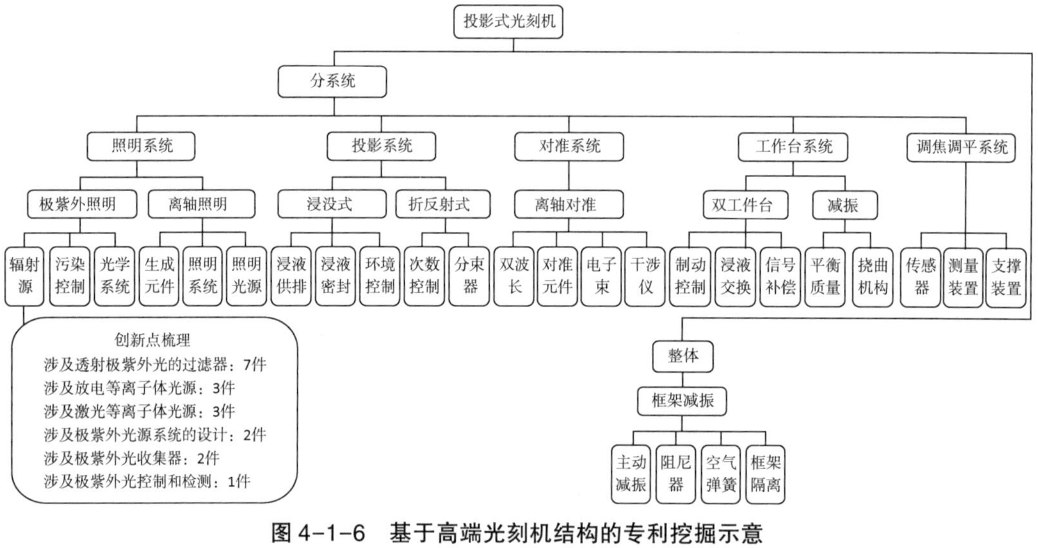

图4-1-6 基于高端光刻机结构的专利挖掘示意

【案例4-1-3】基于抽屉式洗碗机研发项目的专利挖掘

案例设置目的：掌握基于产品结构类研发项目的专利挖掘方法。

第一步：对抽屉式洗碗机的产品零部件和产品整体的技术分支进行分析。

对抽屉式洗碗机的技术分支可分为三个层次：第一层次，将抽屉式洗碗机分为产品零部件结构和产品整体结构两个分支；第二层次，在产品零部件结构的基础上进一步细分为喷淋模块、水路模块、加热模块、抽屉主体模块、呼软分配器模块、壳体模块6个部分；第三层次，在这6个零部件基础上，进一步将每一个零部件细分为更具体的技术分支，例如，将喷淋模块进一步细分为喷臂、分水阀及喷臂座。

第二步：分解每个技术分支的相关技术要素。

针对第一步中细分出的每个技术分支，进一步分解出相关的技术要素，例如，对于喷臂技术分支，其涉及喷臂具体结构、喷臂工作形式、喷淋水管安装结构三个技术要素；而对于门体技术分支，其涉及门体及面板安装结构、自动开关门技术两个要素。

第三步：梳理技术要素相关创新点。

在第二步中分解出的具体技术要素的基础上，进一步梳理出每一技术要素中存在的创新点，例如，喷臂具体结构这一技术要素中，梳理出的创新点包括双喷臂结构形式（挖掘申请专利3件）、双喷臂各自装配结构（挖掘申请专利2件）、喷臂随盖板运动结构（挖掘申请专利1件）这三部分。

整个项目专利挖掘情况如图4-1-7所示。

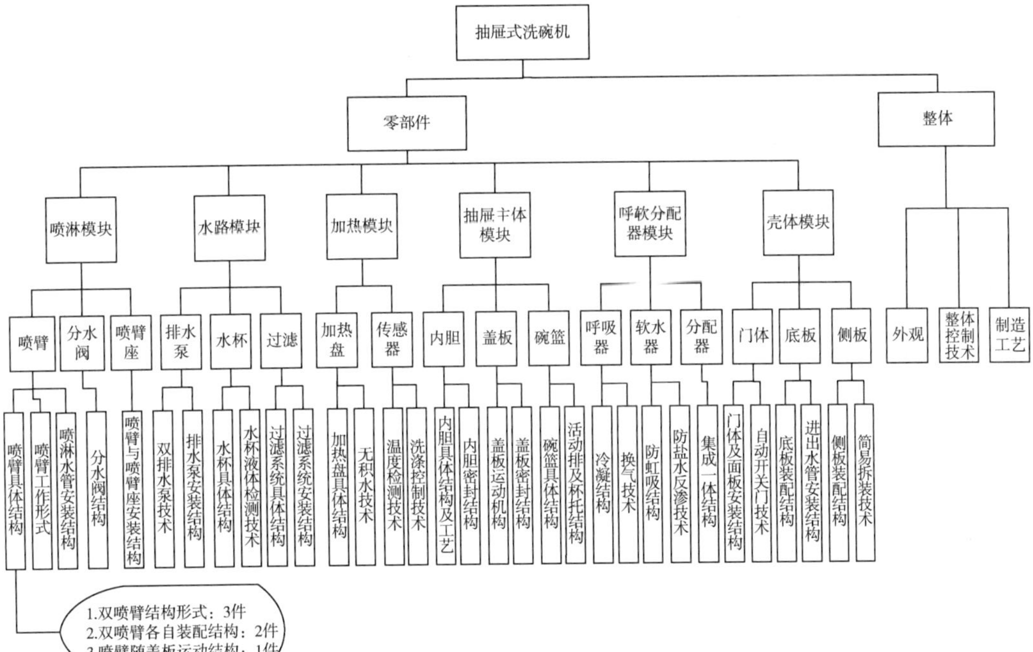

图4-1-7　抽屉式洗碗机的专利挖掘流程

【案例4-1-4】基于家用静态加热式热泵热水器研发项目的专利挖掘

案例设置目的：掌握基于产品结构类研发项目的专利挖掘方法。

第一步：分别对家用静态加热式热泵热水器产品的系统结构和技术分支进行分解。

首先，对家用静态加热式热泵热水器按照整体形式不同，分为整体式和分体式两种；其次，在产品分类的基础上，对家用静态加热整体式热泵热水器按产品结构分为室内主机和水箱组件，对家用静态加热分体式热泵热水器按产品结构分为室外机和水箱组件；最后，在两大组件的基础上进行进一步细分，例如室内主机产品结构可进一步分为风机组件、蒸发器、压缩机、节流部件、电控盒组件等。每个组件还可继续往下细分，直到最小的技术点。

第二步：分解每个技术分析的相关技术要素。

针对第一步中分解的每个技术分支，进一步分解出相关的技术要素。例如电控盒组件，其涉及强弱电分离、防进水结构、防火结构、防漏电以及防潮湿等技术要素；而对于水箱内胆组件，还包括盘管换热器布置方式、固定方式、电加热设置、水位监控、水温监控以及杀菌、除垢等技术要素。本项目的产品结构分解如图4-1-8所示。

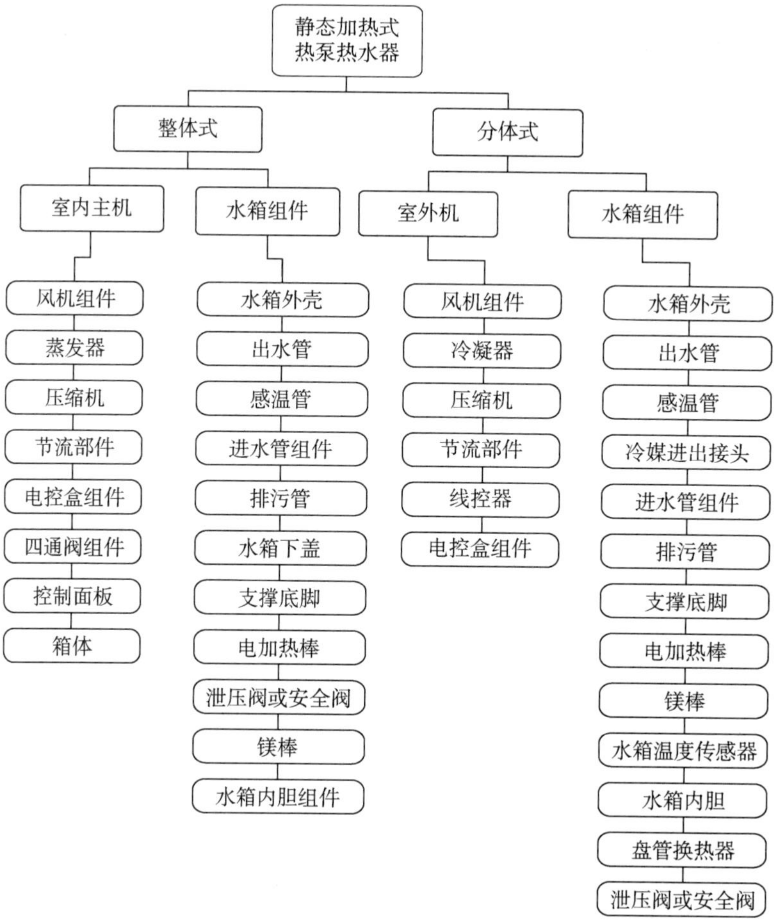

图4-1-8 基于家用静态加热式热水器结构的专利挖掘示意

第三步：梳理技术要素的创新点并形成提案清单。

在第二步分解出具体技术要素的基础上，进一步梳理评估在本项目中哪些技术要素存在创新和改进空间，将相关的技术点列出一个提案清单。本产品最终的专利布局结果如图4-1-9所示。

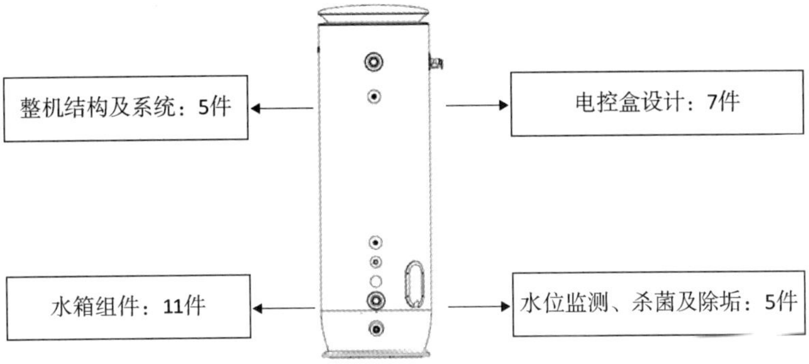

图 4-1-9 基于家用静态加热式热水器产品结构专利挖掘结果

2. 围绕产品功能的专利挖掘

针对企业产品研发项目，除了可以从产品结构的角度进行技术分析进而挖掘专利之外，从产品所实现的功能的角度进行技术分析也是比较好的一种方式，因为研发项目在规划和立项阶段，往往是根据市场客户的需求确定的产品研发方向，产品需求对应着产品所实现和具有的功能，研发人员往往对这些相当熟悉。因此从产品功能的角度出发，基于研发项目进行专利挖掘会降低挖掘工作的难度和陌生感。❶

（1）适用场景

基于产品功能类研发项目的专利挖掘方法一般适用于计算机、电子、通信领域常见的硬件系统和软件系统，尤其是软件系统，因为这类系统在设计之初大多是以功能模块的形式进行划分，后期基于产品功能进行专利挖掘会具有较高的对应性，不会造成明显的遗漏。当然，实物产品类的研发项目也可以使用这种方法，一般从产品所实现的主要功能入手，实际上是与技术问题和技术效果相对应。

（2）专利挖掘示意

图 4-1-10 所示为基于产品功能类研发项目的专利挖掘方法示意。

其主要方法步骤如下：

第一步：产品功能分析。首先将产品所能实现的所有功能一一列出，所列出的功能应尽可能具体，要落实到一个项目中各个组成部分所能实现的子功能上，不能过于笼统和概括，这样不利于创新点的梳理。同时还要注意，不仅要列出项目所实现的新的功能，还要将项目所实现的常规功能也一并列出，因为有些常规功能的实现可能会是一些具有创造性高度的部件或方法带来的。

第二步：实现功能的技术要素分析。对于项目所实现的每一个功能，分别从实现功能相关的部件和实现功能相关的方法两个方面去进一步分解相关技术要素。相关部件可以从结构、外形、材料等方面进行进一步分解；相关方法可以从方法的具体流程

❶ 王宝筠. 以功能项目出发进行的专利挖掘［J］. 中国发明与专利，2010（11）：75.

步骤、方法相关的部件以及方法相关的工作方式等角度进一步分解。

第三步：创新点分析。在第二步分解出的技术要素的基础上，进一步梳理每一个技术要素有可能涉及的创新点，例如方法流程步骤中可能减少了步骤从而降低了时间消耗，可能使用了新的工作方式从而提高了方法的可靠性等，都是可以梳理出的有价值的创新点。

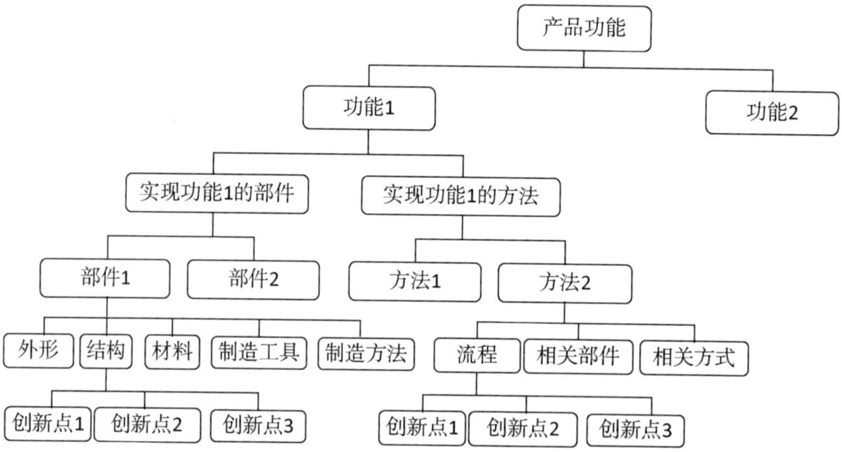

图 4-1-10　基于产品功能的专利挖掘方法示意

【案例 4-1-5】基于手机研发项目的专利挖掘

案例设置目的：掌握基于产品功能类研发项目的专利挖掘方法。

第一步：细化手机研发项目功能。

在对手机研发项目进行功能细化时，需要全面考虑项目能够实现的所有功能，例如显示清晰、运行速度更快、电池容量更高、信号强度更好等。对功能的细化应尽可能细致，同时尽量避免不同功能分支之间的内容重叠。

第二步：分解实现功能的相关技术要素。

针对第一步中细化出的每一个功能，具体分析实现该功能的相关技术要素，即通过什么样的技术手段达到了上述功能。比如在实现显示清晰这一功能中，就借助了处理器和屏幕物理结构两方面的技术要素。对于技术要素较多的功能分支，还需要进一步再具体分析每个技术要素都包括哪些更具体的技术要素。

第三步：梳理技术要素相关创新点。

在第二步分解出的具体技术要素的基础上，梳理构成该技术要素的各种构成要素，进而识别发现能够构成创新点的具体要素。例如处理器这一技术要素，可以梳理出两个构成要素：独立显卡和图形引擎。然后根据对现有技术的认识和研发难度，初步识别出可能的创新点。

具体专利挖掘情况如图 4-1-11 所示。

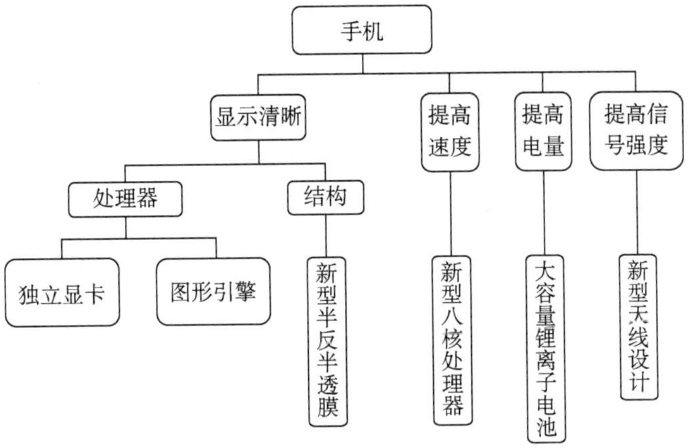

图 4-1-11　基于手机功能的专利挖掘示意

3. 围绕产品应用的专利挖掘

基于研发项目的专利挖掘，除了可以从产品的结构和功能角度进行技术分析之外，还可以从产品的应用方面考虑，系统性地分析产品具体的应用领域，从而挖掘出更多产品应用类的专利。

（1）适用场景

基于产品应用类研发项目的专利挖掘方法一般适用于比较基础和核心的产品，或者是在不同领域通用性较好的产品，这种产品可以应用于不同的技术领域，从而能够挖掘出不同的专利。例如一种螺栓产品，除了按照其结构、功能进行技术分析之外，还可以按照应用领域进行技术分析，将其应用在建筑、车辆、船舶等领域。

（2）专利挖掘示意

图 4-1-12 所示为基于产品应用类研发项目的专利挖掘示意。

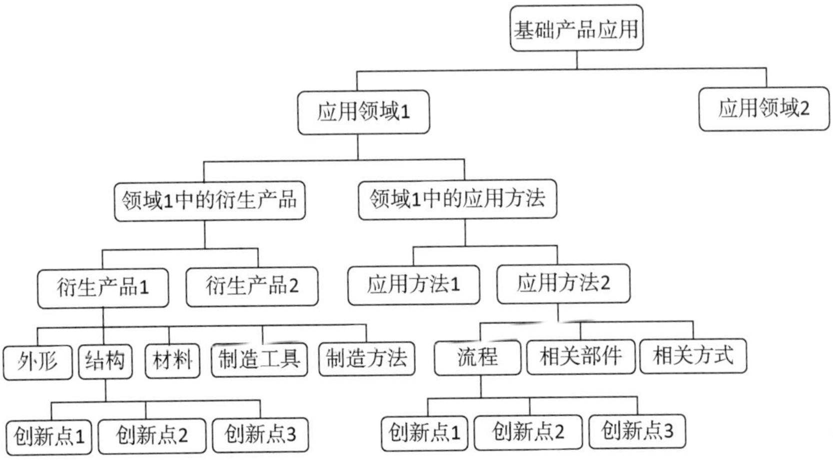

图 4-1-12　基于产品应用的专利挖掘示意

其主要方法步骤如下：

第一步：基础产品应用领域分析。首先将基础产品所能应用到的具体领域一一列出，所列出的应用领域应尽可能具体，这样有利于细分出更多的技术分支，挖掘出更多的专利。

第二步：应用领域中的技术要素分析。对于基础产品所能够应用到的每一个技术领域，分别从基础产品应用到该领域后的衍生产品和应用基础产品的方法两个方面去进一步分解相关技术要素。相关衍生产品可以从结构、外形、材料等方面进行进一步分解；相关应用方法可以从方法的具体流程步骤、方法相关的部件以及方法相关的工作方式等角度进一步分解。

第三步：创新点分析。在第二步分解出的技术要素的基础上，进一步梳理每一个技术要素有可能涉及的创新点，例如衍生产品由于使用了基础产品而相应地做出了创造性的改变等，都是有价值的创新点。

【案例 4-1-6】基于中铁十五局自锁螺栓研发项目的专利挖掘❶

案例设置目的：掌握基于产品应用类研发项目的专利挖掘方法。

第一步：分析自锁螺栓可以应用的具体技术领域。

在考虑自锁螺栓可以应用的技术领域时，需要全面考虑自锁螺栓可能应用的所有领域，例如机车、轨道、飞机、汽车等。可能对于某些领域来说，自锁螺栓的应用还有许多困难需要克服，或者不是非常现实，但是，只要自锁螺栓有可能应用到该领域，就应该将其分析列出，挖掘专利。

第二步：分析每个应用领域相关的技术要素。

例如针对第一步中细化出的机车应用领域，从自锁螺栓应用后的衍生产品——高速机车以及将自锁螺栓应用到高速机车中的方法两个方面进行考虑。在高速机车方面，可以从应用该自锁螺栓后对机车的结构带来的变化方面入手，而对于应用自锁螺栓的方法，则可以从自锁螺栓的安装方法和使用时的检测方法等方面入手进行分析，梳理出相关技术要素。

第三步：梳理技术要素相关创新点。

在第二步的基础上，进一步梳理高速机车结构方面的创新点，以及自锁螺栓安装方法和检测方法方面的创新点，形成专利申请。

具体专利挖掘情况如图 4-1-13 所示。

---

❶ 刘铁生．科研项目中的专利挖掘［EB/OL］．［2016-06-26］．http：//wenku. baidu. com/link？ url = rYGRb-cG6JItb2Tw1q4tAMeVKg5b7d6jmn6fWREyHu9eqZOaQ8AyG4dhns8Je5pZ32wkYe5Wbn0s1iKU - cn8aa6xelSiBJlKo7 - OHBT-sU39a.

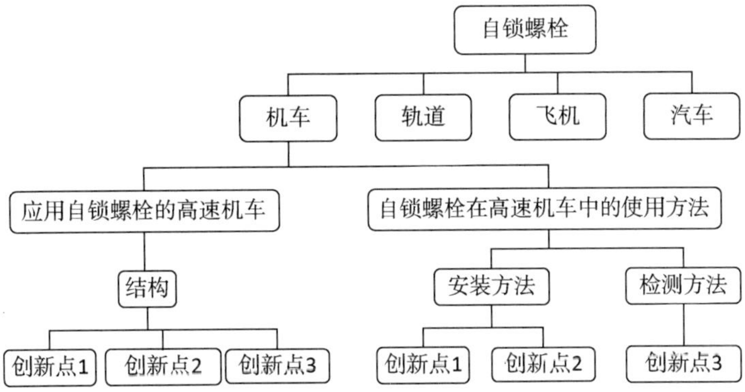

图 4-1-13　基于中铁十五局自锁螺栓应用的专利挖掘示意

4. 围绕产品测试的专利挖掘

在研发项目中，除了作为主体的研究开发阶段，测试阶段也是必不可少的组成部分。在产品测试阶段，往往会根据测试对象和目的不同，调整测试设备和方法。在这一过程中，也会产生大量的创新点。因此，有必要以产品测试为起点，进行有针对性的专利挖掘。

（1）适用场景

基于产品测试类研发项目的专利挖掘方法一般适用于新研发产品的测试阶段。对于成熟产品来说，由于其技术已经成熟，性能趋于稳定，在测试阶段不会产生较大的问题，测试设备和方法也已相对成熟稳定。而对于新产品来说，由于产品本身要达到的技术指标、使用的技术手段、满足的客户需求都有可能是全新的，因此也会对测试设备和方法提出新的挑战，也必然是大量创新点的来源。

（2）专利挖掘示意

图 4-1-14 所示为基于产品测试类研发项目的专利挖掘示意。

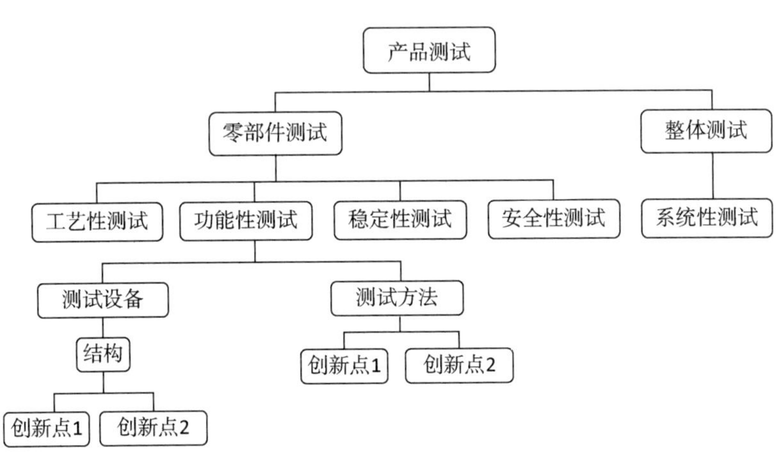

图 4-1-14　基于产品测试的专利挖掘示意

其主要方法步骤如下：

第一步：产品测试对象和参数分析。首先将产品测试的对象分为零部件和产品整体两类。对于零部件的测试，可以按照测试的参数不同进一步细分为工艺性测试、功能性测试、稳定性测试、安全性测试等。对于整体测试，则可进一步细分为系统性测试。

第二步：测试参数相关技术要素分析。在产品测试中，不同参数的测试相关联的技术要素相对集中，主要包括相关测试设备和相关测试方法。对于测试设备，主要从设备结构方面进行分析。

第三步：创新点分析。在第二步分解出的技术要素的基础上，进一步梳理每一个技术要素有可能涉及的创新点，例如测试设备在结构方面是不是有改进，在测试方法方面是不是有优化等。

【案例 4-1-7】基于手机测试项目的专利挖掘❶

案例设置目的：掌握基于产品测试类研发项目的专利挖掘方法。

第一步：手机产品测试对象和参数分析。

对于手机来说，不仅需要测试手机物理结构的各种性能指标，还需要对手机中植入的软件系统进行相应测试。因此在对测试对象和参数进行分析时，主要分为针对物理结构的零部件测试和针对软件结构的整体测试。零部件测试主要可分为屏幕、主板、功能模块测试等，整体测试则侧重于系统测试和软件测试。例如在对主板进行进一步分析时，可将对主板的测试细分为工艺性、功能性、稳定性、安全性等具体参数的测试，而在对软件进行测试时，主要侧重软件的功能性、稳定性和兼容性等。由此可见，对于手机产品，在分析测试对象和参数时内容较为复杂。

第二步：测试参数相关技术要素分析。

针对例如主板的功能性测试，主要可以分析出相关主板功能的测试设备和测试方法。对于主板功能的测试设备，主要从设备结构方面进行分析。

第三步：创新点分析。

在第二步分解出的针对每种对象、每种参数的具体的测试设备和测试方法的基础上，这一步主要是梳理出相关的创新点。例如对于主板功能的测试设备，可能由于该手机实现了新的主板功能，相应的测试设备也应具有结构上或方法上的新的创新。

具体专利挖掘情况如图 4-1-15 所示。

❶ 改编自：手机测试标准［EB/OL］.［2016-06-23］. http：//wenku. baidu. com/link？ url = C5frbrB-IlEjQdwMZypCoAp-qK6uVmrm-R7SzfJL07dTK53B_ HttRLMXOwKNYLK-gUHNttTAUJG7RdtsOlI31yK2r7gB3RTzjs0KTEKkPLW.

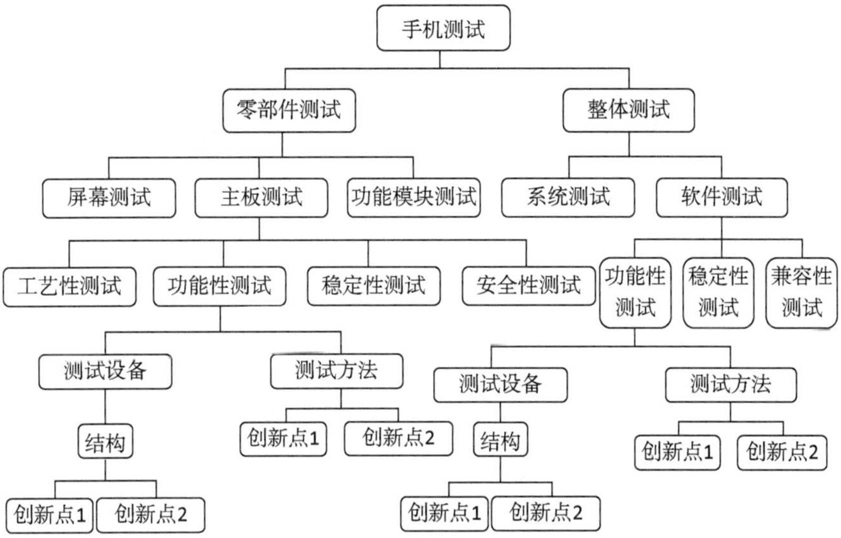

图 4-1-15 基于手机测试的专利挖掘示意

5. 围绕产品生产的专利挖掘

在企业中，尤其是生产型企业，产品的生产也是创新点集中的环节，无论是样品的生产，还是成品的量产，都会遇到一些需要通过研发来解决的问题，因此，产品生产也应作为基于研发项目的专利挖掘手段的一个重要对象。

（1）适用场景

基于产品生产类研发项目的专利挖掘方法一般适用于生产型企业，这类企业的业务以产品的生产组装为主，从零部件的生产、调试，到产品整体的组装、调试等，这些环节都是创新点集中的区域。此外，对于需要生产研发产品的首样的企业来说，也应关注此类专利挖掘方法，因为首样产品的生产往往会出现更多的问题，产生更多的创新点。

（2）专利挖掘示意

图 4-1-16 所示为基于产品生产类研发项目的专利挖掘示意。

其主要方法步骤如下：

第一步：产品生产类型分析。首先将产品生产类型分为零部件生产和产品整体组装两类。

第二步：每一类型相关技术要素分析。在产品零部件生产中，主要涉及相关生产设备和生产方法，以及生产零部件的模具。对于产品整体组装，同样也主要涉及组装设备和组装方法。其中对于设备相关技术要素，主要从结构方法进行考虑。

第三步：创新点分析。在第二步分解出的技术要素的基础上，进一步梳理每一个技术要素有可能涉及的创新点，例如零部件生产设备为了生产研发产品，在结构方面是不是有所改进，在生产方法方面是不是有所优化，生产零部件的模具是不是有所改进等。

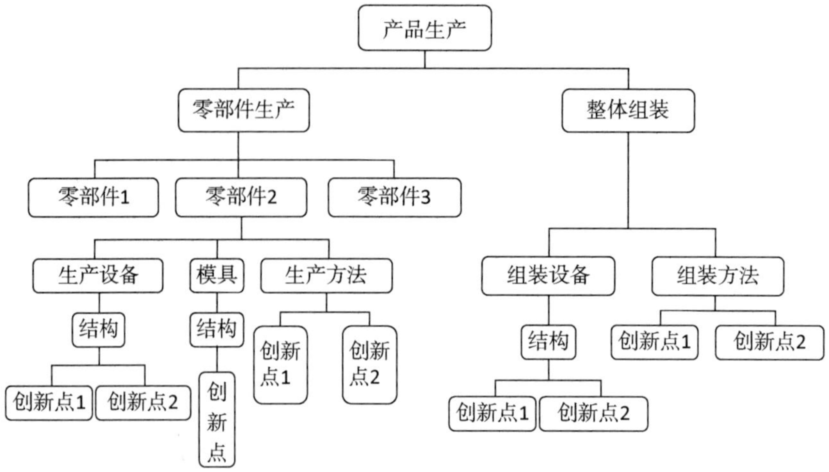

图 4-1-16　基于产品生产的专利挖掘示意

【案例 4-1-8】基于用于高原冻土的新型热棒研发项目的专利挖掘❶

案例设置目的：掌握基于产品生产类研发项目的专利挖掘方法。

第一步：热棒产品生产类型分析。

首先将热棒生产类型分为零部件生产和热棒整体组装两类。对于零部件部分，可将热棒的生产进一步细分为冷凝段生产和蒸发段生产，进一步仍可按照零部件结构将冷凝段生产细分为筒体部和散热部生产，将蒸发段生产细分为筒体部生产和吸热部生产。

第二步：针对热棒每一部分的生产进行技术要素分析。

例如热棒冷凝段的散热部生产中，主要涉及相关生产设备和生产方法。对于热棒整体组装，同样也主要涉及组装设备和组装方法。其中对于设备相关技术要素，主要从结构方法进行考虑。

第三步：创新点分析。

在第二步分解出的技术要素的基础上，进一步梳理每一个技术要素有可能涉及的创新点，例如在进行热棒冷凝段的散热部的生产过程中，由于散热部结构的创造性变化，也对相应的生产设备和生产方法产生了影响，设备和方法也具有了创造性的改进，具有创新点。

具体专利挖掘情况如图 4-1-17 所示。

❶ 刘铁生．科研项目中的专利挖掘［EB/OL］．［2016-06-26］．http：//wenku. baidu. com/link？ url = rYGRbcG6JItb2Tw1q4tAMeVKg5b7d6jmn6fWREyHu9eqZOaQ8AyG4dhns8Je5pZ32wkYe5Wbn0s1iKU - cn8aa6xelSiBJlKo7 - OH-BTsU39a.

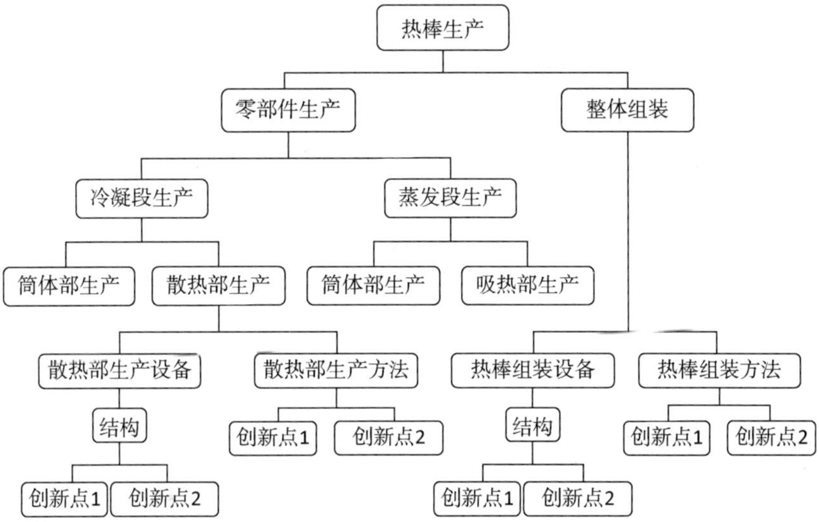

图 4-1-17 基于热棒生产的专利挖掘示意

6. 围绕研发项目中零部件上下游的专利挖掘

产业链的上游为整个产业的原材料、零部件等基础环节，掌握着最新的技术动向，下游产品的技术升级换代受制于上游原材料或初级产品的技术水平。如果企业和竞争对手之前争夺的市场为中下游产品市场，企业可以向上游拓展延伸，进入产业链的基础环节和技术研发环节，在上游原材料或初级产品方向进行专利挖掘，占据竞争制高点。

对于任何一家企业来说，其生产的产品只是整个产业链中的一环。即便强如世界五百强公司，也不可能生产制造整个产品所需要的所有零部件乃至原材料。产业链的实质就是不同产业的企业之间的关联，而这种产业关联的实质既是各产业中的企业之间的供需关系，同时也是竞争合作关系。

（1）适用场景

基于产品上下游的专利挖掘一般适用于终端产品生产企业，这类企业的业务既要依赖上游的原材料、零部件供应商，又要依赖下游的代工厂、经销商和分包商。因此也就意味着任何一个产业链的专利是分散在各个产业参与者手中的，这对于终端产品的生产者是不太有利的。一方面增大了终端产品的侵权风险，另一方面削弱了其对上下游的议价能力。因此，假如终端厂商在开发一款产品时，将其产品所涉及的零部件及相关技术均申请了专利，即可加强对产业链的控制，掌握更多的话语权。

（2）专利挖掘示意图

图 4-1-18 所示为零部件上下游的专利挖掘示意。

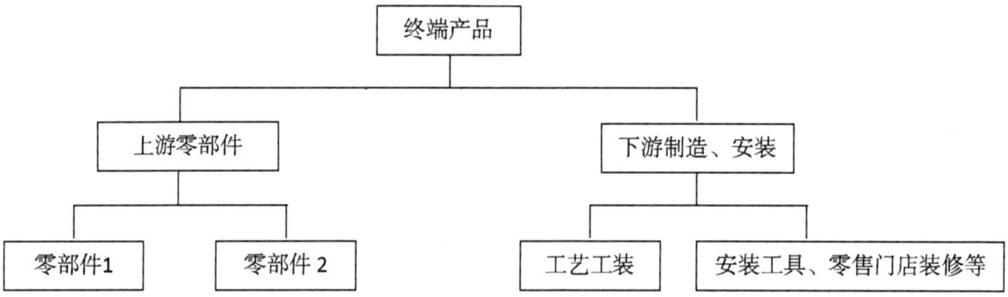

图 4-1-18 零部件上下游的专利挖掘示意

主要方法步骤如下：

第一步：产品结构分解。将产品结构进行详细分解，并标注哪些零部件是自己设计生产，哪些零部件是外部采购。

第二步：每一个零部件或组件的技术要素分析。主要明确哪些零部件是定制件，哪些是标准件。将专利挖掘的重点放在定制件上，无论是自制定制件还是外采的定制件，只要涉及新方法、新设计，均应考虑是否提出专利申请。

第三步：整体创新点分析。在第二步分析定制件的技术要素基础上，除了针对定制件的结构本身申请专利外，还应当对其使用场景，在整体产品中的位置，与其他零部件的连接关系及所实现的功能等进行整体挖掘，形成零部件使用场景的专利。这样，不仅可以限制上游零部件厂商，提高终端厂商的议价能力，还能对其他终端竞品厂商形成威胁。

【案例 4-1-9】基于风机盘管零部件上下游的专利挖掘

案例设置目的：掌握基于研发项目中零部件上下游的专利挖掘方法。

第一步：风机盘管产品结构分解。

风机盘管机组简称风机盘管。盘管管内流过冷冻水或热水时与管外空气换热，使空气被冷却，除湿或加热来调节室内的空气参数。它是常用的供冷、供热末端装置。风机盘管是由小型风机、电机和盘管换热器、接水盘、电控盒以及机壳等组成的空调系统末端装置之一。

第二步：每一个零部件或者组件的技术要素分析。

对于风机盘管来说，其主要由贯流风机、电机和盘管换热器、接水盘、电控盒以及机壳组成。风机风道的设计对产品的能效和静音具有重要影响，接水盘对于冷凝水的处理具有重要影响，直接影响用户体验，因此这两个零部件/组件是专利挖掘的重点对象。

第三步：整体创新点分析。

在本案例中，为解决噪声问题，风机风道做了优化设计，为冷凝水的收集效果和排水效率，接水盘的结构本身以及在整体产品中的设置方式都做了相应的改进。在笔者所在公司，接水盘属于外采零部件，而且是定制件，其设计由笔者所在公司自行完成。另外，本产品属于外销产品，为了提高安装效率和安装精度，降低海外市场安装的人工成本，在本项目开发过程中提出了拼接安装的方案，且同步设计了定位工具。以上这些零部件和安装方法均具有创新性。

具体专利挖掘情况如图 4-1-19 所示。

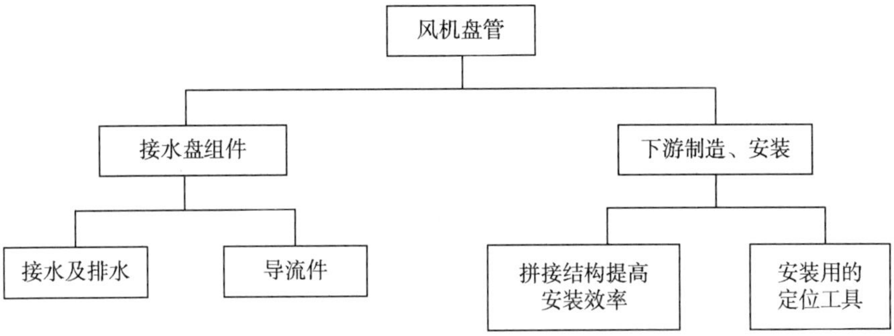

图 4-1-19　基于风机盘管零部件上下游的专利挖掘示意

挖掘结果举例：

本项目中的外采零部件接水盘，由于笔者所在公司申请了如图 4-1-20 所示的接水盘专利，在后期采购该零部件时，专利持有人具有明显的议价优势，将该接水盘的价格从 13 元/个降到了 11 元/个，且规定只能独家供货。每年可节省成本超过 75 万元。

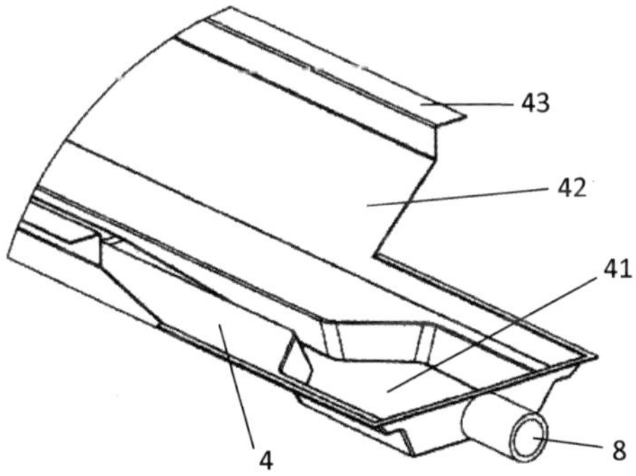

图 4-1-20　零部件上游接水盘专利申请示意图

7. 小　结

本节从产品结构、功能、应用、测试和生产五个类型对基于研发项目的专利挖掘手段进行了分析，基本涵盖了可能遇到的主要场景。当然，在实际专利挖掘工作中，无法将每种类型区分得十分清晰，比如，有可能在对产品结构进行分析的过程中，也会带入产品应用方向的分析。希望读者能够对这五种类型的技术分析方法融会贯通，在基于研发项目进行专利挖掘时，可以梳理出更多的创新点。

三、典型案例

【案例 4-1-10】基于 OPPO 闪充研发项目的专利挖掘

案例设置目的：掌握基于实际研发项目进行专利挖掘的思路和方法。

1. 案例背景

手机电池快速充电技术的需求日益迫切，目前主流的快充技术分为两类：第一类是高电流充电，保持 5V 的电压，在启动快速充电后可以以 4~5A 的高电流充电，采用这种技术的目前只有 OPPO 的 VOOC 闪充技术；第二类是采用高电压进行快充，在启动快速充电后可以以 9~12V 的高电压进行充电，充电的电流可以保持在 1~1.8A 之间，有一个比较安全的充电电流，这个以高通 QC2.0 和联发科 Pump Express Plus 技术为代表。

OPPO 的闪充技术具有两个核心要点：一是充电电流分段控制，二是充电电路并联设置。那么 OPPO 针对闪充技术的专利挖掘也应基于这两个核心技术而展开。

2. 专利挖掘情况

表 4-1-2 为 OPPO 在 VOOC 闪充技术方面的专利申请情况，共有 21 件，其中发明专利申请 13 件，实用新型专利申请 8 件，按照申请时间排序。从该表中可以看出，OPPO 最早对“充电电流控制”这一技术分支进行了研究，并于 2012 年 7 月 17 日提交了创新点为“提高恒流充电时间”的基础发明专利申请，涉及一种提高恒流充电时间的方法技术。随后，在 2013 年又提交了一件相同创新点的改进发明专利申请，涉及一种提高恒流充电时间的方法技术，并扩展到相应的充电装置和应用该充电装置的移动终端。值得注意的是，在 2014 年 1 月 28 日，OPPO 一次性提交了 14 件专利申请，其中发明专利申请 8 件，实用新型专利申请 6 件，涉及“充电电流控制”和“电路保护”技术分支。2014 年 10 月 17 日，OPPO 第一次提交了关于“电路形式设置”技术分支的基础发明专利申请，涉及一种并联电路大电流快速充电的方法和应用该技术的移动终端。随后，OPPO 在此基础专利申请的基础上，又申请了 4 件改进专利申请，发明和实用新型专利各 2 件，将并联电路的形式进一步延伸到充电芯片并联和电池并联技术。

表 4-1-2 OPPO 在 VOOC 闪充技术方面的专利申请

序号	申请号	申请日	创新点	类型
1	201210248354	2012-07-17	提高恒流充电时间	发明
2	201310047333	2013-02-05	提高恒流充电时间	发明
3	201410043064	2014-01-28	调整电流避免过充	发明
4	201410043242	2014-01-28	调整电流避免过充	发明

续表

序号	申请号	申请日	创新点	类型
5	201410042510	2014-01-28	调整电流电压	发明
6	201410043148	2014-01-28	调整电流电压	发明
7	201410043062	2014-01-28	调整电流电压	发明
8	201420055669	2014-01-28	调整电流电压	实用新型
9	201420056667	2014-01-28	调整电流电压	实用新型
10	201420056670	2014-01-28	调整电流电压	实用新型
11	201410042541	2014-01-28	过压过流保护	发明
12	201410043139	2014-01-28	过压过流保护	发明
13	201410043218	2014-01-28	过压过流保护	发明
14	201420055801	2014-01-28	过压过流保护	实用新型
15	201420056068	2014-01-28	过压过流保护	实用新型
16	201420056714	2014-01-28	过压过流保护	实用新型
17	201410555149	2014-10-17	并联电路大电流快速充电	发明
18	201410823236	2014-12-24	并联两芯片大电流快速充电	发明
19	201420839172	2014-12-24	并联两芯片大电流快速充电	实用新型
20	201410823367	2014-12-24	并联两芯片两电池快速充电	发明
21	201420839171	2014-12-24	并联两芯片两电池快速充电	实用新型

图4-1-21所示为OPPO在VOOC闪充技术方面截至目前公开的专利分布情况，分别涉及闪充技术的充电电流控制、电路形式设置以及充电电路保护等技术分支。灰色背景所示内容为相应层级的核心内容，例如，在技术分支层级，充电电流控制和电路形式设置是OPPO在VOOC闪充技术方面的核心突破点；相应地，在创新点层级，围绕核心突破点，重点挖掘出了相应各技术分支的核心技术的创新点。从中我们可以清楚地看出OPPO基于VOOC闪充技术研发项目的专利挖掘情况。

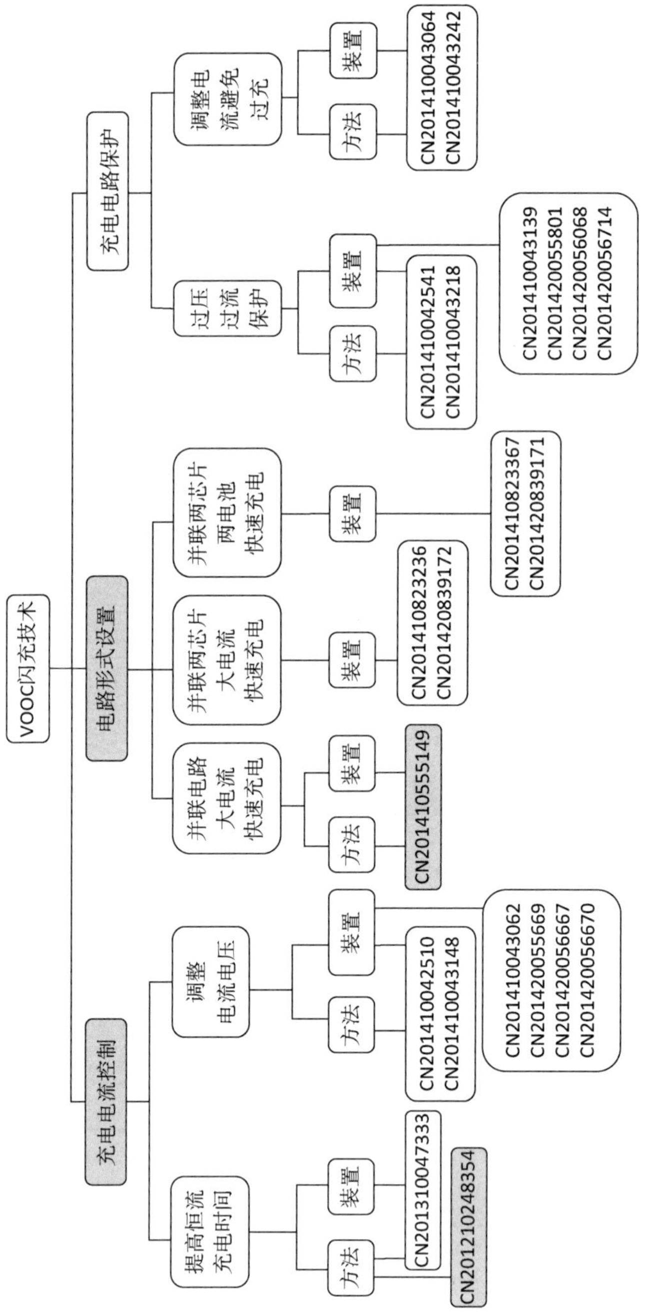

图4-1-21　OPPO基于VOOC闪充技术的专利挖掘示意

3. 值得学习之处

(1) 贯穿研发项目始终

从对表 4-1-2 的分析可以看出，OPPO 对 VOOC 闪充技术的专利挖掘贯穿了研发项目始终。从最早对“充电电流控制”技术的研究开始，在形成基础技术的同时，就进行了相应的专利挖掘，并在后期对基础技术持续改进的同时，大量挖掘相关专利申请。在对“电路形式设置”技术的研究方面也呈现出同样的特点，从最早对并联电路设置的基础技术研究开始，就挖掘出来相应的基础发明专利申请，之后伴随对基础技术的改进，也挖掘出相应的专利申请。

(2) 挖掘类型扩展充分

在基于 VOOC 闪充技术的专利挖掘中，OPPO 分别从产品的功能方法、装置结构以及应用领域等方面分别展开挖掘，基本将闪充技术所能涉及扩展的类型都一一考虑周到。由于该研发项目的核心技术——充电电流分段控制和充电电路并联设置都属于方法类技术方案，在对方法类技术方案进行充分挖掘的基础上，为了提高专利保护的强度和降低后期侵权举证的难度，OPPO 将专利挖掘的方向指向了与方法相对应的装置结构类专利，例如充电装置和充电控制装置，以及指向了最终应用的产品——移动终端、电子设备等，展现出良好的专利挖掘扩展水平。

(3) 技术分支分析全面

针对每一种类型的专利挖掘方向，OPPO 所做的技术分支分析也是比较全面和准确的。例如，针对快速充电方法，不仅分析出快速充电方法本身，还进一步分析出快速充电的控制方法，提高了专利保护的全面性。相应地，针对实现快速充电的装置，也逐一分析出快速充电装置、快速充电控制装置以及快速充电适配器，体现了技术分析的全面性。

(4) 围绕核心详略得当

作为核心技术的充电电流分段控制和充电电路并联设置这两种充电方法，OPPO 对其进行了有层次、有深度的专利挖掘。以充电电路并联设置为例，先后共有 5 件专利提出申请，其中 3 件发明专利，2 件实用新型专利。在 2014 年 10 月 17 日提出的电路并联设置的基础专利申请 CN2014105551496 中，其技术方案为“通过并联的一个或多个所述辅充电电路同时对所述电芯充电，实现对电芯的快速充电”。之后，OPPO 又在 2014 年 12 月 24 日同时提出 2 件发明专利申请 CN2014108232365、CN2014108233673 和 2 件实用新型专利申请，分别涉及“通过设置至少两个充电芯片，在快速充电时将输出的大电流平均分配在至少两个充电芯片上，使每一个充电芯片不会散发出大量的热量，避免了在快速充电时移动终端温度升高的问题”，以及“通过设置两个充电芯片和两个电池，在快速充电时将输出的大电流平均分配在两个充电芯片上同时为两个电池充电，避免了在快速充电时移动终端温度升高的缺陷，同时设置两个电池使移动终端的待机时间更长，解决了现有技术中移动终端耗电快的问题”。由此可以看出，OPPO 对核心技术的专利挖掘具有一定的持续性和策略性，不仅对核心专利持续改进，还同时运用不同类型的专利申请，提高专利保护强度。

另外，围绕核心技术，OPPO还针对充电时的过压过流保护，以及防止充电过充等外围专利进行了挖掘。外围专利与核心专利配合，总体上基本形成了一个较有价值的专利组合。

第二节 围绕创新点扩展延伸的专利挖掘

一、理论基础

针对围绕创新点的专利挖掘手段的理论基础，需要从围绕创新点扩展延伸挖掘的具体特点出发，研究讨论相应的专利挖掘手段的具体理论。

1. 围绕创新点进行专利挖掘的特点

围绕创新点进行扩展延伸挖掘的特点主要表现在以下两个方面。

（1）复杂性。面对一个基础创新点，向什么方向扩展、向何种深度延伸是一个较为复杂的工作。根据创新点类型的不同，会有不同的扩展方向；根据创新点的创造性高度不同，会有不同的延伸深度。在实际的专利挖掘工作中，如何面对各种情况确定不同的围绕创新点进行的专利挖掘工作手段，也是一项较为复杂的工程。

（2）兼容性。由于此类专利挖掘手段的基础源于一个已经确定的、有价值的基础创新点，其目的是利用该基础创新点的创造性高度，挖掘出若干围绕该基础创新点的相关联的衍生创新点，使衍生创新点由于基础创新点的创造性高度而同样也具备一定的创造性高度。这样的目的就决定了衍生创新点必须要和基础创新点兼容，能够彼此包含或对应。例如某基础创新点为一种新的结构，则可以衍生出一个具有该新的结构的新产品，则该新产品应能兼容该新结构，不会产生技术上的矛盾。

2. 用专利视角审视针对创新点的专利挖掘

针对创新点的专利挖掘一定要借助专利思维、专利规则和专利知识，不能只是研发人员的闭门造车，至少要做到如下四点[1]：

（1）用专利之眼看技术。研发人员认为的创新之处，通常不是专利的创新点，确切地说，可能不是申请专利所需技术方案的最小单元，这需要企业专利管理人员用专利之眼看技术，用专利“三性”进行判断，把创新的技术方案从产品或技术中挖掘出来，也即是专利挖掘过程的开始。

（2）用专利思维拆技术。在实践中，专利挖掘得到的每一个技术方案，可能包含

[1] 企业专利布局实践探讨（“345”专利布局方法体系）[EB/OL]. http://www.iprdaily.cn/news_15738.html.

多个创新点。各个技术方案之间，在一个技术方案中存在某一创新点，可能在另一个技术方案中存在另一个对应的创新点。这就需要企业专利工作人员用专利布局的单元化思维拆技术，对技术方案进行分解，把创新点识别出来。

(3) 用专利知识补技术。识别得到创新点之后，根据不同的专利申请目的，企业专利工作人员应当围绕创新点重新构建技术方案，用专利知识把创新点补成可专利的技术方案，申请专利。创新点的重构有技术替代、技术延伸、技术补充等方法，目的是形成各有侧重的技术方案，进而形成不同目的的专利组合方案。

(4) 用专利之笔写技术。经过识别、拆分、重构形成了技术方案，研发人员应当按照已经确定的专利组合方案指导撰写交底书，其距离专利申请文件虽有一步之遥，但却至关重要。专利代理公司是撰写专利的专业机构，在实践中，企业可筛选出能够准确理解本领域技术方案、适合撰写本领域专利的专利代理机构进行撰写，企业专利工作人员应当按照前述思考原则确定的专利布局规划和创新点重构所形成的专利组合方案来审视专利申请文件，保证专利布局从规划到落地的最终环节的质量。专利申请文件的质量问题在此不做探讨。

3. 围绕创新点的专利挖掘手段的解决方案

根据围绕创新点进行扩展延伸挖掘的特点，围绕创新点的专利挖掘手段相应的解决方式主要有以下两个特点。

(1) 以技术分析为基础。与围绕研发项目的专利挖掘手段相似，为了解决复杂性的问题，围绕创新点的专利挖掘手段也需要通过技术分析，从不同的扩展方向将相关联的因素一一列出，达到扩充增维的目的。在实施过程中，主要针对具有实质性技术改进、具有明显价值的技术创新点进行技术分析，找出与该技术创新点相关的关联技术因素；针对关联技术因素，适当对其进行多技术维度的扩展延伸，找出可能存在的外围创新点，并据此形成可能申请外围专利的技术方案，比如从产品结构关联到方法、应用领域、制造设备、测试设备等。这种技术分析侧重横向扩展和纵向延伸，以达到梳理关联因素、把握技术维度、明确创新节点的目的，其分析结构如图 4-2-1 所示。[1]

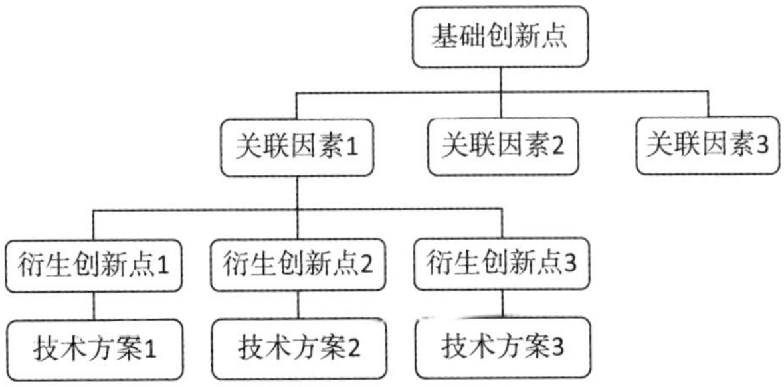

图 4-2-1　围绕创新点的技术分析示意

[1] 杨铁军. 企业专利工作实务手册［M］. 北京：知识产权出版社，2013：65.

【案例 4-2-1】围绕一种新化合物的创新点的技术分析

案例设置目的：理解对某一创新点进行扩展延伸的方法。

第一步：扩展新化合物的关联技术因素。

在考虑对新化合物这一创新点进行扩展延伸时，应同时关注横向扩展和纵向延伸。横向扩展可以是对关联物质的扩展，纵向延伸则可以从制备方法、制备设备以及相关用途等方面考虑。

第二步：梳理技术因素相关创新点。

在第一步扩展出的关联技术因素的基础上，梳理该技术因素的各种构成要素，这些要素自然成为创新点。例如针对关联物质这一技术要素，可以进一步扩展出类似物或衍生物，以及化学反应的中间产物；针对关联的方法，可以扩展出合成方法、发酵方法等。

具体技术分析情况如图 4-2-2 所示。

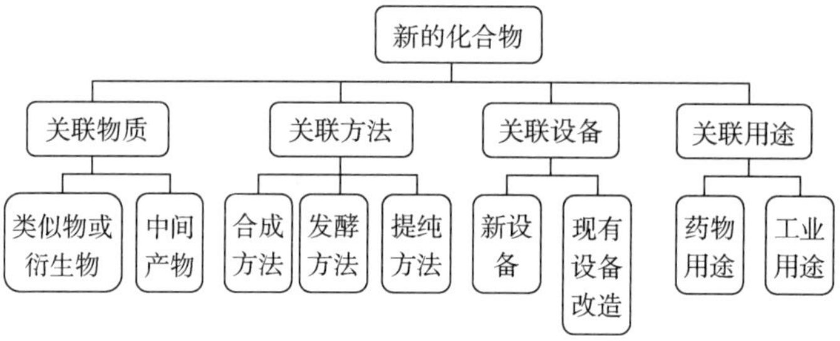

图 4-2-2　围绕新化合物创新点的技术分析示意

（2）沿技术链扩展延伸。各种技术本身可能存在承接关系，即一种技术的获得和使用必须以另一种技术的获得和使用为前提，因此相关技术之间形成了一种链接关系，即为技术链。典型的技术链可以是某种技术的上下游技术。❶ 将基础创新点沿技术链的方向扩展延伸，既可以基于上下游技术之间的承接关系而保证基础创新点与衍生创新点之间的兼容性，又可以基于技术链的深度和广度而保证扩展延伸的全面性和充分性。例如对于半导体产业，其典型的技术链如图 4-2-3 所示。

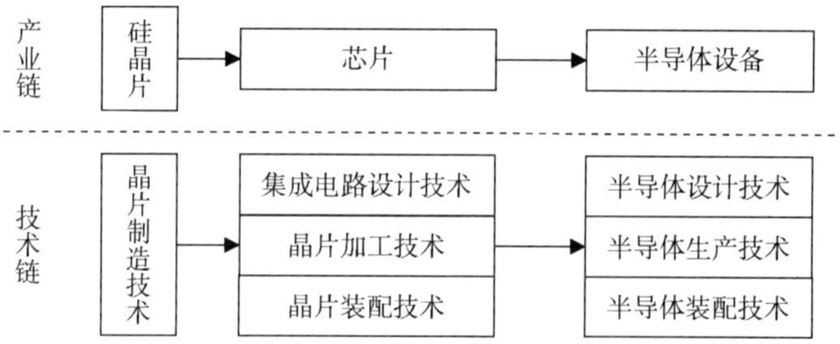

图 4-2-3　半导体产业技术链示意

❶ 技术链［EB/OL］.［2016-06-23］. http：//baike.baidu.com/link？url=MmXXhm7ahze0Xc5HH7mouGOxl1YimGXKf0aS-Sj_Yr64Any-TJCf7V7ZpIYJjxb5BWDcEgh2l8gyGHxtxNP4IK.

4. 小　结

总结以上理论基础，得到如表 4-2-1 所示的内容。可以发现，围绕创新点的专利挖掘手段应以技术分析为基础，根据产业的不同特点，沿技术链进行全面深入扩展延伸，为专利挖掘打下基础。

表 4-2-1　围绕创新点的特点与专利挖掘方法特点对比

围绕创新点的特点	围绕创新点的专利挖掘方法的特点
复杂性	以技术分析为基础
兼容性	沿技术链扩展延伸

二、主要手段

通过以上的理论分析，确定了围绕创新点的专利挖掘手段的基础和扩展延伸的路径。本部分将对利用围绕创新点的专利挖掘手段的主要场景进行梳理，根据每个场景的特点得出围绕创新点的专利挖掘中的技术分析的主要方法步骤和扩展延伸的方向。主要场景包括：围绕新结构创新点、围绕新方法创新点以及围绕新物质创新点。

1. 围绕新结构创新点的专利挖掘

在企业的专利挖掘工作中，最为常见的创新点类型是新结构类的创新点。

（1）适用场景。围绕新结构创新点的专利挖掘方法一般适用于确定的基础创新点为一种新的结构的场景。此处所说的结构，可以是传统意义上的有形的物理结构，也可以是软件开发领域中无形的算法架构，只要这种新的结构可以被用来形成新的产品即可适用于此类专利挖掘手段。

（2）专利挖掘示意。图 4-2-4 所示为围绕新结构创新点的专利挖掘示意。

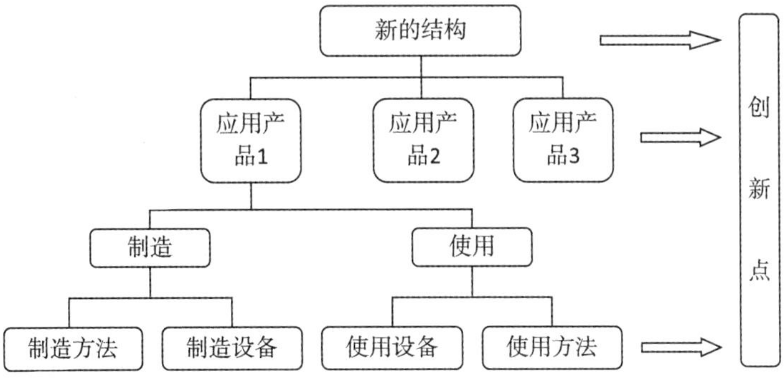

图 4-2-4　围绕新结构创新点的专利挖掘示意

其主要方法步骤如下：

第一步：应用产品分析。首先围绕新结构创新点，分析基于该新的结构可以形成哪些新的产品，即确定与基础创新点相关联的衍生产品。需要注意的是，衍生产品一定要包含上述新的结构，可以采用替换其他结构的方式，形成不同的产品，扩展产品种类，增大保护范围。

第二步：沿技术链的技术要素分析。在第一步分析出的每种应用产品的基础上，进一步根据技术链途径，向产品的上游和下游方向延伸，例如向上游延伸到产品的制造方法和制造设备，向下游延伸到产品的使用方法和使用设备，以及应用该产品的进一步的衍生产品。

第三步：创新点分析。在第一步分析出的应用产品、第二步分析出的设备和方法中，都可以梳理出与基础创新点相关联的衍生创新点，得到相应的专利申请。

【案例 4-2-2】围绕螺栓胀缩槽创新点的专利挖掘❶

案例设置目的：掌握围绕新结构创新点的专利挖掘方法。

第一步：应用胀缩槽的螺栓产品分析。

首先围绕作为基础创新点的螺栓胀缩槽，分析出应用该新结构的衍生产品可以有三种，即自动锁紧放松式螺栓、拉紧式螺栓和顶紧式螺栓。这三种螺栓的共同点是都使用了基础创新点——胀缩槽，不同点是围绕胀缩槽，采用了不同的锁紧方式，即不同的使胀缩槽膨胀从而将螺栓锁紧的方式。

第二步：沿技术链对每种螺栓进行技术要素分析。

例如在对自动锁紧放松式螺栓沿技术链进行技术要素分析时，可首先向螺栓的上游延伸，延伸至制造具有胀缩槽的自动锁紧放松式螺栓的方法和相应的设备。由于胀缩槽是一种新的结构，则可能在制造具有该结构的螺栓时，会对相应的制造方法和制造设备进行相应的改进，以适应这种新的结构。其次，也可向螺栓的下游延伸，延伸至使用这种螺栓进行施工的方法，以及施工时与这种螺栓配合使用的专用设备。由于采用了新的结构，施工方法和专用设备都会具有相应的改进。最后，还可以进一步延伸到更下游的产品，即应用了这种自动锁紧放松式螺栓的关联产品，例如机车和轨道。

第三步：创新点分析。

在第一步和第二步分析出的螺栓产品和更细化的技术要素的基础上，梳理出隐藏在衍生产品、制造衍生产品的方法和设备等中的、与基础创新点——螺栓胀缩槽相应的衍生创新点，从而形成多个专利申请。

具体专利挖掘情况如图 4-2-5 所示。

---

❶ 刘铁生．科研项目中的专利挖掘［EB/OL］.［2016-06-26］. http://wenku.baidu.com/link?url=rYGRbcG6JItb2Tw1q4tAMeVKg5b7d6jmn6fWREyHu9eqZOaQ8AyG4dhns8Je5pZ32wkYe5Wbn0s1iKU-cn8aa6xelSiBJlKo7-OHBTsU39a.

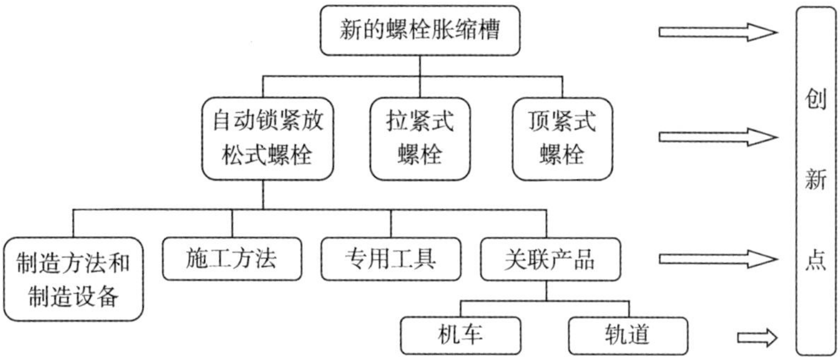

图 4-2-5　围绕螺栓胀缩槽新结构的专利挖掘示意

2. 围绕新方法创新点的专利挖掘

除了新结构类的创新点之外，还有很多创新点涉及新方法，因此，以下将对新方法类的创新点进行专门讲解。

（1）适用场景。围绕新方法创新点的专利挖掘方法一般适用于确定的基础创新点为一种新的方法的场景。对于传统产业来说，这种新方法可以是一种生产方法、制造方法、使用方法、运行方法；而对于新兴产业来说，这种新方法还可以是一种新的软件算法、硬件机制等，如果专利申请的受理国保护商业方法专利，商业方法也要作为专利挖掘的重点。

（2）专利挖掘示意。图 4-2-6 所示为围绕新方法创新点的专利挖掘示意。

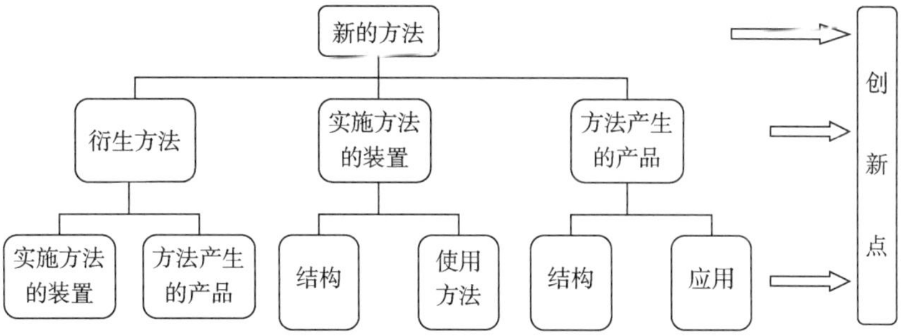

图 4-2-6　围绕新方法创新点的专利挖掘示意

其主要方法步骤如下：

第一步：方法关联要素分析。首先针对新的方法，考虑是否有可替代的衍生方法。这里所指的衍生方法，应该是包含了作为基础创新点的新方法的最核心步骤，而通过替换、省略、增加其他非核心步骤形成的方法。在考虑衍生方法的同时，还应考虑实施新方法的装置和新方法产生的产品是否也由于新方法的创新点而产生了创造性的改进。

第二步：沿技术链进一步延伸分析。在第一步分析出的衍生方法的基础上，考虑实施方法的装置和方法产生的产品。而对于实施新方法的装置，则可以通过装置结构以及装置的使用方法等两方面来延伸，确定装置的结构和使用方法是否因为新方法的创新而带来了相应的改进。最后，针对新方法产生的产品，还可以继续按照产品的结构和产品应用领域两条途径继续延伸。

第三步：创新点分析。在第一步和第二步分析出的各种方法、装置、产品、结构、应用领域中，都可以梳理出与作为基础创新点的新方法相应的衍生创新点，进而形成专利申请。

【案例 4-2-3】围绕扣件快速定位方法创新点的专利挖掘❶

案例设置目的：掌握围绕新方法创新点的专利挖掘方法。

第一步：快捷定位方法关联要素分析。

首先针对新的扣件快速定位方法，考虑相关联的要素，首先应该是快速定位安装的设备——定位架，因为这一新方法的实现必然需要依赖一定的装置设备，根据新的安装方法的要求，势必会对实现方法的设备有适应性的改进，形成与基础创新点相应的衍生创新点。在考虑定位架的同时，还可以考虑使用精确安装方法后产生的产品——板式无砟轨道，其是否由于新方法的使用，而对轨道产生了结构或性能上的影响，是否也能够挖掘出相应的创新点。

第二步：进一步延伸分析。

在第一步分析出的定位架的基础上，可以从结构组成的角度，进一步延伸分析定位架的具体结构，例如定位挡板、移动装置、定位框架、支撑架等，可以参考前述的围绕新产品的挖掘方法；同时还可以从定位架的使用角度，延伸分析使用方法中是否也有相应的改进。

第三步：创新点分析。

针对第一步和第二步中分析出的定位架及其具体零部件、定位架的使用方法以及安装后产生的产品——轨道等，一一梳理出相应的创新点，形成专利申请。

具体专利挖掘情况如图 4-2-7 所示，形成的专利申请如表 4-2-2 所示。

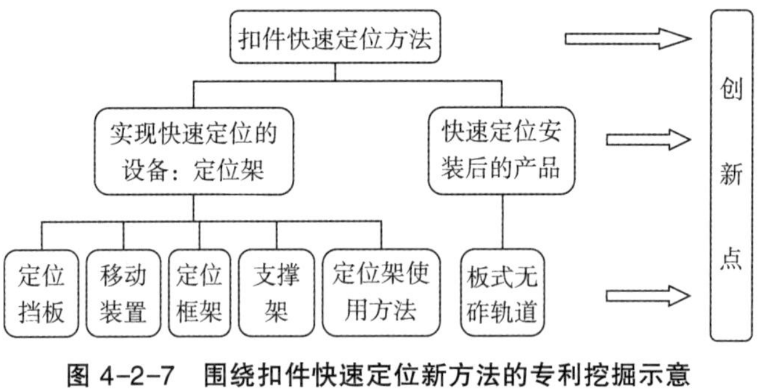

图 4-2-7 围绕扣件快速定位新方法的专利挖掘示意

❶ 刘铁生．科研项目中的专利挖掘［EB/OL］．［2016-06-26］．http：//wenku. baidu. com/link？url=rYGRbcG6JItb2Tw1q4tAMeVKg5b7d6jmn6fWREyHu9eqZOaQ8AyG4dhns8Je5pZ32wkYe5Wbn0s1iKU-cn8aa6xelSiBJlKo7-OHBTsU39a.

表 4-2-2　扣件快速定位新方法专利挖掘后的授权专利

创新点	授权专利
快速定位方法和定位架	CN2011100311789
定位架	CN2011200302361
定位挡板	CN2010202113529
移动装置	CN2011200302465
定位框架	CN2011200302380
支撑架	CN2011200302408

3. 围绕新物质创新点的专利挖掘

上文讨论了围绕新结构和新方法创新点的专利挖掘手段，还有一类围绕新物质创新点的专利挖掘也是企业专利挖掘工作中的常见场景。新物质的产生通常是基础科学的重大突破，它背后的技术衍生难以预估，如石墨烯被发现后，已经数不清有多少围绕它的专利产生；而新的药物又不能随便拓展，因为替代某一个基或改变某一组分的比例都可能改变药性，因此建议多从纵向延伸去挖掘关联创新点。

（1）适用场景。围绕新物质创新点的专利挖掘方法一般适用于确定的基础创新点是一种新的物质的场景，例如新的化合物、新的材料等。

（2）专利挖掘示意。图 4-2-8 所示为围绕新物质创新点的专利挖掘示意。

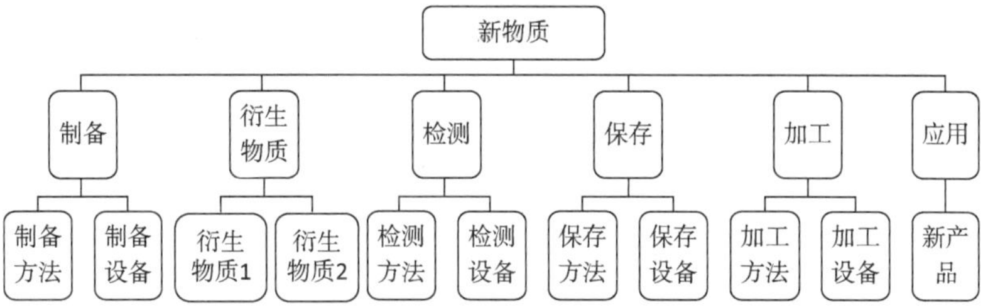

图 4-2-8　围绕新物质创新点的专利挖掘示意

其主要方法步骤如下：

第一步：沿技术链分析新物质关联要素。首先针对新物质，向技术链上游扩展到新物质的制备；在同一层级，横向扩展新物质的衍生物质；向技术链下游，进一步扩展到针对新物质的检测、保存、加工和应用相关的要素。

第二步：进一步延伸分析。分别以第一步扩展出的关联要素为基础，进一步细化延伸，例如新物质的制备，则可延伸至相关制备方法和制备设备，对新物质的检测、保存和加工，也可采用相同的思路延伸至相关方法和设备。针对衍生物质，则可以通过替代新物质中的非核心官能团等方法，延伸至多种衍生物质。最后针对新物质的应用，则可根据新物质的性能，具体分析可能应用到的各种领域，产生相应的新产品。在对新物质的专利挖掘中，新物质的应用是最为关键的挖掘环节，应用领域专利的充分全面挖掘可有效提高对新物质的专利保护力度。

第三步：创新点分析。在第二步细化出的各种方法、设备、衍生物质和新产品中，梳理出相应的衍生创新点，进而形成专利申请。

【案例 4-2-4】围绕新纳米材料创新点的专利挖掘❶

案例设置目的：掌握围绕新物质创新点的专利挖掘方法。

第一步：沿技术链分析新物质关联要素。

首先针对新纳米材料，向技术链上游扩展到新纳米材料的制备；在同一层级，横向扩展新纳米材料的衍生物质；向技术链下游，进一步扩展到针对新纳米材料的检测、保存、加工和应用相关的要素。

第二步：进一步延伸分析。

分别以第一步扩展出的关联要素为基础，进一步细化延伸至相关方法和设备。重要的是，最后针对新纳米材料的应用，根据其性能，可将新纳米材料应用到印刷、建筑、涂料、电子信息、生态环保、新能源以及生物医学工程等诸多领域。而针对每一领域，还可以进一步延伸到该领域更细分的产品中，例如针对电子信息领域，还可以延伸至纳米电子元器件、纳米信息通信器件、纳米微型电机系统、纳米微型传感器等。

第三步：创新点分析。

在第二步细化出的各种方法、设备、衍生物质和新产品中，梳理出相应的衍生创新点，进而形成专利申请。例如针对纳米微型传感器，其创新点则应为使用了该新纳米材料后，对微型传感器性能的提升有了很大的帮助。

具体专利挖掘情况如图 4-2-9 所示。

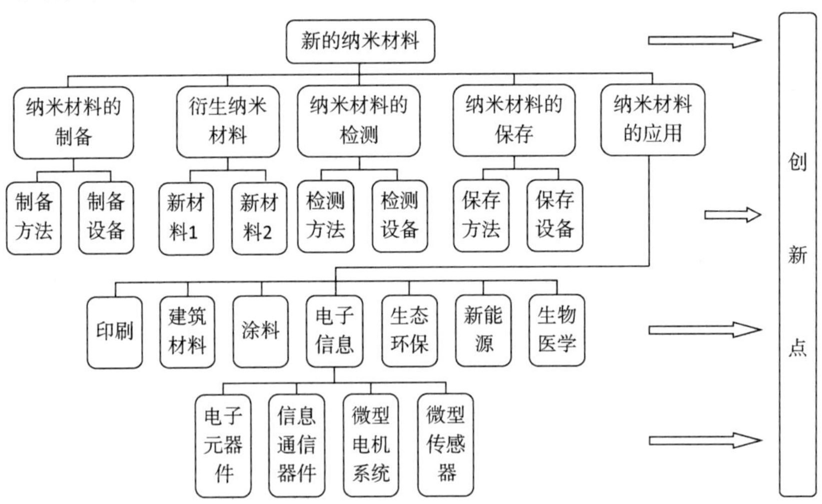

图 4-2-9　围绕纳米材料新物质的专利挖掘示意

❶ 改编自：技术链[EB/OL]. [2016-06-23]. http://baike.baidu.com/link?url=MmXXhm7ahze0Xc5HH7mo-uGOxl1YimGXKf0aS-Sj_Yr64Any-TJCf7V7ZpIYJjxb5BWDcEgh2l8gyGHxtxNP4IK.

4. 小　结

本节从新结构创新点、新方法创新点和新物质创新点三个方面对围绕创新点的专利挖掘手段进行了分析，基本涵盖了可能遇到的主要场景。当然，在实际专利挖掘工作中，无法将每种类型区分得十分清晰，比如，有可能在围绕新结构创新点的挖掘中，挖掘出一种新的方法较有价值，则可进一步使用围绕新方法创新点进行挖掘。

三、典型案例

【案例 4-2-5】围绕市场需求的新型吸油烟机的专利挖掘

案例设置目的：掌握围绕技术改进创新点的专利挖掘思路和方法。

目前市面上常见的吸油烟机形态分为顶吸、侧吸、潜吸、中岛等，作为家庭厨房电器的重要成员，其传统的“侧吸”和“顶吸”形象已然深入人心。但是，随着消费升级和技术革新，市场需要有新形态的吸油烟机来引领消费，本项目立项的目的就在于研发出能够优化吸烟效果的新形态吸油烟机。

在立项初期，通过对比分析发现，顶式吸油烟机以及侧式吸油烟机各有优缺点，其分析结果见表 4-2-3。

表 4-2-3　顶式吸油烟机和侧式吸油烟机的优缺点

特征 机型	优　点	缺　点
 顶吸机	1. 形态规整，占用空间小 2. 安装便利 3. 噪声小 4. 清洗方便	1. 集烟腔较浅，拢烟效果差 2. 油烟过滤效率低 3. 易碰头 4. 存在滴油问题
 侧吸机	1. 不会碰头，安全性好 2. 进烟口靠近灶且有较大的设计空间，抽吸率高 3. 过滤网面积较大，油烟过滤效率高 4. 滴油问题较少	1. 占用空间较大 2. 风机正面设置，噪声较大 3. 清洗不便，且需经常清洗

从表 4-2-3 的分析来看，可以通过两种形态烟机的优缺点分析，设计一种新型烟机，将两者的优点结合。

一、发现问题

通过检索专利，发现专利A（CN106885273B）印证了这一可能性。在该项专利技术中，拢烟板102用于开闭进烟口101，同时，在拢烟板102打开时将进烟口101分隔为上部进烟口和下部进烟口（见图4-2-10）。由于拢烟板102为整体的板状结构，虽然很好地解决了顶吸机滴油等问题，但同时也限制了进烟口101的设计空间，使得在该项技术中既没有达到侧吸进烟口延伸至灶锅处的技术特点，也限制了顶吸机型的进烟口大小。

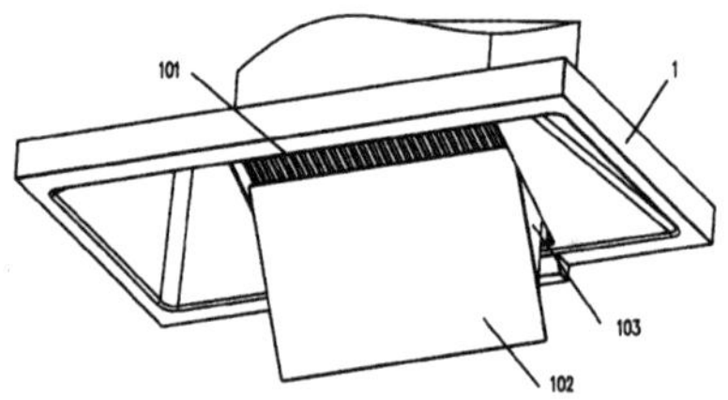

图4-2-10 专利A附图

针对上述技术，专利B（CN207778529U）则做出了有针对性的改进（见图4-2-11）。该专利技术在拢烟板上开设了进烟孔，在优化了进烟口设计的同时，使得进烟口更靠近灶锅。但由于在拢烟板上开设了进烟口，使其收叠状态下，出现顶式吸油烟机滴油等问题。此外，在该项专利技术中，油杯的设置方式较难，存在积油难以清洗等问题。

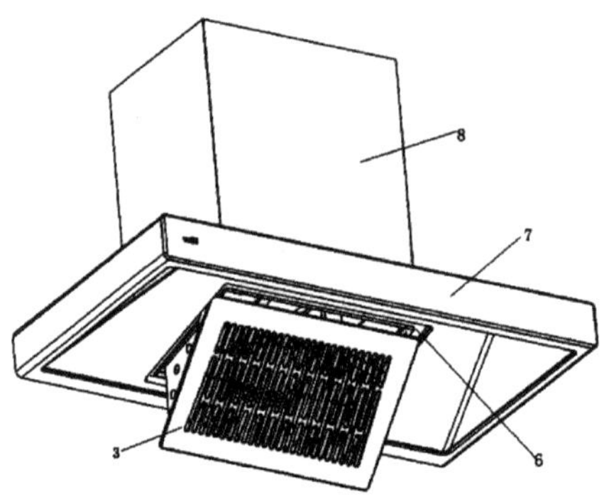

图4-2-11 专利B附图

上述两个结构各有优劣，但两项技术不属于完全替换，存在相互结合、优劣互补的可能性。

二、技术功效分析

综合上述分析，对两份专利技术进行技术功效分解，如图4-2-12所示。

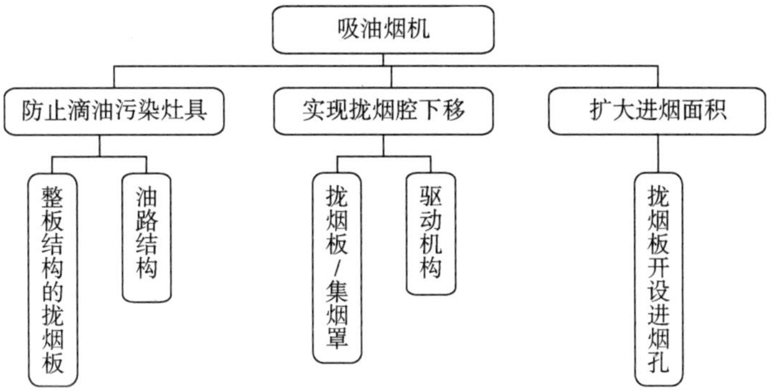

图 4-2-12　技术功效分析图解

三、挖掘创新点

1. 技术分析

对需要改进的拢烟板技术从功能角度进行技术分析。首先，分别明确每一项专利申请中的技术特征以及技术功效。在专利 A 中，倾斜设置的拢烟板 102 有利于导流油烟，而在其闭合的状态下，整板的结构有利于积油导流至油杯中，提高了吸油烟机的整洁性；而在专利 B 中，在拢烟板上开设的进烟口，不仅扩大了进烟口的面积，提高了进烟效果，同时使得进烟口下移，更靠近灶 O 锅，进一步提升了拢烟的效果。下面将两者结合优化，以寻找得到一种新的技术手段。

2. 优化设计

经过优化设计，得到图 4-2-13 的技术方案。本技术方案本质是一个曲柄滑块结构，箱体门安装组件中滑动固定支架固定在滑轨上，充当“滑块”结构，油网翻转机构组件中的左右旋转支架铰接在箱体上，做绕轴旋转运动，充当“曲柄”结构，共同构成曲柄滑块结构。

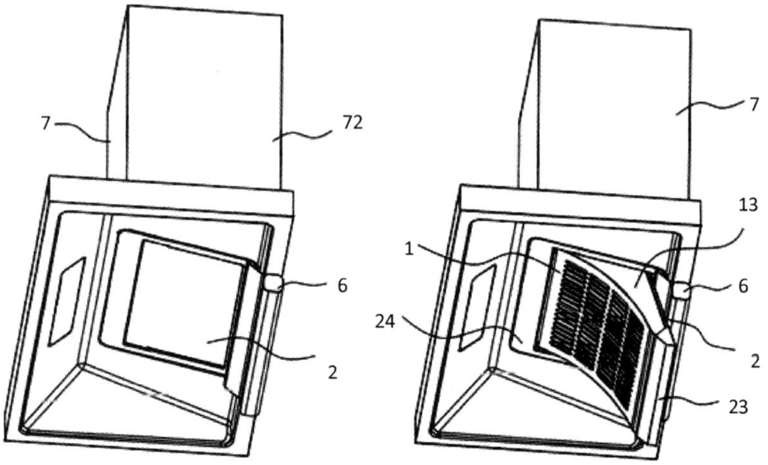

图 4-2-13　优化设计附图

整体运动为导流板的开合运动，同步伴随着油网的下潜和收回。当滑动固定支架沿滑轨方向下降时，导流板打开，油网同步翻转下潜，当滑动固定支架上升时，导流板回收，油网同步收回，油网收回隐藏于箱体内。

该方案有多种实现方式，包括丝杆电机带动丝套沿电机壳体上下滑动、小电机直接驱动与导流板相连的连杆转动、滑轨+电机滚轮+钢丝绳驱动滑块端上下滑动等。

3. 完善技术方案

通过优化组合创新，得到一种新型吸油烟机，实现顶吸机到侧吸机的转化，实现集烟腔的下移（见图4-2-14）。在上述基础概念上，进一步完善技术方案（见图4-2-15）。

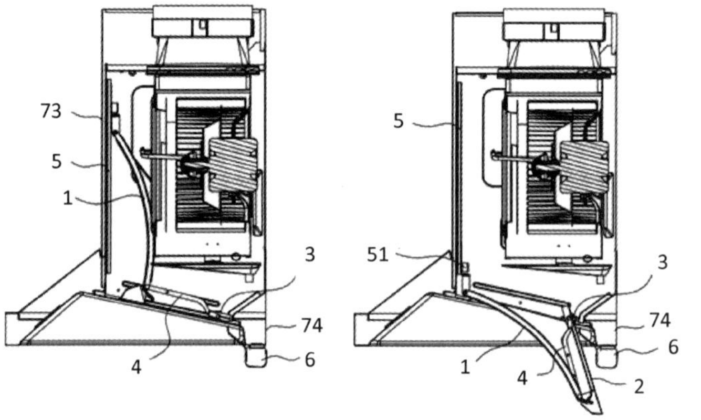

图4-2-14 优化组合设计附图

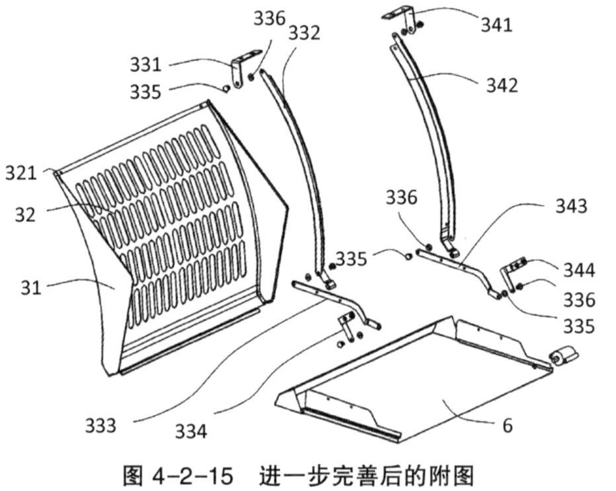

图4-2-15 进一步完善后的附图

完整的技术方案中还应包括过滤网1、导流板2、驱动装置3、连杆组件4、滑动组件5、油杯6和烟机本体7，滑动组件5设置在烟机本体7内，过滤网1的一端活动设置在滑动组件5上，另一端与导流板2的前端活动连接，导流板2的后端与烟机本体7底部后边74活动连接，过滤网1和导流板2分别与连杆组件4连接，连杆组件4的前端与滑动组件5滑动连接，后端与驱动装置3连接，驱动装置3固定在烟机本体的第一侧壁上，油杯6与导流板2的后端连接。驱动装置3驱动连杆组件4转动，使过滤网向上翻转以收叠至烟机本体7内，或向下翻转使烟机本体7的集烟腔下移。

当吸油烟机开始工作时，驱动装置3驱动连杆组件4向下旋转，带动过滤网1沿着烟机本体7前壁73上的滑动组件5下翻，同时导流板2跟随滤网1一起下翻，使集烟腔下移，过滤网1更靠近炉灶和油烟的产生点，油烟的吸拢效果更好；当吸油烟机停止工作时，驱动装置3驱动连杆组件4向上旋转，带动过滤网1沿着滑动组件5上翻，同时导流板2跟随滤网1一起上翻，最终导流板2与烟机本体7底部闭合，过滤网1呈直立状态，油渍在重力作用下，流落速度加快，顺着过滤网1流到导流板2上，最终汇入油杯6中。

4. 提取技术特征（见表4-2-4）

表4-2-4　技术特征提取

<table>
<tr><th colspan="3">功效
技术特征</th><th rowspan="2">功效A
实现进烟口下移，提升进烟效果</th><th rowspan="2">功效B
优化油路，方便清洁</th><th rowspan="2">功效C
实现自动清洗，提升用户体验</th><th rowspan="2">是否有其他未知功效</th></tr>
<tr><th colspan="2">部件/元件名称</th><th>位置关系
连接关系</th></tr>
<tr><td rowspan="4">滤网1</td><td>第一侧边11</td><td>与21连接</td><td>※</td><td>⊙</td><td>◇</td><td rowspan="4">插舌14与第一插舌槽413和第二插舌槽423的卡插连接，可以使过滤网1的拆装更方便快捷</td></tr>
<tr><td>第二侧边12</td><td>与22连接</td><td>※</td><td>⊙</td><td>◇</td></tr>
<tr><td>过滤网侧板13</td><td>设置在滤网1两侧边</td><td>※</td><td>⊙</td><td>◇</td></tr>
<tr><td>插舌14</td><td>在滤网1的下端与导流板2插接，设有凸起边缘</td><td></td><td>⊙</td><td>◇</td></tr>
<tr><td rowspan="4">导流板2</td><td>第一侧边21</td><td>与11连接</td><td>※</td><td>⊙</td><td>◇</td><td rowspan="4">如加设小翻板以及相应的控制系统，可能实现不同档位的抽吸效果</td></tr>
<tr><td>第二侧边22</td><td>与12连接</td><td>※</td><td>⊙</td><td>◇</td></tr>
<tr><td>导流槽23</td><td></td><td></td><td>⊙</td><td>◇</td></tr>
<tr><td>导流环24</td><td></td><td></td><td>⊙</td><td>◇</td></tr>
<tr><td>驱动装置3</td><td></td><td></td><td>※</td><td>⊙</td><td>◇</td><td>不同的驱动装置需要加设不同的传动组件</td></tr>
</table>

续表

技术特征 \ 功效			功效 A 实现进烟口下移，提升进烟效果	功效 B 优化油路，方便清洁	功效 C 实现自动清洗，提升用户体验	是否有其他未知功效
部件/元件名称		位置关系连接关系				
连杆组件 4	第一连杆组件 41	与滤网 1 相连	※		◇	
	第二连杆组件 42	与导流板 2 相连	※		◇	
滑动组件 5	横杆 51		※		◇	
油杯 6		固定设置在烟机本体 7 上		⊙	◇	
烟机本体 7			※	⊙	◇	
加热组件 8		设置在导流板 2 上			◇	

注：表中三种符号无特别的含义，这几个部件组合能达到特定功能，有符号即包含这个部件，不同功效对应不同符号。

（1）初拟专利申请

根据表 4-2-4 的分析结果，可初步确定 3 个拟撰写的专利申请。

申请 1（对应功效 A）：驱动装置 3 驱动连杆组件 4 转动，使过滤网 1 向上翻转以收叠至烟机本体 7 内，或向下翻转使烟机本体 7 的集烟腔下移。当吸油烟机开始工作时，驱动装置 3 驱动连杆组件 4 向下旋转，带动过滤网 1 沿着烟机本体 7 前壁 73 上的滑动组件 5 下翻，同时导流板 2 跟随滤网 1 一起下翻，使集烟腔下移，过滤网 1 更靠近炉灶和油烟的产生点，油烟的吸拢效果更好；当吸油烟机停止工作时，驱动装置 3 驱动连杆组件 4 向上旋转，带动过滤网 1 沿着滑动组件 5 上翻，同时导流板 2 跟随滤网 1 一起上翻，最终导流板 2 与烟机本体 7 底部闭合，过滤网 1 呈直立状态。

申请 2（对应功效 B）：插舌 14 与第一插舌槽 413 和第二插舌槽 423 的卡插连接，导流槽 23 设置在导流板 2 的前端，当滤网 1 和导流板 2 打开，吸油烟机工作时，滤网 1 和导流板 2 的油滴从滤网 1 上通过插舌 14 顺滑到导流槽 23 中，避免油滴进锅。烟机本体 7 底部开设有与导流板 2 相适应的进烟腔，导流环 24 环绕设置在进烟腔四周，并与油杯6连通，过滤网1和导流板2上的油滴流入导流环24，再顺着导流环24流入油杯6中。

申请3（对应功效C）：加热组件8为电热膜、PTC加热片或红外线加热管，安装于导流板2和滤网1的位置上。加热组件8加热时，由于热量的传导，同样会使粘附在吸油烟机蜗壳表面或蜗壳内部的油脂软化，从而油脂会顺着蜗壳表面滴落至导流板2上，最后都流入油杯6中。

(2) 分析各申请之间的特征关联关系

对于申请1、申请2以及申请3，三者之间均有技术特征的重叠，申请2以及中请3可视为对申请1的升级以及完善，因此申请1可作为核心技术专利，三者之间需做成关联的同日申请。

【案例4-2-6】清华大学围绕制备石墨烯纳米窄带方法的专利挖掘❶

案例设置目的：掌握围绕创新点进行专利挖掘的思路和方法。

1. 专利挖掘情况

图4-2-16所示为清华大学围绕石墨烯纳米窄带制备方法创新点所进行的专利挖掘情况。

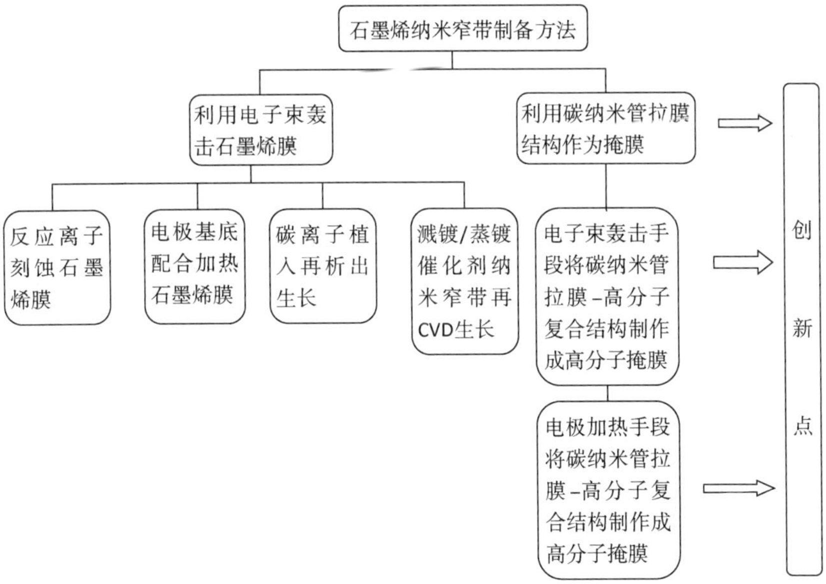

图4-2-16　围绕制备石墨烯纳米窄带方法的专利挖掘示意

第一步：确认基础创新点。

首先，清华大学确认了“利用碳纳米管拉膜结构作为掩膜，利用电子束轰击石墨

❶ 案例来源：北京超凡知识产权代理有限公司。

烯膜，制备多个定向排列的石墨烯纳米窄带”的方法是一个新的石墨烯纳米窄带的制备方法，具有较高的创造性高度。因此，在基于该基础创新点形成申请号为CN2012100968545的专利申请的基础上，决定围绕该新方法创新点，进一步展开专利挖掘。

第二步：寻找创新点扩展角度。

在确认了基础创新点之后，需要寻找到扩展创新点的角度。由于在基础创新点中，涉及了两个关键步骤，分别是掩膜的形成步骤和纳米窄带的形成步骤。那么，可以进一步思考是否可以使用其他的方法形成掩膜和纳米窄带，进而形成基础创新点的衍生方法，既能包含基础方法中的关键步骤，具备较高的创造性高度，又能体现与基础方法的不同，形成不同的专利申请。那么，寻求基础创新点的衍生方法就成为清华大学进行专利挖掘的主要扩展角度。

第三步：替代基础创新点中的关键步骤。

首先，替代第一个关键步骤“利用电子束轰击石墨烯膜”，保留另一关键步骤，可替代的方法有：“利用反应离子刻蚀石墨烯膜”“利用电极通电加热及基底配合加热石墨烯膜”“利用碳离子植入再析出的手段生长石墨烯纳米窄带”以及“利用溅镀/蒸镀催化剂纳米窄带再CVD生长石墨烯纳米窄带”等，共形成了4种衍生方法，相应地申请了4件专利，即CN2012100968780、CN2012100968649、CN2012100968653和CN201210096862X。其次，将两个关键步骤全部替代，将“利用碳纳米管拉膜结构作为掩膜”替代为“利用电子束轰击手段将碳纳米管拉膜-高分子复合结构制作成高分子掩膜”，将“利用电子束轰击石墨烯膜”替代为“利用反应离子刻蚀手段刻蚀石墨烯膜”；在此基础上，进行再次替代，将“利用电子束轰击手段将碳纳米管拉膜-高分子复合结构制作成高分子掩膜”替代为“利用电极通电加热手段将碳纳米管拉膜-高分子复合结构制作成高分子掩膜”，由此形成两种衍生方法，相应申请了两件专利，即CN2012100968634和CN201210096855X。

表4-2-5示出了该专利挖掘工作中产出的授权专利情况。

表4-2-5 围绕制备石墨烯纳米窄带方法进行专利挖掘后的申请专利

创新点	申请专利
利用碳纳米管拉膜结构作为掩膜，利用电子束轰击石墨烯膜，制备多个定向排列的石墨烯纳米窄带	CN2012100968545
利用反应离子刻蚀碳纳米管拉膜结构及位于该碳纳米管拉膜结构下方的石墨烯膜，获得多个石墨烯纳米窄带	CN2012100968780
通过两个条形电极给碳纳米管拉膜结构通电，该碳纳米管拉膜结构产生热量，再配合基底温度的调节，烧掉部分位于基底和碳纳米管拉膜结构之间的石墨烯膜，形成多个石墨烯纳米窄带	CN2012100968649

续表

创　新　点	申请专利
利用离子植入工艺将碳离子透过碳纳米管拉膜结构的带状间隙植入金属基底的表面，对该金属基底进行退火处理，并将碳纳米管拉膜结构与获得的石墨烯纳米窄带分离	CN2012100968653
将碳纳米管拉膜结构作为掩膜蒸镀或溅镀一催化剂层，去除碳纳米管拉膜结构，在基底上形成多个催化剂纳米窄带，通入碳源气和载气在基底上生长获得多个石墨烯纳米窄带	CN201210096862X
利用电子束轰击的方法去除碳纳米管拉膜-高分子复合结构中碳纳米管束周围的高分子材料，从而露出多个碳纳米管束，利用反应离子刻蚀该多个碳纳米管束及位于该多个碳纳米管束下方的石墨烯膜，并将残余的高分子材料与获得的石墨烯纳米窄带分离	CN2012100968634
通过两个条形电机给碳纳米管拉膜-高分子复合结构通电，加热并去除碳纳米管束周围的高分子材料，从而露出多个碳纳米管束，利用反应离子刻蚀多个碳纳米管束及位于该多个碳纳米管束下方的石墨烯膜，并将残余的高分子材料与获得的石墨烯纳米窄带分离	CN201210096855X

2. 值得学习之处

通过以上对清华大学围绕石墨烯纳米窄带制备方法创新点的专利挖掘工作的分析可以看出，其具有以下值得学习之处。

（1）创新点扩展角度准确。针对基础创新点的类型和特点选择创新点的扩展角度是围绕创新点的专利挖掘工作中的一个难点，也是一个重点核心工作。因为这步工作决定了后期创新点挖掘的难度和质量。对于石墨烯纳米窄带的制备方法来说，存在多个扩展角度可以选择，例如该方法生产的产品等。但是由于该基础创新点涉及的方法，其主要技术效果是简化了制备方法、易于操作、效率较高，该创新点并不能延伸至其制备的产品中，无法从产品中得到体现，因此无法从制备的产品的角度进行围绕创新点的专利挖掘。如果盲目从产品的角度进行挖掘，可能会导致挖掘出的专利申请没有创造性高度而造成无谓的成本消耗。清华大学准确抓住了创新点扩展的角度，从基础创新点本身的方法步骤出发，寻求衍生方法，不失为一条恰当合适的路径。

（2）创新点延伸充分。在确定基于基础创新点的延伸方向是衍生方法之后，清华大学针对基础创新点中的关键步骤进行了充分的替代，并通过交叉组合的方式，在保证技术方案能够实现的基础上，挖掘出较多的衍生创新点，形成了专利组合申请。

第五章　包绕竞争对手核心专利的专利挖掘

本章概述

当遭遇竞争对手核心专利阻碍时，具备丰富专利挖掘经验的企业往往能够通过最小的代价来应对，这其中最主要的手段就是针对竞争对手核心专利进行包绕式挖掘和布局。本章给出了围绕核心专利进行包绕式专利挖掘的常见手段，并结合实际的典型案例进行详细的举例说明。

本章知识脉络

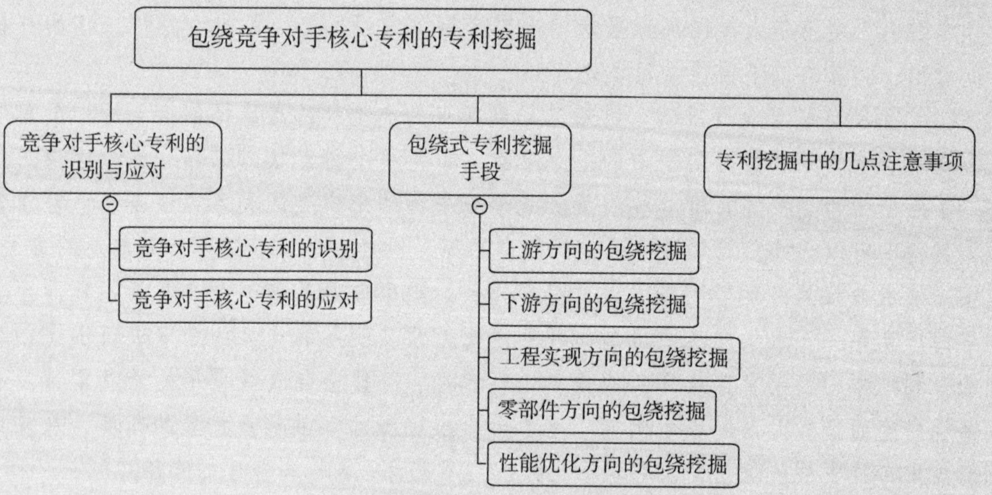

第一节　竞争对手核心专利的识别与应对

一、竞争对手核心专利的识别

近年来随着专利在市场竞争中的地位不断提高，企业对竞争对手的专利布局越来越重视，而核心专利在其专利布局中起到重要作用，对于企业来说从竞争对手众多专利中识别出核心专利是展开专利竞争的前提。

在谈“核心专利”之前，先提一个与之相近的“基础专利”的概念。基础专利没有统一定义，在操作中通常指原创性的、为了生产某个技术领域的某种产品必须使用的技术所对应的专利，其无法或难以通过技术手段、专利战略或规避设计而绕开。❶ 基础专利是涉及整个行业或者整个领域的，而核心专利主要涉及一个企业的核心产品或核心技术层面。对竞争对手的核心专利可以从与产品对应的维度、技术价值维度、法律价值维度和市场价值维度等进行识别（如表 5-1-1 所示）。

表 5-1-1　竞争对手核心专利的识别维度

识别维度	识　别　原　理
与产品对应的维度	通过竞争对手的核心产品识别其核心专利。需要注意的是，核心产品不一定是当前的产品，也包括企业正在研发中的产品。围绕核心产品，企业往往会布局一些核心的专利。可以通过分析核心产品涉及的关键技术来识别企业的核心专利
技术价值维度	竞争对手的核心专利在其专利组合中为技术价值最高的专利，是开拓性、创新性的专利技术，具有较强的独立性，可以不依赖于其他专利而单独实施。❷ 核心专利的技术价值维度包括专利技术的创新度、成熟度、生命周期、独立性、覆盖范围和实施难度等❸
法律价值维度	竞争对手的核心专利通常具有较高的法律价值，例如通过专利类型、是否授权、专利权是否有效、是否授权许可、是否转移受让以及专利的诉讼情况等判断专利的法律价值❹

❶ 张莹．从核心和外围专利的关联性论企业专利战略［J］．科技创业月刊，2013（1）：17-19.

❷ 霍翠婷．企业核心专利判定的方法研究［J］．情报杂志，2012（11）：95-99.

❸ Harhoff D，et al. Citation frequency and the value of patented inventions［J］. Review of Economics and Statistics，1999，81（3）：511-515.

❹ Lanjouw J O，et al. Patent quality and research productivity：Measuring innovation with multiple indicators［J］. Economic Journal，2014，114（495）：441-465.

续表

识别维度	识 别 原 理
市场价值维度	竞争对手核心专利的市场价值维度包括专利产品的市场占有率和市场竞争力以及为企业带来的现金流，例如通过专利族数量和覆盖国家数量体现的市场占有能力和市场战略布局，通过是否为三方专利、PCT 专利判断企业是否具有抢占国际市场的意愿，通过专利权授权许可、质押等获得的现金数量分析专利产品的市场价值❶

二、竞争对手核心专利的应对

针对竞争对手的核心专利，企业可以采取规避设计或包绕式专利挖掘和布局的方法来应对，其中规避设计的相关内容在本书第六章进行了详细介绍，本章主要涉及包绕式专利布局思路和包绕式专利挖掘手段。

1. 包绕式专利布局的战略目的

针对竞争对手的核心专利（通常情况下，还需要考虑核心专利与外围专利的专利组合），根据不同场景设计相应的包绕式专利布局策略，以达到将竞争对手的核心专利价值削弱从而提高自身竞争力的战略目的，增加与竞争对手交叉许可或专利诉讼中的谈判砝码。

2. 包绕式专利布局的模式类型

包绕式专利布局根据不同场景采用不同的模式类型，包括从产业链上游方向包绕、从产业链下游方向包绕、从工程实现（如制造、检测等）方向包绕、从核心零部件方向包绕、从技术方案改进方向包绕以及专利类型上的包绕，每种模式类型都有与之对应的专利挖掘手段。

3. 包绕式专利挖掘

包绕式专利挖掘是包绕式专利布局的重点和难点，不同的模式类型下采用不同方向的专利挖掘手段，最为常见的类型是围绕竞争对手核心专利的创新点进行包绕挖掘。包绕竞争对手核心专利的专利挖掘是企业专利战略的重要内容，往往是企业间进行专利交叉许可的基础。其方法步骤一般包括识别竞争对手核心专利，从不同方向进行围绕挖掘，梳理确定不同围绕方向的创新点，以及形成专利申请。具体如图 5-1-1 所示。

---

❶ Lee Yong-Gil. What affects a patent's value? An analysis of variables that affect technological "direct Economic" and indirect economic value: An exploratory conceptual approach [J]. Scientometrics, 2009, 79 (3): 623-633.

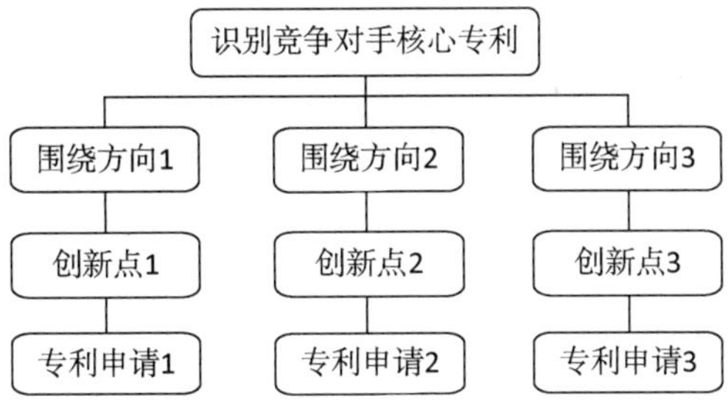

图 5-1-1 包绕竞争对手核心专利的专利挖掘示意

【案例 5-1-1】包绕通用电气燃气轮机叶片核心专利的专利挖掘[1]

案例设置目的：理解包绕竞争对手核心专利的专利挖掘方法。

第一步：识别竞争对手核心专利。

参考对通用电气的核心专利 US5660524A 的分析，在通用电气之外，阿尔斯通、佛罗里达、联合工艺、西门子、罗罗、霍尼韦尔等竞争对手也频繁引用该专利，即这些公司识别出作为竞争对手的通用电气的该专利为核心专利。

第二步：选择围绕方向。

针对通用电气的核心专利技术，罗罗、联合工艺等在叶片内腔变大方向进行了围绕挖掘，阿尔斯通在叶片双层结构方向上进行了包绕挖掘，而佛罗里达则在叶片对称结构上挖掘比较深入。

第三步：提炼创新点，形成专利申请。

各家公司在围绕核心专利的技术方案的基础上梳理出创新点，分别形成专利申请。具体专利挖掘情况如图 5-1-2 所示。

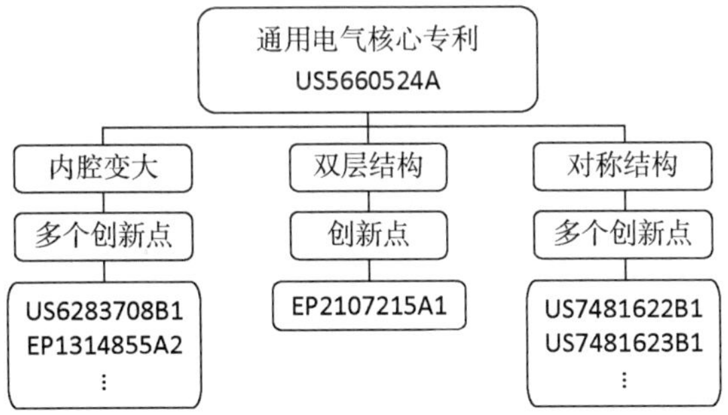

图 5-1-2 包绕通用电气燃气轮机叶片核心专利的专利挖掘示意

[1] 改编自：杨铁军．产业专利分析报告（第 17 册）：燃气轮机［M］．北京：知识产权出版社，2014：86-94.

第二节　包绕式专利挖掘手段

当与竞争对手争夺同类产品的市场时，企业可结合所在的产业位置、自身技术特长对竞争对手的核心专利或其组合进行包绕式挖掘。如果该产品的核心专利已经被竞争对手占据，企业还能从下面几个方向挖掘专利来提高自身竞争力。

一、上游方向的包绕挖掘

一般来说，产业链的上游为整个产业的基础环节，掌握着更高的技术含量，下游产品的技术升级换代受制于上游原材料或初级产品的技术水平。如果企业和竞争对手争夺的市场为中下游产品市场，企业可以向上游拓展延伸，进入产业链的基础环节和技术研发环节，在上游原材料或初级产品方向进行专利挖掘，占据竞争制高点，如图 5-2-1 所示。

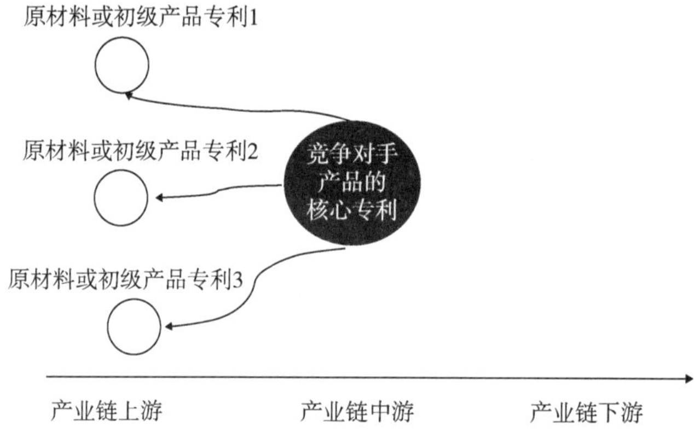

图 5-2-1　围绕竞争对手核心专利上游方向的包绕式挖掘示意

【案例 5-2-1】伊士曼与陶氏的塑料瓶之争

20 世纪 80 年代伊士曼公司发明了使用聚对苯二甲酸乙二醇酯（PET）生产软饮料瓶的方法，并申请了相关包装材料和容器的专利（US4424242A、US4436895A），这两件是 PET 瓶的基础专利。但伊士曼公司没有继续巩固该领域的专利布局，之后挖掘的专利仍停留在 PET 制品方面。陶氏公司很快抓住了伊士曼专利布局的漏洞，主动从上游发起攻击，从上游原材料包围伊士曼公司的下游产品，先后申请了有关 PET 树脂的多项专利（JPS6152179B、US4543364），内容包括热塑性聚酯树脂以及如何从废旧瓶回收 PET 树脂的方法，如图 5-2-2 所示。并且陶氏不断扩大知识产权布局，最终使伊士曼公司在谈判桌上痛失获取巨大利润的商机，陶氏夺得了软饮料瓶业务。❶

❶ 张建 . Angiotech 公司竞争优势的获取［D］. 上海：上海交通大学，2006：14.

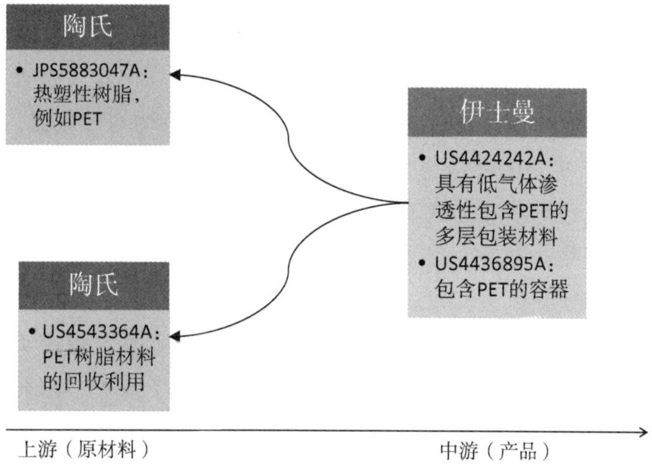

图 5-2-2 陶氏的原材料专利对伊士曼核心专利的包围

二、下游方向的包绕挖掘

对于竞争对手的核心专利涉及中游原材料产品的情景，企业可以在该产品的下游各个应用方向挖掘专利，比如将原材料进行深加工和改性处理，转化为生产和生活中的实际产品。据此堵住中游产品的出口，最终同样能够在竞争中获利，这种包绕挖掘模式如图 5-2-3 所示。

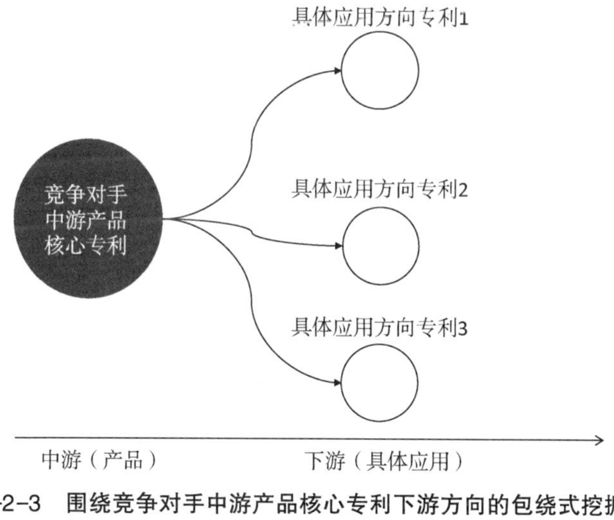

图 5-2-3 围绕竞争对手中游产品核心专利下游方向的包绕式挖掘示意

【案例 5-2-2】特安纶——好产品遭遇销售困境

特安纶和 Nomex 是 A、B 两个公司在芳砜纶领域的相似产品，市场趋同，而特安纶比 Nomex 在一些性能上表现更为优异，且成本远低于 Nomex，对 Nomex 的市场前景

构成严重威胁。❶

A 公司已于 2007 年就特安纶产品申请专利“芳香族聚砜酰胺纤维的制造方法”及“全间位芳香族聚砜酰胺纤维的制造方法”，不同于传统的直向湿法纺丝方法制备芳香族聚砜酰胺纤维带来设备占地多、纤维集束要求较高、纤维不均匀的缺点。A 公司的方法设备占地面积小、丝束均匀，且所制得的纤维强度好、热收缩小，改善纤维的卷曲性能，增加断裂伸长，提高成纱可纺性。这两件申请中第一件是该技术的基础专利，第二件是在第一件基础上改进的核心专利，该核心专利被 A 公司通过《巴黎公约》途径进入日本、美国、德国、西班牙和欧洲地区，基本囊括了芳砜纶纤维产品的主要市场。

B 公司面临这种竞争态势，在芳砜纶纤维产品本身上很难再做文章，其只能另辟蹊径。在考察到 A 公司产品即将产业化时，B 公司陆续申请了有关芳砜纶纤维产品下游应用的多项专利族，❷ 对 A 公司的上述基本专利和核心专利形成包围，如图 5-2-4 所示。

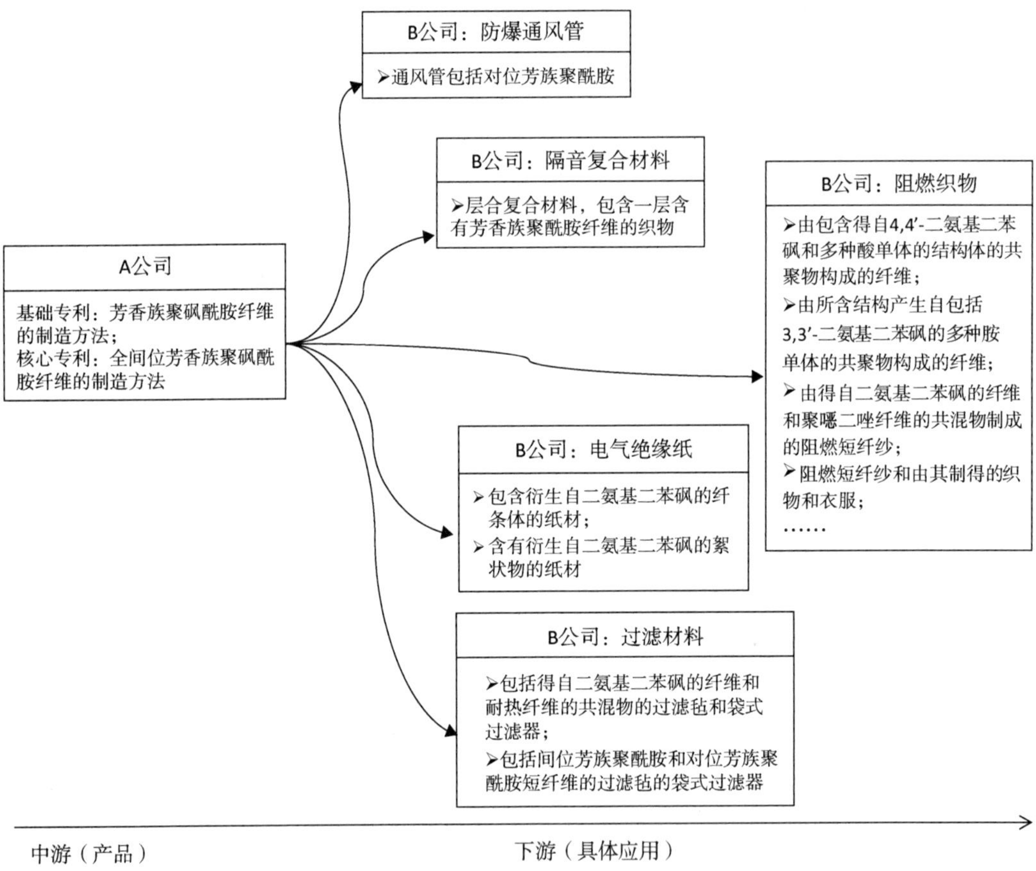

图 5-2-4　B 公司不同应用方向专利对 A 公司产品专利的包围

❶ 贺化．评议护航：经济科技活动知识产权分析评议案例启示录［M］．北京：知识产权出版社，2014：141-145.

❷ 杨铁军．产业专利分析报告（第 14 册）：高性能纤维［M］．北京：知识产权出版社，2012：114-116.

由图 5-2-4 可见，B 公司在芳砜纶纤维产品下游应用的多个方向上进行了针对性的专利挖掘，其权利要求范围覆盖了 A 公司特安纶产品的多个重要应用领域。例如在过滤材料领域，其申请专利的权利要求 1 为“包括短纤维紧密共混物的过滤毡，所述共混物包含：a）20 至 75 重量份的聚合物短纤维，所述聚合物短纤维包含得自砜胺单体和至少一种酸性单体的聚合物或共聚物，其中所述砜胺单体选自 4,4'-二氨基二苯砜、3,3'-二氨基二苯砜以及它们的混合物，其中所述酸性单体为对苯二甲酰氯、间苯二甲酰氯或其混合物，以及 b）……”，主题为应用领域过滤毡，特征部分包含限制范围较宽的砜胺单体 4,4'-二氨基二苯砜及 3,3'-二氨基二苯砜。这些单体范围包括了 A 公司特安纶纤维，使得如果使用 A 公司的特安纶纤维生产过滤毡就很容易侵犯 B 公司的专利权。依靠类似手段，B 公司在特安纶纤维下游应用的多个方向——阻燃织物、过滤器、绝缘材料、绝热隔音材料、防爆管、输送软管等进行专利挖掘，对 A 公司的核心专利形成密集的包围圈，最终导致 A 公司的下游厂家为了避免侵权不敢购买其产品，使 A 公司的特安纶产品难以销售出去，芳砜纶纤维的市场几乎是 B 公司 Nomex 产品的天下。

三、工程实现方向的包绕挖掘

如果竞争对手产品的核心专利仅涉及产品本身，而没有相应的工程实现（制造方法、检测方法等）方向的专利，则企业可以围绕制造方法方向进行专利挖掘。当实现该产品当前只能使用这些方法进行制造时（如图 5-2-5 所示），或者这些制造方法是最优或主要的较佳的生产该产品的实施方式（如图 5-2-6 所示），那么这些方法专利就会对产品专利的实施形成有效的限制，就能够实现对产品专利的包绕。

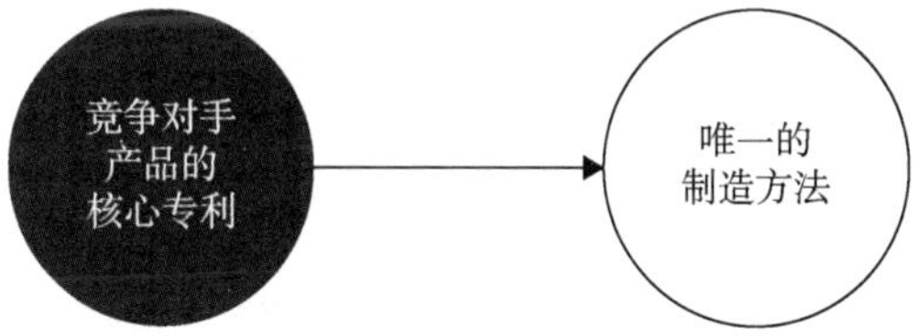

图 5-2-5　围绕竞争对手产品核心专利制造方法方向的包绕式挖掘（1）

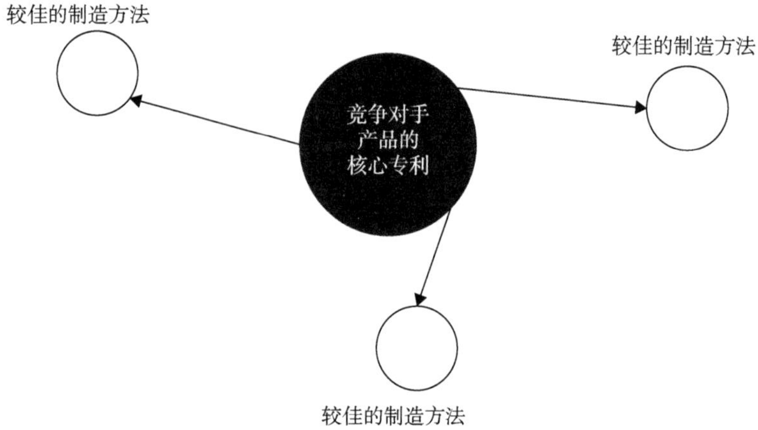

图 5-2-6　围绕竞争对手产品核心专利制造方法方向的包绕式挖掘（2）

【案例 5-2-3】设计方法专利对产品专利的包绕

A 公司申请了“带有悬浮角度构造”的传感剃须刀产品的核心专利技术，B 公司也掌握该技术，但在核心专利的申请上晚了一步。为了弥补该失误，B 公司着手在该核心技术周围挖掘专利，但与该产品相关的其他技术如刀片、手柄等零配件或者已被 A 公司申请专利，或者对该产品并非必需，无法对 A 公司形成制约。B 公司研究人员提供了新的思路，用于生产该“带有悬浮角度构造”的传感剃须刀的方法中包含一项关键技术，即运用于拍摄剃须动作的高速摄影技术，其能够处理仅有百万分之一米的图像，使用该高速摄影技术能够设计出更好用的剃须刀，❶ 因此 B 公司将生产该“带有悬浮角度构造”的传感剃须刀的方法申请了专利，A 公司的传感剃须刀也需要使用该方法来设计生产，因此两公司在该产品上拥有同样分量的专利权（如图 5-2-7 所示），那么 B 公司的方法专利会对 A 公司的产品专利形成强有力的牵制。

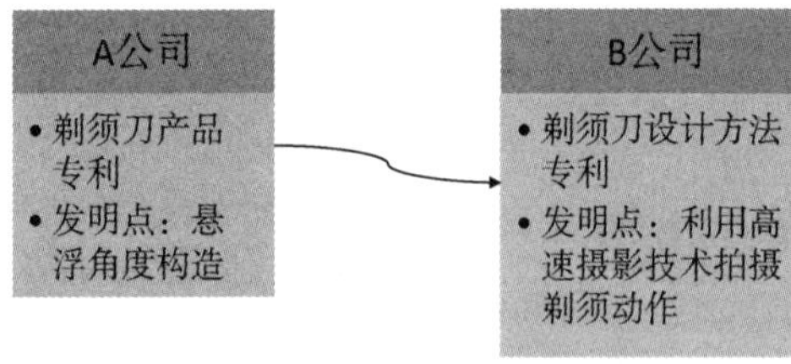

图 5-2-7　B 公司方法专利对 A 公司产品专利的包绕

四、零部件方向的包绕挖掘

如果竞争对手的核心专利涉及包含多个组件的产品，企业可以从该产品所包含的零部件方向进行包绕式专利挖掘。这种专利挖掘既可以涉及该产品的核心零部件结构

❶ 里韦特，等．尘封的商业宝藏［M］．陈彬，等译．北京：中信出版社，2002：111-112.

专利，也可以涉及该产品核心零部件功能上的延伸专利，还可以涉及该产品核心零部件的制造方法或模具专利等，如图 5-2-8 所示。

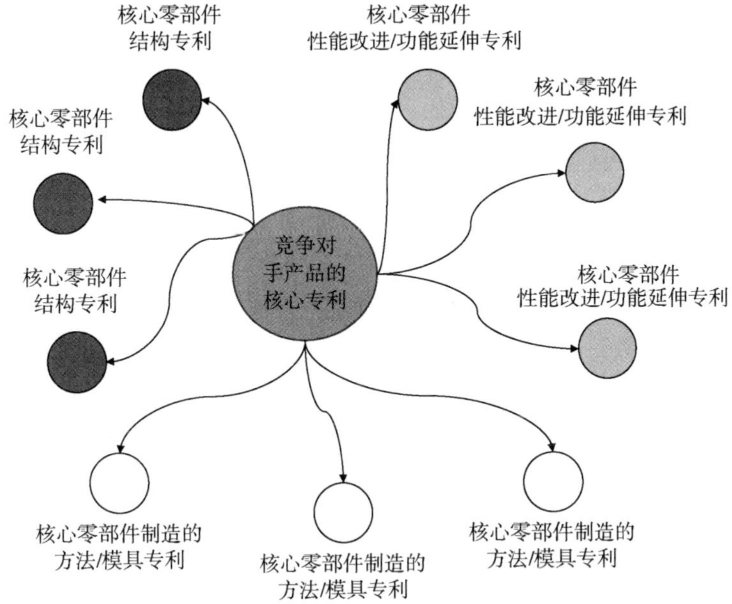

图 5-2-8　围绕竞争对手产品核心专利零部件方向的包绕式挖掘

日本企业非常擅长利用这类零部件方向的包绕式专利对竞争对手实现制衡。例如欧美厂商在日本申请了一种新型自行车的技术专利，日本企业就抓住时机申请这种自行车零部件如脚踏板、车把等核心零部件的相关专利，欧美厂商只要想实施或优化其新型自行车总体设计方案，就往往需要用到这些外围专利，因而只能与日本公司签订专利使用的交叉许可协议。❶

【案例 5-2-4】利用核心零部件专利布局影响整个产品

汽车业务是比亚迪公司的主要业务，近年来其在每年上千件专利申请中涉及较多的是零部件，主要包括将其掌握的整车零部件核心技术（如发动机、纯电动汽车的电池）申请专利，如表 5-2-1 所示。❷

❶ 张莹．从核心和外围专利的关联性论企业专利战略［J］．科技创业月刊，2013（1）：17-19.

❷ 数据来源：中国专利检索系统文摘数据库（CPRSABS），检索入口：申请人“比亚迪”，关键词“汽车”，检索结果：2675 件（CPRSABS），检索时间截至 2016 年 6 月 5 日。

表 5-2-1 比亚迪公司汽车相关专利技术分布

申请量（件）	分类号	技术主题
327	H02J7/00	用于电池组的充电或去极化或用于由电池组向负载供电的装置
250	B60L11/18	使用初级电池、二次电池或燃料电池供电的电动车辆动力装置
186	H01M10/0525	摇椅式电池，即其两个电极均插入或嵌入有锂的电池；锂离子电池
160	B60R16/02	电气车辆
155	G01M17/007	轮式或履带式车辆的测试
153	H01M2/20	电池的导电连接
132	B60W20/00	专门适用于混合动力车辆的车辆控制系统
115	H01M10/50	加热或冷却或调节温度的电池
102	B60K6/20	包括电动机和内燃机的原动机，例如 HEVs
99	H01M10/40	非水电解质蓄电池
99	H01M10/44	充电或放电的方法

比亚迪的2675件汽车相关专利中与整车相关的仅160件，大量专利申请涉及汽车的各个零部件，而其中核心零部件——电池、发动机及控制系统是比亚迪专利挖掘工作的重要方向。

【案例 5-2-5】自行车零部件产品的专利挖掘

自行车自发明以来，整车技术不断更替，全球领先的自行车整车企业在该领域拥有多项核心和基础专利，但并非意味着其他企业在该领域再难有所发展。尤其是对于自行车零部件企业来说，可以从零部件性能提高、功能扩展的方向挖掘产品，申请相关专利，从外围方向上对自行车整车企业的核心专利形成包绕，获得与其竞争或合作的机会。

1. 自行车核心零部件的外围挖掘

葡萄牙的 MIRANDA 自行车配件厂拥有多个高技术含量的自行车配件产品，❶ 主要涉及自行车链轮曲柄、自行车鞍管及自行车车闸并申请了相关专利，如表 5-2-2 所示。

❶ 江国强．出自葡萄牙人之手的高品位自行车零部件［J］．中国自行车，2006（4）：72-73.

表 5-2-2 MIRANDA 公司的自行车配件产品及专利

序号	产品	优先权号	技 术 主 题
1	自行车链轮曲柄	PT2010000105198	System for controlling current in center line, has sprocket, where current is applied to it, and current is provided at same distance from center of bottom bracket
2		PT2013000015870	Cover for chain wheel of bicycle or electric bicycle, has cover plate arranged between chain wheel and equilateral pedal crank and fixed inside pedal crank without screws, where cover plate is provided with aperture
3		PT2013000106810	Chain wheel cover for sprocket of bicycle e. g. electric bicycle, has cover plate with central opening provided between chain wheel and pedal crank is screwlessrotatably connected with pedal crank at side facing chain wheel
4		DE2014100100367	Clamping nut for chain protection system of bicycle, has bottom bracket attached to chain protection part and gear wheel, where clamping system is built with crank, chain protection part, electro-motor and bottom bracket
5		PT2013000107255	Chain protection system for protecting chain of bicycle, is mounted together with gear wheel, and secured with gear wheel by using clamping nut
6	自行车鞍管	PT2003000102894	Coupling and clamping system for bicycle seat, provides coupling by rotation of seat between upper and lower spring clamping plates and has bolt interacting with screw and special screw to tighten system
7		PT2005000103243	Limiter system for regulating clamping of socket of bicycle saddle includes special nut, which is segmented into three portions, washer and screw
8	自行车车闸	PT2006000103428	Locking case mechanism for V-brake bicycle braking system, includes control spindle inserted into opening, and protrusion formed at inner surface of central opening

所述自行车链轮曲柄的设计使得骑行更加流畅，所述自行车鞍管具有快速锁闭定位装置，方便安装及拆卸，所述自行车车闸采用塑料聚合物制成的外壳嵌套弹簧，避免了因弹簧移位导致的制动及安全问题。这 8 项自行车零部件产品专利从零部件性能改进方向进行挖掘，对自行车整车基础专利实行包围，如图 5-2-9 所示。

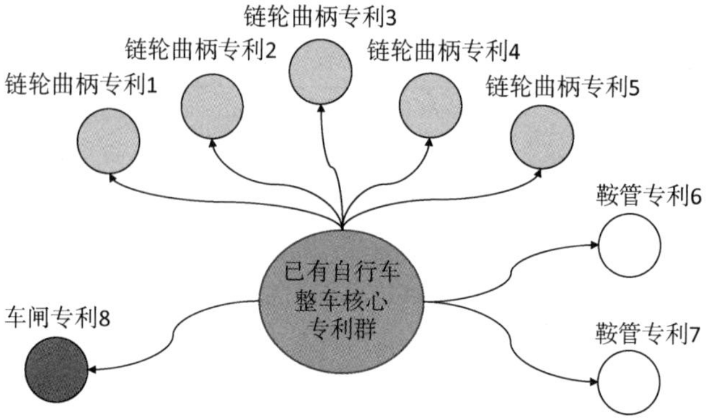

图 5-2-9　自行车零部件性能改进专利的包绕式挖掘

由表 5-2-2 及图 5-2-9 可知，链轮曲柄的专利挖掘包括以下几方面：

专利 1：为解决链轮齿转动中容易脱出并导致噪声及操作不畅的问题，在链轮的控制中心线系统中使用垫圈调节曲柄连接块与中心轴的间距，该垫圈系统可适用于所有使用锁定系统的曲柄类型，使曲柄紧紧地固定在中心轴上。

专利 2、3：为提高电动自行车链轮外壳的装卸速度，外壳盖板与链轮和踏板曲柄在踏板曲柄内部通过特定材料（如点焊或胶黏剂）永久固定，无须使用螺钉。

专利 4、5：提供了一种用于电动自行车链罩系统的锁紧螺母，该锁紧螺母使得链轮齿与链罩以同一速度旋转，并使曲柄不被这种旋转速度限制，使得整个系统能够更快安装，不需要额外的锁紧系统，并且由于系统简化，降低了成本，减轻了自行车重量。

鞍管的专利挖掘包括以下两方面：

专利 6：通过鞍管内螺栓特定螺钉的动作使得自行车座插入和锁紧的操作不超过 2 秒，方便使用者自己安装自行车座；

专利 7：使用分成三部分的特殊螺母方便调节自行车座在插孔中的锁紧。

车闸的专利挖掘点为：

专利 8：为了避免自行车车闸系统中弹簧与外壳之间的孔隙产生的弹簧移位，导致频繁调整和安全问题，设计了用于 V 形车闸的锁定外壳，在塑料聚合物制成的外壳中心开有开口，内部有凸起，侧面带凹槽，方便弹簧在外壳中的定位。

该 8 项专利的挖掘点主要涉及自行车零部件结构及材料的改进，具体如图 5-2-10 所示。

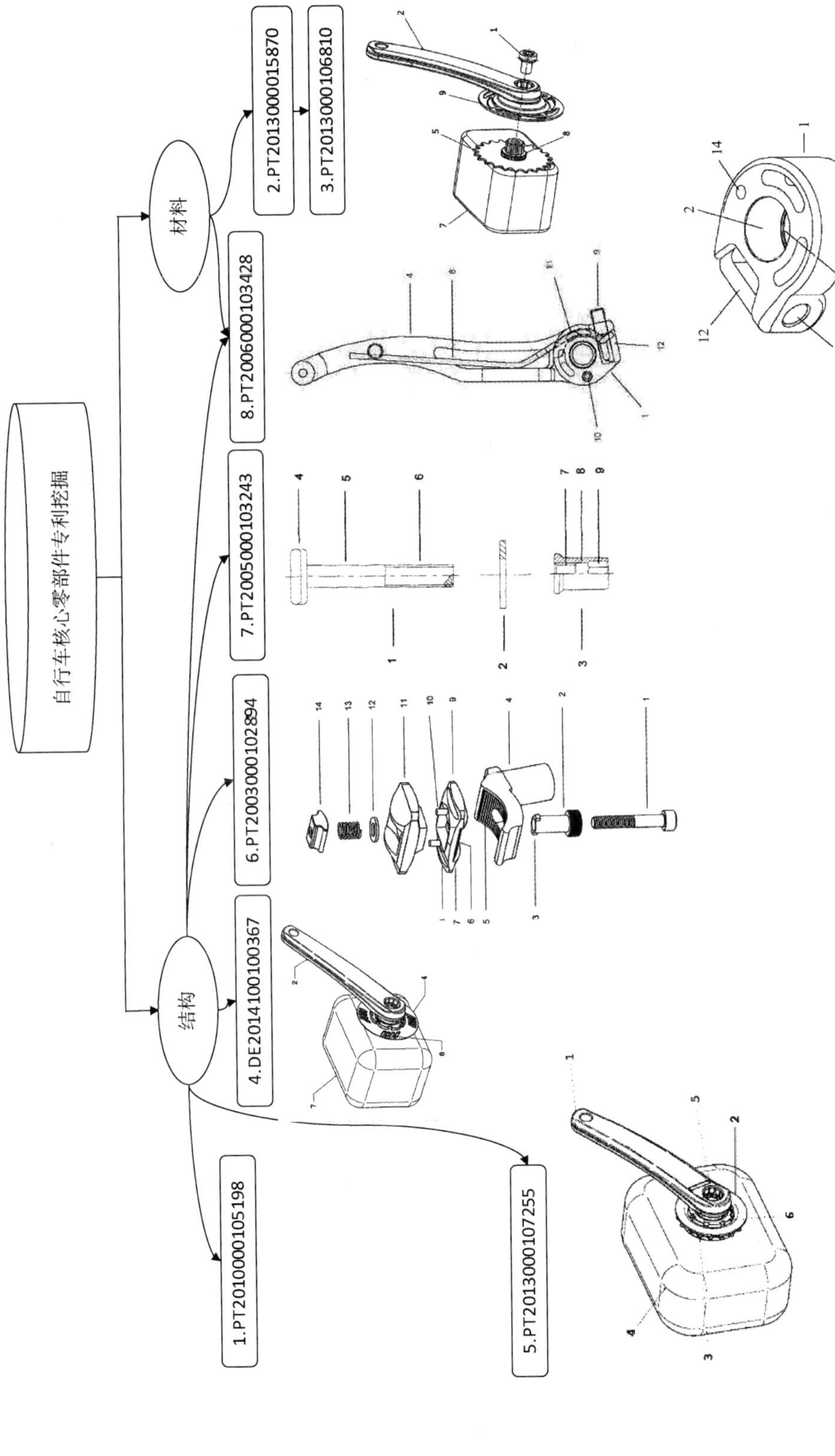

图5-2-10　自行车核心零部件的专利挖掘

2. 自行车功能延伸零部件产品

自行车产品诞生以来，随着时代发展其功能在不断延伸。以下两个公司分别挖掘了不同功能的自行车产品零部件专利，如图5-2-11所示。

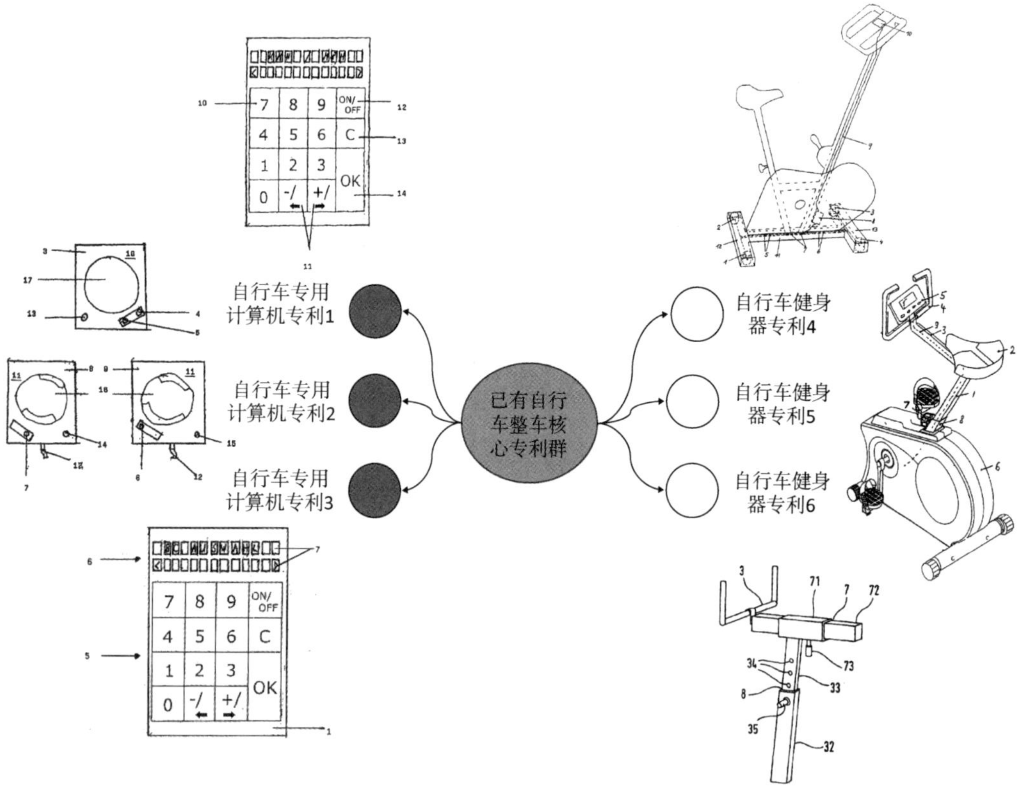

图5-2-11 自行车功能延伸零部件产品专利包绕挖掘

德国SIGMA SPORT公司是一家以开发和生产自行车周边产品为主的企业，除了自行车运动健身用品、车灯、打气筒等传统自行车配件外，其还在零部件功能上拓展思路，开发了新型的自行车延伸产品——自行车专用计算机，该计算机可以为自行车驾驶者提供一些必需的基本信息和运动、健身数据。❶

德国HAMMER SPORT公司是一家健身器生产企业，其将自行车产品功能拓展，开发成功室内自行车健身器，满足骑行者健身需求。❷

基于以上功能拓展的自行车及其零配件所挖掘的相关专利，如表5-2-3所示。

❶ 孙兰静．SIGMA公司精心打造自行车专用计算机［J］．中国自行车，2016（4）：72.

❷ 江国强．HAMMER SPORT全力打造高品位室内自行车健身器［J］．中国自行车，2006（4）：73-74.

表 5-2-3　功能拓展的自行车及其零配件专利

序号	申请人	优先权号	技术主题	权利要求 1
1	SIGMA SPORT	DE2005100025574	计算机的数据传输设备	用于自行车计算机、徒步旅行手杖计算机、旱冰鞋计算机或脉搏表计算机的数据传输设备，包括： —数据传输装置（3）， —数据处理设备，用于按照对应某一特定的判断标准的功能选择和数值的输入进行数据收集， —输入装置（5）， —选择装置（6）和 —显示设备（7）， 其中所述数据处理设备能够通过输入装置（5）被编程，用于选择适用于相应计算机类型的数据传输装置（3）
2		DE2005100039615	计算机的输入装置	一种用于利用自行车计算机（3）上的输入装置（4，5）在自行车计算机（3）上设定自行车（1，2）的车轮大小的装置，其特征在于，自行车计算机（3）具有用于输入至少两个车轮大小的至少两个输入装置（4，5）；设置了一个可分配给自行车（1，2）的传输装置（6，7），用于传送自行车（1，2）的车轮大小；并且传输装置（6，7）只与自行车计算机（1，2）的对应于自行车（1，2）的车轮大小的输入装置（4，5）共同工作
3	HAMMER SPORT	DE2005200008664	计算机的数据传输设备	Datentransfervorrichtung für einen Fahrradcomputer oder dergleichen, umfassend: Datenübertragungsmittel (3), eine Datenverarbeitungseinrichtung zum Sammeln von Daten gemäß Auswahl einer Funktion entsprechend einem bestimmten Kriterium und Eingabe eines Wertes, Eingabemittel (5), Auswahlmittel (6) und eine Anzeigeeinrichtung (7)

续表

序号	申请人	优先权号	技术主题	权利要求1
4	HAMMER SPORT	DE29501619U	直立脚架固定式健身器	一种直立脚架固定式健身器，包括有直立脚架（12，13），其特征在于，所述直立脚架（12、13）中设置有称重电池（1、2、3、4），而且所述称重电池将所述直立脚架抬离地面从而使所述直立脚架通过所述称重电池与地面接触，所述称重电池（1、2、3、4）通过一测量电缆（5、6）而与一计值器（8）相连接，而该计值器（8）与健身器中的一模拟/数字显示器相连，从而可将直立脚架（12、13）所受到的压力通过称重电池转换成电信号，并最终显示在模拟/数字显示器上
5		DE1995200004467	家用练习自行车	Heimfahrrad für Trainingszwecke, enthaltend eine den Sattel tragende Sattelstütze sowie eine den Lenkertragende Lenkerstütze, dadurch gekennzeichnet, daβ die Lenkerstütze（3）an dem oberen Ende derSattelstütze（1，8）angelenkt ist.
6		DE1999200001792	自行车型身体训练器	Trainingsgerät rait einem Rahmen（1），einem daran angeordneten Sitz（2）und einem relativ zu dem Rahmen（1）verstellbaren Handgriff（3），dadurch gekennzeichnet, daβ derHandgriff（3）wenigstens einen Pulssensor（9）aufweist und mittels einer Verstelleinrichtung（7，8）relativ zudem Rahmen（1）linear und unabhängig voneinander in wenigstens zwei Richtungen verschieblich ist, die einedurch den Handgriff（3）und den Sitz（2）verlaufende Vertikalebene aufspannen.

由表5-2-3所示挖掘的专利可见，两个公司研发及专利挖掘的方向并没有局限于自行车已有零部件，而是随着自行车产品市场需求不断拓展，开发出与市场需求相适应的全新零配件及全新自行车产品，这种挖掘方向为从零配件方向对竞争对手实行包绕提供了新的思路。

五、性能优化方向的包绕挖掘

还有一些包绕式专利挖掘是在性能优化方向上的，即对竞争对手核心专利涉及产品或技术的性能进行改进，以实现在技术发展方向上进行前瞻性包绕式专利挖掘，如

图 5-2-12 所示。通过众多不同方向改进的外围专利对竞争对手核心专利形成包绕，专利挖掘的时机非常重要，这个时机必定在已经消化吸收竞争对手核心专利技术之后，但要赶在竞争对手布局防御型改进专利之前或者尽早申请专利，以避免竞争对手布局防御型改进专利。当然，性能优化是包绕式挖掘的目标和方向，而性能优化最终需要通过结构/材料/组分/参数/工艺等优化来实现。

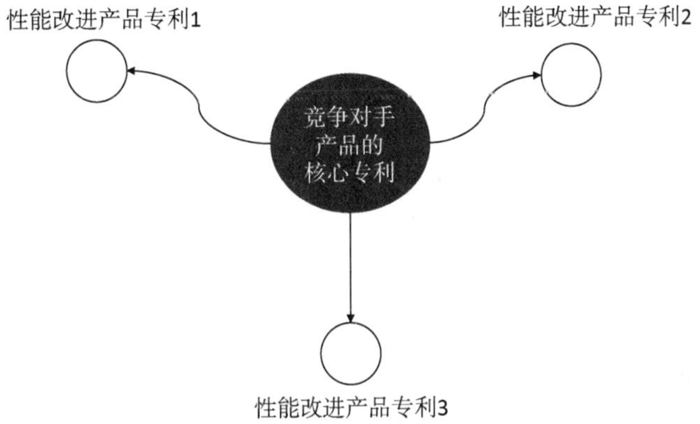

图 5-2-12　围绕竞争对手核心专利性能优化方向的包绕式挖掘

【案例 5-2-6】基于刀具涂层不同性能改进的专利挖掘

山特维克是金属机加工行业的龙头企业，尤其在刀具涂层上具有深厚的研究背景和实力；三菱材料是日本三大刀具制造商之一，在刀具涂层技术领域具有明显的技术优势。❶ EP0693574A 是山特维克在涂层刀具技术领域的核心专利，施引专利达 65 项，其中三菱材料引用了 8 次，这 8 项施引专利中有 7 项为对该核心专利涂层刀具的性能改进，如图 5-2-13 所示。

山特维克的核心专利保护范围如下：

一种切削刀片，其组成为硬质合金、钛基碳氮化物或陶瓷，它包含一个多边形或圆形刀体，刀体有一个顶面、一个底面和至少一个后刀面，此后刀面与所说的顶面和底面相交形成切削刃，所说的刀片至少部分涂有至少两层耐热层，一层是细晶 α-Al_2O_3，另一层是 $TiC_xN_yO_z$ 层或 ZrC_xN_y，其特征为所说的 Al_2O_3 层是沿切削刃棱的外层，所说的 $TiC_xN_yO_z$ 或 ZrC_xN_y 层是后刀面的外层。

---

❶ 杨铁军．产业专利分析报告（第 3 册）：切削加工刀具［M］．北京：知识产权出版社，2012：75-83.

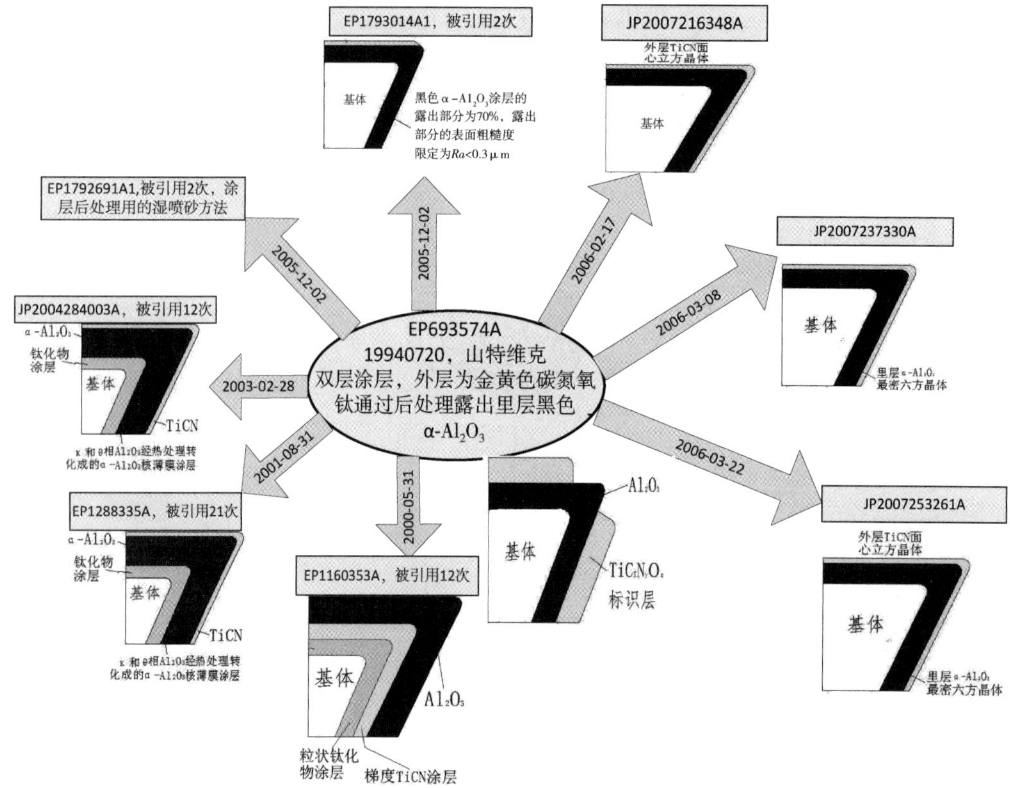

图 5-2-13　山特维克被三菱材料引用关系

三菱材料的8项申请相比于山特维克的核心专利分别在以下几点做出创新：

（1）涂层技术参数创新：对三氧化二铝涂层露出部分的大小更具体地限定为70%，对三氧化二铝涂层露出部分的表面粗糙度限定为 Ra<0.3μm，Ra<0.2μm（EP1793014A1等）；

（2）涂层微观结构创新：限定 α－Al_2O_3 涂层的晶体结构为密排六方结构（JP2007237330A）；

（3）涂层结构创新：由原来的双层涂层结构扩展到三层乃至三层以上，将中间层设为梯度涂层（EP1160353A），增加钛化物涂层，以提高涂层与基体的粘接强度（EP1288335A）；增加三氧化二铝核薄膜层，以增加涂层和涂层之间的粘接强度（JP2004284003A）；

（4）涂层相关工艺创新：用于三氧化二铝涂层后处理的湿法喷砂法（EP1792691A1）。

上述除工艺方面的创新外，三菱材料与涂层相关的改进专利与山特维克的核心专利的保护范围具体关系如表5-2-4所示。

表 5-2-4　三菱材料涂层专利与山特维克核心专利对比

申请人	公开号	权利要求对比			
		主题	涂层结构	技术效果	保护范围
山特维克	EP0693574A	一种切削刀片，其组成为硬质合金、钛基碳氮化物或陶瓷	沿切削刃棱的外层：细晶 $\alpha-Al_2O_3$；后刀面的外层：$TiC_xN_yO_z$ 或 ZrC_xN_y	功效 1	A
三菱材料	EP1160353A	硬质涂层的涂碳切割刀具	Ti 化合物层；TiCN 层；Al_2O_3 层	功效 2	未包含在 A 范围内，两层变为至少三层
	EP1288335A	以碳化钨为基础的超硬合金切削刀具	下层：Ti 化合物层；中间层：α 型氧化铝层；上层：α 型蒸镀形成的氧化铝层	功效 3	未包含在 A 范围内，两层变为三层
	JP2004284003A	一种包含由碳化钨基超硬合金或碳氮化钛基金属陶瓷所构成的工具基体的切削工具	下部层：Ti 化合物层；上部层：α 型蒸镀形成的氧化铝层；中间层：氧化铝核薄膜	功效 4	未包含在 A 范围内，两层变为三层
	EP1793014A1	一种表面包覆切削刀片，具有碳化钨基硬质合金、碳氮化钛基金属陶瓷或陶瓷的母材	中间层：Al_2O_3，$Ra<0.3\mu m$；基底层和最外层：IVb、Vb、VIb 族金属以及 Al、Si 中的一种的碳化物、氮化物、氧化物、硼化物	增强的功效 1	未包含在 A 范围内
	JP2007216348A	硬质涂层构成的切削刀具的切削面	上层：Al_2O_3，$Ra<0.2\mu m$；下层：Ti 的碳化物、氮化物、氧化物等	功效 1+功效 2	未包含在 A 范围内
	JP2007237330A	硬质涂层构成的切削刀具的切削面	上层：改性 Al_2O_3；下层：Ti 的碳化物、氮化物、氧化物等	增强的功效 1	未包含在 A 范围内
	JP2007253261A	硬质涂层构成的切削刀具的切削面	上层：改性 Al_2O_3；下层：Ti 的碳化物、氮化物、氧化物等	增强的功效 1	未包含在 A 范围内

备注：功效 1：多方向耐磨损；易辨别切削刃的使用情况；功效 2：长期高速切割加工下优异的耐碎性；功效 3：高速切削加工中优异的耐热塑变形性；功效 4：提高耐卷刃性。

三菱材料的这些专利申请的挖掘方向如图 5-2-14 所示。

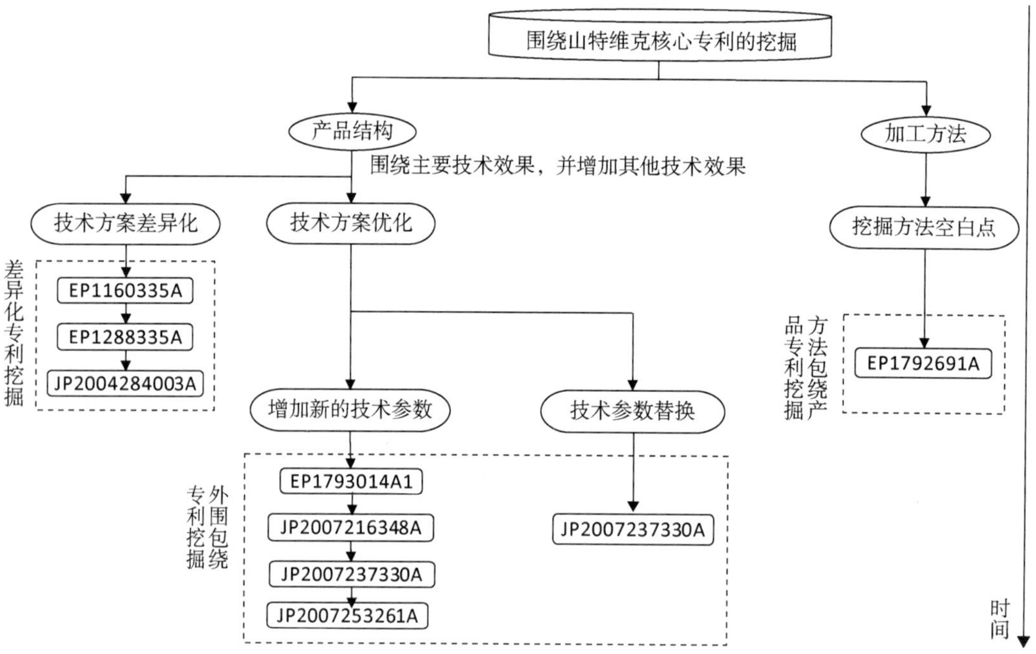

图 5-2-14　三菱材料围绕山特维克核心专利的挖掘方向

由图 5-2-14 可知，三菱材料围绕山特维克核心专利按照时间顺序从三个不同方向进行挖掘：

（1）差异化专利挖掘策略：梯度涂层技术近年来快速增长，三菱材料早在 2000 年前就捕捉到这一技术趋势，在山特维克的该项核心专利基础上，由原来的双层涂层结构扩展到三层乃至三层以上，并将中间层设为梯度涂层（EP1160353A），开发出梯度涂层结构的专利技术，实现了涂层结构的创新。

黏接强度是刀具涂层的主要性能需求之一，三菱材料在山特维克的该项核心专利基础上，为了提高涂层的黏接性能做了以下创新：增加钛化物涂层，以提高涂层与基体的黏接强度（EP1288335A）；增加三氧化二铝核薄膜层，以增加涂层和涂层之间的黏接强度（JP2004284003A）。

（2）外围包绕专利挖掘策略：三菱材料对山特维克的该项核心专利进行了深入的研究和消化吸收，进而找到自己的创新方向。山特维克的该项重要专利主要有以下三项重要的技术特征：里层为 α-Al_2O_3 涂层，外层为金黄色钛化物涂层，在刀刃部分去除部分外层的金黄色钛化物涂层，从而露出里层的 α-Al_2O_3 涂层。三菱材料在此基础上做了以下改进：

①增加新的技术参数：针对部分露出 α-Al_2O_3 涂层这一技术特征，将该露出部分的大小更具体地限定为 70%，同时增加了特征：对 α-Al_2O_3 涂层露出部分的表面粗糙度限定为 $Ra<0.3\mu m$，$Ra<0.2\mu m$（EP1793014A1 等）。

②技术参数替换：在涂层微观物理结构上，对里层为 $\alpha-Al_2O_3$ 的涂层做进一步研究，将 $\alpha-Al_2O_3$ 涂层的晶体结构限定为密排六方结构（JP2007237330A），以提高 $\alpha-Al_2O_3$ 涂层的耐磨性能。

三菱材料通过这些技术特征的增加和替换形成针对山特维克的该项核心专利的外围申请，有效地提高了自己的专利技术竞争力，是实施“外围包绕专利挖掘策略”较为成功的范例。

（3）方法包绕产品专利挖掘策略：为了提高 $\alpha-Al_2O_3$ 涂层露出部分的表面质量，三菱材料又申请了对 $\alpha-Al_2O_3$ 涂层进行后处理的湿法喷砂法（EP1792691A1）。

以上包绕式专利挖掘手段是在企业遭遇竞争危机时所采取的一些对策，最佳情况是企业在前期做好专利布局，提前防范竞争对手，而不是将主要精力放在竞争对手出手后的被动应战上。

六、“以点破面”的包绕挖掘

未记载在权利要求书中的技术方案不享受专利法的保护，因此，在双方对抗中，我们真正需要的是挖掘并申请竞争对手难以规避的权利要求保护范围。有时我们甚至可以“抛开”竞争对手的核心专利于不顾，而专注于挖掘并申请我们自己的专利，划定我们自己的权利要求保护范围。“以点破面”专利挖掘法的核心就在于，找出竞争对手在具体实施其核心专利技术方案的过程中某些无法回避的关键节点，并在这些关键节点挖掘和布局我方的专利，形成关键节点的专利权利要求范围全覆盖，让竞争对手无法规避。如此，我们便可以“以点破面”，实现专利挖掘的突围。

事实上，任意一项技术发明和实施载体都需要无数的外在技术环节支撑，某些环节和模块是必不可少的或者规避成本是非常高昂的，那么这些重要组成部分中还有哪些是竞争对手还没有关注到的，还没有形成专利保护和技术充分公开的，我们就可以进行重点关注，以这些重要组成部分为中心，对关键节点进行精准专利挖掘布局。“以点破面”专利挖掘法，可以较低的成本和代价付出，来获取竞争对手难以规避的对抗专利。由于这些重要环节在技术实施过程中必不可少，所以就能形成双方谁实施该技术谁就侵权的互相牵制的竞争环境，从而能够谋求双方专利的交叉许可授权。

举个例子，竞争对手核心专利的权利要求范围是方案一：用火烤玻璃，使玻璃软化，然后趁热进行加工，可以获取美观的工艺品。

我方挖掘的子专利是方案二：公开了火烤玻璃的最优方案是用 500~600℃ 的火焰，离玻璃 3~50mm 火烤 3~100s，加强空气对流，然后趁热进行加工，可以获取更加美观的工艺品。

显然，方案一的权利要求范围较大，完全覆盖了方案二的范围，所以我方实施方案二，必然对方案一造成侵权。同样地，竞争对手在实施方案一的时候，也会具体应用到方案二的内容，因为这是最优方案，获取的工艺品品质更好。采用方案二以外的其他技术方案要么品质不过关，满足不了人们日益增长的对产品质量的要求，要么成本过高丧失竞争力和利润空间。所以双方都有对彼此专利的需求，可以谋求相互授权，这样就能从优势竞争对手处获取生存空间。

用这些子专利的“子集合”去填补原核心专利靶标的模糊空间，构建不可规避的多层次的权利要求范围组合，形成一张复杂而庞大的权利要求网，足以全部掏空原核心专利，确保持有原核心专利的竞争对手在实施他们专利的时候难以回避我方子专利组合所形成的权利要求范围；又因我方专利群本身就处于竞争对手核心专利的覆盖范围内，我方实施专利的时候，也必然侵犯竞争对手的核心专利的专利权；如此便形成了双方谁实施技术谁就侵犯对方专利权的情形，从而达到谋求专利相互交叉许可的目的。

还是以上面的玻璃工艺品为例子，假设竞争对手的核心专利已经覆盖了方案一和方案二的内容，我方缺少足够的技术实力在其基础上实现突破，也没有能力从竞争对手的专利权利要求范围中挖掘出更好的技术细节方案，或者竞争对手能够回避我方挖掘出来的技术细节方案，那么我方的专利挖掘将起不到预期的专利拦截阻碍效果。此时，我方如果继续采用包绕式的专利挖掘手法，强行去正面破解竞争对手的核心专利，就会花费很高的成本，并且很难奏效。当常规的专利挖掘手法可能会陷入一筹莫展的境地时，我们还可以使用其他的专利挖掘破解手法。这时候，我们需要承认并抛开原先竞争对手的核心专利和技术优势，审视竞争对手的核心技术用途，审视其实施过程中的各种流程和关键环节，审视其应用环境及外在的技术支持，只要其中有任意流程和环节是目标竞争对手没有把控好且是必不可少的，那么我们就可以任意选其中一处，以点破面，予以攻克。如此，同样可以达到利用专利制约对方的效果，以谋求相互之间的交叉授权，最终达到从竞争对手处强行获取生存空间的目的。

上面的玻璃加热制作工艺品案例中，如果我方没有能力在竞争对手的核心专利方案一的权利要求范围内实现类似于方案二式的突破，那么我们就需要从加热制作工艺中移开目光，转而研究玻璃加热制作工艺品过程中存在着哪些环节，并分析哪些环节是非常重要的和必不可少的，与生产工艺配套的哪些设备和工具是不可替代的，哪些工艺火候控制的确认检测装置或判断依据手法是必须要有的，等等。比如产生火焰的原料，火焰控制的炉灶或喷嘴，检测玻璃受热到合适温度的器具，工艺品加工的辅助工具、加工手法、防变形过度或变形不足的控制方法，整形夹具装置，表面处理材料等。如果我们能够发现其中任意一个是非常重要而且是必不可少的，而它恰好又是竞争对手和本领域其他同行们都没有申请专利且没有对外公布实施细节的，那么它就可以是“以点破面”进行专利挖掘的突破口。比如我们发现的是竞争对手忽略了对火焰控制的炉灶或喷嘴方面的知识产权保护，而我方又从中找出竞争对手不可回避的炉灶或喷嘴的技术方案，以此作为突破口，完成相应专利挖掘申请工作，形成掣肘竞争对手的强力竞争武器，谋求专利交叉许可，就可以轻松从优势竞争对手处强行夺取生存空间。

第三节 包绕式专利挖掘几点注意事项

一、围绕解决的实际问题进行专利挖掘

产品的存在是为了解决我们的问题，与之对应，专利挖掘中也需要充分重视待挖掘的技术方案解决了哪些现实的问题。

在包绕竞争对手核心专利的专利挖掘中，需要深入挖掘竞争对手的专利是为了解决哪些现实的问题、这些问题在未来是否还会存在（是否还会是未来产品的功能）。在找准竞争对手核心专利解决的现实问题后，围绕这些问题进行专利挖掘。

二、技术难度不是专利价值的决定因素

在专利挖掘过程中需要明确技术难度和专利申请能够获得授权以及专利价值之间不存在必然的联系。一件申请能否获得授权，关键看是否具备专利法规定的新颖性和创造性❶。一件专利是否具有价值，关键看是否在后期的许可、诉讼中发挥作用。

进行专利挖掘时，不推荐以技术难度的大小作为技术方案是否值得进行专利申请的标准。有效的专利挖掘，需要对那些研发上技术难度不大，但是切实解决了实际问题的技术方案给予充分的重视。能解决实际问题意味着这些技术方案一旦获得专利授权会有较大的市场空间。在专利挖掘的实践中，这些技术方案往往因为技术难度比较小而被研发工程师忽略，这时候就需要专利挖掘人员从专利法的角度给予充分的引导。

例如，友达光电公司的美国专利 US7090506 属于比较典型的在技术难度上比较小，但是有较大市场价值的专利。专利 US7090506 保护了一种连接显示模块系统的信号传输装置。图 5-3-1（a）所示的现有技术中显示，模块 10 分别电连接于柔性印刷电路板 102、104 和 106。三个柔性印刷电路板的存在增加了制造成本且占用空间较大。友达光电在 US7090506 中的改进设计方案为，在柔性印刷电路板 102 上设置区域 A 和 B 分别连接柔性印刷电路板 104 和 106，然后通过连接器 1020 统一进行信号传输，如图 5-3-1（b）所示。

---

❶ 不同国家对新颖性和创造性的评价标准、评价方法会存在一定差异。

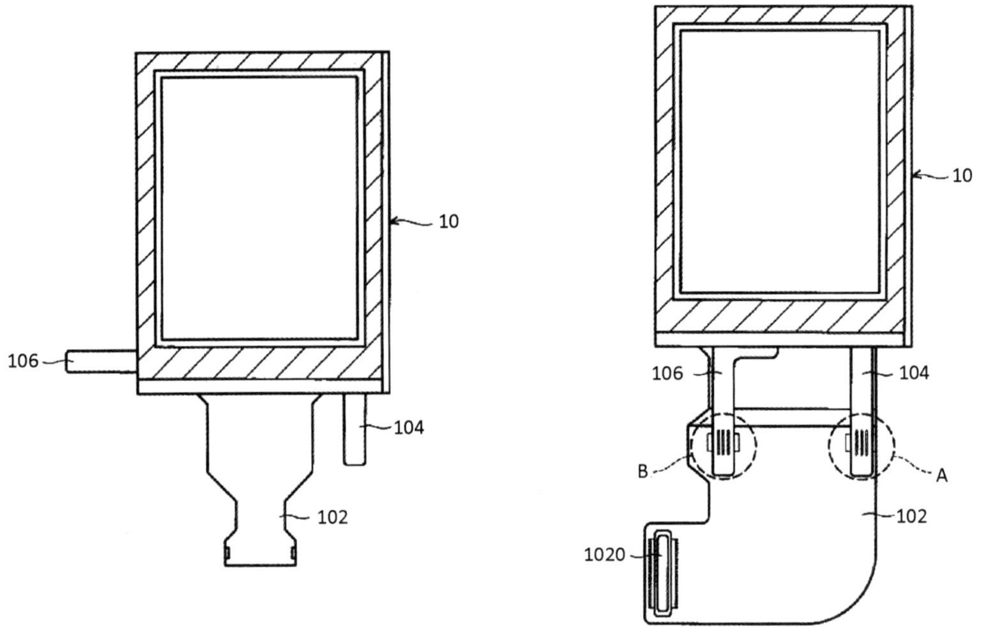

图 5-3-1　美国专利 US7090506 的技术方案图

在审查的过程中，审查员曾基于 US6665030、US6914651、US20050185127A1、US5418691 质疑过对应申请的创造性❶，但是该申请最终获得了授权。专利 US7090506 获得授权的第一项独立权利要求为：

1. 一种连接显示模块系统的信号传输装置，包括：

第一柔性印刷电路板，用于电连接显示模块和系统，以及

第二柔性印刷电路板，用于电连接显示模块和第一柔性印刷电路板，

其中，第一和第二柔性印刷电路板通过热压熔锡焊接连接。

从授权的权利要求可以看出，友达光电获得授权的权利要求是对原有电路连接方式的直接改进。专利挖掘中需要明确，这样的技术方法完全有可能被授权，同时有可能在未来的许可和诉讼中发挥重要作用。

三、面向未来产品进行专利挖掘

进行专利挖掘，不应局限于目前已经实现的技术方案，同时不应局限于目前认为的未来最优方案。推荐的专利挖掘需要面向未来的产品进行。

（1）专利价值的发挥需要一定的周期。从申请专利到专利获得授权是一个漫长的过程，在中国发明专利一般为 2~3 年。根据 2019 年的统计数据，在美国申请专利从递

❶ 对应美国专利法为《美国法典》第 35 编第 103 条，或称为显而易见性。

交到获得第一次审查意见的时间为 14.8 个月，专利的授权周期为 24.1 个月[1]。从专利获得授权到专利在诉讼或者许可中发挥价值，往往又是数年的时间。专利价值的发挥需要一定的周期，与之对应，高质量的专利挖掘需要着眼于未来的产品而不是当前。

（2）专利挖掘需要突破一些当前的限定因素。现实中产品的开发设计往往受到原材料、技术条件（例如，计算机的计算能力）、生产成本等因素的影响。进行专利挖掘时，需要摒除这些限制因素的影响，充分重视突破当前限制因素之后未来可能可行且有效的方案。

在专利挖掘时，可以考虑为什么竞争对手目前没有采取这样的方案；如果突破了原材料、技术条件等的限制，未来产品是否还可能采用这样的方案；如果未来仍可能采用这样的方案，则可以将其作为重要的申请备选方案。

[1] 数据访问地址：https://www.uspto.gov/dashboards/patents/main.dashxml#.

第六章　针对规避设计的专利挖掘

本章概述

规避设计以专利侵权的判定原则为依据，通过分析已有专利，一方面在自身产品的研发过程中能够借鉴现有的专利技术，另一方面又保证产品不落入已有专利权的保护范围，从而避免潜在的法律风险。因此，针对现有专利进行规避设计是专利挖掘的重要手段之一。

本章从规避设计的概念入手，着重介绍了规避设计的对象、原则、途径、手段和挖掘流程，并借由三个典型案例具体呈现如何实施这一专利挖掘手段。

本章知识脉络

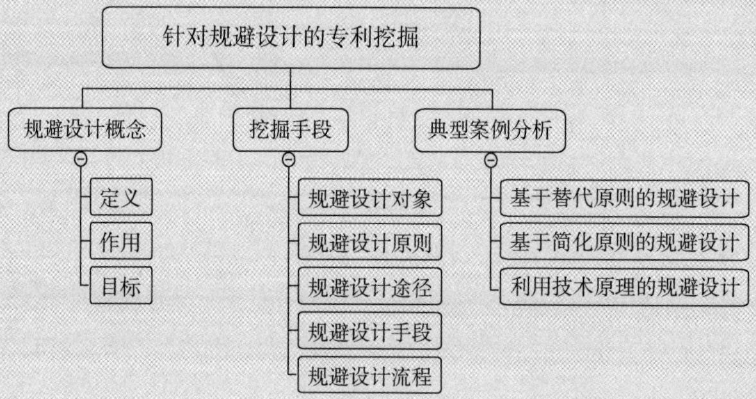

第一节　规避设计的概念

一、规避设计的定义

规避设计（Design Around），又称回避设计，是指企业对涉及风险专利的产品或产品中的某些特征重新进行研发、设计，使其产品具有差异化的特征，能够区别于风险专利（或专利组合）的技术方案，从而消除风险专利的威胁。[1]

Schechter[2]将规避设计定义为企业为了避开其他竞争者的专利权利要求的阻碍或者袭击而进行的新设计绕道发展的设计过程。

简言之，规避设计是一种差异化设计，其核心在于规避专利侵权的风险，[3] 本质上仍然属于一种研发行为。

二、规避设计的作用

规避设计的出发点是在法律层面上绕开已有专利权的保护范围，从而避免被诉侵权带来的法律风险（如图 6-1-1 所示）。事实上，企业通过规避设计研发新产品的过程，本身就是技术创新，可能由此产出专利。因而，规避设计不仅限于“风险防御”这一基础作用，其作用涵盖了以下几个方面。

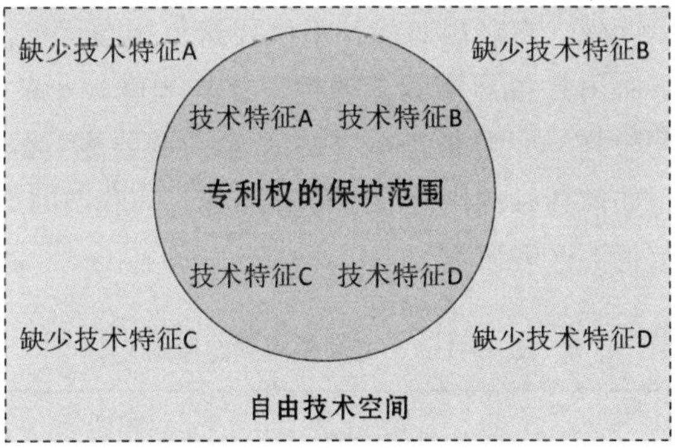

图 6-1-1　专利权的保护范围

[1] 杨铁军．企业专利工作实务手册［M］．北京：知识产权出版社，2013：162-163.

[2] Schechter R E. Intellectual property: the law of copy-rights, patents and trademarks［M］. Eagan, Minn., USA: West Academic Publishing, 2003.

[3]《最高人民法院关于审理侵犯专利权纠纷案件应用法律若干问题的解释》第七条规定：人民法院判定被诉侵权技术方案是否落入专利权的保护范围，应当审查权利人主张的权利要求所记载的全部技术特征。被诉侵权技术方案包含与权利要求记载的全部技术特征相同或者等同的技术特征的，人民法院应当认定其落入专利权的保护范围；被诉侵权技术方案的技术特征与权利要求记载的全部技术特征相比，缺少权利要求记载的一个以上的技术特征，或者有一个以上技术特征不相同也不等同的，人民法院应当认定其没有落入专利权的保护范围。

（1）预防和应对专利侵权的重要手段。通过检索特定领域或者特定竞争对手的专利申请，借助科学的专利分析方法，了解特定领域或竞争对手的专利布局现状，❶ 若专利布局尚存技术空白点，则可以进行针对性研发，突破竞争者的专利壁垒；若尽力尝试过规避设计，仍无法绕开核心专利和基础专利，也能够帮助企业提前做好应对侵权诉讼的预案。

（2）行之有效的研发手段。通过对专利文献的检索、分析，知悉技术原理，掌握已有解决方案，发现现有技术缺陷，可以明确研发方向，从而节省大量基础性的研发工作，缩短产品研发周期，并大大降低研发失败的风险。

（3）专利挖掘的重要手段。规避设计的成果，大多是区别于现有技术的创新产品，从中提取的技术方案原则上符合专利法规定的新颖性和创造性要求。因此，规避设计是产出专利的重要途径，并且，通过规避设计产生的专利申请通常质量较高。

三、规避设计的目标

成功的规避设计要同时满足技术、法律和商业这三个方面的要求。“技术上能够实现”是最基础、也是最低程度的要求。此外，规避设计一方面要达到“避免侵权风险”这一基本目标，另一方面也不能单纯为了规避法律风险而忽略产品本身的市场竞争力。

就法律层面而言，专利规避设计的直接和根本目标是绕开现有专利的保护范围，在专利检索的基础上，对相关领域现有专利的保护范围进行解读，避免研发产品落入已有专利的保护范围。此外，专利规避设计不仅要避免相同侵权，也要避免等同侵权。换言之，规避设计成果必须具备足够的差异性，差异程度较小的规避产品仍然存在等同侵权的风险。专利侵权判定原则如表 6-1-1 所示。需要注意的是，专利权不仅有时间性，也具有地域性。如何巧妙利用已有专利布局在时间和空间上的空白（或者漏洞）规避法律风险，同样值得关注和研究。

表 6-1-1　专利侵权判定原则

专利方案技术构成	被控侵权物技术构成	特征描述	全面覆盖原则	等同原则	侵权判定
A+B+C	A+B+C	技术特征完全相同	适用	不适用	是
A+B+C	A+B+C+D	增加一项或多项技术特征	适用	不适用	是
A+B+C	A+B+c	存在非实质性区别	不适用	适用	是
A+B+C	A+B 或 B+C 或 A+C	缺少任一项技术特征	不适用	不适用	否

❶ Yanmin Liu, et al. Integrating requirements analysis and design around strategy for designing around patents [J]. Computing Control and Industrial Engineering (CCIE), 2011, 2.

续表

专利方案技术构成	被控侵权物技术构成	特征描述	全面覆盖原则	等同原则	侵权判定
A+B+C	A+B+E	存在实质性区别	不适用	不适用	否
A+B+C	D+E+F	技术特征完全不同	不适用	不适用	否

就商业层面而言，通过规避设计得到的新产品，例如在原材料、机械结构、功能、外观等方面具有明显区别，这种区别可能优于现有产品（例如，更人性化的外观设计），也可能劣于现有产品（例如，减少某一组件从而缺乏相应的功能，其面对的可能是不同功能需求的细分市场）。但是，规避设计作为企业研发手段之一，其经济目标仍然是保障或加强产品的市场竞争力，需要综合考虑法律、技术、成本、市场等因素，寻求性能与成本的平衡，追求经济效益最大化。

在直连公司诉张建华等专利侵权案❶中，最高人民法院判定被诉侵权的技术方案缺少专利权人持有的专利 ZL97230200. X 以及专利 ZL99222425. X 中的部分技术特征；并且被控侵权技术方案中的“上壳体上部设有止逆排气阀”与专利 ZL97230200. X 中的“上壳体上边有方便可拆的呼吸室兼盖板”不构成等同特征，被诉侵权的技术方案不落入专利权的保护范围。被诉侵权产品与专利技术方案的特征对比如表 6-1-2 所示。

该案中，被诉一方的产品与涉案专利的技术方案相比，减少了其中的两个组成构件并且改变了部分组成构件，虽然功效上有所削减，但企业通过改劣方案进行规避设计，成功绕开了专利壁垒。

表 6-1-2　被诉侵权产品与涉案专利特征对比

涉案专利 1（97230200）：排气断流装置	被控侵权产品：缓冲器	特征对比分析	侵权结论
圆柱形上壳体和倒置的圆台下壳体相接	圆柱形上壳体和圆台下壳体相接	相同特征	不侵权
上壳体上部的左进水管和右进水管分别与上壳体的上部呈切线相接，其出水管与下壳体的下部同心相连	出水管与下壳体下部同心相连	相同特征	
内设有环绕螺纹导向板的杯状水封罐，杯状水封罐的上部内衬有圆桶调节阀	×	缺乏技术特征	

❶ 最高人民法院判决（2009）民提字第 83 号判决。

续表

涉案专利 1（97230200）：排气断流装置	被控侵权产品：缓冲器	特征对比分析	侵权结论
上壳体上边有方便可拆的呼吸室兼盖板； 水封罐内悬置有下呼吸管，下呼吸管上部与呼吸室兼盖板的呼吸室连通； 呼吸室兼盖板的呼吸室上部接有上呼吸管，上呼吸管上部接活动的万向弯头	只能呼气不能吸气的逆止排气阀	非等同特征	

涉案专利 2（99222425）：阻旋器	被控侵权产品：分气器	特征对比分析	侵权结论
柱形上壳体和倒置的圆台下壳体相接	圆柱形上壳体和圆台下壳体相接	相同特征	不侵权
上壳体上边为设有进水管和连通管的密封盖板构成阻旋器的外护壳； 出水管与倒置的圆台下壳体下部同心相连	出水管与下壳体下部同心相连	相同特征	
内设有呈“十”字垂直排列的止旋板	×	缺乏技术特征	
止旋板上边托有一圆形阻隔板，均与延伸的进水管呈同一轴心设置	内设集气罩	等同特征	

第二节　针对规避设计的专利挖掘手段

一、规避设计的对象

根据规避对象的不同，针对规避设计的专利挖掘可以分为以下三种典型的情形。

1. 以既有市场竞争者为规避对象

此类情形常见于同行业中竞争对手之间的专利竞备，以市场竞争者作为专利规避的特定对象，以限制对手的市场自由度为目标，其本质上属于进攻型的专利挖掘。

对于长期处于竞备状态的企业而言，与竞争者的产品重合度高，通常自身也具有一定程度的技术储备和专利储备，其优势在于：对行业现状、竞争对手、技术趋势都非常了解，甚至对主要竞争对手的专利布局保持长期追踪关注，“知己知彼，百战不殆”，因而，规避设计的目标明确，专利挖掘的难度较小。

2. 以市场先入者为规避对象

此类情形常见于特定市场的新进入者对行业专利壁垒的策略性规避，专利挖掘以最大限度减少侵权风险、保证新产品的市场自由度为目标，虽然专利挖掘时机较为被动，但是，对于规避对象的选择和确定具有主动性，本质上仍然属于进攻型的专利挖掘。

对于市场的新进入者而言，通常，当企业决定进入某个新市场时，要么是保持了一段时间的关注和预判，要么是由相近行业转型，并持有自身研发的优势产品。尽管其技术储备和专利储备不如竞备状态的企业充分，但企业对于行业现状有一定程度的了解，能够确定潜在的竞争对手，因而，有能力进行针对性的专利挖掘和专利布局，为未来可能的侵权风险未雨绸缪。

3. 无特定对象的一般性规避

此类情形常见于新兴市场，技术生命周期尚处于萌芽期，行业内的专利壁垒尚未形成，专利布局空白点较多，企业作为先行进入者，在市场占有、技术储备和专利储备方面就具有天然的优势，其主要目的是建立专利壁垒、设置准入门槛、保护自有产品，因而本质上属于防御型的专利挖掘。

一般性的专利规避设计，虽然规避空间较大，但也存在一定的难度。一方面，没有特定的规避对象，现有技术检索的全面性和针对性较差，此外，专利诉讼鲜有发生，特定技术领域中，权利要求保护范围的解读难下定论。另一方面，已有专利多为基础性专利或原理性专利，在此基础上进行规避设计的改型方向和市场前景尚不明朗，效果难以预测，研发成本较高。

二、规避设计的原则

通常，规避设计可遵循以下三点基本原则。❶

原则 1：要素减少，减少构成要件数量以避开全面覆盖原则；

原则 2：要素替代，使用替代的方法使研发方案中的某个或某些构成要件不同于在先专利的权利要求中保护的技术方案以防止字面或相同侵权；

原则 3：彻底改型，从方法、功能、结构上对构成要件进行实质性改变，以避免落入等同侵权原则范围。

其中，原则 2 和 3 都是通过替代的方式对权利要求的构成要件进行改型，因而，就改型方式而言，上述三条原则又可以概括为两条基本原则，即简化原则和替代原则。

简化原则源自专利侵权判定中的“全面覆盖原则”，通过对在先专利的技术方案构成要件进行删减，使得规避设计获得的技术方案缺少其中一个或多个构成要件，从而不满足构成要件的全面覆盖以避免专利侵权。

---

❶ 施炳轩．专利回避设计策略研究［D］．杭州：浙江大学，2006.

替代原则源自专利侵权判定中的“等同原则”，通过改变在先方案中的一个或多个构成要件，使得规避设计获得的技术方案不同于在先专利的技术方案，两者的特征不相同也不等同，从而避免专利侵权。例如，无叶风扇的开创者戴森公司针对其核心技术进行了严密的专利布局，在中国就布局了CN101424278A、CN101825100A、CN104389822A、CN101825324A等一系列保护出风原理、风道结构、加温烧暖的专利申请。为了规避上述风险专利，美的公司在后研发无叶风扇时，就采用了改变出风口位置的要素替代原则，不仅在推出产品取得商业成功的同时，成功规避法律风险，同时也产出了一系列有力保护自身产品的专利。❶

简化原则和替代原则的具体表现形式如表6-2-1所示。❷

表6-2-1 简化原则和替代原则

规避设计原则	规避设计方法	表现形式	规避设计要求	
			全面覆盖原则	等同原则
简化原则	特征减少	A+B+C→A+B/A+C/B+C	√	√
	特征合并	A+B+C→A+D	√	D≠B+C
替代原则	特征替换	A+B+C→A+B+E	√	E≠C
	特征分解	A+B+C→A+B+F+G	√	F+G≠C
	方案彻底改型	A+B+C→H+I+…	√	√

三、规避设计的途径

企业在进行规避设计时，可根据具体应用场景采用不同途径来进行，常见的规避设计途径包括以下三种。❸❹

途径1：基于专利文件的规避设计；

途径2：基于专利地图的规避设计；

途径3：基于TRIZ工具的规避设计。

其中，途径1和途径3适合针对特定规避对象的情形，途径2则更适合无特定对象的一般性规避设计。后两种实现途径都需要研发人员掌握一定的专利分析技巧，熟悉相应的专利分析工具，这部分内容已在第二章和第三章中详细介绍，本节重点关注途径1，即如何基于专利文件本身记载的技术内容进行规避设计和专利挖掘。

❶ 李楠．解读黑科技——戴森无叶风扇与专利攻防战［EB/OL］．

❷ 李鹏．浅谈TRIZ理论在专利回避设计中的应用［J］．中国发明与专利，2013（2）．

❸ Y C Hung，Y L Hsu，et. al. An integrated process for designing around existing patents through the theory of inventive problem-solving［J］．Proceedings of the Institution of Mechanical Engineers Part B/Journal of Engineering Manufacture，2007.

❹ L Kinglien. New Prototype Design Process：Integrating Designing Around Existing Patents and the Theory of Inventive Problem-Solving［J］．技術學刊，2010，25：293-305.

四、规避设计的手段

规避设计是一项技术性极强的工作，不同领域的规避设计，因其技术构成要素不同，改型的侧重点也有所不同。以下归纳了几种典型的规避设计场景，借以说明对产品、方法及外观设计专利进行规避设计的具体手段。

1. 产品结构类的规避设计

机械、电子类产品是具有特定零部件、按照特定组成关系、具有特定空间结构的实体装置，对产品结构类的专利进行规避设计，也通常从零部件、组装方式、连接关系这几个构成要件来考虑。产品结构类的规避设计手段如图 6-2-1 所示。

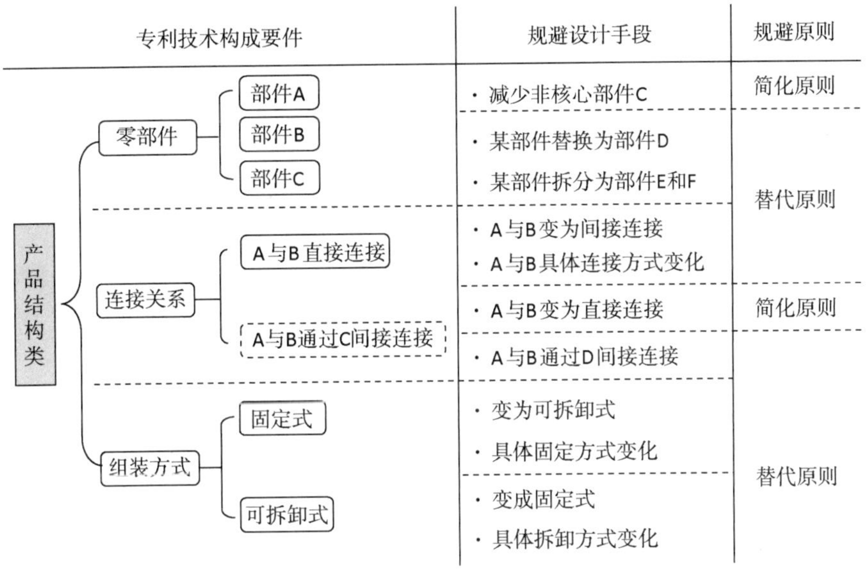

图 6-2-1　产品结构类的规避设计手段

2. 产品功能类的规避设计

计算机或者通信领域的技术方案大多依赖软件实现，这类产品权利要求通常不对应实体的硬件产品，而是由若干实现特定功能的计算机程序代码构成的“虚拟装置”，技术方案的核心在于一个或多个功能的实现。也正是由于其产品的无形性，只需要确定需求、进行功能模块划分以及编写相应的程序代码即可实现，因此，产品功能类型的技术方案容易进行规避设计，其规避设计手段如图 6-2-2 所示。

需要注意的是，模块化设计是计算机领域的常规做法，如果整体设计思想或数据处理流程并无实质变化，仅仅进行简单的功能模块重组，或者仅仅是特定模块的执行主体不同（例如客户端的数据处理操作改为由服务器执行相关的操作），仍然可能构成等同侵权。

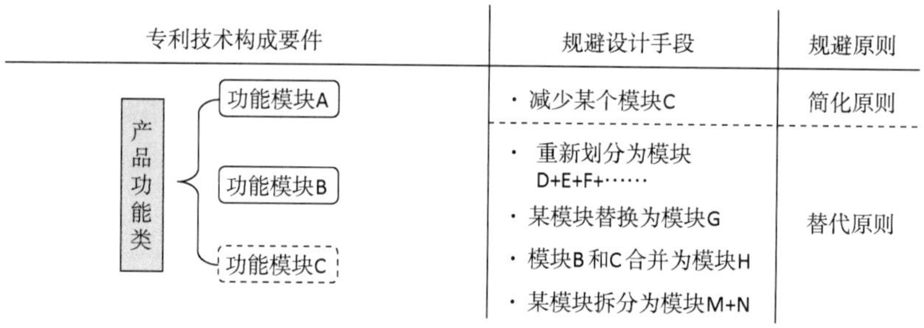

图 6-2-2　产品功能类的规避设计手段

3. 产品组分类的规避设计

医药、材料和化学领域的产品通常为特定组分的组合物或者化合物，其技术方案的构成要件包括产品的组成成分、组分之间的配比，以及产品在通常状态下所呈现出的固态、液态或者气态的形态。其中，组分及其配比的不同是产品之间的决定性差异，而产品形态的不同对于产品性能等也有一定程度的影响。因而，产品组分类的规避设计可以基于上述一个或多个构成要件来进行，如图 6-2-3 所示。

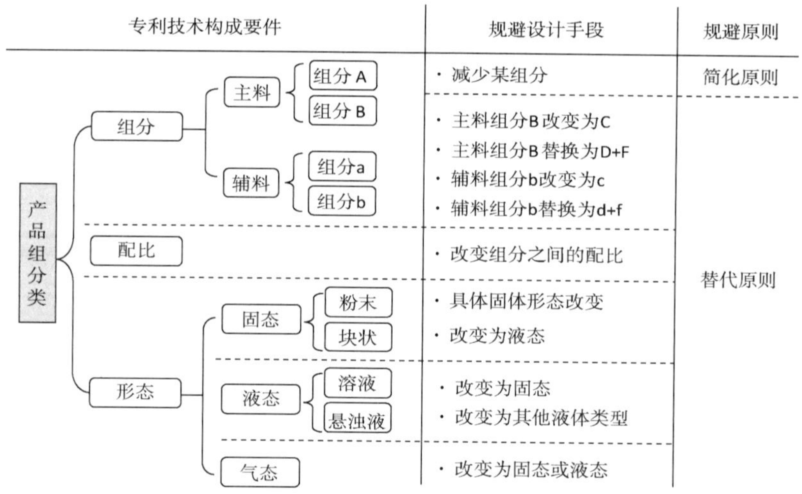

图 6-2-3　产品组分类的规避设计手段

4. 控制方法类的规避设计

随着工业自动化的发展，除了某些小型装备单纯以机械部件构成，大型机械和工控设备都加入了控制芯片，以使得机械部件在电子器件的控制下以自动化或者半自动化的方式完成工作，从而也出现了大量控制方法类型的专利。对于控制方法类的权利要求，其构成要件通常涵盖了触发条件（例如，何时设置以及如何设置判断条件、如何设定临界点或阈值）、供电方式（包括供电电压的高低、供电电流的大小、电源的供给时序）、多种操作模式的设定和切换、多个操作步骤的执行顺序等。对于一个或多个构成要件进行简化或替代，能够有效地规避侵权风险。针对电子或机械产品的控制方法，专利规避设计手段如图 6-2-4 所示。

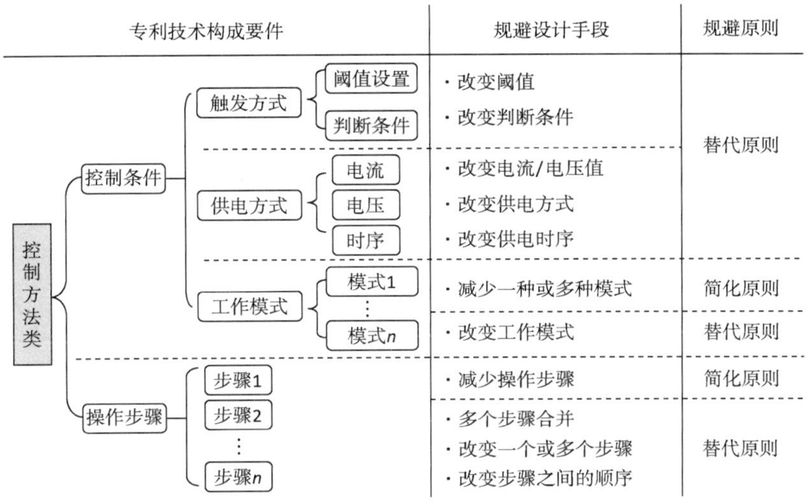

图 6-2-4　控制方法类的规避设计手段

5. 制备方法类的规避设计

医药、化工或材料产品的制备方法决定了其获得的最终产物，因而，制备方法类专利在上述领域占据相当的比重。权利要求的构成要件可以划分为原料要件和工艺要件，就原料而言，其改型方案通常基于组分及其配比的改变；就工艺而言，主要包括操作方式的改变（例如光刻或者蚀刻、沉积或者敷涂、蒸馏或者过滤等）、操作步骤的增减和调整、操作环境和工艺参数（如温度、湿度、气压、含氧量、浸泡时间等）的改变。

制备方法类的专利规避设计手段如图 6-2-5 所示。

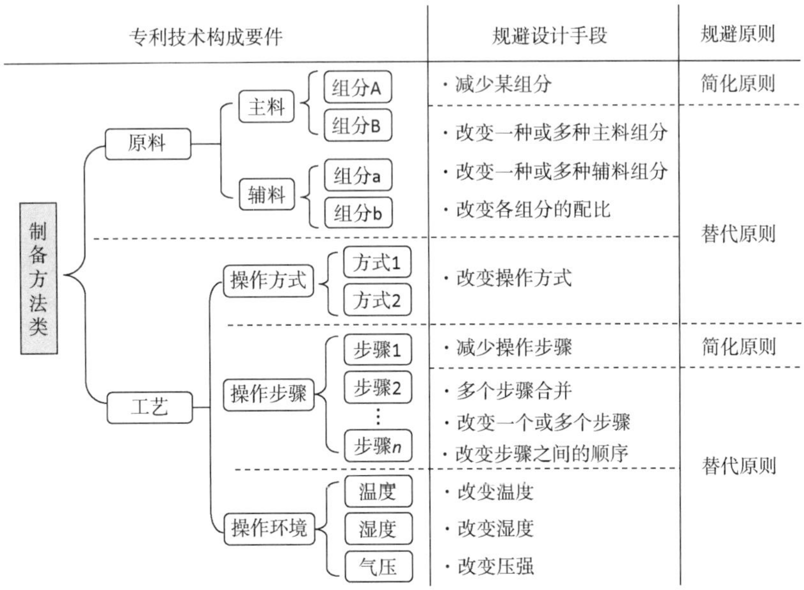

图 6-2-5　制备方法类的专利规避设计手段

6. 外观设计类的规避设计

我国允许对图形用户界面（GUI）提供专利保护，但是，GUI 外观专利保护客体不包括单纯的界面设计，而是基于实体产品的专用界面。针对实体产品和 GUI 两种不同类型的外观设计专利，其权利要求构成要件有所区别，规避设计手段也各有不同，如图 6-2-6 所示。

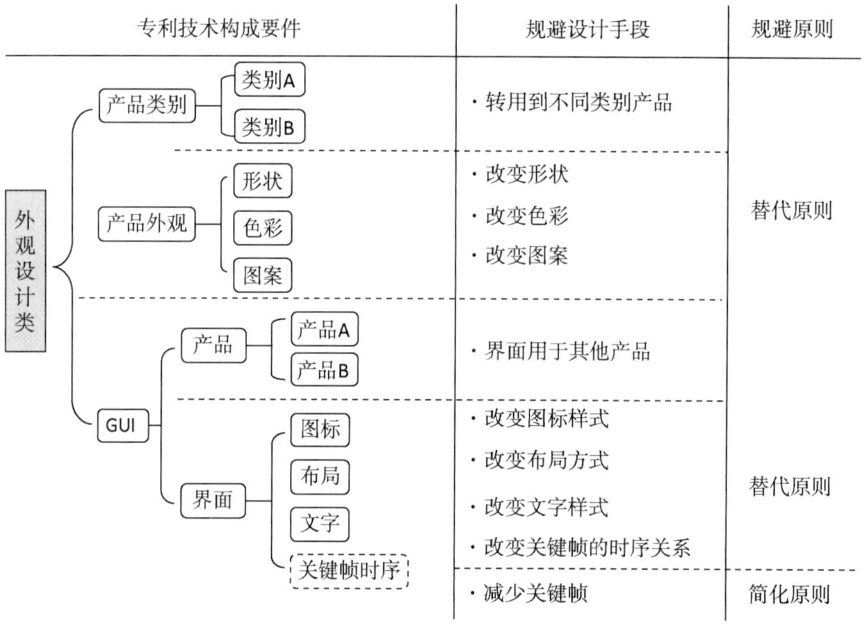

图 6-2-6 外观设计类的专利规避设计手段

五、针对规避设计的专利挖掘流程

针对规避设计进行专利挖掘的首要步骤是明确规避目的、确定规避主题，在此前提下进行针对性的专利检索和技术分析，提出差异性的设计方案，经过方案评估，最终得到规避设计方案和相应的专利申请。其中，现有技术的检索和分析、改型方案的设计和评估通常需要反复迭代，直至方案通过侵权风险评估。

具体的专利挖掘流程如图 6-2-7 所示。

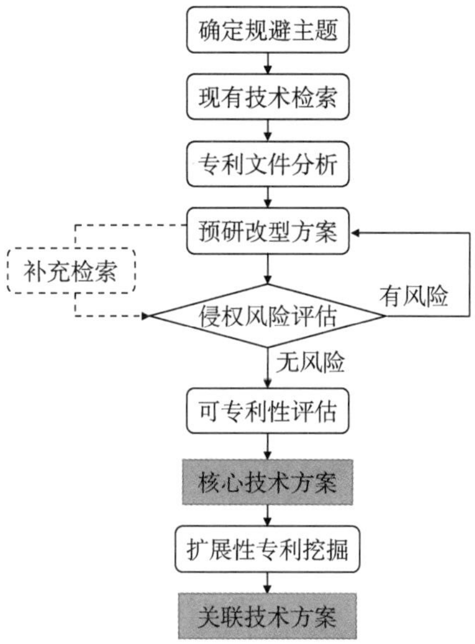

图 6-2-7 针对规避设计的专利挖掘流程

1. 确定规避主题

规避主题的确定需要基于市场和技术两方面的考虑因素（如图 6-2-8 所示）。

图 6-2-8 规避主题的确定

如果企业处于行业领导者或竞争者的角色，其规避设计通常针对特定的竞争对手或者特定的产品/方案，目标明确，主题鲜明。如果企业处于追随者的角色，其规避设计不得不面向整个行业的专利壁垒，目标宽泛，难度较大，因而需要结合企业整体规划，细分技术领域，选择与企业利益最密切相关的切入点，精准定位规避对象，确定规避主题。

确定规避主题时，除了考虑市场因素，还应当考虑产品相关技术所处的技术生命周期。

（1）技术萌芽期的专利申请少、技术自由度大，通常不需要花费太多精力关注规避设计。技术萌芽期形成的专利本身极有可能成为该领域的基础专利，因而在专利挖掘过程中要有意识地进行“反向规避设计”，以形成行之有效的专利组合。

（2）技术成长期是进行规避设计的黄金期，技术路线多、改型空间大、极有可能形成核心竞争力，这一时期以进攻型的规避设计为主。例如，围绕某一基本功能，尝试不同技术路线，在形成具有竞争力的产品时，在新的技术方案上构建专利组合以形成新的专利壁垒。

（3）技术成熟期是规避设计的次重要期，虽然专利密度高、规避难度大、技术改进的空间有限，但是规避设计产出的专利价值较高，对于预防和抵御侵权风险具有重要作用。这一时期的规避设计，尤其要注意检索的全面性和充分性。

（4）技术衰退期，经过长期的技术演进，可突破的技术空白点少，甚至可能进入技术瓶颈期，难以有创新突破。利好的因素在于：大量核心专利和基础专利可能有效期即将届满，从而解除法律风险。这种情形下基于技术发展周期和专利权期限等因素的考虑，规避设计不再是需要着重考虑的问题。若尝试采用规避设计，可重点关注难以攻克的技术瓶颈，尝试采用替代原则中的彻底转型方式，在不同的技术方向上进行研发，提早展开专利布局。

以智能移动终端为例，苹果和三星均属于行业领导者角色，两大巨头之间的专利对决由来已久，三星公司的某些产品设计明显体现了对苹果公司的专利进行规避设计的痕迹。例如三星 Galaxy S III 系列手机就是典型的规避设计产品，为了规避苹果公司“矩形+圆角”的设计专利，三星采用了弧形设计的边框以及不同的边框颜色。

小米公司作为市场后入者和技术追随者，其进入智能终端领域的时间点已经处于技术成熟期，因而不得不直面行业内无法绕过的诸多基础专利、核心专利以及密度极高的外围专利，在规避主题的选择方面权衡因素较多，更适合基于自身产品特色，重点选择企业擅长的方向进行规避设计。从其已公开的专利申请来看，小米公司选择了“以用户体验为核心”的切入点，挖掘出大量人机交互类专利申请。

2. 现有技术检索

现有技术检索是规避设计的基础，检索的全面性和充分性对于规避设计的有效性至关重要。除 WIPO 以及主要国家/地区专利局对公众免费开放的专利数据库之外，许多经过深加工的商业数据库或专利信息平台也提供了丰富的检索资源。企业可以根据目前以及未来的目标市场、竞争对手状况、技术创新源头、预设规避主题来确定检索范围。

常规的检索手段包括基于关键字的检索、基于分类号的检索、基于申请人/发明人的检索等，此外，Innography、Total Patent、IP. com、Patentics、Innojoy 等近年来兴起的专利检索分析平台还提供了语义检索功能。

专利检索过程中，需要特别注意以下几点。

（1）申请人改名/匿名

防止专利申请人使用不同的名称掩盖其真实的专利储备情况，通常的应对措施包括：根据目标企业的子公司及合作伙伴关系、企业并购历程、谐音的译名、发明人信息等线索进行检索。申请人刻意掩盖的情况则更为棘手，例如，刻意改名、以不相关的公司或个人进行申请，这种情形下，需要借助技术分析进行判别。

例如，近年来持续升温的无人机领域，法国派诺特公司是当之无愧的领导者，以其官方中文译名“派诺特”作为申请人进行检索，只能获取为数不多的几件中文申请。然而，通过关键词和技术分类号等技术线索检索却发现一家名为“鹦鹉”的法国公司掌握了数十件无人机领域的核心专利。[1] 拨云见日方知，鹦鹉（Parrot）正是派诺特公司掩盖其真实专利布局的障眼法。

（2）时间和地域因素

每个企业的目标市场各不相同，对于主要面向国内市场的企业而言，如果未来没有走向海外的计划，专利检索可以重点针对本国专利数据库。但是仍需考虑到国外申请后续可能通过《巴黎公约》或 PCT 等途径进入国家阶段，因而，也需要适当扩展，检索业内重点企业的全球专利申请状况，以更为全面地把握现有技术状况。

3. 专利文件分析

专利申请文件提供了丰富的情报信息，专利文件的分析和解读既需要一定的技术背景，也需要掌握相关法律知识，建议由法务人员和技术人员相互辅助、共同完成。

当锁定规避设计针对的专利后，首先要明确专利权的保护范围。时间范围、地域范围、技术范围这三个维度共同决定了专利权的保护范围。

就时间维度而言，除了考虑本专利的权利期限，还应当考虑有无后续的关联申请。如果是美国专利，需要考虑有无基于本专利的延续申请。

就地域维度而言，需要分析其同族专利的布局情况。

就技术维度而言，深入、全面地分析专利文件公开的技术信息是成功实现规避设计的保证。

虽然专利侵权判定是以权利要求的保护范围为准，然而专利规避设计还需要充分利用说明书背景技术和具体实施例中的技术内容，此外，与目标专利紧密相关的审查文档、司法判决也提供了重要的线索。

（1）利用背景技术

撰写形式标准的专利文件，“背景技术”部分会对特定领域的技术现状、存在的技术问题、可能的解决手段进行概述，借助这些信息能够迅速锁定现有技术缺陷和可行的改进方向，从而缩短研发时间、降低研发成本。

（2）利用弃用方案

某些专利文件中会对弃用的技术方案加以论述，指出其存在的缺陷和不足。事实上，在先申请人的认识可能存在局限性和片面性，随着技术发展，后续研发也有可能克服原有技术偏见，基于摒弃方案进行二次研发，有可能获得意料不到的技术效果。

（3）利用引证/被引证文献

申请文件中引用的专利文献、作为优先权基础或者作为母案的在先申请都是与该申请密切相关的现有技术；此外，专利审查过程中，审查员引用的对比文件以及专利

---

[1] 鹦鹉股份公司旗下专利［EB/OL］.［2016-05-10］. http://mt.sohu.com/20160510/n448711492.shtml.

确权阶段引入的相关专利文献也是与之高度相关的现有技术。利用这些相关文献信息，可以更全面地获知细分领域的技术现状。

（4）利用具体实施例

专利权的保护范围以权利要求的记载为准，根据“捐献原则”，[1] 即使被控侵权产品的技术方案在涉案专利的说明书中公开，由于其没有落入权利要求的保护范围，仍然不构成专利侵权。因此，通过分析在先专利的权利要求保护范围与其具体实施方式中公开的技术内容，有可能发现专利保护的遗漏点，以“取巧”的方式进行规避设计。

（5）利用审查信息

根据“禁止反悔原则”，[2] 申请人在专利审查或复审/无效程序中明确放弃的技术内容不纳入专利权的保护范围。实际操作中，申请人为了克服新颖性、创造性缺陷而进行的缩小权利要求保护范围的增加或修改，或者为了克服权利要求不清楚等缺陷而进行的澄清性解释，其中所涉及的不被要求保护的技术内容均有可能成为规避设计的基础。

（6）利用无效专利

即使专利申请获得了授权，也可能由于无效程序、期限届满以及未缴纳专利维持费等原因导致权利失效。失效专利的技术方案进入了公有领域，任何企业或个人既可无偿使用相应的技术方案，也可以基于此进行优化和改进。

4. 预研改型方案

前述步骤已经明确了现有技术存在的缺陷和可能的改进方向，在此基础上进行改型方案的预研，可遵照本章第二节所述的简化原则和替代原则，对在先专利技术方案的构成要件进行拆分和重组，以形成新的设计方案。专利的三种类型中，外观设计专利的规避设计相对容易，针对产品的形状、图案、色彩这三要素改型即可。但需要注意改型产品与在先专利之间的差异度是否足以达到非“相似设计”的程度。

对于发明专利而言，由于其技术门槛相对较高，大部分企业受到资金、人力、技术水平等因素的限制，不可能对所有的改进方向都投入精力，而应当有所选择和侧重，没有必要面面俱到。通常由技术人员、市场人员和专利人员根据产业趋势、技术趋势、市场需求、企业规划、企业自身、友商及竞争对手的产品现状和技术优势选择一个或几个方向重点研发。

例如，针对一件涉及手机电池快速充电的在先专利进行规避设计，经分析，在先专利采用了提高电池充电电压的技术原理，规避设计可以考虑尝试从不同的角度进行改进：或者基于提高充电电压的技术原理，但是采用了不同的电压控制方法；或者提高充电电压同时增大充电电流；或者采用常规电压、仅增加充电电流；又或者保持常规电压，但通过减小电阻从而增加等效电流等。

[1] 李德山. 论专利侵权判定中的捐献原则［C］. 2010年中华全国专利代理人协会年会暨首届知识产权论坛，2010.

[2] 北京市高级人民法院《专利侵权判定若干问题的意见（试行）》第43~45条。

5. 侵权风险评估

对于预研成果进行风险评估，将新的设计方案与在先专利的技术方案对比，确定两者之间的区别所在，并且从法律层面评估区别特征的差异程度是否足以消除等同侵权的风险。如果差异程度不足，则需要对方案持续改进，直至差异度足以消除侵权风险。因此，评估侵权风险的步骤与现有技术检索、专利文件分析步骤以及预研改型方案的步骤之间是相互迭代、螺旋上升的关系。

重要专利规避设计的法律风险评估可以请外部专利律师或司法鉴定所出具专利不侵权报告。在中国，有资质的知识产权司法鉴定所出具的技术方案不相同的司法鉴定意见书，可作为应对竞争对手以专利侵权进行威胁的一种有效手段。在美国等地，经过外部专利律师正式评估，出具专利不侵权报告，被认定为合法且不侵权的专利规避设计，可以在侵权诉讼中避免被控恶意侵害的加重处罚。[1]

此外，如果属于“彻底改型”的情形，通常还需要就改型之后的设计方案在更大检索范围内进行补充检索，以确保在相关领域也不存在侵权风险。

6. 可专利性评估

通过侵权风险评估的设计方案必定是创新方案，与现有技术之间存在一定的差异性。但是，司法程序中的“等同特征”与专利审查程序中的“相同或相应技术特征”具有不同的法律内涵，因此，专利侵权判定中“等同特征”判断标准[2]与专利审查中的创造性标准不尽相同，虽然设计方案经过了侵权风险评估，仍然需要对方案进行可专利性评估。

具体而言，需要从专利审查的角度对技术方案是否满足专利法保护客体的要求、是否满足技术方案充分公开的要求、是否满足非显而易见的创造性要求等方面进行评估，力求提炼出符合专利法要求的技术方案。

7. 扩展性专利挖掘

与基于研发项目和基于创新点的专利挖掘方法类似，为了尽可能全面地保护创新成果，同样需要对规避设计获得的创新方案进行扩展性的专利挖掘。例如，技术方案的再次改型、技术方案的扩展应用、技术方案的反向规避设计等，以创新方案为核心进行深度挖掘。

在规避设计过程中，最终没有选用的改型方案或者近似手段的替代方案，虽然没有在最终的产品设计中得以体现，如果技术原理上切实可行，并且方案通过了可专利性评估，同样也可以申请专利，通过在周边设防，以专利组合的形式扩大设计成果的权利范围。

---

[1] 于鹏. 专利挖掘与规避设计［EB/OL］.［2016-06-30］. http://wenku.baidu.com/view/b734020e561252d381eb6e44.html?from=search.

[2]《最高人民法院关于审理专利纠纷案件适用法律问题的若干规定》（法释〔2015〕4号）第17条。

第三节　典型案例分析

一、基于替代原则的专利规避设计

【案例6-3-1】用于点读笔二维编码图形的专利规避设计❶

案例设置目的：规避设计中的“替代原则”。

案例背景：

点读笔的核心是OID（Optical Identification）编解码技术。OID编码图形作为一种光学识别码，是由许多微小且人眼难以察觉的、依照特定规则所组成的点阵，能够隐藏在印刷品的彩色图案之下。当点读笔的红外感光元件扫描OID编码图形后，由解码芯片MCU对编码图形进行解码，输出对应的语音信息。OID解码芯片的主要厂商包括SN公司和SP公司，这两家公司的解决方案类似，但OID算法互不相同。

SN公司在先提交了一件OID编解码方案的专利申请，该申请一经公布就被密切关注竞争对手研发动向的SP公司注意到。通过深入分析在先申请的技术方案，SP公司认为这件在先申请如果获权可能会对己方的同类产品构成威胁，于是，SP公司双管齐下，采取了积极有效的应对措施。

1. 在先申请技术方案分析

在先提交的专利申请（申请号CN02122633，简称“申请A”）请求保护一种OID编解码方案以及用于读取该图形的点读笔。该OID编解码方案将点阵排列的二维图形区域划分为表头区域和内容区域，L形表头状态区域作为每个图形单元的指标，起到定位标识作用，属于同一图像的L形表头相同，不同图像的L形表头互不相同；具体的声音内容资料则存储在矩形的内容区域，表头区域和内容区域均以“1/0”二值编码。点读笔结构如图6-3-1所示，OID编码图案如图6-3-2所示。

❶ 案例来源：某芯片企业专利室。

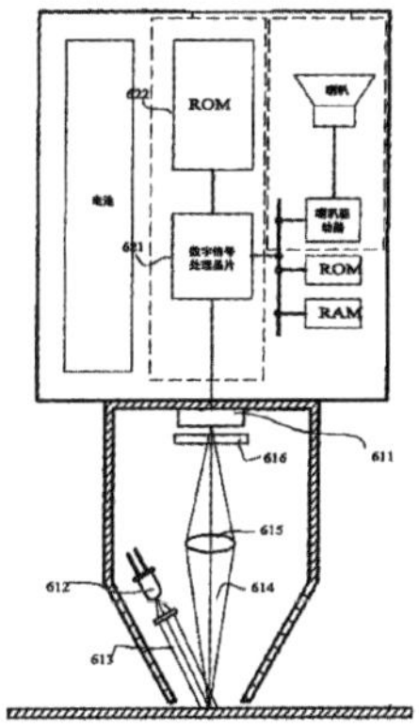

图 6-3-1　SN 公司的点读笔

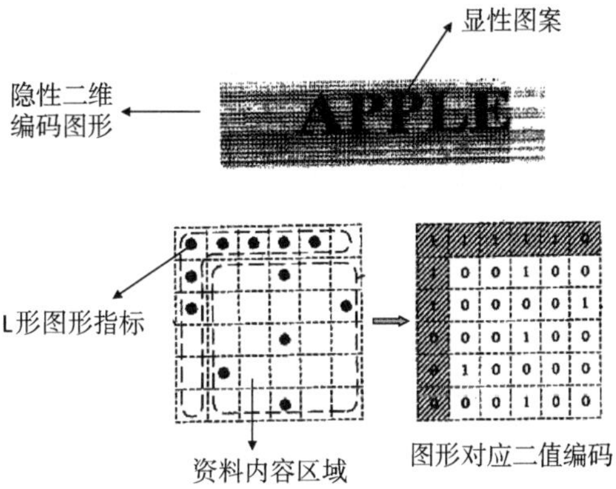

图 6-3-2　SN 公司 OID 编码方案

申请 A 的主权利要求如下：

1. 一种应用图像指标的处理系统，包含：

一光学装置，此光学装置供一使用者自一物体表面取得一选定区域的一影像，该影像内包含至少一图像指标，该图像指标以一视觉上易忽略的方式预先附加在该物体表面；

一处理装置，该处理装置与该光学装置连接以接收该影像，该处理装置自该影像取出该图像指标，该处理装置由该图像指标以获得该图像指标对应的一额外资料；以及

一输出装置，该输出装置与该处理装置连接以接收该额外资料，并且该输出装置输出该额外资料。

结合说明书披露的技术内容进行分析，申请 A 的技术方案构成要件包括：

①以点阵方式编码以存储音频信息（即权利要求中限定的“额外资料”）的图形区域；

②用于获取二维点阵图像的光学装置；

③对二维点阵图像进行解码以读取对应音频信息的 OID 芯片（即权利要求中限定的处理装置）；

④输出音频信息的输出装置。

其中构成要件②~④是基于现有点读笔的技术原理必不可少的硬件部件，难以找到简化或替代方案；而构成要件①中，具体的点阵图形和编解码规则相对易于改型，可以尝试寻找构成要件①的替代方案。

2. 缩小在先申请保护范围，争取更大自由技术空间

从申请 A 的权利要求撰写来看，其请求保护的权利范围较大，涵盖了所有利用二维点阵图形进行编解码的 OID 解决方案。基于现有技术检索结果的分析，SP 公司认为应当缩小其权利要求的保护范围，以争取更大的技术自由空间，为规避设计留有余地。

SP 公司以第三人的身份向专利审查部门提交了公众意见，提供了多篇美国专利文献作为现有技术证据，以期影响在先申请的保护范围。正如 SP 公司的预期，为了克服新颖性和创造性缺陷，SN 公司将该方案中的关键技术特征“L 形表头状态区域”加入独立权

利要求，通过缩小权利要求的保护范围，最终获得了授权（以下简称专利A）。

SN公司获权的主权利要求如下：

权利要求1. 一种处理系统，包含：

一光学装置，此光学装置供一使用者自一物体表面取得一选定区域之一影像，该影像内包含至少一图像指针，该图像指针是以一视觉上易忽略的方式预先附加在该物体表面；

一处理装置，该处理装置与该光学装置连接以接收该影像，该处理装置自该影像取出该图像指针，该处理装置借由该图像指针以获得该图像指针对应之一额外数据；以及，

一输出装置，该输出装置与该处理装置连接以接收该额外数据，并且该输出装置输出该额外数据，其中该图像指针包含多数微小图像单元，该多数微小图像单元的一布置对应一指针数据，该处理装置分析该多数微小图像单元的该布置，以取得该指针数据，该处理装置并由该指针数据以获得该额外数据，此物体表面具有一主要信息，该多数微小图像单元与该主要信息是重叠地共存于该物体表面，人眼察觉该主要信息，而忽略该多数微小图像单元，且其中该多数微小图像单元是以一大量吸收红外光的吸收油墨绘制，该主要信息是以不吸收红外光的至少一非吸收油墨绘制，并且，该光学装置发射一红外光至该物体表面，该光学装置接收一响应影像作为该影像，该图像指针具有多数状态区域供选择性分别放置该多数个微小图像单元，该多数个状态区域是以一二维矩形数组方式排列，并且该多数个状态区域具有一L形表头状态区域群及一内容状态区域群，其中，该L形表头状态区域群包含该图像指针之二相邻边，该L形表头状态区域群之状态组合保持不变，而该内容状态区域群之状态组合随着对应不同的该指针数据而变动。

3. 改型编码图案，差异化设计获得专利权

SP公司以专利A技术方案的构成要件①为突破点，针对其必须依赖“L形表头状态区域”作为定位标记这一关键技术点，基于“要素替代”原则进行规避设计放弃了行列式二维点阵的图案设置方式，转而采用极坐标的定位和布局设置。

SP公司的OID解决方案，同样是将二维点阵划分为多个单元区域，差异化特征在于：每个单元区域采用三层多边形（如六边形）的索引点设置，最中心的索引点作为中心子点，内侧第一层多边形上分布的索引点与中心子点的连线方向作为方向指示和定位标识，外侧两层多边形上分布的索引点即为存储资料的内容区域（如图6-3-3所示）。

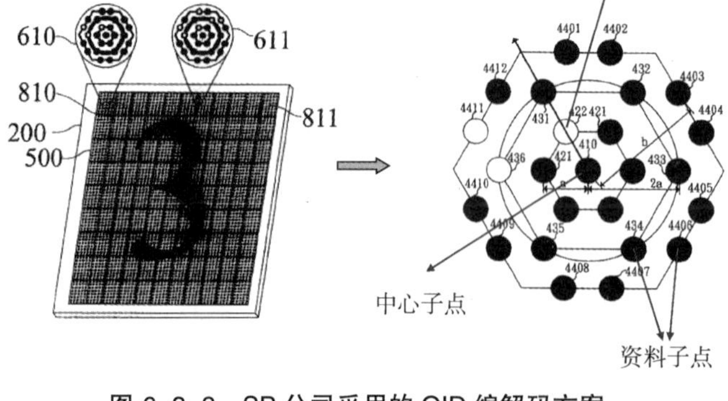

图6-3-3 SP公司采用的OID编解码方案

虽然两者的整体技术构思和基础技术原理类似，都采用了点阵式存储方式，但是SP公司在编解码规则这一关键技术点上进行了改型设计。针对SN公司的规避设计方案进行侵权风险评估，从表6-3-1的技术方案构成要件的对比分析可知，区别特征既不相同也不等同，SP公司的改型方案成功规避了在先专利A。

表6-3-1　SP公司改型方案与专利A技术方案对比分析

技术方案构成要件	SN公司的专利A	SP公司的规避设计方案	特征对比	结论
二维编码图案	L形表头区域+矩形内容区域	极坐标指示的索引点+资料点	非等同特征	不侵权
光学装置	√	√	相同特征	
OID解码芯片	√	√	相同特征	
音频输出装置	√	√	相同特征	

SP公司基于这一规避设计成果申请了发明专利（申请号CN200410082570），并顺利获得授权（CN100337184C，下称“专利B”），专利B的主权利要求如下：

权利要求1. 一种具有索引资料的表面感应式输入装置，

该表面感应式输入装置区分成复数个区域，每一区域具有复数个索引点，每一索引点代表所对应区域的编码，该多个索引点可由一光学读取装置所读取，并撷取出对应的索引资料，其中，该多个索引点列印于该表面感应式输入装置上。

4. 基于被无效专利，二次开发进行规避设计

两家公司在点读笔市场展开市场竞争期间，SN公司以专利A向竞争对手SP公司提起侵权诉讼，然而，SN公司的在先专利A反被宣告无效。现有技术证据是另一件美国专利（US6244764B1），该专利的技术方案同样采用了“L形表头”作为定位标识。

面对在先专利被无效的困境，SN公司全面分析了现有解决方案的优缺点，结合国内外专利布局现状，针对原有“L形表头”解决方案中微图像单元存储密度低的技术缺陷，提出了一种更为优化的OID编码方案。

在先申请A中，内容区域的每一个点格代表一位数字1或者0，即一个单位点格可存储1bit的信息。为了增加信息容量，一种解决方案是加大点阵本身的印刷密度，但是这一方式带来的负面效果是影响印刷物表面显性图像的可读性。SN公司采用了另一种优化解决方案，不需要增加点阵的印刷密度，而是将每一个点格再次划分为四个小格，通过将圆点置于左上、左下、右上、右下的区域可分别表示00、01、10、11的2bit信息。SN公司的技术方案与US6244764的技术方案对比如图6-3-4所示。

这一改型方案仍然采用了“替代原则”对现有方案的构成要件进行了优化，SN公司基于这一优化方案提交专利申请（申请号为CN201010246701），并顺利获得专利权

（CN101908156B），主权利要求如下：

权利要求 1. 一种使用图像指标结构的数据输出输入方法，其特征在于：

于一物体表面上形成至少一对应一指标数据的图像指标结构，所述图像指标结构包括一内容数据部及一表头部，所述内容数据部包括多个第一微图像单元且所述内容数据部所占区域区分为多个第一状态区域，各所述第一状态区域均设置有一第一微图像单元，所述第一微图像单元选择性位于均分第一状态区域所形成的多个虚拟区域的其中之一，所述表头部包括多个第二微图像单元且所述表头部所占区域区分为多个第二状态区域，所述第二微图像单元以一预定方式排列，以提供识别所述图像指标结构的表头信息，所述第一状态区域及所述第二状态区域构成一个二维状态区域阵列，所述第二状态区域构成该二维状态区域阵列内其中一行及其中一列，至少其中一个所述第二微图像单元偏移所属的第二状态区域中心，且其余的第二微图像单元均设置于所属的第二状态区域的中心位置处；及

光学读取该物体表面，以取得包含该图像指标结构的一放大影像，以撷取对应该图像指标结构的该指标数据。

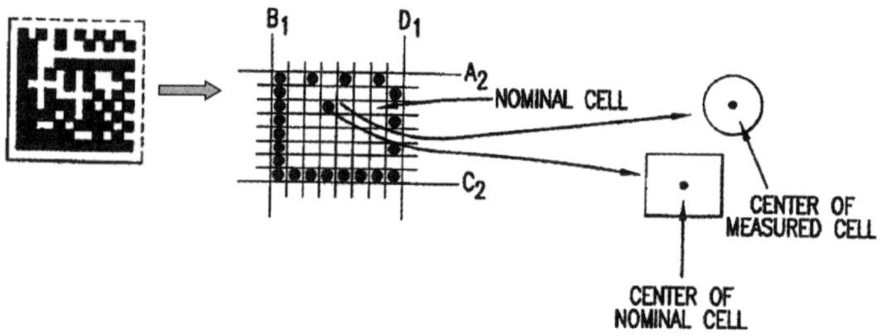

现有技术证据（US6244764B1）的技术方案

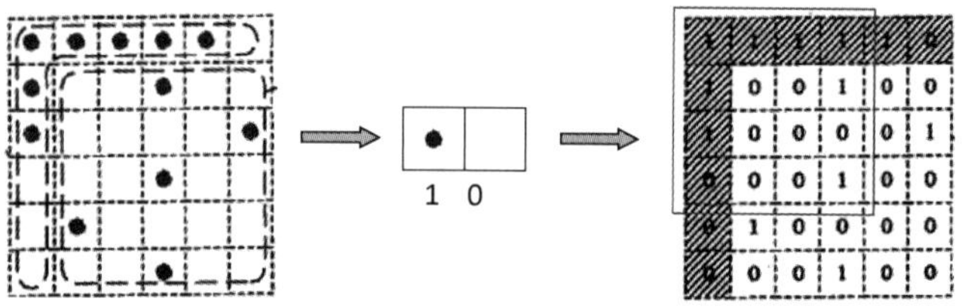

SN公司在先申请的技术方案

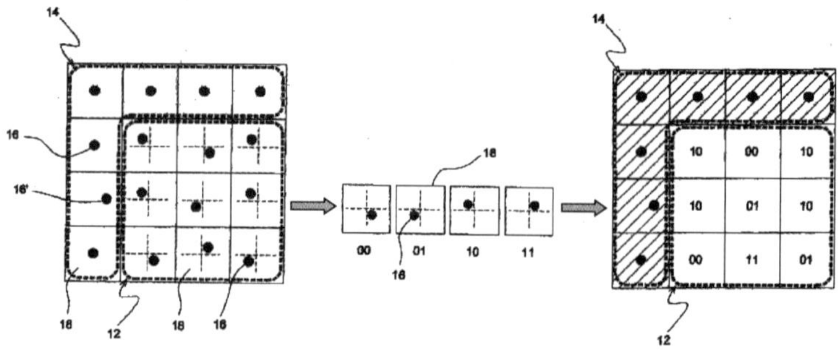

SN公司的优化技术方案

图 6-3-4 US6244764B1 与 SN 公司原技术方案、优化设计方案对比

5. 小　结

本案例中，两个竞争对手同为技术创新型企业，分别掌握了点读笔解码芯片的核心技术，专利挖掘、布局和运用能力很强，案例所展示的专利挖掘过程基本涵盖了第二节所推荐的专利挖掘流程。

(1) 规避主题的确定：技术引领型企业在技术创新方面自身具备领先性和主动性，因而其规避主题的确定相对容易，即同业竞争者在相同技术方向的创新。

(2) 现有技术检索：就时机而言，需要密切关注业界动态，尤其业内已经存在对抗者和追随者的情况下，更要时刻掌握竞争对手的一举一动。对于国内外专利数据库定期检索，追踪特定领域申请态势，有利于及早发现侵权风险，提早规划应对措施。

(3) 专利文件分析：通过全面分析申请文件，对技术方案的构成要件进行拆分，确定了规避设计针对的组成要素（构成要件①）。

(4) 预研改型方案：基于“替代原则”，提出了构成要件①的替代方案。

(5) 侵权风险评估：对比分析双方技术方案后认为，在先申请的权利要求保护范围较大，对己方的规避设计存在不利影响，因此通过提交公众意见的方式促使对方缩小专利权的保护范围。

(6) 可专利性评估：规避设计方案与在先专利的编码图案存在明显差异，能够满足专利获权的条件。

本案例的规避设计及专利挖掘流程如图 6-3-5 所示。

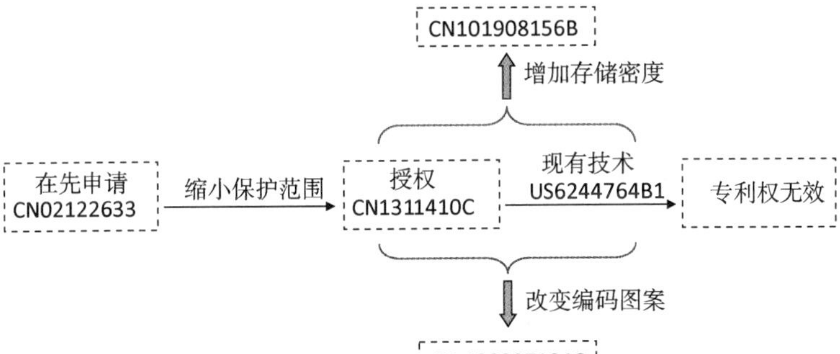

图 6-3-5　本案例的规避设计及专利挖掘流程

【案例 6-3-2】用于灶具的红外线燃烧器的专利规避设计

案例设置目的：掌握规避设计中的替代原则。

案例背景：红外线燃气灶具的核心部件是红外线燃烧器，该种燃烧器的燃烧板通常是由多孔陶瓷体或金属蜂窝体制成的。图 6-3-6 是金属蜂窝体燃烧器，是金属带盘绕成圆形盘状的燃烧板，相邻金属带之间形成的间隙就是火孔，燃气经过炉头从燃烧板的底部输送至燃烧板的上表面的火孔处被点燃，密集的火孔形成由短焰组成的燃烧面。

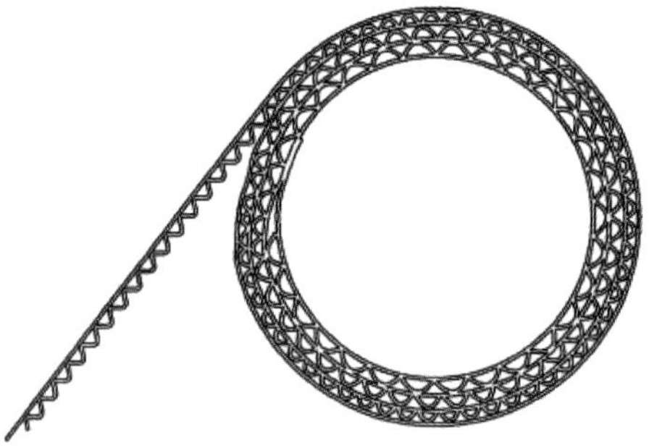

图 6-3-6　金属蜂窝体燃烧器

这种由金属带盘绕而成的燃烧板最早由罗某于2005年申请专利，该申请于两年后获得授权，经历了多次无效宣告请求后仍维持有效，稳定性较高并在行业形成专利壁垒。在无效这条路行不通之后，如果想要使用这种技术，只能进行规避设计，下面探讨一下针对该专利可能的规避设计方案。

1. 在先申请技术方案分析

在先申请（授权公告号CN100338394C，简称“专利A”）要求保护一种用在燃气用具上的红外线金属蜂窝体燃烧器及其制作方法，主要是金属蜂窝体的制作方法：将双层或多层金属薄片制作成具有规则缝隙或波纹状，然后相互叠合焊接或缠绕形成形状各异的金属蜂窝体。

专利A的独立权利要求为：

1. 用在燃气用具上的红外线金属蜂窝体燃烧器及其制作方法，特征在于：先将燃烧器的混气室制成一个或多个独立混气室出气口或在一个独立的出气口上制成多个相对独立的出气口，用双层或多层金属薄片设计成规则缝隙或波纹状，然后将其用相互叠合焊接或缠绕的方法制成形状各异的燃烧器用的有红外线辐射功能的金属蜂窝体，并将该金属蜂窝体外侧壁与燃烧器混气室的出气口的内径侧壁部位进行相互连接，使其独立形成一个燃烧面或多个独立燃烧面或在一个出气口上形成多个独立的燃烧面。

结合说明书公开的技术内容进行分析，专利A的技术方案构成要素包括：

①将燃烧器的混气室制成至少一个独立的出气口或多个相对独立的出气口；

②用双层或多层金属薄片设计成规则缝隙或波纹状，并相互叠合焊接或缠绕制成形状各异的金属蜂窝体；

③将金属蜂窝体的外侧壁与出气口的内径侧壁连接，形成一个独立燃烧器面或多个相对独立燃烧面。

结合专利A的实施例，要素①和要素③的目的是使燃烧器形成至少一环或含有多个独立燃烧器区域的燃烧面，这两个要素覆盖现有燃气灶具的红外线燃烧器的炉头的所有形式，不可能通过回避设计得到替代方案；要素②在金属薄片的数量和形状上都有具体的限定，存在寻找替代方案的缺口。

2. 克服技术偏见获得替代方案

要素②涉及金属蜂窝体的具体制作方法，是专利 A 的核心发明点。具体为，将至少两层的金属薄片制成平板带料或波纹带料（瓦楞状）后叠合，带料之间形成规则的缝隙，然后通过焊接或缠绕形成形状不限定的金属蜂窝体。此要素涵盖了所有两层或以上的金属带料叠合缠绕形成金属蜂窝体的方式，却将一层金属带缠绕形成金属蜂窝体的形式排除在外。推测发明人认为，单层金属带叠合缠绕不能形成结构稳定的金属蜂窝体。如，单层平板带叠合缠绕不能形成燃烧需要的缝隙；单层波纹带叠合缠绕会使带料部分重合，致使形成的金属蜂窝体在水平方向的松动。这其实属于一种技术偏见。

对此，在考虑单层金属带盘绕形成金属蜂窝体的可能性时，对单层金属带进行改造（方案 B），如图 6-3-7、图 6-3-8 所示。具体为，单根金属带包括平带部 11 和凸起部 12，平带部和凸起部交替设置在金属带的长度方向上；凸起部包括带料本体 121 和凸起 122，凸起设置在带料本体的两侧；金属带盘绕形成蜂窝体后，平带部盘绕形成的盘绕圈和凸起部盘绕形成的盘绕圈交替分布，相邻盘绕圈之间形成缝隙。

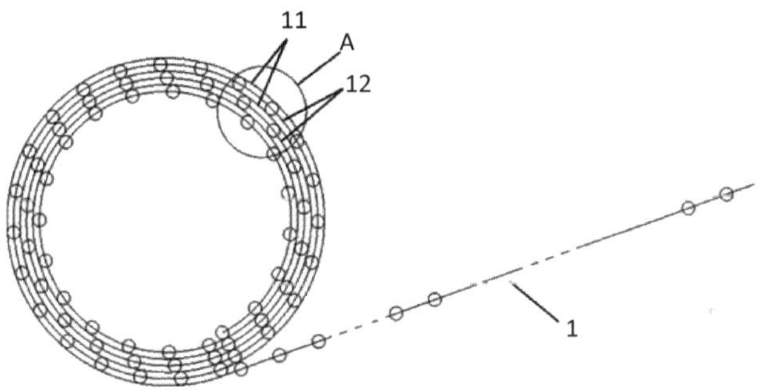

图 6-3-7 方案 B（一）

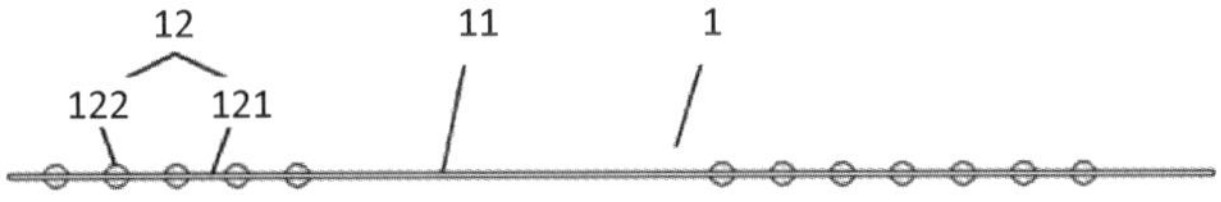

图 6-3-8 方案 B（二）

这样，只需一层金属带盘绕并采用常规的焊接技术就能制成结构稳固的金属蜂窝体。虽然由于每个盘绕圈的直径不同导致每个平带部和凸起部的长度都不同，但根据蜂窝体的直径和凸起高度的预设数据，各个平带部和凸起部的长度都能计算出来，并根据算出的长度数据在带上设置平带部和凸起部。由此，方案 B 具有充分的可行性，研发人员对此方案进行了专利申请。

3. 替代方案的扩展性挖掘

方案 B 中，由于是平带部和凸起部交替设置，凸起部必须两侧都要设置凸起，否则只有其中一侧与平带部形成间隙。但两侧都设置凸起的工艺成本较高。对此，在方案 B 的基础上将平带部和凸起部替换成单侧设置不同凸起的至少两个凸起部。

如图 6-3-9~图 6-3-11 所示，由此改进出的方案 C 具体为，在金属带 1 的同一侧间隔设置第一凸起组 11 和第二凸起组 12，第一凸起组包括在金属带长度方向上均匀分布的第一凸起 111，第二凸起组包括在金属带长度方向上均匀分布的第二凸起 121，第一凸起和第二凸起的排列方式不同。金属带盘绕成金属蜂窝体后，每个盘绕圈只包含一个凸起组第一凸起组和第二凸起组在金属蜂窝体的径向上交替分布。

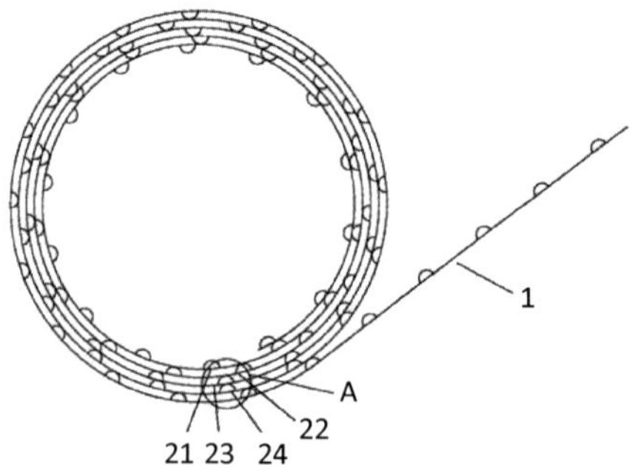

图 6-3-9　方案 C（一）

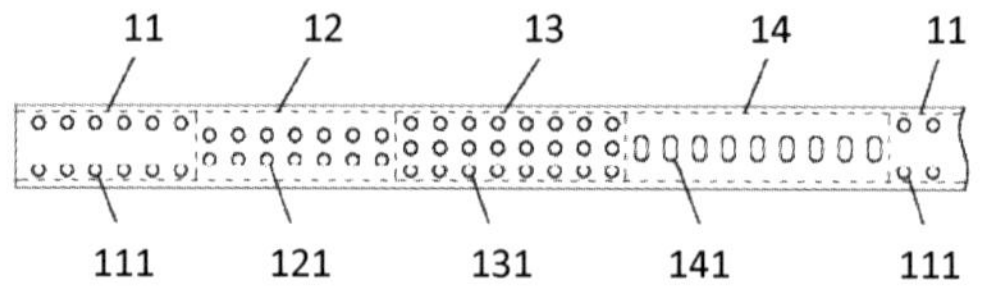

图 6-3-10　方案 C（二）

图 6-3-11　方案 C（三）

这样，在金属带的单侧设置凸起，只需对金属带的一侧辊压加工就能形成凸起组，有效降低了加工成本。另外，第一凸起和第二凸起的不同排列使相邻两个盘绕圈之间的凸起组相互错位，不会相互嵌套，形成能够稳定支撑结构和均匀的缝隙。再进一步，增加第三凸起组或再增加第四凸起组，使盘绕而成的金属蜂窝体的结构更加稳固。在实施中，具有三种不同的凸起组的实施例较佳。

在寻找凸起组的替代方案时，除了变换凸起组的排列方式外，凸起形状的变换也能形成具有可行性的不同替代方案。于是，在此方向上继续进行深度挖掘，成功扩展出十几个替代方案，并形成专利申请。在此不再赘述。

二、基于简化原则的专利规避设计

【案例 6-3-3】自定义空调运行曲线的专利规避设计

案例设置目的：规避设计中的“简化原则”。

案例背景：

G 公司与 M 公司同为国内家电行业的领军企业，两家公司的产品线和市场定位十分接近，并且都具有较强的专利保护和维权意识。为满足家用空调的个性化设置需求，G 公司于 2007 年申请了一件名为“控制空调器按照自定义曲线运行的方法”的发明专利，并于次年获得授权。利用该项专利技术，G 公司推出了“睡梦宝”“睡美人”等系列产品。与此同时，M 公司也推出了类似的空调产品。G 公司向某地中级人民法院提起专利侵权诉讼，案件经过一审、二审判决，G 公司成功维权。[1]

虽然在这场专利诉讼中，M 公司落于下风，事实上，M 公司的专利保护意识并不输给 G 公司。针对“用户自定义空调运行曲线”这一提高用户体验的功能，M 公司也申请了相关专利，只不过由于规避设计差异程度不足，该申请未能获得授权。本案败诉后，M 公司随后基于 G 公司在先专利做出了针对性的改进，并顺利获得专利权。

1. 在先申请技术方案分析

市售空调的睡眠模式大都是由制造商根据大众化的统计数据来预先设置空调在不同时段的运行参数，然而，不同用户的个人偏好和所处地理环境不同，统一设定的睡眠模式难以满足用户的个性化需求。针对这一缺陷，G 公司设计了一种用户可自定义空调运行参数的控制方法，允许用户以小时为单位、自行设定一段时间内的空调运行曲线，从而实现个性化睡眠模式的设置。

G 公司于 2007 年 4 月提交了在先专利申请（申请号 CN200710097263），相关产品推出时间约为 2007 年 8~11 月，可见，G 公司在产品上市前提前做好了专利布局，该申请顺利获得专利权（CN100416172C，以下简称专利 A）。

专利 A 的主权利要求如下：

1. 一种控制空调器按照自定义曲线运行的方法，所述空调器包括主机和遥控器，其特征在于，所述方法包括如下步骤：

通过所述遥控器上的键盘设置自定义曲线；

当设置完成后，所述遥控器将已设置好的自定义曲线数据存储在所述遥控器自带的记忆芯片中；

通过所述遥控器的红外信号发射单元将所述自定义曲线数据按编码格式发送给所述空调器主机的红外信号接收单元；

所述空调器主机的红外信号接收单元将自定义曲线数据保存在所述空调器主机的 MCU 控制芯片自带的 RAM 中，之后由 MCU 控制芯片根据 RAM 中的自定义曲线数据在相应的时间段设置

[1] 魏保志．从专利诉讼看专利预警［M］．北京：知识产权出版社，2015：282-301.

预定的运行参数，并通过所述运行参数来控制所述空调器主机做相应的运转；

其特征在于，所述自定义曲线为自定义睡眠曲线，所述遥控器为具有时间间隔定时功能的遥控器，设置所述自定义睡眠曲线的步骤进一步包括：

用户进入自定义设置状态；

设定第一设定温度，所述遥控器在第一时间间隔内保持所述第一设定温度；

如果用户不需要改变设定温度，则直接确认，所述遥控器在第二时间间隔内保持所述第一设定温度；若用户需要改变设定温度，则将设定温度调节至所需的第二设定温度，所述遥控器在所述的第二时间间隔内保持所述第二设定温度；

如此，直至完成整个睡眠时段的温度设定，从而完成所述自定义睡眠曲线的设定。

2. 差异程度不足，规避设计失败

当M公司的同类产品被诉专利侵权后，M公司于2008年12月补救性地提交了一件名称为“控制空调器按照自定义舒睡曲线运行的方法”的在后申请（申请号为CN200810220323，简称“申请B”）。然而，该申请不仅申请日晚于G公司在先申请的公开日，并且，由图6-3-12的对比可知，两者的技术方案极为接近。审查阶段，M公司的申请B被质疑全部权利要求不具备创造性，最接近现有技术证据正是G公司的在先专利A。

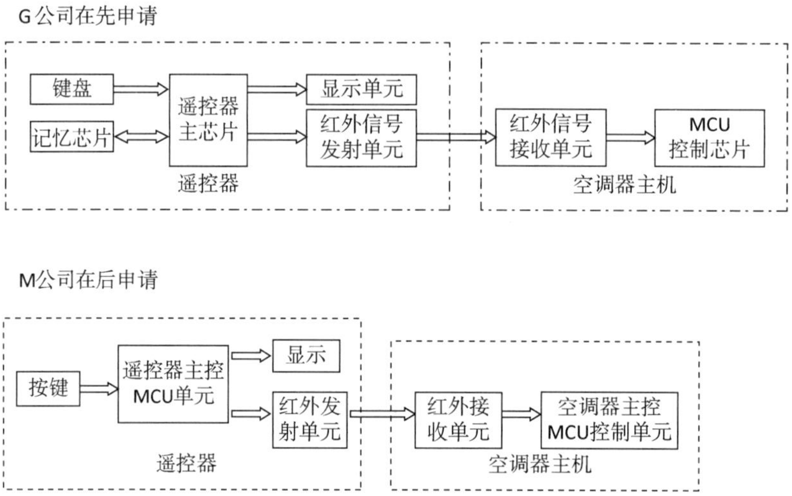

图6-3-12 G公司与M公司专利申请技术方案对比

从发明专利申请的创造性审查角度分析，通过将申请B请求保护的技术方案与在先专利A的技术方案进行对比可见，两者的技术原理相同，发明构思相同，方法步骤相近，差别仅在于表6-3-2所示的两个区别技术特征，技术方案整体的差异程度较小，在后申请B显然不具备创造性。

表 6-3-2　申请 B 与专利 A 的区别特征

M 公司在后申请 B	G 公司在先专利 A	区别特征评价
自定义舒睡曲线保留在遥控器主控 MCU 单元的 RAM 区域	自定义睡眠曲线存储在遥控器自带的记忆芯片中	存储位置不同——显而易见
设置自定义舒睡曲线的步骤包括调整用户设定运行模式，并且包括设定舒睡时间，并在遥控器上显示，若不需要调整舒睡时间则可直接确认运行程序默认时间，如用户需要调整舒睡时间，则可通过遥控器按键设置，然后确认	未具体记载	常用技术手段——显而易见

从专利规避设计的侵权风险角度进行分析，M 公司的申请 B 与在先专利 A 的技术方案相比存在两方面的区别：

区别①是基于“替代原则”，对专利 A 技术方案的一个构成要件进行了替换式改型，然而，替换前后的特征差异程度不大，明显属于等同特征。

区别②是在后申请 B 对专利 A 的“设置自定义舒睡曲线的步骤”增加了更为细节的特征。然而，这些细化的操作步骤与原有操作步骤相比，其采用的手段、实现的功能、达到的效果基本相同，没有对技术方案带来实质性的影响，因此，申请 B 中的“设置自定义舒睡曲线步骤”相对于专利 A 中的设置步骤仍然属于“等同特征”。

综上，无论就创造性高度还是就规避侵权风险而言，M 公司的技术方案都不够成功，一方面产品被判侵权，另一方面专利申请未能获权。

3. 准确定位技术问题，再次改型获得成功

M 公司针对 G 公司的专利 A 重新进行规避设计，并于 2009 年提交一件“改变空调原有睡眠运行曲线”的专利申请（申请号 CN200910039754，简称“申请 C”）。

该申请的背景技术部分指出了 G 公司在先专利技术存在的若干缺陷，概括而言，主要问题是：用户在调整不同时间段的设定温度从而设置睡眠运行曲线时，需要以 1 小时为间隔，逐个时段连续设置，当需要修改其中某个或某些温度参数时，必须从第一个时段开始重新设置运行曲线，运行曲线的设置过程过于烦琐和复杂。

针对这一技术问题，M 公司依据“简化原则”，对原有方案中烦琐的设置步骤进行了简化，提出了一种易于操作的改型方案（如图 6-3-13 所示）：当用户需要修改特定时间段的温度参数时，无须从第一时间段开始从头设置，仅需修改特定时间段的温度参数。

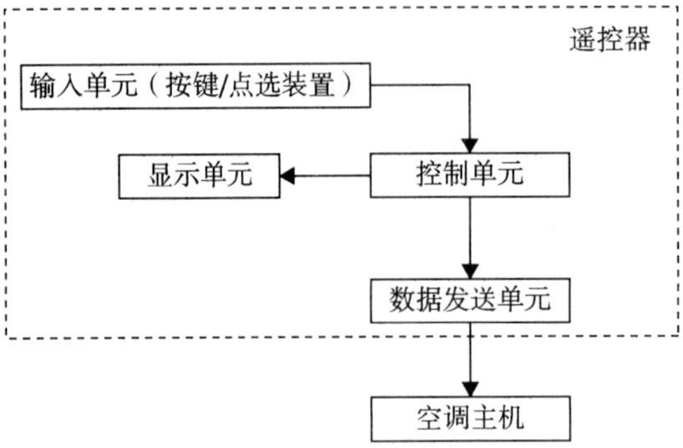

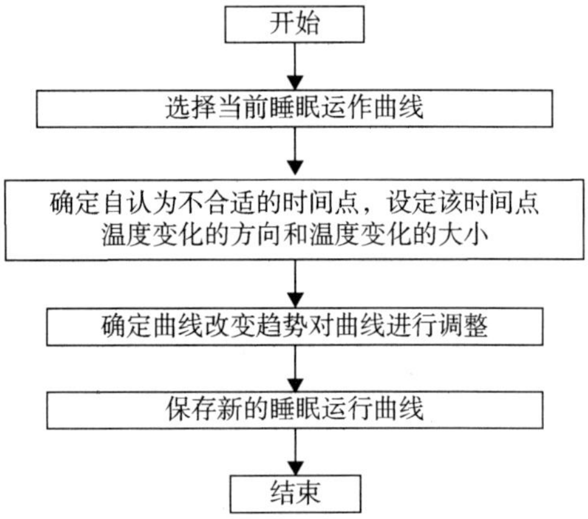

图 6-3-13　M 公司规避设计方案

从规避设计原理来分析，M 公司获权的上述专利与 G 公司在先专利的技术方案相比，方法步骤有所简化，对技术方案的构成要件进行了减少和改变，属于“要素减少”型的规避设计。同时，简单、灵活的操作方法进一步改善了用户体验，从而提高了产品的市场竞争力。基于设计方案提交的专利申请顺利获得专利权（CN101561170B）。

授权的主权利要求如下：

1. 一种改变空调器原有睡眠运行曲线的方法，其特征是该方法包括如下步骤：

a. 选择当前睡眠运行曲线；

b. 确定自认为不合适的时间点，设定该时间点温度变化的方向和温度变化的大小；

c. 确定曲线改变趋势对曲线进行调整；

d. 保存新的睡眠运行曲线。

4. 小　结

本案例中，M 公司针对竞争对手的专利技术方案先后进行了两次规避设计。第一次规避设计未能达到预期效果，其原因在于：虽然对专利技术方案中的某些要素加以改型（运行参数的存储位置改变、设置舒睡曲线的步骤进行细化），但是要素替代的差异程度不够，难以通过侵权风险评估和可专利性评估。而第二次规避设计的成功之处在于：对在先专利进行深入分析，准确定位现有技术缺陷，基于“简化原则”提出针对性的解决方案，精简了操作步骤，改型方案既规避了侵权风险又具备可专利性。

本案例的规避设计及专利挖掘过程如图 6-3-14 所示。

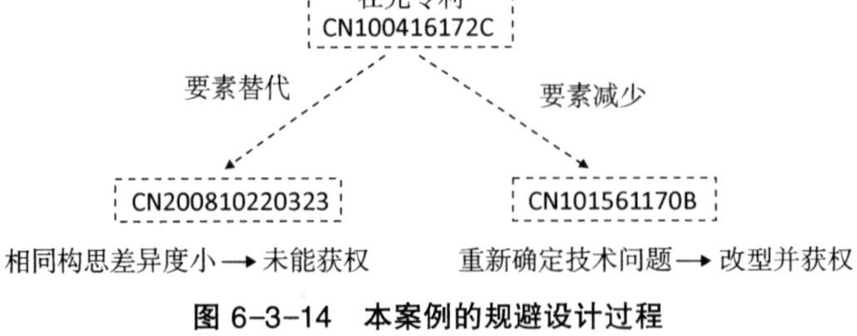

图 6-3-14　本案例的规避设计过程

需要一并指出的是，尽管M公司的第二次规避设计取得成功，遗憾的是，其专利挖掘不够全面和完善，没有进行创新点的扩展挖掘，对于规避设计的创新成果未能全面保护。在此，基于本案例的改型技术方案，进一步分析如何进行扩展性专利挖掘。

M公司于2009年提交的专利申请说明书中，对于如何修改空调睡眠曲线记载了两种具体实施方式：

方式一是采用带有按键的遥控器完成睡眠模式的设定。该方案需要借助带有5个按键的特定遥控器（一个模式键、一个曲线选择键、两个温度调节键、一个时间选择键），这种设有特定按键的遥控器显然与现有的空调遥控器在结构和功能上有所区别，然而，专利申请文件并未设置相应的权利要求对上述遥控器进行保护。

方式二是采用触摸屏对睡眠曲线进行显示和调整。这种设置空调运行曲线的方式更为直观和方便，配置有触摸屏调节功能的遥控器显然也不同于现有的空调遥控器。以研发之时的技术和市场情况来看，触控式遥控器用户体验出众，在中高端空调市场颇具竞争力，应当有不错的市场前景。但遗憾的是，上述触控式遥控器同样未被纳入专利权的保护范围。

事实上，对于本案中具有特定结构和特定功能的空调遥控器，既可以在同一申请文件中以“空调遥控器”为主题设置并列独立权利要求，也可以“空调遥控器”为发明主题，另行申请专利。

三、利用技术原理的专利规避设计

【案例6-3-4】Delta并联机器人的专利规避设计❶

案例设置目的：借助专利技术原理改型设计。

案例背景：

Delta机器人属于高速、轻载的并联机器人，一般通过示教编程或视觉系统捕捉目标物体，由三个并联的伺服轴确定抓具中心（TCP）的空间位置，实现目标物体的运输、加工等操作，主要应用于食品、药品和电子产品等加工、装配。

Delta机器人应用系统主要由三个部分组成：机器人、输送线及机器人安装框架，其中，机器人由基板、电机罩、旋转轴、主机械臂、副机械臂、抓具中心等组成。机器人配套输送线采用电机输送带方式，通过机器人视觉系统定位与输送线编码器反馈位置的方式，实现机器人对目标工件的位置、姿态识别和准确抓取。根据节拍与现场需要，可并行多条输送线同时操作。机器人安装框架用来固定机器人机构，其结构及安装方式根据现场应用进行定制。

❶ 案例来源：杨铁军．产业专利分析报告（第19册）：工业机器人［M］．北京：知识产权出版社，2014：309-314.

Delta 机器人应用系统的组成结构如图 6-3-15 所示。

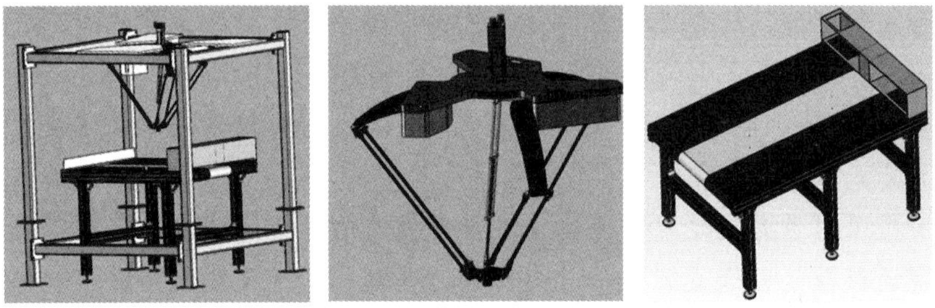

图 6-3-15　Delta 机器人应用系统的组成结构：机器人（左）、输送线（中）、安装框架（右）

F 公司涉足 Delta 并联机器人领域较晚，在该公司投入开发之前，ABB、博世等公司早已研发出各自成熟的系列产品并形成相应的专利保护池。

1. 检索现有技术，确定规避设计对象

作为行业的新进入者，F 公司在进行 Delta 并联机器人开发前，首先对现有专利技术进行了充分摸底，通过检索现有专利技术找出最具代表性的专利作为规避设计的基础，分析利用其发明构思，基于此进行技术改进。

B 公司 2005 年获得授权的美国专利 US6896473B2（同族 JP4109062B）（以下简称“B 专利”）是 Delta 并联机器人领域的重要的基础专利之一，F 公司将该专利锁定为规避设计目标。

2. 目标专利的技术方案分析

B 专利所采用的技术方案其原理是：通过设置在动平台和定平台之间的移动副以及球铰或万向节，将驱动装置的动力传递到动平台上的末端执行器。其发明点在于，通过两根由线性轴承实现相对移动的平行杆组成的移动副增加一个自由度。

B 专利的主权利要求如下：

1. 一种实现物体三维移动的 Delta 并联机器人，包括：

一个基部；

一个移动承载平台；

第一电机；

控制臂，由于所述第一电机驱动，每个控制臂包括连接于所属基本部的以第一端部和连接到所属移动承载平台的一第二端部；

设置在所属移动承载平台的夹紧元件；

具有轴的第二电机；

一个长度可变的轴，所述轴形成一将扭矩从所述第二电机传递至所属夹紧元件的装置，所述装置包括：

一第一杆；

一第二杆；一滑动轴承，其将所述第一杆和所述第二杆滑动连接在一起以使第一杆在第一方向上延伸，第二杆在第二方向上延伸，其中，所述第一方向平行且偏离所述第二方向。

一第一铰接头，其在所属第一方向上连接在所述第一杆一端，并连接到所述第二电机的轴，一第二铰接头，其在所述第二方向上连接所述第二杆一端，并连接到所属夹紧元件，其中参照所述第一方向和所述第二方向，并且第一铰接头和第二铰接头为万向节组件。

从权利要求构成的角度分析，其技术方案中必不可少的技术特征为：该并联机器人主要由动平台、定平台、驱动装置和控制杆组成；相对易于改型的技术特征为：通过驱动装置驱动控制杆实现工作过程。

此外，F 公司还发现 B 专利存在如下技术问题：移动副的伸缩长度有限，驱动轴可伸缩长度有限；万向节与其他部件干涉；动平台的移动范围受到万向节折弯角度限制。

3. F 公司确定规避设计方案

根据“减少构成要件数量以避开全面覆盖原则”的“简化原则”，F 公司充分借鉴 B 专利文献中的背景技术，采取了如下规避设计思路。

删除复杂的移动副结构和第一个万向节，同时调整驱动末端执行器电机的设置位置，即将其设置在两平行的从动杆以保持原有的运动特性；同时由于删除了原本伸缩长度有限的移动副，并省略了一个受到折弯角度限制的万向节，使得规避后的专利克服了驱动轴可伸缩长度有限、动平台的移动范围受到万向节折弯角度等缺陷。

规避方案删除第一个万向节和复杂的移动副结构，仅保留一个固定长度的连杆和一个万向节，并将驱动末端执行器的电机的设置位置调整为连接臂的两平行杆从动臂之间以保持 Delta 机器人原有的运动特性（如图 6-3-16 所示）。

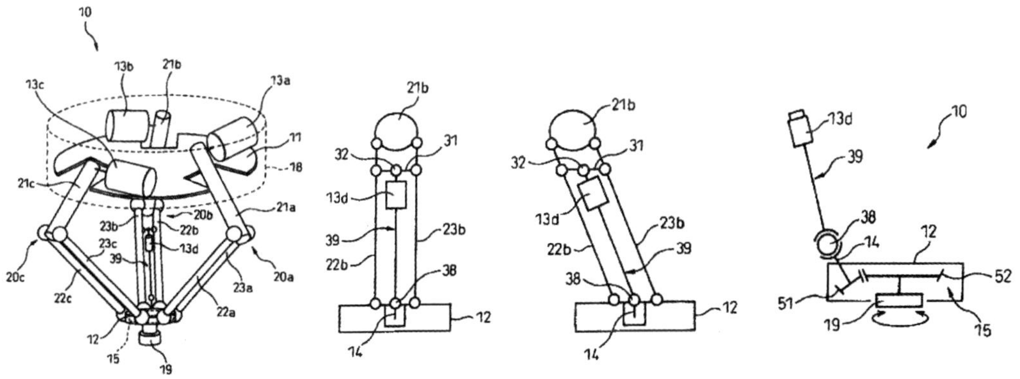

图 6-3-16　F 公司 Delta 并联机器人的规避设计方案

F 公司的规避设计方案相对于 B 专利的技术方案而言，保留原有的运动特性，定平台的工作范围突破了复杂传动结构的限制，从而有效规避了 B 公司的在先获权专利。

4. F 公司针对规避设计方案获得专利权

在规避设计方案的基础上，结合针对性的权利要求撰写方式，F 公司在中国和美国均申请了专利，并且顺利获得专利权（美国授权公告号 US8307732B2，中国授权公告号 CN102049766B）。

F 公司获权专利的主权利要求如下：

1. 一种并联连杆机器人（10），具备：

基础部（11），

可动部（12），

连接上述基础部（11）与上述可动部（12）并对上述基础部（11）分别具有一个自由度的三个连杆部（20a~20c），以及

分别驱动该连杆部（20a~20c）的三个驱动器（13a~13c）；

各个上述连杆部（20a~20c）包括与上述基础部（11）连接的驱动连杆（21a~21c），

以及连接该驱动连杆（21a~21c）与上述可动部（12）并彼此平行的两根从动连杆（22a~22c、23a~23c）；

该并联连杆机器人（10）的特征在于，具备：

变更附属于上述可动部（12）的部件（19）的姿势的姿势变更机构部（15），

至少在一个上述连杆部（20a~20c）的上述两根从动连杆（22a~22c，23a~23c）之间与这些从动连杆平行地配置的追加驱动器（13d~13f），以及

从上述追加驱动器（13d~13f）同轴地延伸并将该追加驱动器（13d~13f）的旋转驱动力传递给上述姿势变更机构部（15）的动力传递轴部（39）。

F 公司获权专利与 B 专利的技术方案对比如图 6-3-17 所示。

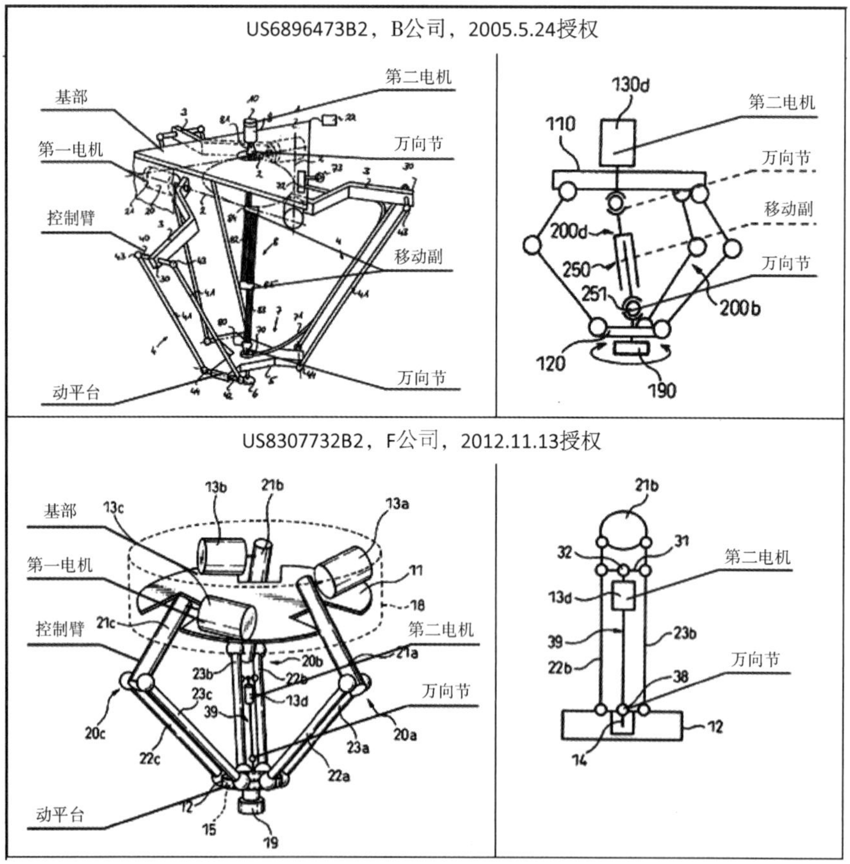

图 6-3-17　F 公司与 B 公司的专利技术方案对比

5. 小　结

本案例中，F 公司作为特定领域的新进入者，技术积累薄弱，专利储备欠缺，以自身劣势面对行业技术较为成熟、专利壁垒已然形成的现状，找准规避设计方向，提前防范专利风险，作用尤为重要。F 公司规避设计的成功之处在于，在明确规避设计主题的前提下，通过全面充分检索专利文献，分析了解专利布局现状，准确锁定基础专利；在此基础上，针对规避对象的技术方案深入分析，敏锐发现其技术缺陷，从而确定自身研发方向，借用在先专利的技术原理，进一步优化方案。

F 公司一方面充分利用现有技术原理，缩短自身研发周期，另一方面，借助专利规避设计形成差异化产品，既避免了潜在的法律风险，又逐步积累了自身专利储备。

第七章　机械领域的专利挖掘

本章概述

机械领域具有其自身的特点，因此，在前述章节介绍了一般性专利挖掘手段之后，为了凸显机械领域的特色，本章重点介绍机械领域的创新特点、专利挖掘的考虑因素以及相应的专利挖掘手段。

本章知识脉络

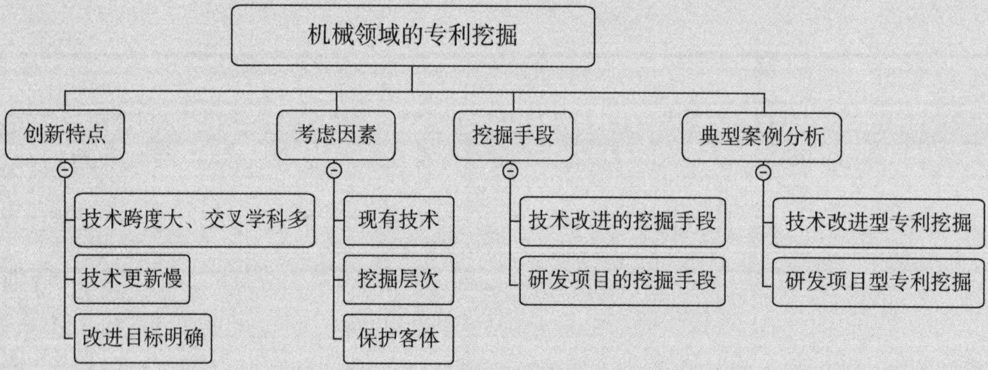

第一节 机械领域的创新特点

机械领域作为传统的技术领域，其技术涵盖面非常广，既包括机械零部件、手动工具等在内的传统机械，也包括数控机床、机器人、飞行器等在内的现代高精尖机械。从技术类型来看，它主要涉及机械零件、机械设备、机械制造、机械控制、机械自动化等；从产品类型来看，它主要涉及通用零部件（如齿轮、轴、轴承、铰链）、通用机械（如泵、风机、压缩机、减变速机、阀门）、工程机械（如挖掘机、起重机、搅拌机、掘进机、推土机）、仪器仪表（如检测仪表、控制仪表、执行仪表）、交通工具（如自行车、摩托车、汽车、火车、轮船、飞机）、机床（如车床、钻床、镗床、铣床、刨床、磨床）等。机械领域的创新主要具备以下几个特点。

一、技术跨度大、交叉学科多

机械领域是发展时间最为悠久的技术领域之一，经过了无数的变迁与进步，时至今日已经形成了一个子领域众多、覆盖范围广泛的研究领域，从齿轮、轴等传统机械到机器人、飞行器等现代机械，整体上呈现技术跨度大、交叉学科多的特点。应当这样认为，机械的发展是与各种学科之间挂钩的，特别是一些技术含量高的精密机械，其涉及的不仅仅是机械本身的专业，还包含思维科学、哲学、智能科学以及心理学等多领域的研究成果，集结了现代物理学、现代应用数学以及应用化学等基础科学的重要理论，此外还包括机械电子学、控制理论与技术、检测技术和自动化领域的研究成果，尤其是计算机设备的广泛应用与现代信息技术的发展，为现代机械设计提供了宝贵的条件支持，造就了现代机械设计技术的理论方法体系，使机械领域的技术发展达到了全新的层次。[1]

二、技术更新慢

传统的机械设计因为受到生产力水平以及社会发展条件的多方面限制，多依赖于设计经验的堆积，过程十分烦琐，传统理念以及经验束缚了机械设计的创新脚步，发展速度十分迟缓。随着机械设计相关理论的发展，现代机械设计的工程效率有了极大的提高，但基础工艺、基础材料等方面，仍是其发展速度的瓶颈。相比发展速度极快的电子、IT 领域，机械领域的技术更新，整体上呈现研发周期长、投入资金大、技术

---

[1] 杨柳，姜海涛．浅谈现代机械设计的特点及创新［J］．机电信息，2013（3）：155-157.

更新慢的特点。以长春一汽2008年启动“红旗复兴”项目后开发新一代红旗轿车为例，1600余人的开发团队，历时4年之久、耗资52亿余元才开发出新一代红旗H7轿车，相比手机、计算机的更新换代速度，其更新显然慢得多。❶

三、技术改进目标相对明确

机械领域的改进目的通常非常明确，一般都会涉及提高效率、提高精度、提高可靠性、提高安全性、延长寿命、缩小体积、维护方便、降低成本、降低能耗、降低排放其中的一项或几项，技术创新往往是围绕这些目的展开的。随着技术日新月异的发展，为达到相同的技术目的而可采用的技术路线不断增多，创新手段和创新模式也呈现出多样化发展。但在明确改进目标的前提下，技术人员的创新仍会遵循一定的设计路线，使得机械领域难以出现革命性的核心创新，多是在现有基础上的添补式或更替式改进，而一旦出现基础性的核心创新，则对其产品的市场主导地位将产生深远的影响。以九阳公司的“易清洗多功能豆浆机”（参见CN201846732 U）为例，其就是将小孔有底过滤网换成了大孔无底导流罩，从而解决了浆料清理困难的问题。九阳也正是以该核心专利为武器，击败了包括飞利浦、美的、苏泊尔等公司在内的强有力竞争对手，牢牢占据了市场主导地位。❷

第二节　机械领域挖掘手段的考虑因素

前述章节介绍的专利挖掘手段具有普适性，机械领域作为具有鲜明特点的领域，在进行专利挖掘时，仍应关注以下几个方面的因素。

一、充分检索现有技术

机械领域作为传统的技术领域，发展时间长、涉及学科多、覆盖范围广，导致机械领域专利的申请量大，申请种类多，有效专利和公开技术数量多。而随着科学技术的进步，与机械相关的技术不断涌现，不断有新的专利申请提出。此外，行业期刊、展览展销会等也多涉及机械类相关技术和产品的公布，这些都导致机械领域的相关现有技术较多。以案例7-4-1为例，在进行方案设计后，检索到4篇可破坏其专利性的专利文献。因此，在进行专利挖掘时，需要对现有技术进行充分的检索，以保障挖掘出的技术的可专利性。

---

❶ 肖行．“红旗”复兴之路［J］．装备制造，2013（4）：48-51.

❷ IP小熊．九阳：豆浆机专利的“铁血”捍卫［EB/OL］．(2014-05-04)［2016-05-05］. http://www.wipren.com.

二、充分扩展挖掘层次

对于机械领域的专利申请而言，可以从多个层次上来考虑，无论哪个层次上有改进，都可以进行专利挖掘，并进行扩展。例如，一种系统或生产线，往往由多台设备组成，每台设备又含有多个零部件。对于每个设备，以及设备中的每个部件和功能模块，只要有技术改进，均可以考虑从其自身进行专利挖掘，并从功能模块或零部件向上一层次扩展，如扩展至设备或从设备本身扩展至系统或生产线。此外，产品结构的技术改进还应考虑对应的工艺方法、控制方法是否也需要进行相应的改进，也应进行专利挖掘。

三、充分覆盖保护客体

机械领域内的创新多以产品的组成、构造、形状、位置或连接关系为主，从保护客体方面考虑，对于该机械产品而言，通常既可进行发明专利申请，也可进行实用新型专利申请，而当产品的外观独特时，也可以申请外观设计专利，甚至对于同一件机械产品而言，可以同时申请三种专利，充分覆盖可申请专利的保护客体。

第三节　机械领域的挖掘手段

综合考虑前述各种因素，结合机械领域技术的发展特点，针对为解决某具体技术问题而进行的技术改进和为开发某个产品项目而进行的项目研发两种具体情形，分别归纳出适合不同情形的专利挖掘手段。

一、技术改进的专利挖掘手段

从专利类型来看：针对技术改进，其改进多涉及机械产品的结构、形状、组成、位置、连接关系等方面，有时也会涉及材料、制造工艺等，一般不存在专利保护客体方面的限制，除制造工艺之外，发明、实用新型、外观设计均对机械产品的技术方案予以保护。因此，企业可以根据自身的现状和需求，考虑创新高度、获权周期、维权难易等因素，申请不同的专利保护类型。

从挖掘角度来看：技术改进的专利挖掘除了着眼于解决了技术问题的机械产品本身，还应当具备“向上”挖掘和“平行”挖掘的眼光。所谓“向上”挖掘是指由该产品组成的设备、装置等方面与现有技术是否存在差异；所谓“平行”挖掘是指与该产品配套的设备、装置是否存在区别于已有产品的创新之处。通过向上和平行的扩展思考，挖掘出与产品本身紧密关联的其他创新点，从而对产品进行立体式专利保护。

技术改进的专利挖掘基本操作流程整体上分为发明构思的收集和筛选、发明创新点的梳理与挖掘，❶ 具体流程大致如图7-3-1所示。

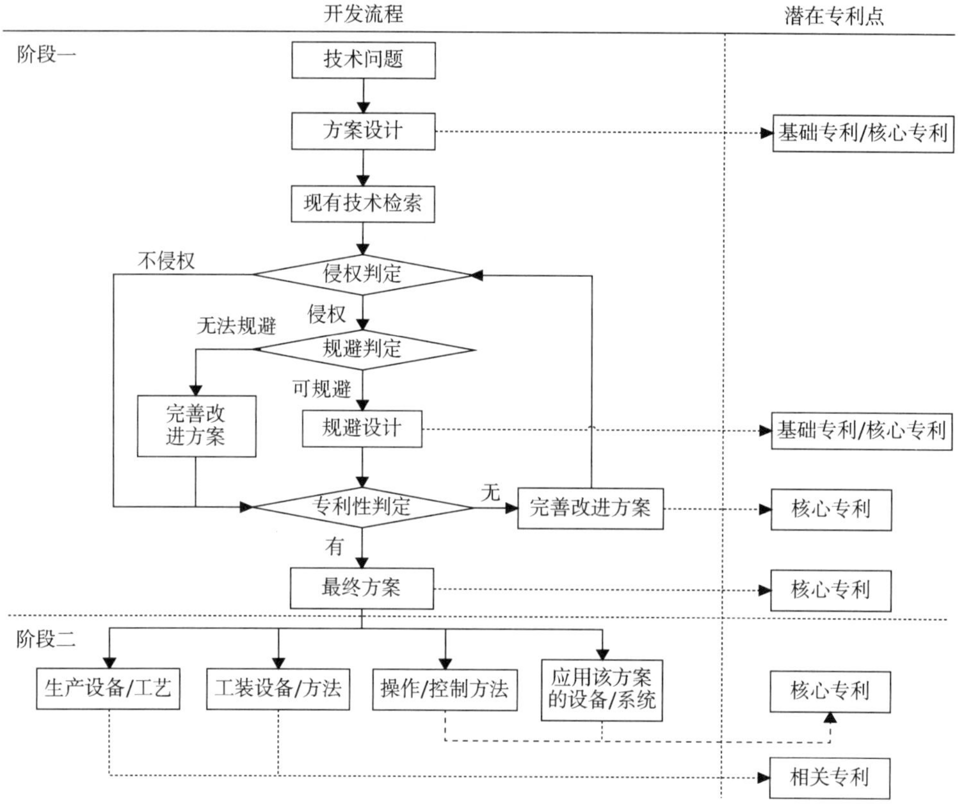

图7-3-1 技术改进的专利挖掘流程

二、研发项目的专利挖掘手段

从专利类型来看：研发项目一般较为复杂，特别是大型研发项目，通常涉及多个领域的不同理论和技术，一般会涉及机械、电子、材料、信息等方面的学科交叉，技术含量较高，因此优选申请发明专利进行保护，但同样也不排除实用新型、外观设计方面的专利申请。

从挖掘角度来看：项目研发从产品立项到产品上市，专利挖掘应贯穿始终。在项目研发过程中，会涉及众多创新点，包括结构、布置、控制方法、检测、工艺方法等方面，因此在挖掘过程中，可以从核心逻辑出发，着眼具体实现及相关的配套产品，同时，横向扩展到其他应用场景和替代实施方案，进行全面挖掘。

根据项目的不同，其研发的具体流程会有所不同，但大体都会分为立项、概念设计、工程设计、试制、试验、SOP（投产）等六个阶段。其中立项阶段需要根据市场

❶ 杨铁军．企业专利工作实务手册［M］．北京：知识产权出版社，2013：59.

需求调研、生产运营分析以及时间成本分析做出决定，并确定项目设计目标，编制最初版本的产品技术描述说明书，确定所要开发新产品的一些重要参数和性能。随后的四个阶段则根据立项说明书进行开发，最后进行投产。这样一个标准研发项目的专利挖掘大致可以参照如图 7-3-2 所示的流程。

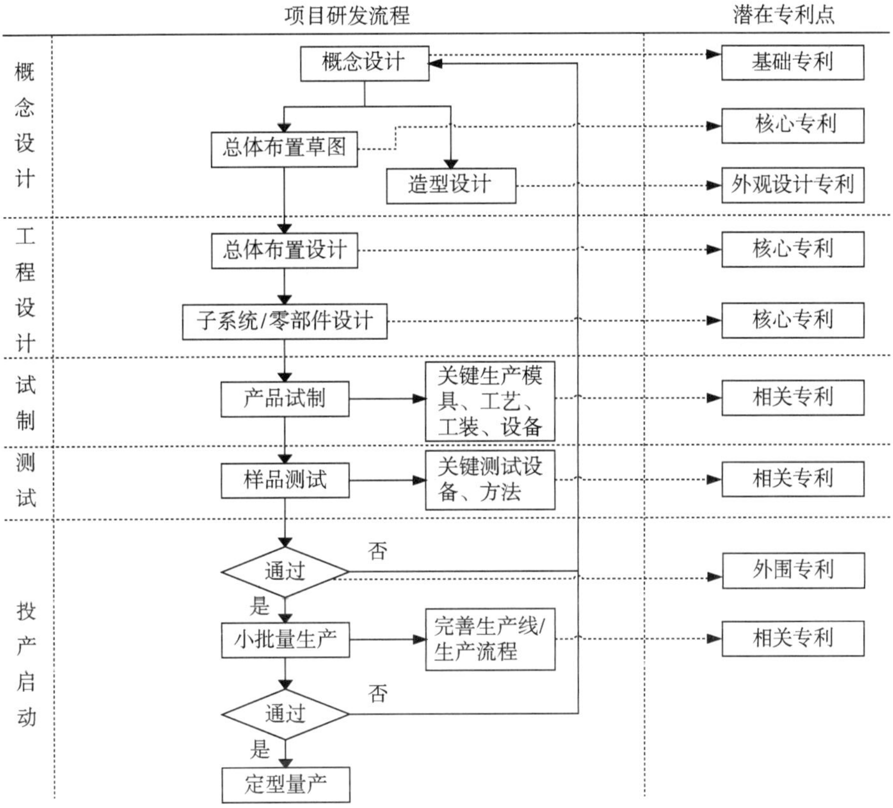

图 7-3-2　研发项目的专利挖掘流程

第四节　典型案例分析

为了直观体现机械领域的专利挖掘特点，分别选择两件典型案例说明如何针对技术改进和研发项目进行专利挖掘，借此探讨前述章节各种专利挖掘手段如何在具体场景中应用。

一、技术改进型的专利挖掘

【案例 7-4-1】曲轴技术改进的专利挖掘

案例设置目的：掌握技术改进的专利挖掘技巧；充分检索现有技术，进行规避设计。

第一步：技术问题及方案设计。

曲轴是发动机中的重要部件，它要承受连杆传来的力，将其转变为转矩，通过曲轴输出并驱动发动机上的其他附件工作。早期为满足机械强度和润滑等需求，曲轴通常制成实心的，并在其上加工油孔和油道，但这种实心的曲轴具有质量重、振动和噪声大等缺点。后因轻量化需求，常在满足机械强度的前提下，将曲轴制成中空状，以减轻曲轴自身重量，达到动力机构总体效率提高、整体重量减小的目的。但由于曲轴内部呈中空状，轴颈处无法设置润滑油道，曲轴工作过程中轴颈得不到充分润滑，容易引发事故。

针对现有技术存在的上述缺陷，进行方案设计，其具体结构如图 7-4-1 所示：

在中空复合结构曲轴的主轴颈减重孔 41、42 内设置主轴颈衬套 61、62，主轴颈减重孔 41、42 与主轴颈衬套 61、62 之间分别形成管状的主轴颈容腔 43、44；连杆颈减重孔 51 内设置连杆颈衬套 7，连杆颈衬套 7 与连杆颈减重孔 51 之间形成管状的连杆颈容腔 52；主轴颈 2 内贯穿设置与主轴颈减重孔 41 垂直连通的主轴颈油道 21，曲柄臂 8 内设置有曲柄臂油道 22，该曲柄臂油道 22 的两端分别与主轴颈容腔 43、连杆颈容腔 52 相通；连杆轴颈 5 内设置连杆颈油道 53，该连杆颈油道 53 的两端分别与连杆颈容腔 52、连杆轴颈 5 外壁相通。本技术方案在通过将曲轴设置成中空结构减轻曲轴整体重量的同时，通过设置衬套和润滑油道，能够有效解决连杆轴颈的润滑问题，保障曲轴的正常运转。

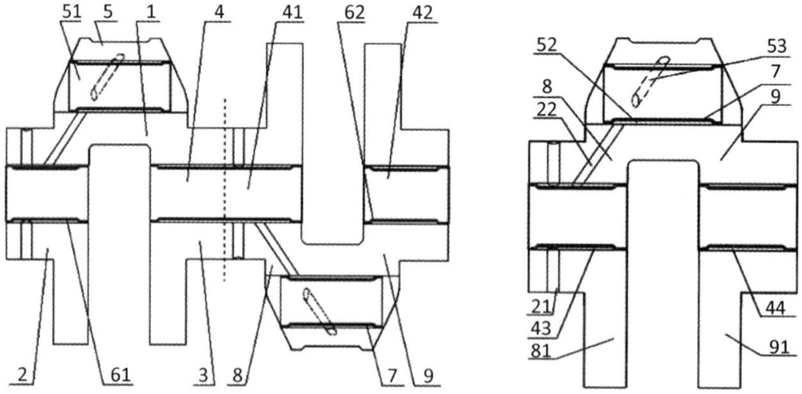

图 7-4-1　原始设计方案

第二步：检索现有技术。

从要解决的技术问题入手（中空型曲轴的轴颈无法设置润滑油道，不能进行有效润滑），经过检索，获得多项与本发明技术方案密切相关的专利申请，如表 7-4-1 所示。

表 7-4-1　相关现有技术

序号	相关申请公开号	发　明　名　称
1	CN102741510A	发动机的润滑装置
2	CN203614570U	用于汽车的曲轴
3	CN1036347A	通过在分开轴颈上的轴套的扩径来装配曲轴的制造方法
4	DE102007056203A1	用于机动车内燃机的曲轴润滑装置
5	FR2948157A1	用于机动车发动机的熔铸中空曲轴
6	GB290611A	内燃机连杆轴承的润滑布置
7	WO2005099933A1	铸造中空曲轴及其制造方法

第三步：专利性判定。

表 7-4-1 中所列举的申请文件 1~7 是与原设计方案密切相关的现有技术文献，逐一解析其技术方案后发现，上述文献公开的技术方案均涉及该设计方案所要解决的技术问题，即中空曲轴的连杆轴颈润滑问题。专利文献 1 是通过在轴颈上使用滚针轴承来降低对润滑油量的需求，达到润滑效果。专利文献 2 则是缩小中空比例，使斜置油道能够与中空减重孔不相交，从而能够稳定供应润滑油，达到润滑效果。专利文献 7 则是在铸造过程中采用弯曲的型芯，使得一体铸造出的中空曲轴的中空减重孔本身是贯通的，并将该贯通的中空减重孔用作油道，进行润滑。

专利文献 3、4、5、6 的发明构思均与本发明相同，都是通过在连杆轴颈的中空减重孔中设置衬套，形成中空容腔，从而能够稳定供应润滑油，达到润滑效果（如图 7-4-2 所示），都可构成与本发明主题非常相关的现有技术，这也进一步证明了传统机械领域的现有技术多的特点，在进行专利挖掘时必须进行充分的检索。基于检索和分析结果，前面所提出的设计方案，并不具备专利性，不具备授权前景，显然需要根据现有技术状况进行完善改进。

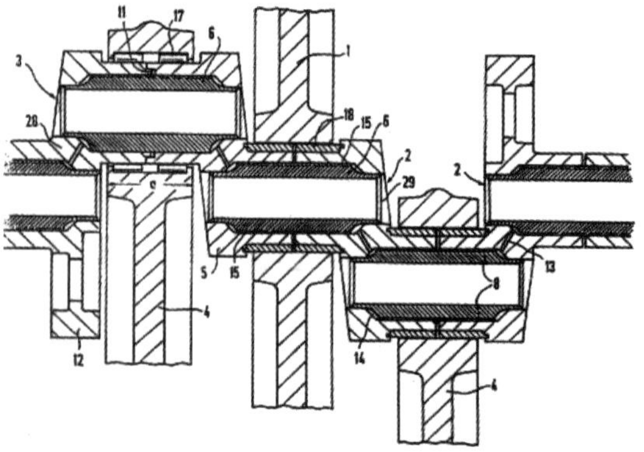

专利文献3附图

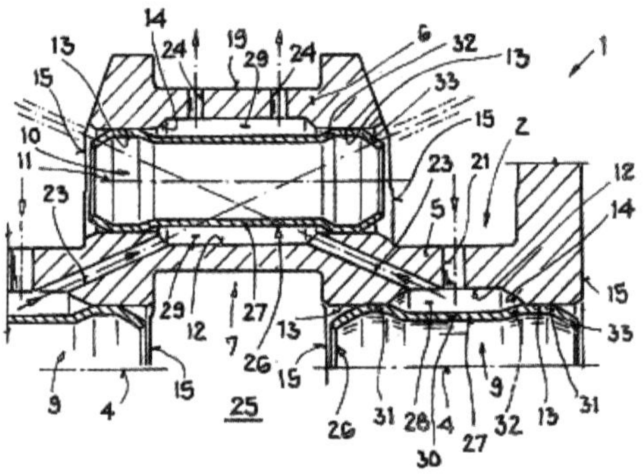

专利文献4附图

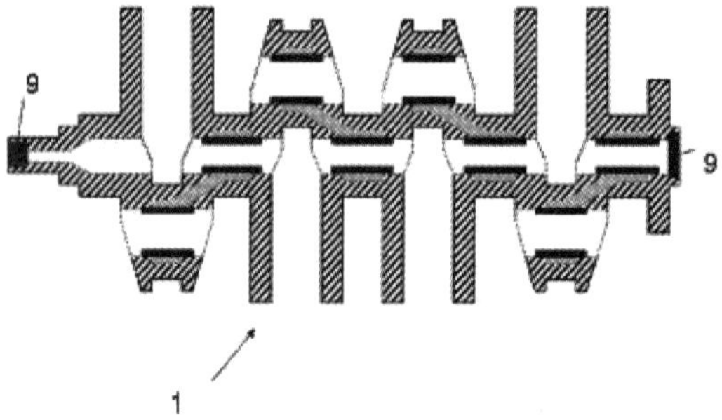

专利文献5附图

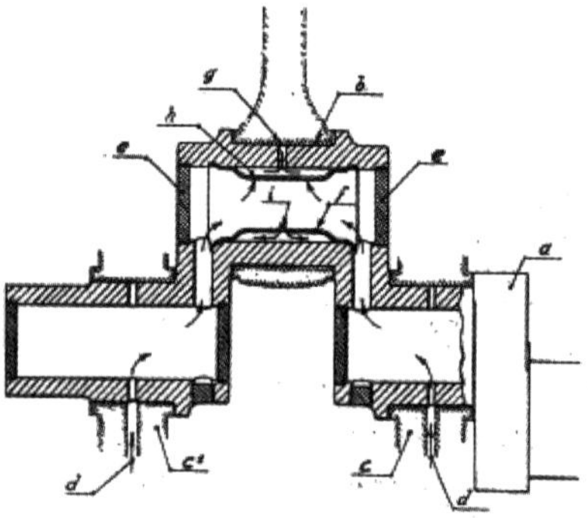

专利文献6附图

图 7-4-2　相关现有技术

第四步：发明方案完善改进。

针对最接近的专利文献 3、4、5、6，首先应考虑发明的创造性高度问题。由于本发明构思与专利文献 3、4、5、6 所属技术领域、解决的技术问题、采用的技术手段、获得的技术效果均相同，那么是否还有改进的空间，以使本发明能够获得专利权呢？

深度分析专利文献 3、4、5、6，发现该方案仍然存在缺陷：由于轴颈处的润滑油容腔是通过加装衬套形成的，而曲轴作为发动机中重要的传动部件，工作环境为高负荷、高转速，多一个零部件便多一份失效、泄漏的风险。这虽然可以通过在衬套与减重孔壁之间加装密封部件，或者使衬套与减重孔壁之间为过盈配合来减少泄漏，但这进一步增加了零部件失效的风险或装配的难度。因此，转换思路，将要解决的技术问题变更为如何在同时实现减重的前提下，又不用添加衬套就实现润滑油的稳定供应。原方案中，衬套的作用是与减重孔壁形成密封的容腔，从而能够通过连杆轴颈上的油孔向连杆轴颈表面供应润滑油，实现润滑。那么可不可以直接设置向连杆轴颈表面供应润滑油的油道，从而避免使用衬套呢？在转换思路之后，经过设计，将减重孔设置成非贯通式（如图 7-4-3 所示），这样既可实现减重的目的，又可实现直接供油的润滑模式。正是由于进行了全面的检索和深入的技术方案对比分析，灵活转变思路，对技术方案做进一步的改进和提升，最终获得授权（参见 CN102481619B）。

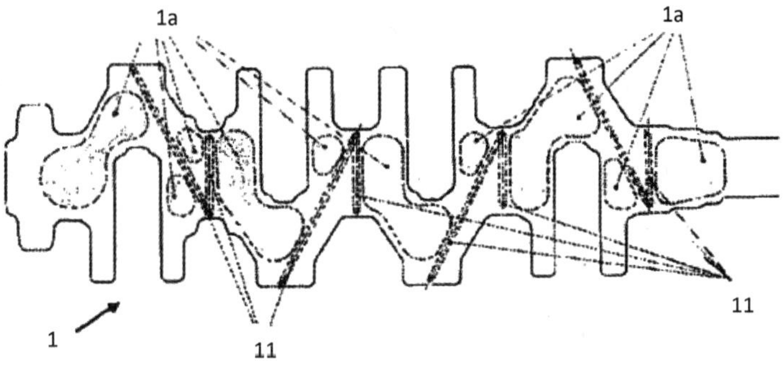

图 7-4-3　规避设计后的解决方案

基于案例的进一步思考：

本案例中的中空复合结构曲轴，是传统机械领域的常见结构，存在现有技术众多、技术方案成熟的特点。在进行专利挖掘时，一定要进行充分的现有技术检索，并根据检索到的文献灵活转变思路，调整发明目的。此外，本案例中的中空复合结构曲轴，除了从曲轴整体结构的角度挖掘创新点，还可以考虑进一步挖掘相关专利和外围专利。例如：该曲轴的铸造、加工相比于其他曲轴是否需要有所不同？连杆轴颈处供油稳定后，是否为连杆轴承提供了更加宽松的使用条件，可以小型化、微型化，甚至直接采用油膜轴承？另外，还可扩展到使用这种曲轴的发动机。

本案例的专利挖掘过程总结如下（如图 7-4-4 所示）。

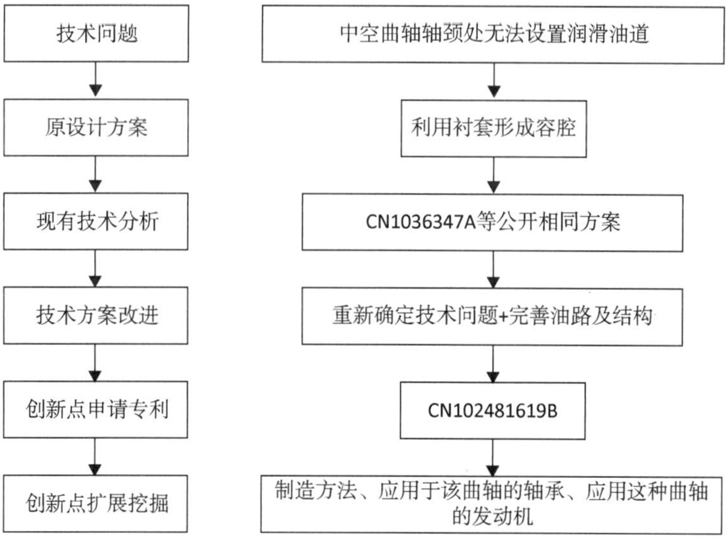

图 7-4-4　中空曲轴的专利挖掘过程

二、研发项目型的专利挖掘

【案例 7-4-2】整车研发项目的专利挖掘

案例设置目的：掌握研发项目的专利挖掘技巧。

案例背景：

整车研发是一个非常复杂的系统工程，通常需要上百甚至近千人，耗时三四年的时间才能完成。下面，以比亚迪·秦为例，按照正向开发的量产汽车的一般研发流程，分析其专利挖掘手段。

比亚迪·秦是比亚迪股份有限公司自主研发的 DM 二代（在纯电动和混合动力两种模式间进行切换）的混合动力车，自 2012 年北京车展推出后，受到许多消费者和网友的追捧和青睐。[1]

第一步：策划、立项。

比亚迪在第一代混合动力车 F3DM 的基础上，通过市场调研、用户反馈，对相关的信息进行系统的收集、整理、记录和分析，确定了开发第二代混合动力车的项目，并基于内部的自身资源、研发能力、设计、工艺、生产和成本的分析，对设计目标进行初步的设定，包括车辆形式、动力参数、底盘各个总成要求、车身形式、强度要求、沿用的子系统和零部件等。

第二步：概念设计，挖掘基础专利、外观设计专利和相关专利。

概念设计阶段主要包括整车布置草图设计和造型设计两个部分。

1. 整车布置草图设计

混合动力车整车布置草图的主要任务包括：车厢及驾驶室的布置、驱动系统的布置、传动轴的布置、车架和承载式车身底板的布置、前后悬架的布置、制动系的布置、油箱、备胎和行李箱等的布置、空调装置的布置。

在整车布置草图设计阶段，对于车内各子系统的布置可以进行专利挖掘。比如，对混合动力车而言，其核心技术就在于其驱动系统的布置。相比第一代混合动力车 F3DM 的驱动系统（参见图 7-4-5 左侧视图：F3DM 驱动系统结构简图），比亚迪对驱动系统进行了重新布置，以自家公司开发的双离合器变速器为纽带，将发动机与电动机的动力有机结合在一起（参见图 7-4-5 右侧视图：新驱动系统结构简图），实现内燃机与电动机协同驱动车辆的目的。基于该驱动系统的重新设计，可以挖掘与之相关的基础专利以及应用该驱动系统的车辆的基础专利（参见 CN202283871U/CN103029558A：一种混合动力系统及包括该系统的车辆）。

---

[1] 岳谭．比亚迪·秦：双模动力开启新时代［J］．时代汽车，2014（2）：62-67.

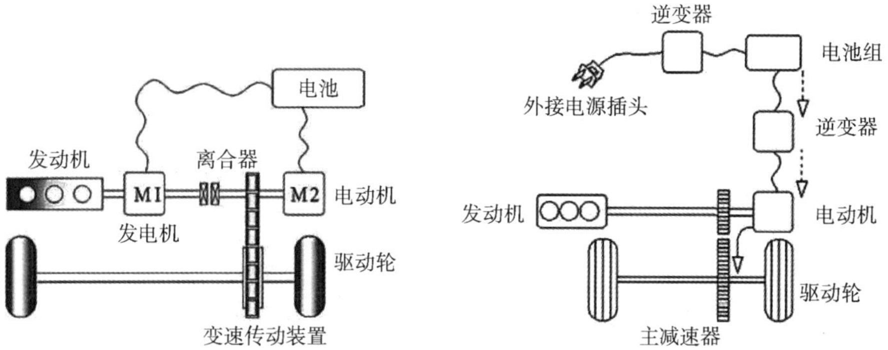

图 7-4-5　F3DM 与比亚迪·秦的驱动系统结构简图❶

2. 造型设计

在进行了整车布置草图设计以后，就可以进行造型设计了，主要包括外形和内饰设计两部分，并制作全尺寸油泥模型，在制作油泥模型阶段，可以针对模型制作中的技术改进挖掘相关专利。油泥模型制作完成后，进行风洞试验以测定其空气动力学性能，在此阶段，若对风洞测试进行了创新设计，可以挖掘与之相关的相关专利。在造型最终方案确定后，可以对车辆外形和内饰的外观进行专利挖掘（如图 7-4-6 所示）（参见 CN302091524S❷：整车；CN302432769S：前组合灯；CN302432768S：后组合灯）。

图 7-4-6　比亚迪·秦的外观设计

❶ 何来 1.6 升油耗？比亚迪“秦”混动车详解［EB/OL］.（2014-01-10）［2016-06-10］. http://news.mydrivers.com.

❷ 本专利荣获第十七届中国专利优秀奖。

第三步：工程设计，挖掘核心专利和相关专利。

在完成造型设计以后，项目就进入工程设计阶段，其主要任务就是完成整车各个总成以及零部件的设计，主要包括以下几个方面。

1. 整车布置设计

在整车布置草图的基础上，深入细化总布置设计，确定各个子系统、零部件的详细结构形式、特征参数、质量要求等条件。就比亚迪·秦而言，其主要工作包括发动机布置、电动机布置、双离合变速器布置、电池组布置等。在此设计阶段，可以针对具体的结构、连接关系、位置关系、特征参数等来挖掘核心专利。此外，若各子系统、零部件的参数设计方法/优化方法存在创新之处，也应挖掘相关专利。

2. 车身造型数据生成

在油泥模型最终定型后，则对其三维数据进行测量，生成车身造型数据。在此过程中，若在测量方法或测量装置方面有技术创新，可以挖掘相关专利。

3. 动力工程设计

新车型的开发一般都会选用成熟的动力总成，本阶段的主要工作是对动力总成进行匹配。就比亚迪·秦而言，其动力总成主要包括发动机、电动机和动力电池，技术人员要根据技术要求，确定选择多大排量的发动机、多大功率的电动机以及多大容量的动力电池，并进行布置。因此，若在匹配设计、匹配算法上有任何推陈出新，都要注意相关专利的挖掘。而若本阶段涉及对发动机、电动机和动力电池本身的改进，则要关注对该改进的核心专利进行挖掘，如针对发动机的改进（参见CN101852137B：一种混合动力车发动机的节气门系统及其控制方法），针对电动机的改进（参见CN102386729B：一种电机绕组的绕线方法及电机；CN102761202B：电机转子及电机；CN103457370A：一种电机定子及应用其的电机），针对动力电池的改进（参见CN201364929Y❶：一种锂电子电池及电池组；CN101521294B：一种电动汽车用动力电池；CN102544616B❷：一种电池模组；CN103700797B：聚合物电解质及其制备方法和包括该聚合物电解质的电池）。

4. 底盘工程设计

整车底盘工程设计就是对底盘的各大系统进行详细的设计，包括：驱动系统设计、转向系统设计以及制动系统设计，在此阶段，可以针对各系统的设计和技术改进挖掘出大量的专利。

就混合动力车比亚迪·秦而言，其驱动系统的布置相比第一代F3DM发生了大幅的变化，因此驱动系统的设计和控制、驱动系统各子单元的控制（如发动机控制、驱动电机控制、动力电池管理）、整车的控制都需要进行重新设计，而针对驱动系统的设

❶ 本专利荣获第十五届中国专利优秀奖。

❷ 本专利荣获第十七届中国专利优秀奖。

计和控制、驱动系统各子单元的控制、整车的控制都可以挖掘出相应的核心专利，如针对驱动系统的具体结构（参见 CN102259583B/CN201777113U：混合动力驱动系统及具有该系统的车辆），针对驱动电机的控制（参见 CN103904974A：一种电动汽车的电机控制装置；CN103368474B：一种电机转速控制方法），针对动力电池的管理（参见 CN102479983B：用于电动汽车动力电池的充电控制方法及装置；CN103378622B：控制电池充、放电系统及方法），针对整车控制（参见 CN202429198U：一种混合动力车辆的控制系统及混合动力车辆）。

制动系统是底盘设计中非常重要的一个环节，对制动系统及其零部件的设计可以挖掘许多能够申请专利的技术点（参见 CN102616222B：路面识别方法及系统，车辆防抱死制动方法及系统；CN202827535U：一种驻车踏板结构及具有该结构的汽车；CN202783178U：一种液压制动主缸储液装置、制动系统及汽车；CN103507795B：制动踏板控制方法、控制装置及具有该装置的电动汽车；CN102431554B；一种电动车巡航控制系统及其控制方法）。此外，混合动力车的制动系统除了要能进行常规车辆制动以外，通常还需要扮演制动能量、滑行能量回收的角色，借以延长混合动力车的行驶里程，节约能源，针对制动系统的这一特殊设计，可以挖掘出相应的核心专利（参见 CN102261403B：制动器及具有该制动器的制动能量回收系统）。

比亚迪·秦的转向系统同样进行了重新设计，针对该设计可以挖掘相应的核心专利（参见 CN103375553B/CN103375554B：张紧器芯体及具有该芯体的张紧器和转向器；CN103057583：一种电子液压助力转向控制系统及其控制方法）。

5. 白车身工程设计

所谓白车身是指车身结构件以及覆盖件的焊接总成，白车身是保证整车强度的封闭结构。白车身由车身覆盖件、梁、支柱以及结构加强件组成，因此该阶段的主要工作任务就是确定车身结构方案，对各个组成部分进行详细设计。在该阶段，可以针对各车身结构的设计以及某些重要部件的安装结构进行核心专利挖掘（参见 CN201800516U：车用电池的安装结构）。

6. 内外饰工程设计

汽车内外饰包括汽车外装件以及内饰件，因其安装在车身本体上也称为车身附属设备。外装件的主要设计包括前后保险杠、玻璃、车门防撞装饰条、进气格栅、行李架、天窗、后视镜、车门机构及附件以及密封条。内饰件主要设计包括仪表板、方向盘、座椅、安全带、安全气囊、地毯、侧壁内饰件、遮阳板、扶手、车内后视镜等。针对各内外饰件，在相应的结构、位置、连接关系上的创新设计均可以挖掘专利，进行发明专利或实用新型专利申请，如有关安全带的改进设计（参见 CN103786683B：一种用于安全带的导向件装置）。此外，对于内外饰还要注意外观设计专利的挖掘。

7. 电器工程设计

电器工程负责全车的所有电器设计，包括雨刮系统、空调系统、各种仪表、整车开关、前后灯光以及车内照明系统。针对这些设计的内容，同样要注意相关专利的挖掘，如针对空调系统的专利挖掘（CN103512150B：一种空调自动控制系统和方法），同时要注意对外观设计专利的挖掘。

第四步：样车试制，挖掘相关专利。

工程设计完成之后，进入样车试制阶段。在该阶段，会涉及关键生产模具、生产工艺、焊装、涂装的设计和开发，在这几方面的任何改进和创新都应注意挖掘相关专利。

第五步：样车测试，挖掘相关专利。

样车的测试主要有试验场测试、道路测试、风洞试验、碰撞试验等。针对每一项测试，都有专门的试验场所和试验方法，若在测试方法和测试设备上有任何的创新设计，都应注意挖掘相关专利。

第六步：投产启动，挖掘核心专利、相关专利和外围专利。

通过试验阶段以后，进入投产启动阶段，该阶段的主要任务是制定生产流程链、模具的开发定型和各种检具的制造。在此期间要反复地完善冲压、焊装、涂装以及总装生产线，开始小批量生产进一步验证产品的可靠性，确保小批量生产三个月产品无重大问题的情况下正式启动量产。在此阶段，针对生产流程链的制定、模具的开发和检具的制造，任何改进和创新都应注意相关专利的挖掘。而在小批量生产后，根据用户反馈及发现的问题设计解决方案，并要注意针对该解决方案挖掘核心专利。此外，车辆应用所产生的影响和带来的问题，比如对城市交通网、电网、人群的影响，若能提出技术性的解决方案，也应注意外围专利的挖掘（参见CN101877486B[1]：一种用于平衡电网负荷的电池储能电站）。

图7-4-7展现了上述第一至第六步所述的“比亚迪·秦”整车研发项目的专利挖掘过程。注意，图中所列专利申请仅为示例性展示，而非全面完整性展示。

[1] 本专利荣获第十七届中国专利优秀奖。

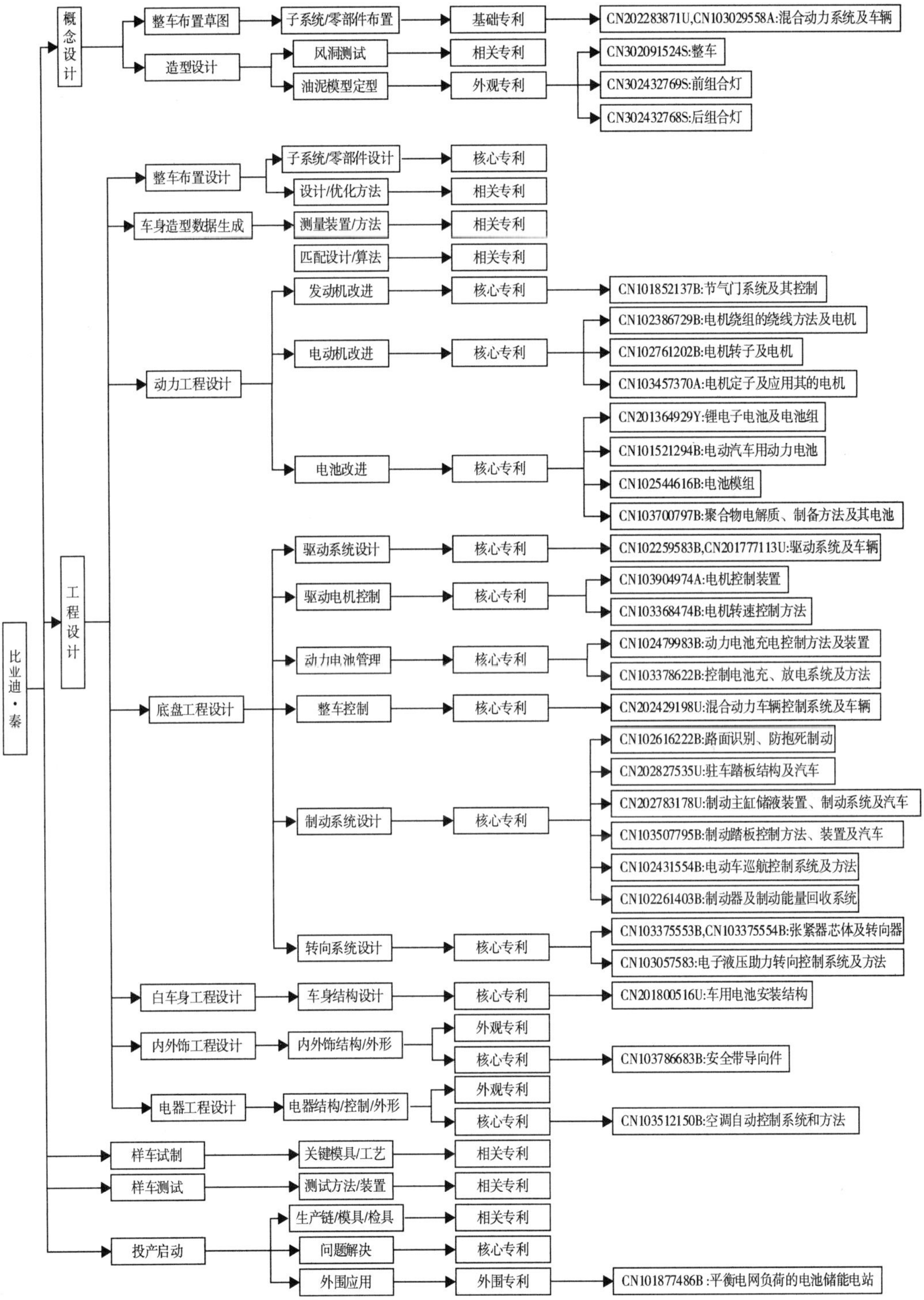

图 7-4-7　比亚迪·秦的专利挖掘过程

第八章　IT 领域的专利挖掘

本章概述

不同的技术领域其创新特点、研发手段、产品形态、技术周期、产业链分布、创新点扩展方式等均有所不同，IT 领域的技术创新主要体现为以应用需求为导向的硬件创新、软件创新以及两者相结合的系统创新。本章着重介绍 IT 领域的创新特点、专利挖掘的考虑因素以及相应的专利挖掘手段，以体现专利挖掘手段的领域特色。

本章知识脉络

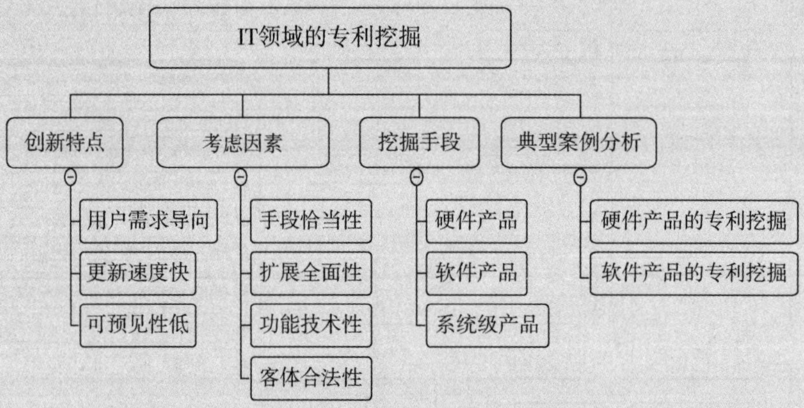

第一节　IT 领域的创新特点

IT（Information Technology）技术泛指用于管理和处理信息所采用的各种技术，[1] 其主要涉及计算机硬件和软件技术，以及网络和通信技术。此外，各种传感器、控制芯片、移动终端、业务系统，以及近年来兴起的云计算、大数据、人工智能等衍生技术均属于 IT 领域的范畴。IT 领域的创新具备以下几个鲜明的特点。

一、用户需求导向

IT 领域的创新，无论硬件改进、软件升级还是流程优化，大多源自实际的应用需求。例如，信息量剧增，导致存储容量需要扩展、访问速度需要提升，相应地，存储方式由单机硬盘的内置存储方式发展为外挂存储设备的直连式存储方式；随着分布式应用的需求，发展为基于 NAS 和 SAN 架构的网络存储方式；近年来，在移动接入方式的推动下，云存储逐渐普及。再如，用户对图像显示效果的需求推动显示技术推陈出新，硬件方面，由早期的 CRT 显示器、LCD 显示器、LED 显示器到如今大热的柔性显示屏，显示尺寸、分辨率、亮度、对比度等各种参数不断优化改进；软件方面，各种图像编码、压缩、优化算法层出不穷。随着大数据技术的普及和人工智能的迅猛发展，更为精准的“用户画像”、更为多元的人机交互方式为用户带来了更多的便利和体验的提升。此外，对用户体验的关注更带来了一系列的“微创新”，从基于用户偏好的个性化广告推送、根据左右手使用习惯的图标位置设置、支持用户同时阅读邮件和观看视频的悬浮窗口设置，无不体现了“用户需求导向”的创新原动力。

二、更新速度快

相比于机械类产品，电子产品更新换代速度快。以苹果手机为例，从 2007 年 1 月 9 日发布 iPhone 到 2014 年 9 月 10 日发布 iPhone 6 plus，8 年时间共推出了 10 款机型。华为公司于 2014 年 9 月 4 日发布 Mate 7 机型，时隔一年多，2015 年 11 月 26 日便推出了显示性能、续航能力、拍照功能等更为强大的 Mate 8 机型，Mate 9 机型紧随其后于 2016 年 9 月上市。[2] 相比硬件产品，以模式创新为主要特点的互联网产品更新速度堪比

---

[1] 信息技术［EB/OL］. http：//baike. baidu. com/subview/3226/11250234. htm.

[2] 华为 Mate 9 曝光，与徕卡合体号称拍照杀手［EB/OL］.［2016-02-26］. http：//news. zol. com. cn/570/5701714. html.

“百米跨栏”，各种应用软件的生命周期非常短暂。以手机 APP 为例，几乎每天都有数个甚至数十个新的 APP 出现，而既有 APP 的版本升级和更新周期也以“日/周”为单位。再以中文输入法为例，微软的中文输入法 18~24 月发布一次新版本，而搜狗拼音输入法、紫光华宇拼音输入法、QQ 拼音输入法、百度输入法等产品的平均更新周期 2~4 周，从市场占有率来看，后者的用户群体显然更加庞大。

三、可预见性低

信息技术尤其是移动通信技术的高度发达，用户需求的精细化和差异化，硬件、软件、固件相结合的技术实现途径，激发了无处不在的创新。相比于传统 PC 时代，现阶段 IT 领域的创新模式和创新手段更加多样化，不确定性更加突出。任何角度的“灵光一现”就可能引发新一轮创新风暴，产品趋势和市场前景更加难以预测。以“滴滴打车”为例，❶ 产品上线仅仅 18 个月就迅速增长到估值 10 亿美元的量级，稳定用户群超过 1 亿，短时间内撬动了出租车这一传统行业。随着 O2O 模式的普及，很多传统行业都开始考虑经营模式的转型，然而，任何人都难以预见下一个 O2O 模式下颠覆性创新的成功案例会出现在哪儿。

第二节　IT 领域专利挖掘的考虑因素

任何一个领域的创新都不能脱离基本的创新理论和创新途径，前述章节介绍的各种专利挖掘手段具有普适性。然而，IT 领域又具有较为鲜明突出的创新特点，在 IT 领域进行专利挖掘的过程中，针对领域特殊性，还建议重点关注以下几方面的考虑因素。

一、手段恰当性

在 IT 领域，企业级产品的更新速度相对缓慢，其产品形态较为稳定，技术发展趋势较为明确，无论是网络架构、存储设备、业务平台，无不体现了“高、精、尖”的特点，因而，研发投入和技术创新难度较大，研发主体也多为长期占据市场领军地位的主流厂商，如 IBM、微软、思科、EMC、日立、华为、中兴等大型企业。这类产品的创新通常遵照既有的项目管理流程，适合采用基于研发项目的专利挖掘手段。

与之相对的用户级产品，则呈现出更加活跃和多样的特点，新产品随时可见。尤其是消费类电子产品，真正体现出“创新无处不在”，许多“灵光闪现”的小创意都能带来用户体验的改善，从而大大提升产品的市场青睐度。智能终端的普及提供了更加多样化的网络接入方式，互联网产品的特色更在于“产品即服务”，因而

❶ 滴滴打车的创新之路［EB/OL］.［2015-09-14］. http://mt.sohu.com/20150914/n421068009.shtml.

“抓住用户痛点”是创新的出发点也是产品成功的有力保障。就专利挖掘而言，产品设计人员、技术研发人员、营销人员和售后服务人员都需要保持高度敏感性，不放过任何潜在的需求和可能的改进方向，而这类技术的创新更适合采用围绕创新点的专利挖掘手段。

二、扩展全面性

基于创新点的专利挖掘手段中，从创新点出发的横向和纵向扩展是专利挖掘的必经之路，扩展全面性在 IT 领域尤为重要。如前所述，IT 领域的创新（尤其是主要基于软件方式实现的创新）为解决某个技术问题或实现某种功能，除了研发人员最初想到的“原始”技术手段，能够采用的替代方式较多，因而技术方案易改型。为了防止竞争对手或第三人的刻意规避，保障专利布局的有效性，在专利挖掘阶段就应当从创新点出发，尽可能全面地扩展，使得专利挖掘成果能够在技术层面全面覆盖，在法律层面行之有效。

以手机屏幕“滑动解锁”功能为例，苹果公司最初设计“滑动解锁”的出发点是解决“移动终端误触或误操作”的技术问题，为了实现这一功能，最初的技术构思是：在移动终端上设置“锁屏键”以及用于滑动解锁的“直线或弧线移动滑块”。

从这一原始发明构思出发，在“防误触”这一功能下，通过“横向扩展”还可以进一步挖掘出多样化的替代实现手段，例如：

（1）更高级的防误触：接触面积+轨迹（防止身体其他部分接触）、多键配合解锁、压力+温度传感器（其他导致触控屏静电电容变化的物体也可能误解锁）……

（2）提高安全性：自定义滑动轨迹、滑块结合密码、特定手势（如，多根手指多点触控）、滑动+指纹识别……

（3）提高操作便捷性：单手操作模式下，利用加速度或重力传感器进行“姿势”解锁、根据手指按压位置设置对应的解锁区域……

（4）为了增加趣味性，提高用户体验，还可以加入各种娱乐因素、解锁成功的动态反馈等。

另外，基于原始功能进行纵向扩展，可以发散性考虑以下相关的功能：

（1）快捷启动功能：不同解锁路径启动不同应用程序，或者不同指纹对应开启不同的应用程序；

（2）结合应用场景：区分家庭环境（强调便捷性）和公共环境（强调安全性）下的解锁方式；

（3）备用解锁方式：预定解锁方式失效（例如，遗忘自定义的解锁路径）时的备用解锁方式。

上例中，一个简单的“解锁操作”经过深入扩展挖掘，就能够衍生出多种技术方案，如果没有全面扩展，即使拥有解锁的基础专利，也很容易被外围申请束缚。事实上，苹果公司在滑动解锁的基础专利之后，陆续提出了多项持续改进的系列申请，其中不乏预防竞争对手规避设计的竞争性专利。针对规避设计的专利挖掘手段详见第六章的介绍，在此仅示意性地介绍针对“滑动解锁”进行规避设计的大致思路：

（1）确定规避设计的目标专利，即苹果公司第CN200680052770.4号专利。

（2）确定目标专利的实际保护范围：通过对该专利所有独立权利要求的分析，发现都包含一个必要技术特征，即“解锁图像沿预定显示路径移动”（某些权利要求中表述不一致，但实际技术含义相同），将该权利要求的构成要件作为规避设计的重点。

（3）确定优选替代方法：针对上述构成要件，尝试从要素省略、要素替代、要素关系改变等角度进行规避设计。例如，目标专利通过手势控制解锁图像沿特定路径移动从而解锁，改型方案可以采用依次触动若干固定解锁图像的方式进行解锁。

（4）提炼发明点，形成专利申请。

具体专利挖掘情况如图8-2-1所示。

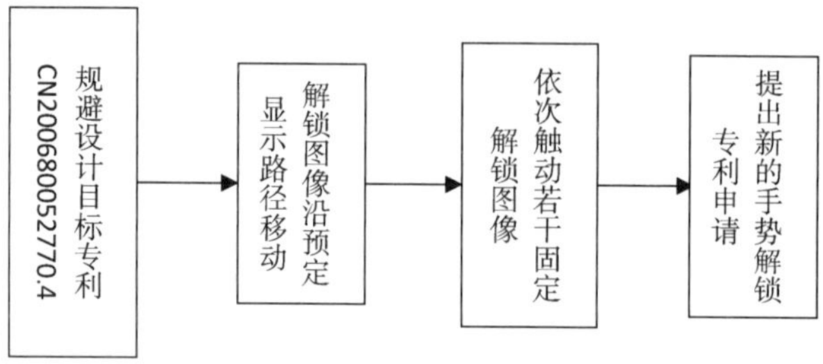

图8-2-1 针对苹果手机触摸屏解锁专利规避设计的专利挖掘示意

三、功能技术性

IT领域的创新既包括技术本身的创新，也涵盖了大量的“模式创新”。在“互联网+”的背景下，IT技术被应用于各行各业，传统行业的信息化程度极大提升，基于物联网技术的管理方法、基于大数据分析技术的营销方法、基于移动互联网技术的支付方法等，创新方案层出不穷，这些涵盖了技术创新或模式创新的方案可被统称为“解决方案”。然而，根据《专利法》第2条第2款的规定，只有一个方案同时具备了“技术三要素”（解决技术问题、采用技术手段、获得技术效果）才构成专利法意义上的“技术方案”。专利挖掘的一个重要作用就是基于解决方案提炼出“技术方案”，简言之，需要挖掘出实现解决方案的底层技术架构。

另外，需要注意的是：人机交互的设计创新，如果仅涉及信息在显示界面的呈现方式（界面布局），而不涉及交互技术（信息输入/输出及其触发的计算机操作），通常会被认为属于“信息表述方式”而排除在发明专利的保护范围之外，因此，在进行专利挖掘时，可以考虑将涉及图形用户界面的设计创新采用GUI外观专利的方式予以保护。

四、客体合法性

如前所述，专利挖掘的重要作用是从法律层面上对解决方案进行提炼。由于现行的审查政策下，计算机程序本身、单纯的算法、数据结构被认为属于“智力活动的规则和方法”，而被排除在专利保护的客体之外。然而，并非意味着涉及计算机程序的发明就没有获得专利权的可能。在专利挖掘阶段，应当结合应用场景，用自然语言对数据处理流程进行总结概括，将算法与所解决的技术问题紧密关联，为参数赋予实际物理意义，凸显程序/算法对计算机外部处理对象和计算机系统内部性能带来的有益效果。

例如，单纯的神经网络算法本身不属于专利保护客体，而将一种改进的卷积神经网络算法用于语音识别以提高识别的准确性，则该算法层面的创新则有可能获得专利保护。

第三节　IT 领域的专利挖掘手段

结合前述各种考虑因素，针对 IT 领域三种典型的产品形态（硬件产品、软件产品、硬件与软件相结合的系统级产品），分别归纳出适于不同场景的专利挖掘手段。

一、硬件产品的专利挖掘手段

从专利类型来看，硬件产品一般不存在专利保护客体方面的限制，发明、实用新型、外观设计均对硬件装置予以保护，因而可以根据企业的具体需求，考虑创新高度、获权周期、维权难易等因素，按照不同的专利类型挖掘创新点。

从开发流程来看，IT 领域的硬件产品由电路板、电子元件、控制芯片、电源和外壳构成，通常也离不开相应的控制程序（可固化在 ROM 中）。硬件产品的开发过程包括预研方案、试制原型、测试调优、产品量产这四个主要阶段，因此，专利挖掘也需要有效贯穿整个开发过程，注意发掘各阶段潜在的“可专利点”。

从挖掘角度来看，硬件产品的专利挖掘除了着眼于成型的产品本身，还应当具备“向下”挖掘和“向上”挖掘的眼光。所谓“向下”挖掘是指组成产品的零部件、元件的连接方式及组装方式、电路芯片设计、管脚/接口设置、电源供给等方面是否存在区别于已有产品的创新之处；所谓“向上”挖掘是指电子产品的控制逻辑、数据传输和处理方式、与服务器/主机的交互方式等方面与现有技术是否存在差异。通过向上和向下的扩展思考，挖掘出与产品本身紧密关联的其他创新点，从而对产品进行立体式专利保护。

硬件产品开发过程中的专利挖掘大致可以参照以下流程（如图 8-3-1 所示）。

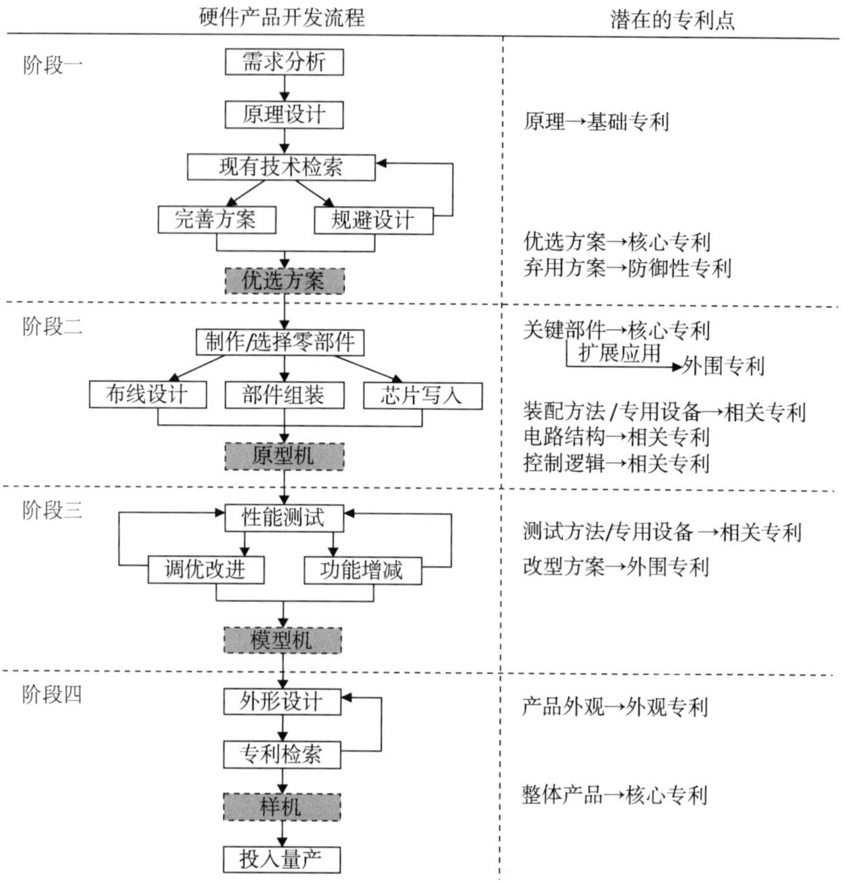

图 8-3-1　硬件产品的专利挖掘流程

二、软件产品的专利挖掘手段

从专利类型来看，相对于硬件产品的直观可视性，软件产品本身的功能性和无形性，使其在专利保护客体方面存在若干限制。❶ 此外，由于实用新型只保护宏观可见的实体装置，软件相关发明难以获得实用新型专利权。

从实现层级来看，软件产品可以分为自上向下的三个层次，包括：

（1）显示交互层：这一层级的创新主要涉及交互界面的设计布局、数据输入方式、数据呈现方式。

（2）业务逻辑层：这一层级主要从软件产品的功能出发，按照业务处理流程，以程序流程图为蓝本，从处理逻辑的角度进行方案描述。

（3）数据处理层：这一层级涉及软件产品的底层技术架构，是业务逻辑层中各个环节的具体实现方式，例如加密算法、图像编码、通信协议等。

❶《专利审查指南2010》中规定，计算机程序本身、仅由所记录的程序限定的计算机可读存储介质或者计算机程序产品均属于《专利法》第25条规定的《专利法》不予保护的客体。

事实上，无论是软件产品的呈现形态还是底层的代码实现，只要掌握了相应的专利挖掘和撰写技巧，各个层级均存在潜在的可专利点。

开发软件产品的最初目的一定是解决某种应用需求。在产品设计阶段，通常需要根据功能分解、参与主体、数据流向、处理步骤绘制出数据流程图。数据流程图就是业务逻辑的直观体现，基于此，可以挖掘出方法类型的发明专利申请。

从挖掘角度来看，软件产品的专利挖掘可以从核心业务逻辑出发，向下着眼具体算法实现，向上着眼界面交互设计，同时，横向扩展到其他应用场景和替代实施方案，发散性挖掘。❶

针对软件产品的专利挖掘大致可以遵照以下流程（如图 8-3-2 所示）。

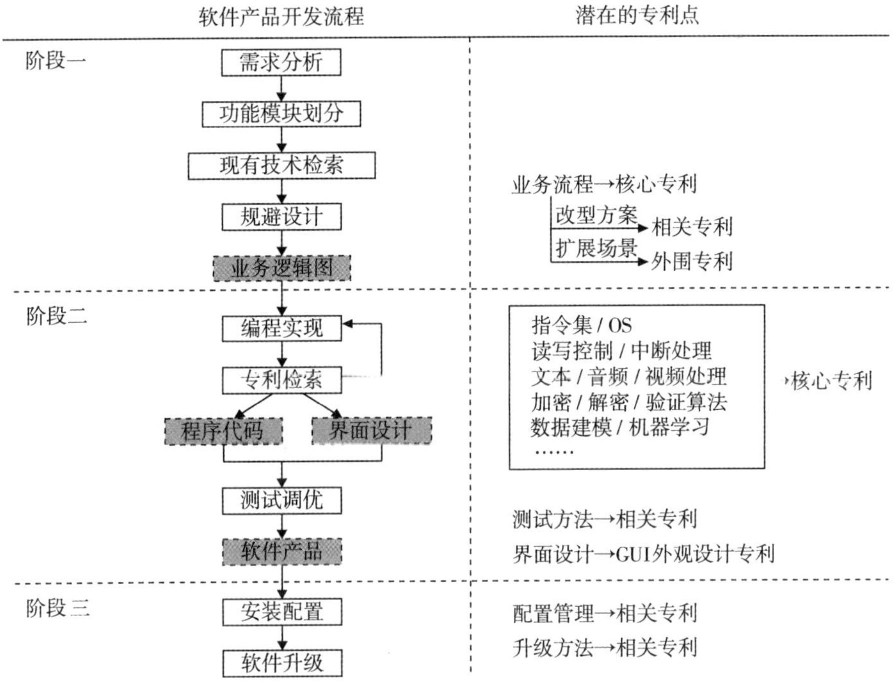

图 8-3-2　软件产品的专利挖掘流程

三、系统级产品的专利挖掘手段

通常，系统级产品可以划分为硬件层、OS 层（操作系统层）、数据层、应用层（业务逻辑层）、表示层（人机交互层）（如图 8-3-3 所示）。系统级产品集成了诸多装置/设备，具有复杂的信号流向和控制逻辑，既包括服务器、网络交换机、控制台、存储设备、用户终端等硬件产品，又包括各种操作系统软件、管理软件和应用软件，以

❶ Velmourougan S，Dhavachelvan P，et al. Software development life cycle model to build software applications with usability［C］. 2014 International Conference：Advances in Computing，Communications and Informatics（ICACCI），2014.

及在各种装置部件之间实现通信连接和数据传输的通信协议。

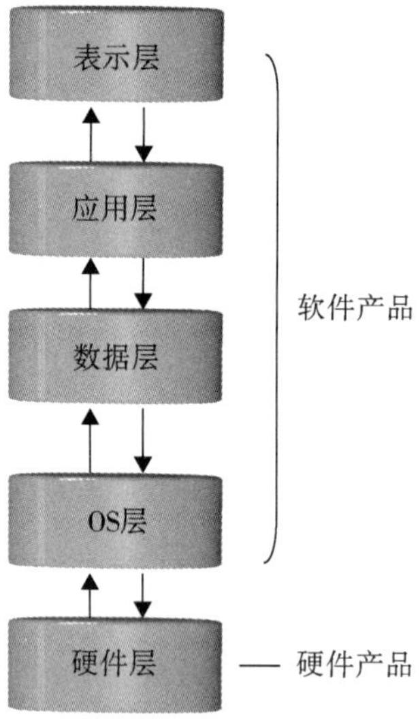

图 8-3-3　IT 系统的层级结构

事实上，IT 技术发展至今，硬件创新和软件创新很难完全区分开，更多解决方案是基于特定硬件平台运行相应控制程序构成的整体系统。随着移动互联网的飞速发展，单个设备完成的特定信息处理的情形日益减少，“云—网—端” 三位一体的网络化解决方案逐渐成为主流趋势。系统级产品的研发通常技术难度高、研发周期长、创新点系统性强。系统级产品的专利挖掘，多基于项目研发进程，以解决方案的硬件架构和控制逻辑为主线，综合应用上述硬件产品和软件产品的挖掘手段，最终形成涵盖系统各层级创新点的立体式专利组合。

四、涉及商业模式创新的专利挖掘思路

商业模式创新无疑是当前 IT 领域备受关注的创新方向。然而，长久以来，世界主要知识产权国家均对商业方法相关发明专利申请持有谨慎态度，在专利审查阶段也适用了较为严苛的审查标准，这使涉及商业模式创新的方案能否获得专利保护，或者说这类创新方案能够以怎样的方式获得专利保护，成为一个备受关注的问题。

国家知识产权局于 2017 年 4 月 1 日起实施的修改后《专利审查指南》第 4.2 节“智力活动的规则和方法”中增加了关于商业模式创新的规定：“涉及商业模式（或方法）的权利要求，如果既包含商业规则和方法的内容，又包含技术特征，则不应当依据专利法第二十五条排除其获得专利权的可能性”。

然而，当今的商业模式创新大多依托于计算机技术和网络通信技术的飞速发展。从技术实现来看，商业方法相关专利申请本质上属于一种较为特殊的 CII（Computer Implement Invention）专利申请，其特殊性就在于整体方案呈现出技术（体现为方案实施所基于的计算机、服务器、数据库、数据处理流程等特征）与非技术（体现为方案

描述中所涉及的商业、管理、金融等应用场景相关特征）相互交织的特点。当谈及涉及商业模式创新的专利挖掘时，可将其划分为三个不同的抽象层级加以讨论：

（1）商业构思层面：属于商业模式的构想阶段，体现为商业经营方式的初步构想，也许是经过调研和论证后发现的某种潜在商业需求，也许是一闪而过的某个“创意点”，但通常仅仅是一个抽象的创意，没有具体的实现策略。

商业构思层面的方案，往往关注宏观的商业运营问题，缺少技术实现，难以提炼出用于解决技术问题并能够获得技术效果的技术方案。如果将商业构思层面的方案撰写为专利申请，在专利审查阶段往往被认为其请求保护的方案属于智力活动的规则和方法，从而被排除在专利保护客体之外。因此，商业构思层面的专利挖掘难度较大。

（2）商业架构层面：属于商业模式的具体策划阶段，是商业创意的具体化，通常设定了商业应用场景、确立了整体系统架构、策划了具体运营模式，并确定了各环节的参与方和业务流程，其方案通常能够达到企划书的详尽程度。

现今的互联网环境下，基于计算机实现的商业模式创新通常包含了服务器、移动终端、通信设施等硬件为基础的体系架构和相应的业务逻辑，因而，商业架构层面的方案通常包含诸多硬件和软件相关的技术特征，基于所述方案撰写的专利申请文件由于包含了技术特征，因而不能排除其获得专利权的可能性。

在这一层级进行专利挖掘的重点在于：如何提炼出创新方案的核心架构、理清基本的数据处理流程，以及提炼出足够的技术内容，从而保证申请文件所呈现的方案具备足够的技术性和技术创新高度，以符合专利审查阶段对于专利保护客体以及新颖性、创造性等授权实质性条件的要求。

此外，对商业模式创新而言，一旦商业构思成熟，其针对的目标客户和需求定位已经明确，而搭建架构和具体实现环节中，有意改变部分要素往往并不影响其商业效果，因而，这一层级的专利挖掘应当重点考虑专利挖掘和布局的全面性和防御性，防止竞争对手进行规避设计和包绕式的专利布局。

（3）方案实施层面：商业模式创新的方案落地阶段，将抽象的商业创意落实为可具体实施的商业应用解决方案，能够按照预定的商业逻辑完成相应的数据处理流程。硬件设施、通信网络、终端设备一应俱全，数据采集、数据存储、控制逻辑、底层算法、交互界面均已成型。

从技术角度来看，这一层面的创新方案与传统的数据处理系统没有本质区别，因而，在方案实施层面进行专利挖掘的思路和手段与 IT 领域通常的系统级产品并无不同。具体而言，用于实施商业模式创新的解决方案在落地过程中将会涉及硬件选择、系统配置、软件编程、系统测试、上线运行、后台管理等一系列环节，无论硬件、软件、外观设计，均是潜在的可专利点。涉及商业模式创新的解决方案在方案实施层面最容易、也最有可能挖掘出有价值的专利和专利组合。

第四节　典型案例分析

为了直观体现IT领域的专利挖掘特点，分别选取两件典型案例说明如何针对硬件产品和软件产品进行专利挖掘，借此探讨前述章节各种专利挖掘手段如何在具体场景中应用。此外，针对当前大量基于计算机和通信技术实现的“模式创新”，特引入一个涉及商业模式创新的案例，具体说明如何挖掘这一特殊领域的可专利性技术。

一、硬件产品的专利挖掘

【案例8-4-1】无须定时唤醒的节电鼠标的专利挖掘❶

案例设置目的：充分检索完善技术方案，突破专利丛林。

第一步：发明人原始构思。

发明人在原始提案中陈述：无线鼠标耗电量较大，虽然大多数无线鼠标具有睡眠模式以节省电能，但是光反射器需要周期性检测滚轮是否移动，从而判断是否存在鼠标移动操作，不能达到完全省电的效果。针对现有技术存在的上述缺陷，发明人提出一种在睡眠状态不需要定时唤醒动作的鼠标，其具体结构如下：

如图8-4-1所示，将一个金属球封在四周可导电（1/2/3/4）的空间中，当鼠标进入睡眠模式前，若金属球不与任一导电点接触，则进入睡眠时，设定wake up IO成为可被wake up状态（status=high），当摇动鼠标使得金属球晃动，则任意两个相邻点的接触可产生wake up trigger信号；当鼠标进入睡眠模式前，若金属球与任意两个相邻的导电点接触（如［1和2］、［1和4］、［2和3］、［3和4］），此时将未与金属球接触的一侧的wake up IO设成可被wake up状态（status= high），与此同时，另一侧未接触金属球的wake up IO设成status=low，当摇动鼠标使得金属球晃动，两相邻点接触便可以产生wake up trigger信号。

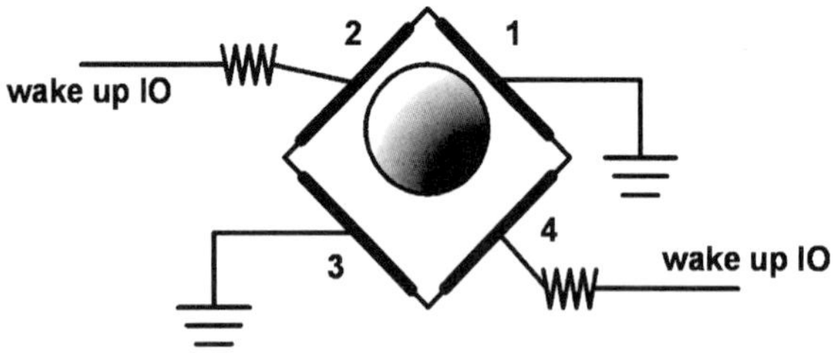

图8-4-1　原始发明构思的结构

❶ 案例来源：某芯片企业专利室。

第二步：充分检索现有技术。

从发明人声称要解决的技术问题入手（无线鼠标在睡眠模式下需要定时唤醒，不能彻底休眠），经过检索，获得多项与本发明技术方案密切相关的专利申请，如表 8-4-1 所示。

表 8-4-1 相关专利申请

申请序号	相关申请公开号	发明名称
1	TW562326U	无线电器用品之省电机构
2	TW576533U	省电控制装置
3	TW577012B	无线鼠标的省电装置及其省电方法
4	US6411279B1	无线鼠标省电装置
5	TW577012B	无线鼠标的省电装置和方法
6	US2003179183A1	具有用于感测移动的微动传感器的无线鼠标
7	CN1458573A	装有省电装置的无线鼠标及省电方法
8	CN2522923Y	省电控制装置

第三步：现有技术审视分析。

表 8-4-1 中所列举的申请文件 1~8 是与发明人提案密切相关的现有技术文献，逐一解析其技术方案后发现，上述文献公开的技术方案均能解决发明人声称的技术问题，均能达到使无线鼠标更省电的技术效果。文献 3、5、7 均采用下压上盖或者按键的方式来产生唤醒信号，从而避免了定期唤醒动作；文献 2、8 均采用透明窗和感应组件相结合，在感测到人手接触的使用信息后，才产生唤醒信号，也能够避免定期唤醒动作；文献 4、6 则分别采用滚轮与接触弹片的接触器以及振荡器感测的方式检测到使用信息，然后产生唤醒信号，同样能够避免定期唤醒动作。

文献 1 是与本发明构思最接近的现有技术，其采用震动传感器来感测使用信息，发明人提出的技术方案则是通过封装在四周可导电空间内的金属球来感测使用信号（如图 8-4-2 所示）。由于金属球及其周边导电结构可视为震动传感器的下位概念，因此，虽然本发明构思与文献 1 相似，文献 1 并不能破坏本发明的新颖性。但是，基于检索和分析结果，发明人提案中陈述的技术问题和发明目的，显然需要根据现有技术状况进行适应性修改。

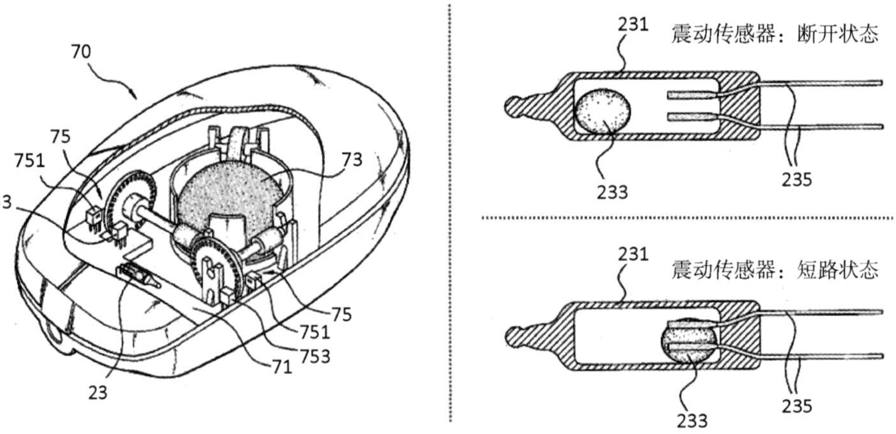

图 8-4-2　文献 1 技术方案

第四步：发明方案完善改进。

针对最接近的专利文献1，发明人首先应当考虑发明的创造性高度问题。上位概念虽然不能影响下位概念的新颖性，但由于本发明构思与文献1所属技术领域、解决的技术问题、获得的技术效果均相同，具体实现手段的差异是否足以使其具备足够的发明高度从而获得专利权犹未可知。

为此，发明人通过深度分析文献1所采用的技术方案，发现该方案仍然存在缺陷：当采用水银开关作为震动感应器时，由于桌面倾斜等原因可能导致水银停留位置不确定，若水银停留在“短路位置”，电流通过短路回路仍会耗电，无法实现真正的省电。鉴于此，发明人将发明点聚焦为：无线鼠标睡眠模式下不需要间歇性检测且真正实现省电效果。

此外，发明人借鉴文献1对技术方案描述的详细程度，为避免出现技术方案公开不充分的缺陷，对导电空间内金属球的具体封装结构（如图8-4-3所示）、等效电路以及如何通过唤醒信号控制鼠标动作的处理逻辑（如图8-4-4所示）进行了细化和补全。正是由于发明人进行了全面的检索和深入的技术方案对比分析，经过技术方案的进一步完善和提升，最终获得授权（参见CN101221474B）。

基于案例的进一步思考：

基于上述案例中的省电无线鼠标，除了从鼠标装置整体结构的角度挖掘创新点，还可以考虑进一步挖掘相关专利和外围专利。例如：金属球封装检测结构可否应用于其他电子产品中，实现其他应用环境下的“移动检测”？无线鼠标在工作状态和睡眠状态下的供电控制方法可否有所区别，例如：睡眠状态下供给更低的电压以达到更好的节电效果？此外，如果鼠标产品呈现出新颖的外观形态也可以考虑申请外观设计专利。

本案例的专利挖掘过程如图8-4-5所示。

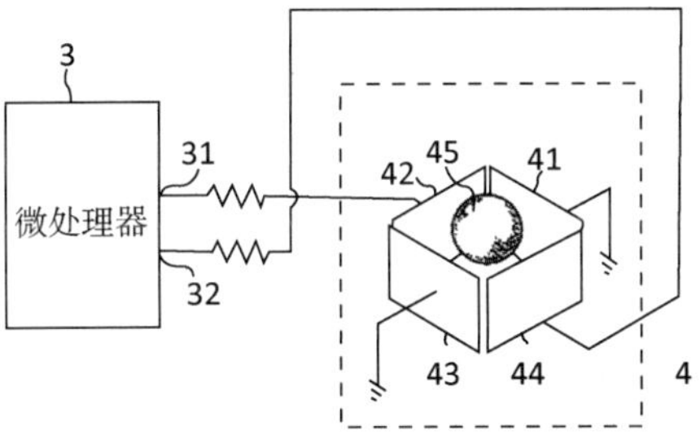

图 8-4-3　文献 1 的结构框图

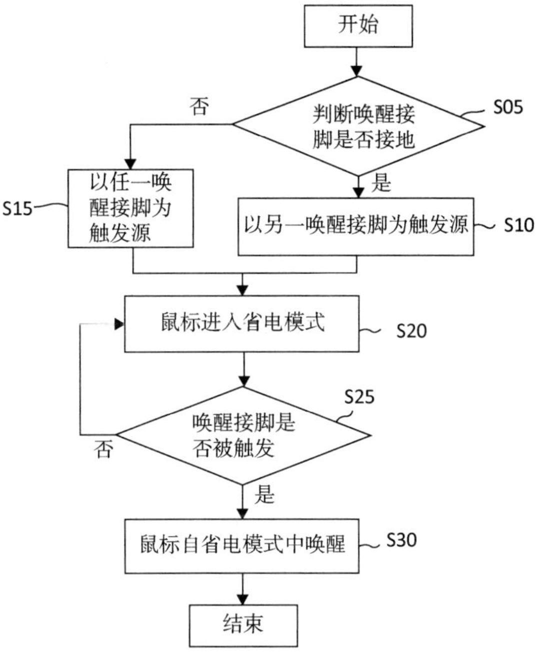

图 8-4-4　文献 1 的逻辑框图

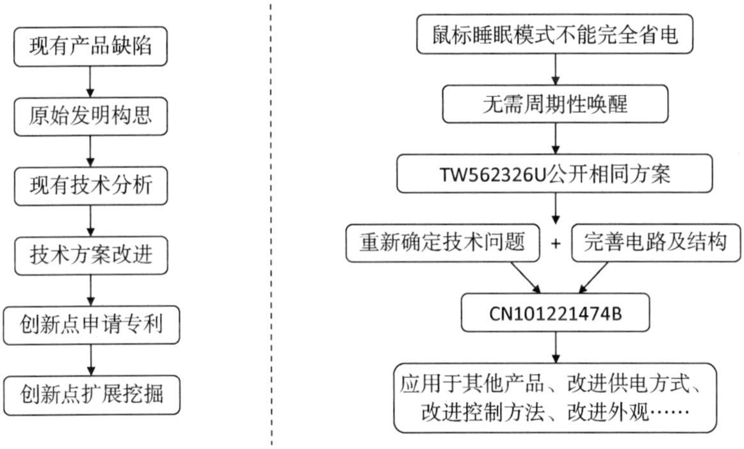

图 8-4-5　本案例的专利挖掘过程

二、软件产品的专利挖掘

【案例 8-4-2】App 产品的专利挖掘思路

案例设置目的：软件相关发明的专利挖掘技巧。

第一步：功能模块分解，提炼业务逻辑。

以腾讯公司的“微信”App 为例，其中“摇一摇”功能最初的应用需求在于提高用户输入的便捷性和趣味性，其采用加速度传感器检测用户摇动手机的动作，从而触发后续操作。基于原始技术构思提交专利申请并获得授权（CN102902472B），其核心处理流程如图8-4-6所示。“摇一摇”的核心流程可用于不同的应用环境，例如基于摇动操作进行浏览器刷新（CN103685712A）、关闭闹钟（CN104284007A）、推荐用户（CN102902472B）、更换桌面背景（CN104142791A）等。其中，“推荐用户”的处理流程如图8-4-7所示。

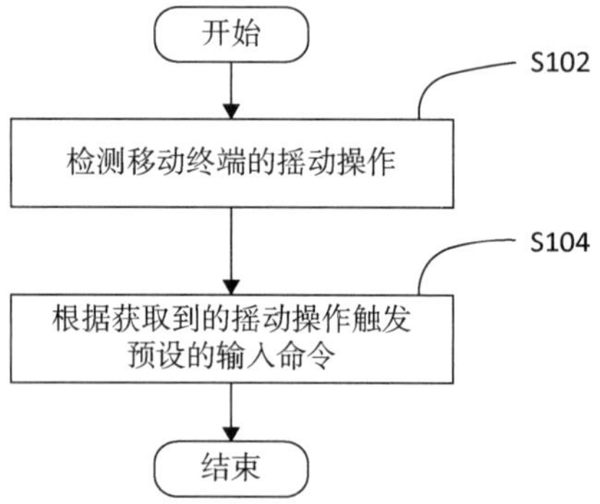

图8-4-6 “摇一摇”处理流程

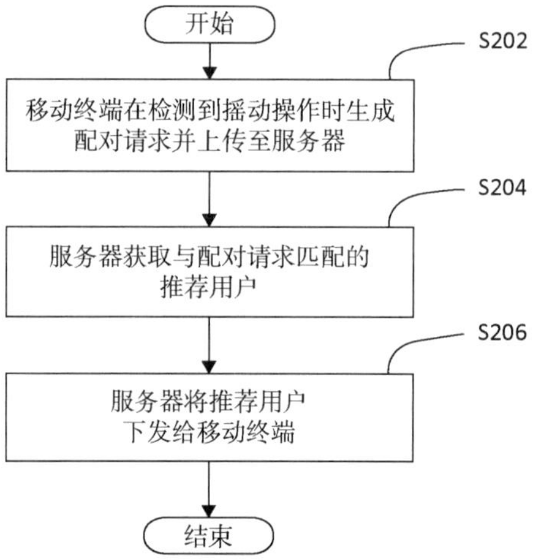

图8-4-7 “推荐用户”处理流程

“摇电视”功能涉及更为复杂的处理流程，如图8-4-8所示，从业务逻辑的层级来看，多参与方之间需要多次交互以完成音频获取、数据传输、信息比对、数据回传以及结果展示（参见CN104125265B）。

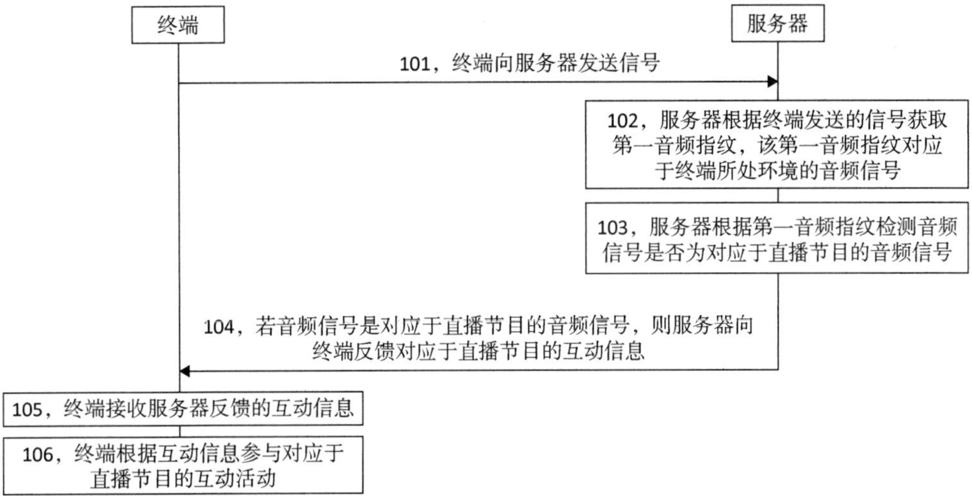

图 8-4-8　“摇电视”处理流程

第二步：编程实现阶段，挖掘内核技术。

根据数据流程图确定的业务逻辑，设计适用于特定硬件环境和实现特定功能的程序算法，并基于上述算法思想用恰当的编程语言编写程序代码，是软件产品开发的核心环节，也是最具有技术难度、最可能产生核心专利和基础专利的实现层级。

“微信”App 中，为了实现“联系人管理”“语音通话”“视频聊天”“共享位置”等多种功能，需要大量底层技术的支持。仍以“摇电视”功能为例，音频处理就是其中的核心技术之一，基于此，开发团队也申请了大量专利，例如：CN102375834B 提供了一种利用 MFCC 系数和 Pitch 系数进行音频文件类型识别从而实现音频文件检索的方法；CN103093761A 提供了一种利用起始点检索算法（ODF）对音频信号进行指纹检索的方法。

在方案落地的过程中为了解决各种具体技术难题，存在大量潜在的可专利点。例如，为了解决语音聊天中对讲延迟的问题，CN102624874B 提供了一种基于阈值判断的语音信息传送方法；为了解决视频聊天时图像帧数据传输量大的问题，CN101141608B 提供了一种基于人脸检索和人脸追踪、突出人脸信息的视频编码方法；为了解决视频聊天大小视频窗口可能相互遮挡的问题，CN103686418A 提供了一种基于关键区域检测来设置视频窗口的方法。软件开发团队解决每一个具体技术问题所采用的方法和手段都可能挖掘出创新点。

第三步：产品呈现形态，发掘界面创新点。

显示交互层通常可以挖掘出涉及交互方法的发明专利申请和反映界面显示布局的 GUI 外观专利申请。[1] 两者的分界点在于：如果是单纯的静态或者动态界面布局，仅涉

---

[1] 根据《国家知识产权局关于修改〈专利审查指南〉的决定》（国家知识产权局令第六十八号）的规定，自 2014 年 5 月 1 日起，游戏界面以及与人机交互无关或者与实现产品功能无关的产品显示装置所显示的图案，例如，电子屏幕壁纸、开关机画面、网站网页的图文排版，只要符合相关规定，可获得 GUI 外观专利保护。

及外观元素的规定和设置（例如，界面分区、字体、菜单和图标的形状、颜色、位置等）只能申请GUI外观专利。如果涉及数据的输入、输出，触发了底层的数据处理过程，则可能构成专利法意义上的技术方案，可以申请发明专利。

以“微信”App“掷骰子”和“猜拳”的动态表情为例，相关申请的方案描述如图8-4-9所示（参见CN103309872A）。

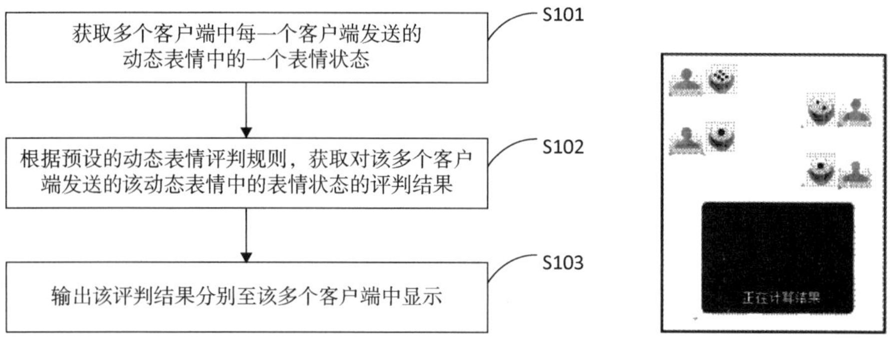

图8-4-9　动态表情处理流程

微信“摇一摇”还申请了一系列GUI外观专利，例如，文字聊天CN303113853S、微群位置CN303159647S、摇一摇CN303428817S、即时消息中的表情CN303542291S等，仅以图8-4-10作为示例说明。

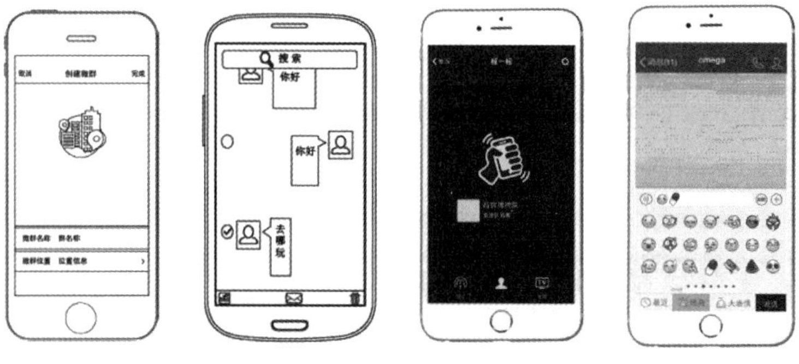

图8-4-10　微信APP相关外观专利

第四步：应用场景扩展，挖掘外围专利。

软件产品优点在于其应用灵活性，根据应用需求的变化随时进行功能模块的增减，以及通过二次开发进行改型。随之而来的问题就是专利保护范围的有限性，原始专利只能保护最初的发明构思，因此，发明人应当在原始发明构思的基础上进行发散式扩展，在资源允许的情况下，尽可能地挖掘不同应用场景下的改型方案。

微信“摇一摇”后期逐步申请了一系列基于“摇动触发”的方案，例如，基于用户手机的GPS定位信息和摇动触发操作获得周边的商家信息（CN104349273A）等。

图8-4-11展现了上述步骤一至四所展示的“微信”App产品专利挖掘过程，当

然，所列专利申请仅仅是示意性展示，并不全面也不完整。

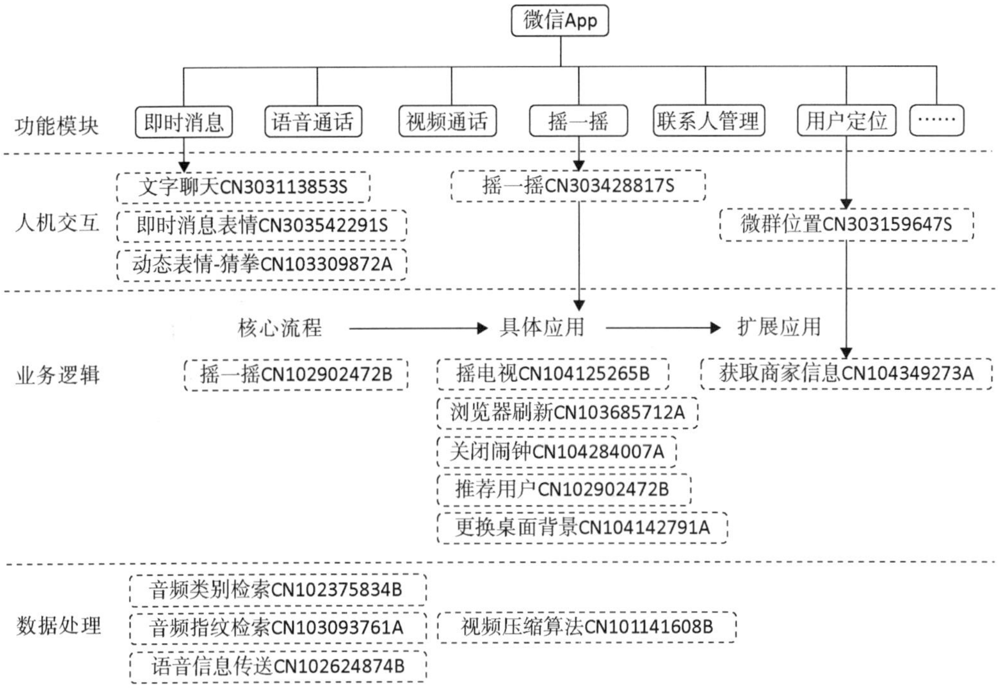

图 8-4-11　微信 App 专利挖掘示意

【案例 8-4-3】华为公司围绕杂志锁屏发明要素的专利挖掘思路

杂志锁屏技术是一项手机界面的新兴技术，对其进行深入的专利挖掘十分必要。华为官网的杂志锁屏功能产品介绍图如图 8-4-12 所示，华为公司杂志锁屏专利主要附图如图 8-4-13 所示。

图 8-4-12　华为官网的杂志锁屏功能产品介绍图

图 8-4-13　华为公司杂志锁屏专利主要附图

第一步：在对相关技术进行专利挖掘时，可首先对该项技术所需的功能进行主要发明要素的整理。示例见表 8-4-2。

表 8-4-2　手机杂志锁屏的技术发明要素（示例）

序　号	发　明　要　素
1	点亮屏幕，切换锁屏图片
2	响应于预设手势，显示下一次拟切换图片的介绍信息
3	锁屏界面显示图片内容介绍信息
4	锁屏界面下有拍照快捷入口
5	锁屏配置界面可由用户进行评价
6	锁屏图片来源，为用户本地存储、用户下载、拍摄或服务器推送
7	锁屏配置界面有功能选项可供用户选择配置
8	锁屏配置界面的功能选项，包括社交分享功能
9	在锁屏配置界面显示图片介绍信息
10	锁屏配置界面可以标记用户对图片的喜好

第二步：对这些发明要素进行组合。

这些发明要素，有非常多的组合方式。华为公司的该杂志锁屏专利布局，组合出了保护范围非常广泛的权项，涵盖了现阶段能够想到的各种应用场景，而且后续利用分案制度，还可以在不超出原始申请记载范围的情况下，继续对方案进行组合扩充。

在实际进行某一应用场景的专利挖掘时，可以梳理抽象出如前面所展示的发明要素表，进行不同的排列组合，并且就每一种组合方式下的技术方案，与技术专家充分讨论扩充，挖掘出布局实现细节，再不停地调整发明要素表，继续排列组合，直至能够扩展穷尽当前所想到的所有可实现技术方案。如本案例所展示的，有几个专利的权项都多达 100 项以上，甚至达到 200 项。

第三步：形成专利母案和子案。

华为公司的相关专利的独权项就是对上述不同发明要素进行组合的结果，如图 8-4-14 所示。

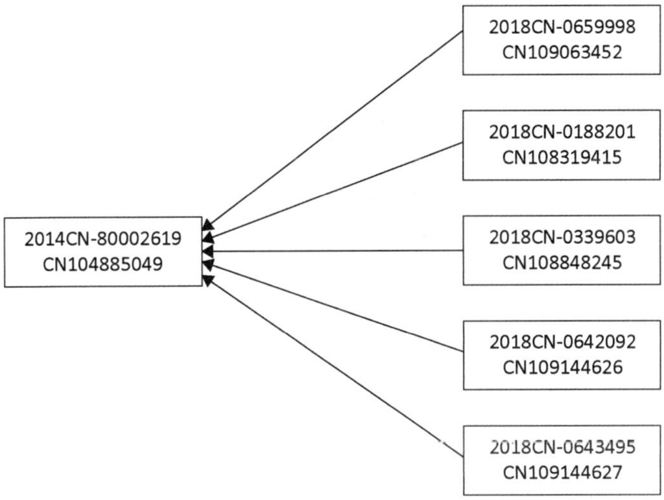

图 8-4-14　华为公司杂志锁屏中国专利申请关系图

华为公司在该技术点上的专利布局整体是以 PCT 专利作为首次申请，然后进入全球其他各个国家，在我国，以母案为基础，分别提起了 5 个分案，形成了交叉保护的专利布局网络。

在我国目前总共有 612 个权利要求，46 个独立权利要求。详见表 8-4-3 中的统计结果，其中 3 件专利的权利要求项数超过了 100 项。

表 8-4-3　华为杂志锁屏专利权利要求统计

序号	公布年份	公开号	独权项数	全部权项数
1	2014	CN104885049B	6	128
2	2018	CN108319415A	16	200
3	2018	CN108848245A	3	125
4	2018	CN109144626A	2	45
5	2018	CN109144627A	13	58
6	2018	CN109063452A	6	56

第九章　医药化工领域的专利挖掘

本章概述

医药化工领域包括生物、医药、材料、化学、化工等多个子领域。由于都属于大化学领域，因此这些子领域的创新特点有许多相似之处，在进行专利挖掘时需要考虑的因素也非常接近。在此，将它们都归于医药化工领域进行挖掘策略的分析。

本章知识脉络

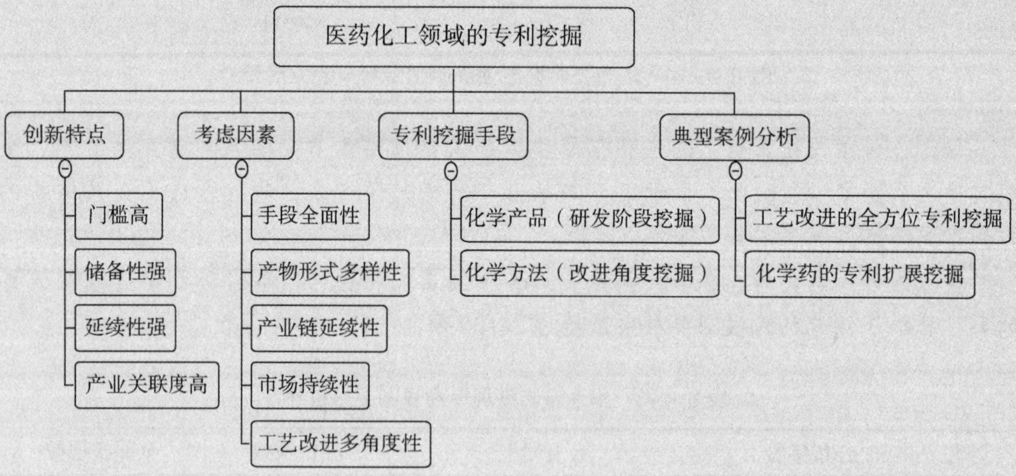

第一节　医药化工领域的创新特点

医药化工领域与我们的日常生活密切相关，人们的衣食住行都离不开医药化工领域。[1] 例如，穿衣方面，现代人们穿的衣服大部分都是化纤产品，即便是棉、麻、丝等天然织物，也需要进行化学处理、印染处理等；吃的方面，各种调味料、烹饪器具都属于化学产品，肥料、农药、生长激素、转基因技术等也都属于医药化工领域；住的方面，住房建造需要的金属、水泥、石灰等各种材料，门窗、家具等使用的高分子材料和油漆、涂料等，都属于医药化工领域；行的方面，各种交通工具制造时需要的金属、高分子和各种复合材料，燃料、电池等动力源等，也都属于医药化工领域。另外，日常看病所开的药物、使用的医疗器械、诊断使用的各种仪器设备等都离不开医药化工产品或技术。

该领域包括大量的传统行业，在国民经济中所占的比例较大，从业人员众多，能够产生的发明创造也非常多。同时，该领域的创新又都具有以下几个鲜明的特点。

一、技术门槛高

医药化工领域的研发，往往需要投入大量的人力物力。不仅需要专门的仪器设备、实验场地和专业技术人员，技术方案实施之后得到的产物具体分子结构如何、具有何种性能、能够产生怎样的技术效果等也都难以预测。获得一个能够在产业上实施的发明创造通常需要进行大量的测试。例如，对于药物领域而言，从发现先导化合物到产品上市，常常需要花费十多年的时间，投入数亿美元。图 9-1-1 展示了药物研发的基本历程，需要经历药物靶点的确认、化合物的合成、化合物活性筛选、药物评估、制剂开发、临床试验、批准上市、上市后研究等多个阶段，其中每一步都要经历重重考验，在任何阶段的失败都将导致前功尽弃，从而无法收回成本。[2]

---

[1] 张素芳. 化学和其他学科及国民经济的关系［J］. 雁北师范学院学报，2000，16（4）：78-79.

[2] 陈伟. 创新药物研发心得及展望［J］. 中国新药杂志，2010，19（24）：2218.

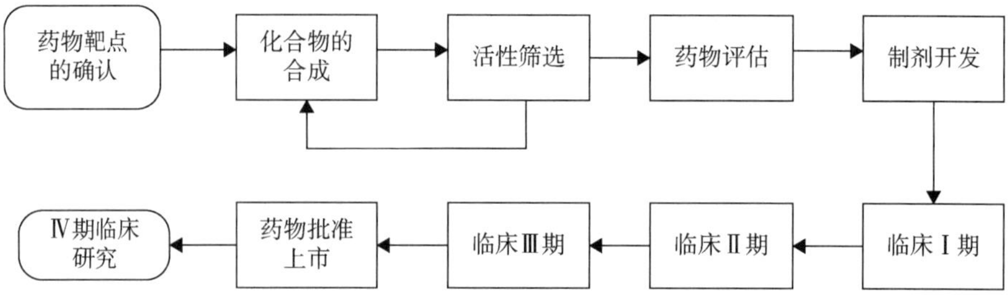

图 9-1-1　药物研发到上市的流程示意

二、技术储备性强

由于医药化工领域研发门槛高，研发周期长，企业如果想要长期保持自己在相关领域的优势地位，就需要做好技术储备工作。❶ 这种技术储备不论是在新技术的研发方面，还是在替代方案、改进方案的跟进方面都非常重要。为保持新老产品的有序衔接、维持自己在行业内的优势地位，创新主体需要持续进行新产品的研发和已有产品的改良工作。在进行新产品研发工作时，众多行业巨头一般不会在获得成果的第一时间就通过专利申请等途径将其公开，而是将其储备起来，寻找合适的时机再行公布。这么做的目的，主要是避免竞争对手过早了解到自己的研发方向，为成果的深入研究和广泛布局争取时间。一个新成果公布、新产品上市之后，创新主体需要对替代方案、改良方案等进行大量储备和全面布局，为产品上市优选方案，也为竞争对手的跟进研究和赶超设计设置障碍。企业如果忽视替代方案和改良方案的布局，那么竞争对手将很容易通过规避设计获得替代产品或优化产品，稀释市场份额，甚至夺取市场主动权。

三、技术延续性强

医药化工领域绝大部分的技术创新都具有明显的延续性特点，飞跃式或跨步式的技术进步在该领域出现的概率较低。绝大多数的技术都是在已有技术基础上的延展和改进。

该特点在医药领域更为明显，如图 9-1-2 所示，在发现了有潜在药用价值的先导化合物以后，会通过计算机构效分析等手段初步分析化合物结构与治疗效果的关联性，然后通过修饰、取代、结构变换等手段对化合物进行改造，以改善其疗效、降低其毒性，经大量优化筛选之后获得可药用化合物，随后对其晶型、异构体、衍生物、药物组合物、制剂、制备工艺及中间体、临床治疗用途和治疗方案、检测方法、检测试剂盒等进行全方位的研究，从而实现对该药物相关技术的全面覆盖。

---

❶ 张青，李大东，闵恩泽．石油化工技术创新和技术跨越的思路和途径［C］//西部大开发科教先行与可持续发展——中国科协2000年学术年会文集．北京：中国科学技术出版社，2001：1169.

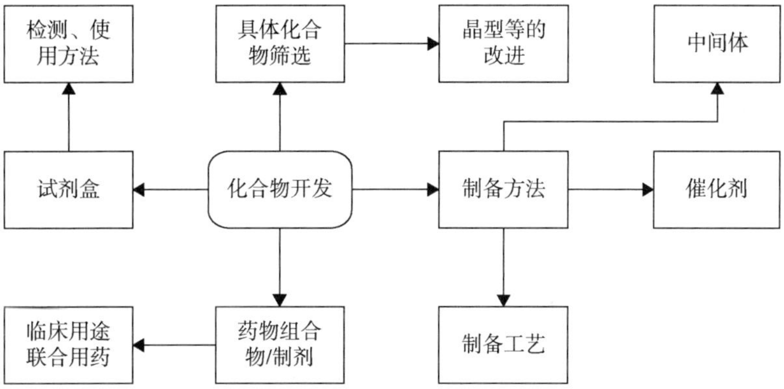

图 9-1-2　化学药物的延续性研发示意

因此，医药化工领域的技术创新和研发中，技术延续性非常强，在完成一项技术改进或创新之后，会进行大批后续改进技术的研发。

四、产业关联度高

医药化工领域的产业链比较长，产业链上各个环节之间的关联度非常高，该领域的技术改进经常能够产生“牵一发而动全身”的效果，一个环节的改进通常都会带动整个产业链上下游技术的变革。

以氟化工行业为例，如图 9-1-3 所示，❶ 中游有机小分子的改进或新化合物的出现，不仅会对上游原料供应产生配套需求，也会对该化合物的应用领域和上市产品（例如制冷剂、发泡剂、下游小分子单体含氟聚合物的加工制品等）产生影响，使得整个产业链全部随之进行技术的改进和创新，从而推动整个产业的发展。

第二节　医药化工领域专利挖掘的考虑因素

根据前面的论述，医药化工领域的创新与其他领域相比，具有典型的技术门槛高、技术储备性强、技术延续性强和产业关联度高等特点。因此，在对该领域进行专利挖掘时，不仅需要使用前述章节介绍的普适性专利挖掘手段，还需要结合本领域特点，再重点考虑以下几方面的因素。

❶ 杨铁军．产业专利分析报告（第 26 册）：氟化工［M］．北京：知识产权出版社，2014：2.

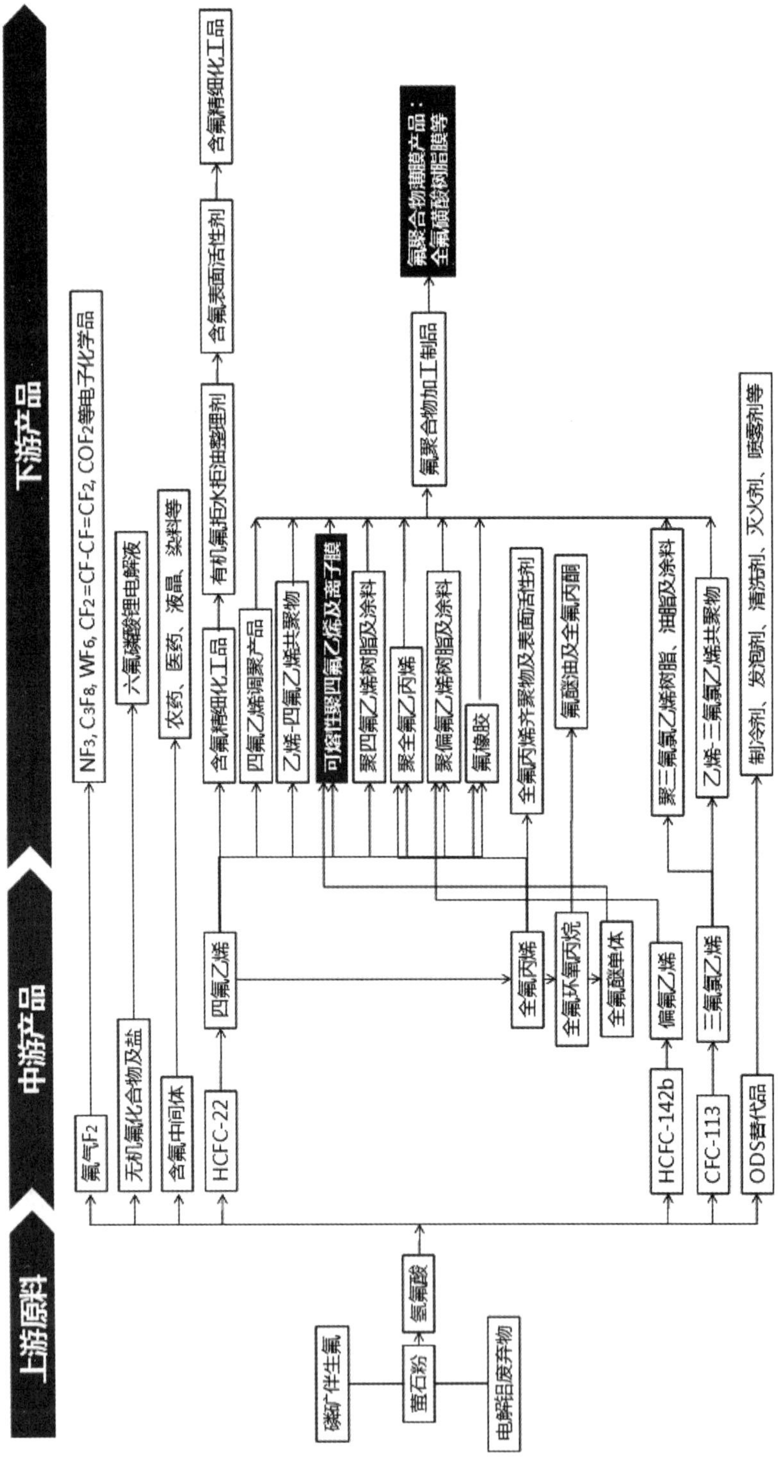

图9-1-3 氟化工行业产业链

一、手段全面性

医药化工领域的技术创新中，原始完成的技术方案都是非常具体的，但是该领域技术手段可扩展性较强，如果仅挖掘出相应的具体手段进行专利申请，则无法形成有效的专利保护，竞争对手非常容易绕开相应的专利保护，使用其他替代手段等实现同样的效果。因此，必须对相应的技术手段进行全面的扩展。

如图 9-2-1 所示，对于化合物发明而言，如果新开发了一种有价值的化合物，就需要分析该化合物能够产生该效果的原因（找到靶点），确认可以达到该效果的主体结构，将其上位化到通式化合物，进行全面的保护。如果无法上位化到通式化合物，则需要考虑是否可以对其进行各种取代、基团替换、部分结构改变等，尽可能扩展挖掘出所有可能的替代化合物。

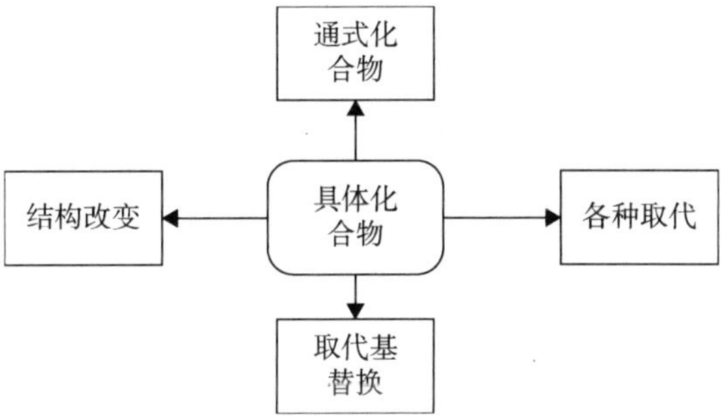

图 9-2-1　化合物本身的全面扩展

对于聚合物发明而言，如果研发了一种新型的聚合物，就需要考虑其中单体是否可以进行替换，单体之间的比例是否可以改变，聚合物分子量是否可以变化，结构单元的键接方式是否可以改变，聚合物链构型可否在线形、支链形和交联形之间改变，共聚物分子结构可否在嵌段、无规、交替、接枝之间改变，等等，进而才可以对该新型聚合物本身实现全面的扩展挖掘。

对于化工工艺的改进来说，需要考虑相关手段是否有其他各种替代方式，找出所有可以解决相关问题的替代方式和手段。例如，如果发明点在于温度的选择，需要考虑相近的温度是否可以，如果可以，多大温度范围内可以，需要把温度的具体选择扩展到温度范围的选择；另外，还需要考虑加热或冷却方式是否会有影响，扩展到各种加热或冷却方式的保护；还有，需要考虑温度变化所能达到的效果是否可以利用其他方式来实现，例如换催化剂、反应物等，尽可能扩展到所有可能的改进手段上。

二、产物形式多样性

医药化工产物可以存在多种不同的形式。此处所述的产物形式，一方面，与产物本身的存在形式有关，包括不同的外观性状，例如液态、固态、气态、粉末状、薄膜状、结晶状等；不同的理化形式，例如不同的晶型、异构体、盐衍生物、酯化衍生物等。不同的存在形式，会对物质的性能产生不同的影响。比较常见的包括，不同晶型化合物的溶解性不同；不同异构体药物的疗效和安全性存在差异等。另一方面，产物形式还与其使用状态有关。例如，药物活性化合物既可以制成片剂、胶囊、颗粒剂等固体剂型，也可以制成口服液、注射液等液体剂型。而为了解决不同的技术问题或满足新的性能要求，化学产物又可与不同的其他组分进行复合，形成不同的组合物。因此，在对医药化工领域的创新进行挖掘时，不仅要关注化学产物本身可能出现的变化形式，还需要注意该产物可能的应用领域，就其具体的使用形式和复合处方进行扩展挖掘。

在进行产物形式扩展时，可以参照图9-2-2进行各种存在形式的扩展。

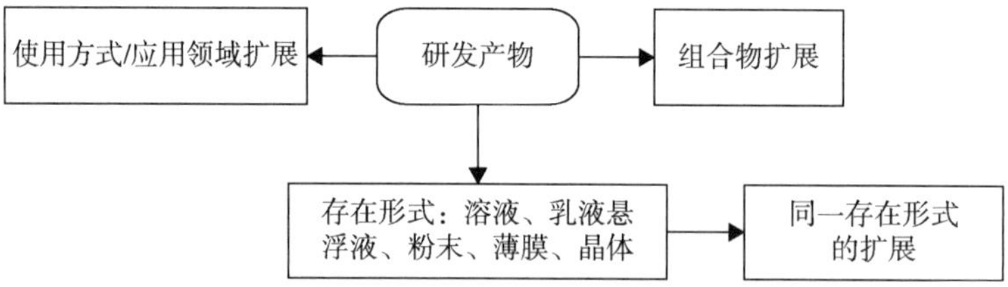

图9-2-2 产物存在形式的扩展

三、产业链延续性

根据第一节的论述可知，该领域产业关联度非常高，产业链上某一环节的改变经常会影响到该领域产业链的上中下游，因此，在完成一项创新之后，需要注意对该创新所涉及的产业链的全流程进行扩展挖掘。

如图9-2-3所示，❶ 可以看出，杜邦公司在氟化工领域的专利申请涵盖了氟化工的整个产业链，从产业链上游的无机氟化工到中游的氟碳化合物到下游的氟树脂、氟橡胶等，都申请了大量专利。基于上述信息可以看出，杜邦公司作为氟化工领域的龙头公司之一，非常重视产业链的延续扩展挖掘工作，其在做出各种技术改进之后一定是对整个产业链进行了较为深入的扩展挖掘，才会使得自己在该领域整个产业链上都具有一定的优势，确保自己在该领域的优势地位。

---

❶ 杨铁军．产业专利分析报告（第26册）：氟化工［M］．北京：知识产权出版社，2014：311.

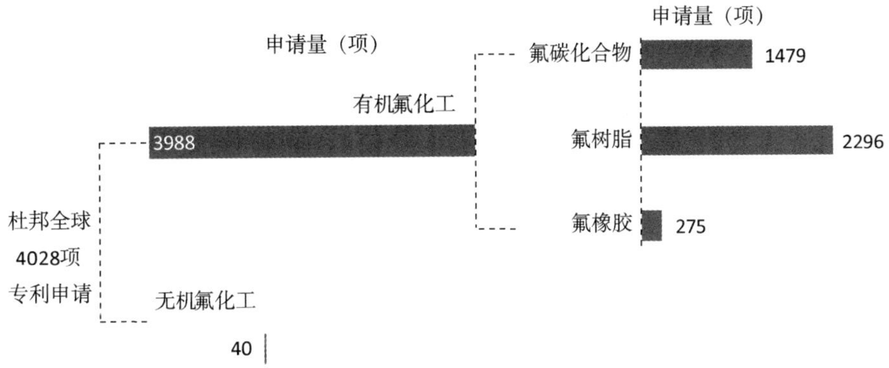

图 9-2-3　杜邦公司全球氟化工专利申请技术构成

四、市场持续性

医药化工领域技术创新的门槛高、投入大、周期长。通常一个药物研发从源头研发到批准上市需要投入数亿美元，历时十多年，如果企业在研发出相应化合物之后只申请化合物的保护，不在后期逐步申请外围专利和改进专利的话，可能在药物上市时，相关化合物的专利保护就已经快到期了，无法有效保护原研公司的利益，其前期投入可能会全部“打了水漂”。因此，为了有效保护自己的利益，在核心专利申请后，应当在合适的时机扩展挖掘各种选择发明和改进技术，一方面可全方位地保护研究成果，延长专利保护期限，另一方面可为竞争对手的跟进研发设置障碍，使得原研公司可以在较长的时间内有效保护自己，保持自己在市场上的独占地位。

五、工艺改进的多角度性

对于化工工艺来说，其中各方面的影响因素非常多，工艺步骤中涉及的工艺参数、原料、助剂、催化剂等都可以成为扩展挖掘的着力点，进行化工工艺改进的挖掘工作，需要考虑该工艺可能涉及的所有环节，从各个角度进行挖掘，才可能获得更全面的技术创新点。

例如，❶ 高压缩比聚四氟乙烯制备的简单工艺流程如图 9-2-4 所示。

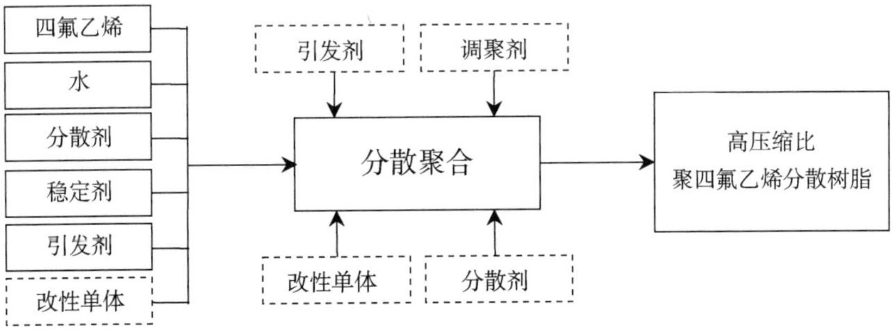

图 9-2-4　高压缩比聚四氟乙烯分散树脂制备流程

❶ 杨铁军．产业专利分析报告（第 26 册）：氟化工［M］．北京：知识产权出版社，2014：102-103.

其中可以进行改进的手段主要有以下几种：①加入不同的改性单体；②采用不同的改性单体加入方法；③加入调聚剂；④采用不同类型的引发剂；⑤改变引发剂的加入方式；⑥采用不同的分散剂。每种手段的具体细化和可能的改进方向如图 9-2-5 所示。

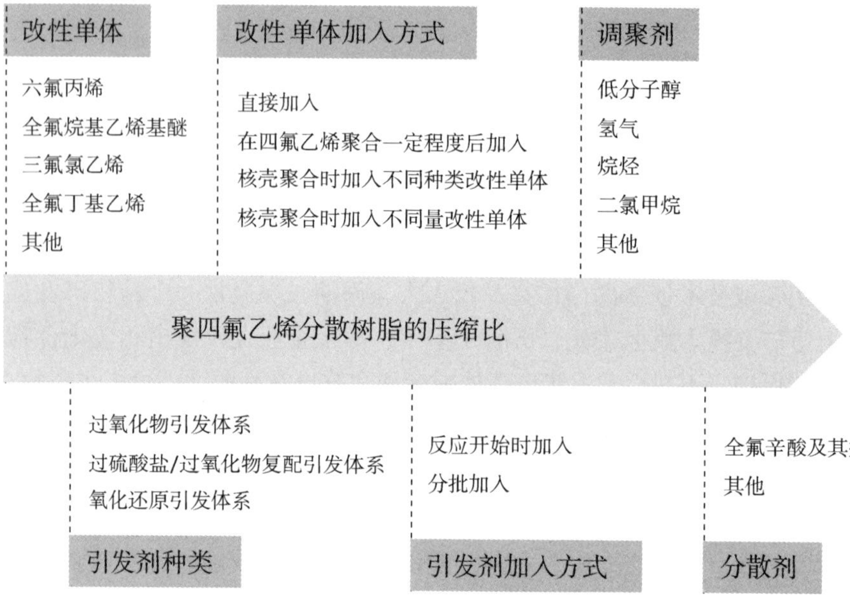

图 9-2-5　提高聚四氟乙烯分散树脂压缩比的技术手段

从上述分析可以看出，化工工艺的改进可以涉及化工工艺流程中的每个环节，而每个环节也可以有多种不同的改进方式，因此，在进行化工工艺的挖掘工作时，一定要注意对其进行多角度、全方位的扩展挖掘。

第三节　医药化工领域的专利挖掘手段

上面详细分析了医药化工领域的创新特点、专利挖掘的考虑因素等内容，下面针对医药化工领域两种最常见的技术创新类型，讲解对其进行专利挖掘的常见手段。

一、化学产品的专利挖掘手段

化学产品包括小分子有机化合物、高分子聚合物、无机化合物、组合物等，它们具有较为类似的技术研发步骤和特点，对其进行专利挖掘时可以采用较为类似的挖掘手段。下面就分为不同阶段针对化学产品的专利挖掘手段进行详细分析和介绍。

1. 化学产品本身的研发阶段

在针对化学产品进行研发的初期，相当于先导化合物的发现阶段，一般需要确认化学产品的具体结构、基本制备方法和基础用途等信息，深入研究其与现有产品的不同之处，明确其所能解决的技术问题，分析其相对于现有技术做出的贡献，找出其可以达到新的技术效果的关键点。

在该阶段进行专利挖掘时，主要是挖掘产品本身，首先要挖掘出相应的化学产品本身。

2. 化学产品关键因素研究阶段

获得先导化合物之后，可通过计算机构效分析等手段，初步判断化合物结构与技术效果之间的对应关系，挖掘影响技术效果的关键因素，为后期的拓展研究提供依据。

3. 化学产品改进研究阶段

在之前工作的基础上，对先导化合物进行各种结构改造和效果比较研究。例如，会对化合物进行各种取代基的替换、非关键部分主结构的替换等，对聚合物会进行非关键单体的替换、各单体含量的改变、各单体连接方式的改变等。通过化合物结构与技术效果的关联性研究，进一步明确构效关系，为化学结构的上位概括和适度拓展提供依据。同时，该阶段还能从系列改造化合物中寻找到最具开发潜力的目标化合物，明确下一步的研发方向。

4. 化学产品存在形式研究阶段

在第三阶段获得最具开发潜力的目标化合物，本阶段将对该化合物本身的存在形式进行全面研究，比较其性能和技术效果，优选最适合产业化生产的存在形式，为产品的具体应用打下基础。例如，成盐或酯化衍生物能有效改善药物化合物的溶解性和生物利用度，改善治疗效果，是药物研发常常需要考量的拓展领域。

5. 制备方法研究阶段

对于化学产品来说，制备方法非常重要。一般同一种化学产品会存在多种不同的制备方法，例如，化合物可以经由不同的中间体制备得到，聚合物可以通过不同的催化剂、利用不同的聚合体系聚合得到。同时，制备方法中的工艺参数和其他组分同样重要，不同的聚合温度、聚合时间、聚合添加剂、不同的步骤顺序等都会对产品产生非常大的影响，不仅会影响产品的收率、纯度，甚至可能得到完全不同的产物。研究不同的制备方法，寻求最适合于工业化生产的制备方法是该阶段研究的核心内容。

在该阶段进行挖掘时，首先要对各种不同制备途径进行挖掘，从各种制备途径中主要的影响因素中挖掘关键因素，例如中间体、催化剂等。之后，还需要对制备方法中各工艺参数和其他组分的改进和选择进行挖掘，寻找其中主要的影响因素，进行专利保护。

6. 化学产品下游应用研究

化学产品通常被制备成各种成品形式后投放市场，以原型上市的情况较少。化学产物常与各种活性或非活性组分进行组合得到组合物，例如活性化合物添加各种药用辅料制备成各种剂型的药物，将无机物制备成各种型材，将高分子聚合物制备成涂料、黏合剂、密封剂等多种产物。在该阶段进行挖掘时，首先要明确其应用领域，然后确认其使用形式，最后对具体产品的原料处方进行挖掘。

图 9-3-1 总结了前述对于化学产品类改进进行专利挖掘的全流程，当然，所述挖掘手段只是示例性的，在各个阶段还会存在各种其他挖掘手段和内容。

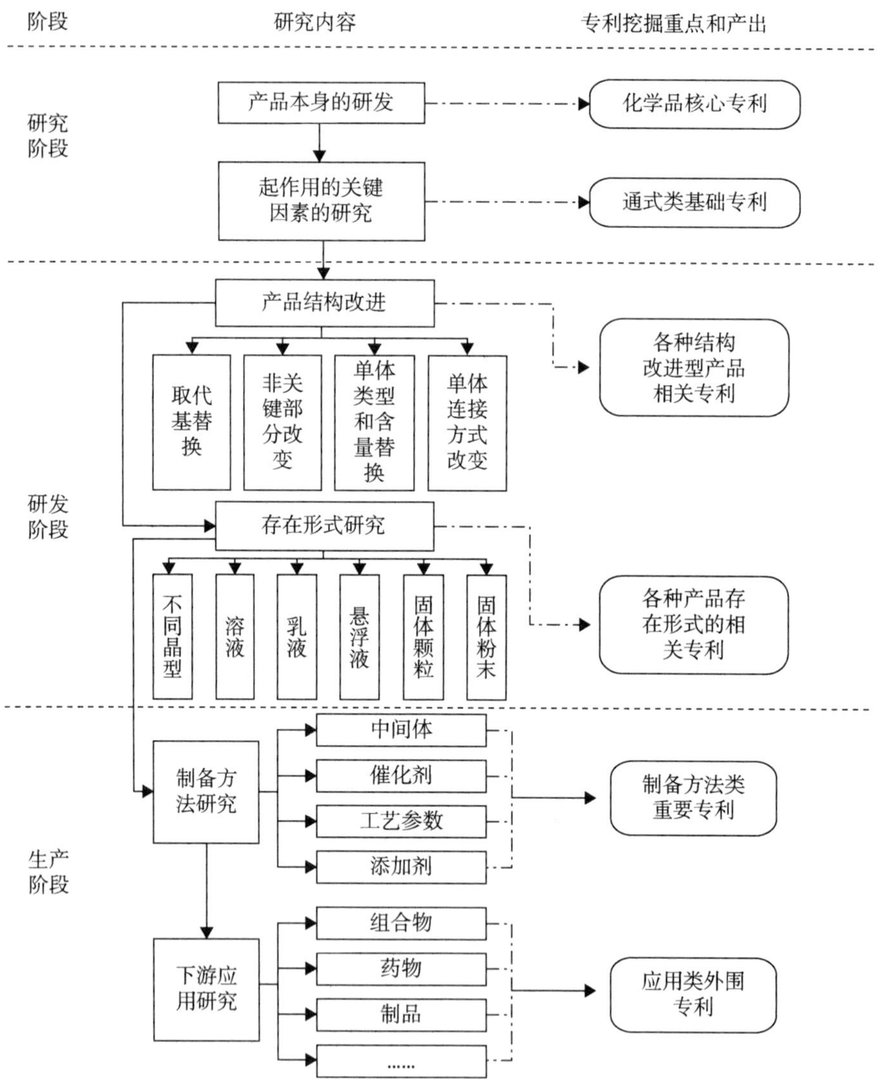

图 9-3-1 化学产品的专利挖掘手段

二、化学方法改进的专利挖掘手段

化学方法类的改进也是医药化工领域技术研发和改进的重要类型，主要包括制备方法、加工方法、后处理方法、应用改进等，它们在专利挖掘过程中存在共同的特点，可以采用类似的专利挖掘手段。下面就针对化学方法类技术改进的不同方面，进行专利挖掘工作，以明确对其进行专利挖掘可以采用的手段。

1. 化学方法改进本身

对化学方法改进自身进行研究时，通常应从要解决的技术问题出发，挖掘与预期的技术效果密切相关的关键因素，并针对该关键因素提出解决方案。

因此，在对化学方法改进本身进行专利挖掘时，要注意挖掘关键因素，将其作为核心的发明点，对化学方法中的其他因素进行适度扩展。

2. 化学方法改进角度扩展

化学方法涉及的因素众多，很多因素都会对技术效果产生影响。因此，在完成化学方法改进本身的研究工作之后，通常会对各种工艺步骤和参数的取值范围进行扩展研究，确认哪些是影响化学反应结果的关键因素，稍作改变就会对反应产生显著影响；哪些变动取得的技术效果基本相同，从而提供多种改良方案和替代方案。

在化学研究中，为解决同一个技术问题，往往存在多种不同的技术手段。因此，在明确了影响技术效果的关键因素之后，还可以对化学方法改进的角度进行扩展研究，提供多种替代的技术方案。

3. 可应用范围的扩展研究

多种化学方法之间经常有相互可以借鉴的地方，针对某一种化学方法的改进经常可以扩展应用到类似的其他化学方法中，甚至可能扩展到差别较远的其他化学方法中，因此，需要注意对化学方法改进可能的应用进行扩展研究。

在对该部分进行挖掘时，需要尽可能挖掘出所有可能应用的方法，从而实现对相应技术改进进行应用范围的扩展挖掘。

4. 所获得产品研究

化学方法类的改进，可能会对所得产品的结构、组成和性能产生影响，会得到不同的产物。因此，还需要对相应化学方法可获得的产品进行研究。

此时，需要挖掘出所得产品与现有产品的不同，从而针对相应不同的部分进行重点挖掘，得出与现有产品不同的产品。

5. 涉及化学物质的研究

化学方法中会用到多种化学物质，例如原料、催化剂、助催化剂、改性剂、分散剂（乳化剂）等，有时还会涉及中间产物，例如化合物的中间体、聚合物的聚合中间产物等。这些涉及的化学物质都会对化学反应的进行产生重要影响，因此，需要对其进行研究。

在该阶段进行专利挖掘时，需要挖掘所有可以达到相应效果的化学物质，对各种化学物质进行全方位的挖掘，得出所有可能的化学物质，特别是所涉及的催化剂、中间产物等。

化学方法类改进的专利挖掘手段总结在图9-3-2中。当然，所述挖掘手段也是示例性的，在各个方面还会存在各种其他挖掘手段和内容。

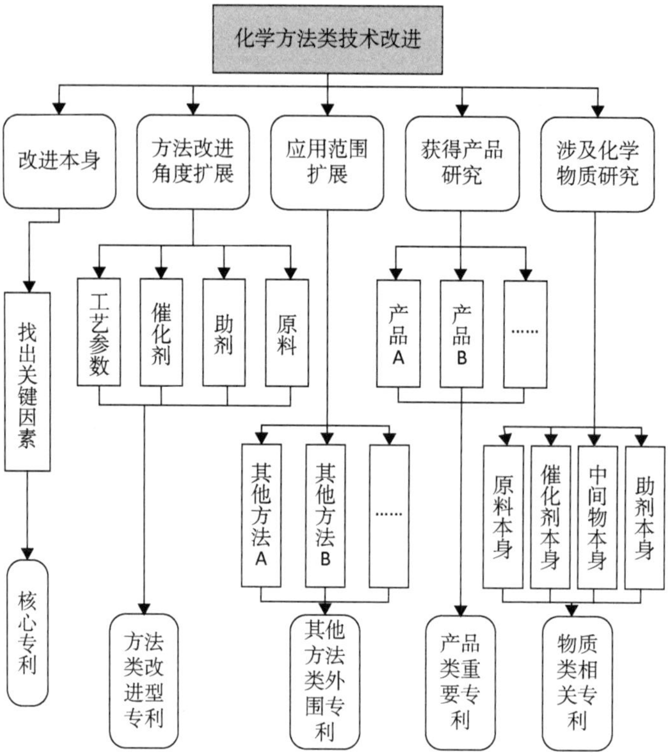

图9-3-2 化学方法改进专利挖掘的手段

第四节 典型案例分析❶

一、工艺改进的全方位专利挖掘

【案例9-4-1】硫化氢做氧化石墨烯还原用的还原剂的专利挖掘

1. 现有技术现状

石墨烯是由碳原子组成的只有一个原子厚度的二维晶体，因其具有潜在的高导电性、高热稳定性、高机械强度和特殊的量子特性而备受瞩目，被认为是未来可能全面

❶ 案例来源：北京超凡知识产权代理有限公司。

替代硅的新材料。❶ 目前的石墨烯制备方法主要包括机械剥离法、❷ 氧化还原法、❸ SiC外延生长法❹和化学气相沉积法等。其中，氧化还原法是通过将石墨氧化、增大石墨层之间的间距，再通过物理方法将其分离，最后通过化学法还原，得到石墨烯。氧化还原法因操作简单、产量高、易于宏量制备等特点而被重点关注，其中的还原剂是研究的重点与关键。

目前已经报道的可用于石墨烯制备的还原剂包括如下的体系：肼、水合肼及肼的衍生物；乙二胺；氨基酸；硼氢化钠；维生素C；以及酚酞啉等。上述这些报道的石墨烯的制备方法在不同程度上均有缺陷，如肼、水合肼或硼氢化钠有高的毒性及危险性，还易于使产生的石墨烯有高的氮掺杂，影响石墨烯的纯度。而采用氨基酸或维生素作为还原剂，得到的石墨烯的导电性较低，难以获得高品质的石墨烯。因此，仍然有必要发展新的还原体系，在保证能够快速制备石墨烯的同时，能够得到高品质的石墨烯材料。

2. 原始创新点

申请人在经过研究以后，发现硫化氢气体可以作为新型的还原剂，将氧化石墨烯还原，制备石墨烯材料。因此，原始创新点为：使用硫化氢气体作为氧化石墨烯的新型还原剂。

在原始创新点的基础上，需要对该创新点进行全面的扩展，同时考虑在整个产业链上中下游的延伸保护，才能够全面地进行该领域创新点的挖掘，挖掘出所有应该得到保护的创新点。

3. 创新点的全面扩展挖掘

在原始创新点的基础上，我们需要以原始创新点A为基础，进行技术方案整体的挖掘，得出多种手段，从而制备得出各种形态的石墨烯材料。石墨烯的存在形式主要包括石墨烯粉体材料、薄膜材料和三维多孔宏观体材料等。因此，创新点全面扩展主要是如何将相应创新点用于制备石墨烯粉体材料、薄膜材料和三维多孔宏观体材料。在此基础上，可以挖掘出三个技术方案，分别要求保护不同形式石墨烯的制备方法。

(a) 利用硫化氢气体将分散液中的氧化石墨烯还原为石墨烯，并去除多余的硫及溶剂，得到石墨烯粉体材料；

(b) 利用硫化氢气体将分散液中的氧化石墨烯还原为石墨烯，并去除多余的硫，过滤所得分散液得到一薄膜材料，并冷冻干燥，得到石墨烯薄膜材料；

---

❶ 冯瑞华，万勇．石墨烯将成为“后硅时代”的新潜力材料［J］．中国科学院院刊，2013，28（5）：537-575.

❷ Nair R R，Blake P，Grigorenko A N，et al. Fine structure constant defines visual transparency of grapheme［J］. Science，2008：104-106.

❸ Tromp R M，Hannon J B. Thermodynamics and kinetics of graphene growth on SiC（0001）［J］. Physical review letters，2009，102（10）：106104.

❹ Mattevi C，Kim H，Chhowalla M. A review of chemical vapour deposition of graphene on copper［J］. Journal of Materials Chemistry，2011，21，3324-3334.

（c）利用硫化氢气体将分散液中的氧化石墨烯还原为石墨烯，对石墨烯分散液进行溶剂热处理，获得石墨烯凝胶，并去除多余的硫及溶剂，得到三维多孔石墨烯宏观体材料。

到此为止，我们已经完成了对创新点的初步扩展挖掘，之后还需要考虑对该创新点可以有哪些新的扩展角度。

通常，我们以石墨烯作为制备得到的产物，但是石墨烯在使用时也经常会与其他材料复合，以复合材料的形式使用。我们使用硫化氢做还原剂制备石墨烯时，还原后硫会保留在石墨烯上，如果要制备石墨烯，需要将硫除去，得到石墨烯材料。

我们是不是可以考虑不将硫除去，直接制备得到带硫的石墨烯复合材料呢？这样不仅节省了制备步骤，还可以直接得到石墨烯复合材料。在此基础上，我们同样可以挖掘出三种不同形式石墨烯复合材料的制备方法。

（d）利用硫化氢气体将分散液中的氧化石墨烯还原为石墨烯，并干燥上述含有石墨烯和硫的分散液，得到石墨烯复合粉体材料；

（e）利用硫化氢气体将分散液中的氧化石墨烯还原为石墨烯，过滤上述分散液得到一薄膜材料，并冷冻干燥，得到石墨烯复合薄膜材料；

（f）利用硫化氢气体将分散液中的氧化石墨烯还原为石墨烯，对石墨烯分散液进行溶剂热处理，获得石墨烯凝胶，并干燥，得到三维多孔石墨烯复合宏观体材料。

4. 产物的扩展挖掘

根据上面的记载，在原始创新点的基础上，已经挖掘得出了（a）~（f）六种不同的制备方法，在挖掘出多种石墨烯的制备方法之后，我们还应该考虑保护相应方法得到的产品。

对于制备方法（a）~（c）而言，采用相应方法制得的石墨烯与常规石墨烯并无显著差异，因此，无须就其得到的产物进行扩展挖掘。

而对于制备方法（d）~（f）而言，由于采用相应的方法制得的是石墨烯与硫的复合材料，与常规石墨烯存在一定的差异，且所得石墨烯基复合材料具有良好的导电性和稳定性，完全可以作为一种新型石墨烯产物进行保护。因此，非常有必要对相应制备方法所得到的产物进行扩展挖掘，从而可得到以下几种石墨烯复合材料。

（g）石墨烯与硫的复合粉体材料，包括石墨烯粉体和多个负载在该石墨烯粉体上的单质硫。可采用方法（d）制得；

（h）石墨烯与硫的复合薄膜材料，包括石墨烯薄膜和多个负载在该石墨烯薄膜上的单质硫。可采用方法（e）制得；

（i）石墨烯与硫的复合三维多孔宏观体材料，包括三维多孔石墨烯宏观体和多个负载在该三维多孔石墨烯宏观体上的单质硫。可采用方法（f）制得。

5. 产业链的扩展挖掘

制得石墨烯（复合材料）之后，我们还需要考虑在相关产业链上进行扩展挖掘工作。

综合前面已经挖掘得到的方案可以看出，已挖掘得到的方案在相应产业链的上游应该是原料石墨和还原剂硫化氢气体等。由于原料石墨并不是改进的重点，创新点的实施也不依赖于原料石墨的改进和选择，因此，无须针对原料石墨进行挖掘扩展。而另一种原料硫化氢气体，本身是大气的主要污染物之一，不仅会污染环境，还有剧毒，会严重危害人体健康，还可以严重腐蚀设备等，是一种常见的化工废料。因此，也无须专门进行扩展挖掘。相反，现有创新点和方案正是要解决现有技术中存在的大量硫化氢气体的脱除和有效利用的问题。

那么，我们再考虑一下产业链的下游，下游应该是所得到的石墨烯（复合材料）的应用。由于石墨烯本身的应用研究已经进行了很多，采用本方法制得的石墨烯与常规石墨烯并无明显差异，也不会在应用上具有更多可能的扩展，因此，无须就此开展下游应用的扩展挖掘。

但是，制得的石墨烯复合材料与常规的石墨烯并不相同，它们应该会具有一些特定的性能和用途，我们应该考虑据此进行进一步的挖掘。

本领域技术人员已知，锂硫电池❶以硫作为正极反应物质，以锂作为负极，放电时负极反应为锂失去电子变为锂离子，正极反应为硫与锂离子及电子反应生成硫化物，是近年来备受关注的高能量二次绿色化学电源。但是，由于单质硫的离子导电性和电子导电性都很低，且在充放电过程中生成的硫化物易溶于电解液中，使得正极的活性物质逐渐减少等问题，严重制约了锂硫电池的商业化进程。

根据上面第四部分的内容可知，使用该创新点可以制备得到带有硫的石墨烯复合材料（g）、（h）和（i），由于复合材料中带有单质硫，同时，石墨烯具有良好的导电性和稳定性，使得该复合材料非常适合用作锂硫电池中的正极材料。因此，我们可以在下游应用上挖掘出新的应用领域，得出以下方案。

（j）锂硫电池，包括采用上面第四部分中制备得到的石墨烯复合材料（g）、（h）或（i）作为正极材料。

6. 技术效果的扩展挖掘

使用硫化氢气体作为还原剂将氧化石墨烯还原时，首先提供了一种能够快速制备得到高品质石墨烯的方法，在此基础上，是不是还解决了其他问题呢？

那么需要整体考虑我们挖掘出的技术方案，相应的方法能够获得的技术效果肯定是快速制备高品质石墨烯，那么还有可能同时达到其他效果吗？研究整个方案的话，我们就会发现，使用的还原剂硫化氢与现有技术的还原剂不同，使用硫化氢气体作为还原剂，是不是也可以解决某一技术问题，达到某一技术效果呢？

可以发现，硫化氢气体本身是大气的主要污染物之一，不仅会污染环境，还有剧毒，会严重危害人体健康，还可以严重腐蚀设备等。因此，硫化氢的无害化治理和有

❶ 郑加飞，郑明波，李念武，等. 石墨烯包覆碳纳管-硫（CNT-S）复合材料及锂硫电池性能［J］. 无机化学学报，2013，29（7）：1355-1360.

效利用一直是亟待解决的技术难题之一。而该创新点的使用，可以将硫化氢气体完全脱除，有效消除硫化氢气体的污染。同时，由于硫化氢气体可以作为还原剂发挥作用，还可以有效利用环境中的有害气体硫化氢，达到很好的污染物有效利用的效果。

因此，该创新点可以达到以下两个技术效果：

（1）可快速地制备得到高品质石墨烯；

（2）可脱除硫化氢，并实现硫化氢的有效再利用。

本案例的专利挖掘过程示意如图9-4-1所示。

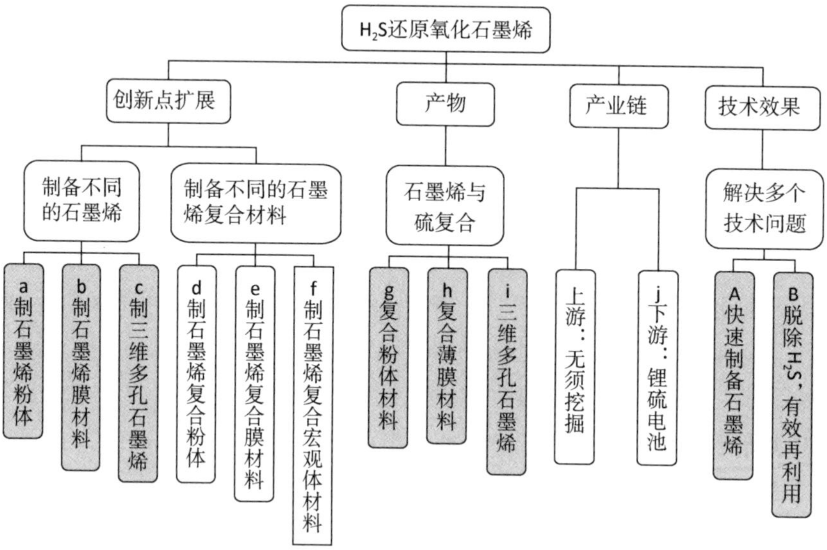

图9-4-1 本案例的专利挖掘过程示意

综合前面的所有内容，我们已经从多个角度对原始创新点进行了拓展挖掘，从而得到了多个不同的技术方案，之后我们的工作就是对挖掘得到的所有技术方案进行归类、概括、完善，形成多篇专利申请文件。

二、化学药的专利扩展挖掘

【案例9-4-2】吉非替尼化学药的专利挖掘

1. 吉非替尼介绍

吉非替尼，又名易瑞沙，是一种选择性表皮生长因子受体（EGFR）酪氨酸激酶抑制剂，适用于治疗既往接受过化疗或不适于化疗的局部晚期或转移性非小细胞肺癌，为阿斯利康公司研发的药物。下面就简单介绍一下阿斯利康公司关于该药物的专利挖掘情况。❶

❶ 肖西翔．新化学实体药物专利布局策略——以阿斯利康公司药物吉非替尼在华系列专利为例［J］．中国发明与专利，2012（1）：53-55.

2. 核心化合物的挖掘

在新化学实体药物的研发成果中，最重要的就是研发得出的核心化合物。因此，最重要的就是要首先挖掘保护其中的核心化合物。

因此，挖掘的原始创新点即为式（I）表示的具体化合物 I：

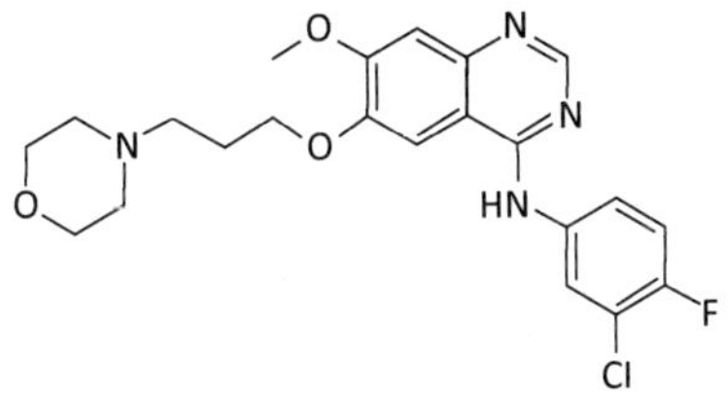

（I）

3. 化合物的扩展挖掘

对于核心化合物的挖掘，需要考虑该化合物的各种异构体和变形，特别是要考虑由该具体化合物概括而得到的通式化合物，从而可能更好地保护研发出的核心化合物，尽可能保护该核心化合物的所有变形体。

对于吉非替尼而言，结构式如式（I）所示，进行概括可以得到通式（II）表示的化合物 II：

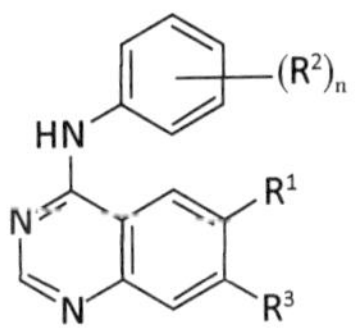

（II）

其中，$(R^2)_n$ 为 3′-氯-4′-氟；

R^3 为甲氧基；并且

R^1 为 2-二甲基氨基乙氧基，2-二乙基氨基乙氧基，3-二甲基氨基丙氧基，3-二乙基氨基丙氧基，2-（吡咯烷-1-基）乙氧基，3-（吡咯烷-1-基）丙氧基，2-哌啶子基乙氧基，3-哌啶子基丙氧基，2-吗啉代乙氧基，3-吗啉代丙氧基，2-（4-甲基哌嗪-1-基）乙氧基，2-（咪唑-1-基）乙氧基，3-（咪唑-1-基）丙氧基，2-〔二-（2-甲氧基乙基）氨基〕乙氧基或 3-吗啉代-2-羟基丙氧基。

4. 晶型扩展挖掘

对于化合物而言，有多种不同的存在形式，例如，粉末、溶液或晶体等。在保护了相应的化合物之后，还需要对该化合物的各种存在形式进行挖掘。其中，晶体形式的化合物相对于非晶性化合物会产生一些特殊的性能，不同的晶型之间也会具有不同的性质。因此，可以针对化合物的晶型进行扩展挖掘，得出该化合物的不同晶型。

对吉非替尼化合物的性质进行研究，得到了多种具有不同极性的重结晶溶剂发生同质多晶型物或溶剂合物的可能性。从多数溶剂中，只能得到该化合物的一种非溶剂化晶形——Form 1 ZD1839 多晶型物。还发现有两种溶剂合物值得注意：第一种溶剂合物为出现于甲醇中的 Form 2 ZD1839 MeOH 溶剂合物，第二种溶剂合物为出现于二甲亚砜中的 Form 3 ZD1839 DMSO 溶剂合物。同时，还发现了一种三水合物 Form 5 ZD1839

三水合物。

因此，针对该化合物晶型的扩展挖掘，得出了四种不同的晶型：

（1）Form 1 ZD1839 多晶型物；

（2）Form 2 ZD1839 MeOH 溶剂合物；

（3）Form 3 ZD1839 DMSO 溶剂合物；

（4）Form 5 ZD1839 三水合物。

5. 产业链上游扩展挖掘

对于化合物而言，产业链的上游为制备该化合物的原料和中间体，其中更重要的为中间体，因为中间体同时就决定了使用什么原料。而原料本身一般不会有太新的化合物，基本的化合物都是由已知的化合物原料经过多步反应得到的，所以，对于化合物而言，在进行产业链上游扩展挖掘时，最重要的是要考虑中间体的扩展。

对于吉非替尼化合物而言，存在多条不同的路线可以制备得到该化合物。此时，考虑了工业大规模生产的需要之后，筛选出一条比已知路线更汇集、能够大幅度减少必须分离的中间体数目且不需要色谱分离的提纯过程等的路线，其中使用了式（III）所示的中间体III：

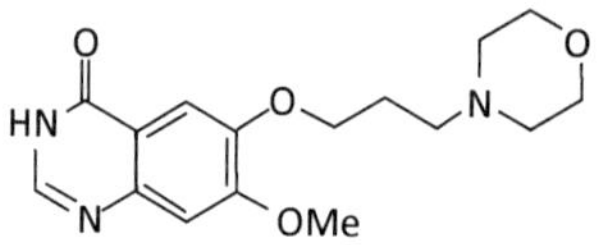

（III）

通过对该中间体的保护，可以有效地控制该化合物的工业化制备方法，可以保护在工业上较为可行的制备路线，从而可以有效地保护自己在市场上的优势地位。

6. 产业链下游扩展挖掘

对于药物化合物而言，产业链的下游自然是药物本身，而药物又通常会以组合物的形式存在，特别是现在的药物中，经常会有多种药物化合物进行组合，从而获得更优的效果。

因此，对于药物化合物而言，还需要考虑其可行的复配方式，扩展挖掘其多种不同的组合物。对于吉非替尼化合物而言，它可以与多种不同的药物复配，形成不同的组合物，例如：

（1）吉非替尼与比卡鲁胺的组合物，可有效抑制前列腺癌细胞从激素依赖状态向激素非依赖状态转变，具有防止遗传上易患前列腺癌的男性发生前列腺癌的有益效果。

（2）吉非替尼与 ZD6126 的组合物，可在温血动物体内产生血管损伤效应，治疗温血动物的癌症，产生以下的一种或多种测量确定的效应：抗肿瘤效应的程度、应答率、疾病进程的时间和存活率等。

（3）吉非替尼与 ZD6474 的组合物，可在任选地被用电离辐射治疗的温血动物例如人中产生抗血管生成和/或血管渗透性降低效应。

（4）吉非替尼与 ZD4054 的组合物，可在温血动物例如人中产生抗血管发生作用，用于治疗前列腺癌。

(5) 吉非替尼与 AZD2171 的组合物，用于在温血动物例如人中产生抗血管生成和/或血管通透性降低效果，其中所述温血动物任选地正在进行电离辐射的治疗。

(6) 吉非替尼与 AZD0530 的组合物，用于治疗乳腺癌、抗雌激素抗性乳腺癌、EGFR-TKI 抗性癌症（或乳腺癌）、对抗雌激素和 EGFR-TKI 治疗都具有抗性的乳腺癌。

将该药物化合物的各种药物组合物进行扩展之后，在产业链下游还需要考虑对药物制剂、药物试剂盒及分析方法的扩展挖掘。

(7) 药物制剂，包含吉非替尼和溶性纤维素醚或水溶性纤维素醚的酯的药物组合物，其中，水溶性纤维素醚或水溶性纤维素醚的酯存在于组合物中以抑制活性剂从溶液中沉淀出来的速率。

(8) 试剂盒和分析方法，其中采用标记基因，测量 erbB 受体酪氨酸激酶的抑制作用或抑制剂的效果。可用于诊断和治疗癌症，尤其是晚期非小细胞肺癌。

在从上述各个角度进行扩展挖掘之后，已经得出了许多不同的可以申请专利的创新点，其后要做的就是针对这些创新点（方案）开展专利布局工作。

本案例的专利挖掘流程示意如图 9-4-2 所示。

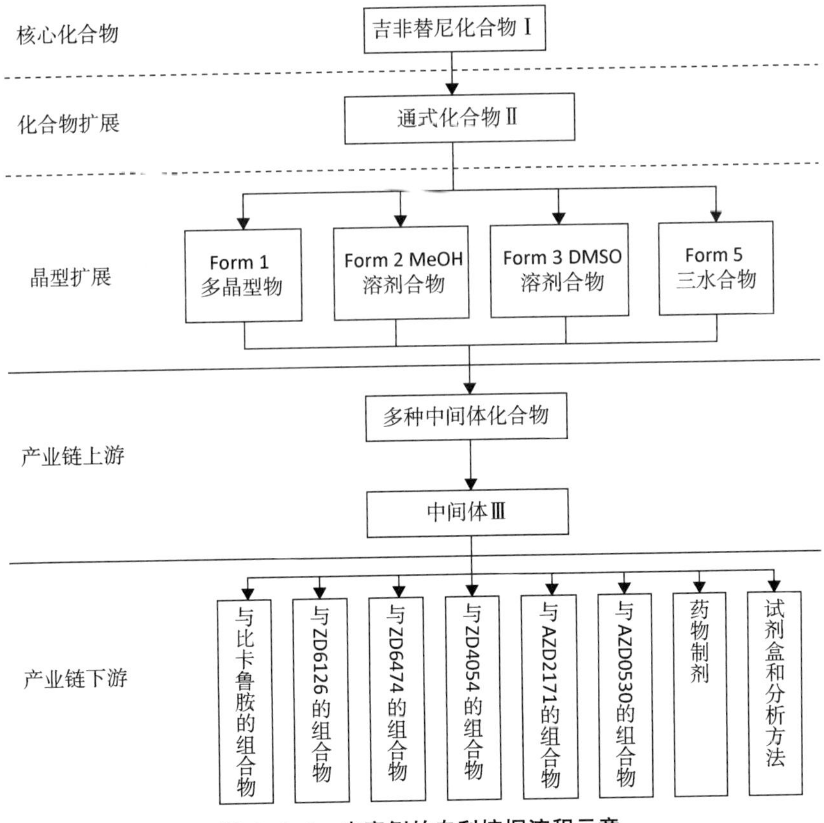

图 9-4-2　本案例的专利挖掘流程示意

参考文献

[1] 陈广胜．发明问题解决理论（TRIZ）基础教程［M］．哈尔滨：黑龙江科学技术出版社，2008.

[2] 贺化．评议护航——经济科技活动知识产权分析评议案例启示录［M］．北京：知识产权出版社，2014.

[3] 里韦特，等．尘封的商业宝藏［M］．陈彬，等译．北京：中信出版社，2002.

[4] 马天旗．专利分析——方法、图表解读与情报挖掘［M］．北京：知识产权出版社，2015.

[5] 沈世德．TRIZ 法简明教程［M］．北京：机械工业出版社，2010.

[6] 王加莹．专利布局与标准运营——全球化环境下企业的创新突围之道［M］．北京：知识产权出版社，2014.

[7] 魏保志．从专利诉讼看专利预警［M］．北京：知识产权出版社，2015.

[8] 杨铁军．产业专利分析报告（第 3 册）：切削加工刀具［M］．北京：知识产权出版社，2012.

[9] 杨铁军．产业专利分析报告（第 14 册）：高性能纤维［M］．北京：知识产权出版社，2013.

[10] 杨铁军．产业专利分析报告（第 17 册）：燃气轮机［M］．北京：知识产权出版社，2014.

[11] 杨铁军．产业专利分析报告（第 19 册）：工业机器人［M］．北京：知识产权出版社，2014.

[12] 杨铁军．产业专利分析报告（第 26 册）：氟化工［M］．北京：知识产权出版社，2014.

[13] 杨铁军．产业专利分析报告（第 31 册）：移动互联网［M］．北京：知识产权出版社，2015.

[14] 杨铁军．企业专利工作实务手册［M］．北京：知识产权出版社，2013：59.

[15] Andrew T. Pham. Principles of Patent Portfolio Management［M］. Association of Corporate Counsel, 2011.

[16] J Terninko，A Zusman，B Zlotin. Systematic Innovation：An Introduction to TRIZ（Theory of Inventive Problem Solving）［M］. Crc Press，2010.

[17] Schechter R E. Intellectual property：the law of copy-rights，patents and trademarks［M］. Eagan, Minn.，USA：West Academic Publishing，2003.

[18] 张青，李大东，闵恩泽．石油化工技术创新和技术跨越的思路和途径［C］//西部大开发科教先行与可持续发展——中国科协 2000 年学术年会文集．北京：中国科学技术出版社，2001.

[19] 李德山．论专利侵权判定中的捐献原则［C］．2010 年中华全国专利代理人协会年会暨首届知识产权论坛，2010.

[20] 林明憲．系統化專利分析與成果評估於迴避設計之研究［D］．高雄：树德科技大学应用设计研究所，2007：75-84.

[21] 张建．Angiotech 公司竞争优势的获取［D］．上海：上海交通大学，2006：14.

[22] 施炳轩．专利回避设计策略研究［D］．杭州：浙江大学，2006.

[23] 崔伯雄，等．高端光刻机专利分析与预警报告［R］//国家知识产权局办公室政策研究处．优秀专利调查研究报告集（Ⅵ）．北京：知识产权出版社，2012.

［24］卞志家，等．奥美拉唑的全球专利申请状况分析［J］．中国发明与专利，2012（8）：57-60.
［25］陈伟．创新药物研发心得及展望［J］．中国新药杂志，2010，19（24）：2218.
［26］丛秀娟．TRIZ 理论在机电产品创新设计中的应用研究［J］．现代制造技术与装备，2011（3）：20-22.
［27］冯瑞华，万勇．石墨烯将成为“后硅时代”的新潜力材料［J］．中国科学院院刊，2013，28（5）：537-575.
［28］韩彦良．TRIZ 理论在螺旋输送机磨损问题中的应用研究［J］．机械设计与制造，2012（3）：201-203.
［29］霍翠婷．企业核心专利判定的方法研究［J］．情报杂志，2012（11）：95-99.
［30］江国强．HAMMER SPORT 全力打造高品位室内自行车健身器［J］．中国自行车，2006（4）：73-74.
［31］江国强．出自葡萄牙人之手的高品位自行车零部件［J］．中国自行车，2006（4）：72-73.
［32］李鹏．浅谈 TRIZ 理论在专利回避设计中的应用［J］．中国发明与专利，2013（2）.
［33］李伟．国外混合动力汽车领域专利引证分析［J］．情报杂志，2011，30（9）：7.
［34］刘红光．基于专利组合分析的新兴产业核心技术挖掘［J］．情报杂志，2013，32（8）：71.
［35］穆秀秀．核心专利群规避设计案例研究［J］．工程设计学报，2015，22（3）：204-207.
［36］孙兰静．SIGMA 公司精心打造自行车专用计算机［J］．中国自行车，2016（4）：72.
［37］王宝筠．以功能项目出发进行的专利挖掘［J］．中国发明与专利，2010（11）：75.
［38］王兴旺，等．国内外专利地图技术应用比较研究［J］．情报杂志，2007（8）：113.
［39］肖行．“红旗”复兴之路［J］．装备制造，2013（4）：48-51.
［40］肖西翔．新化学实体药物专利布局策略——以阿斯利康公司药物吉非替尼在华系列专利为例［J］．中国发明与专利，2012（1）：53-55.
［41］杨柳，姜海涛．浅谈现代机械设计的特点及创新［J］．机电信息，2013（3）：155-157.
［42］岳谭．比亚迪·秦：双模动力开启新时代［J］．时代汽车，2014（2）：62-67.
［43］张素芳．化学和其他学科及国民经济的关系［J］．雁北师范学院学报，2000，16（4）：78-79.
［44］张娴，等．专利地图分析方法及应用研究［J］．情报杂志，2007（11）：22-25.
［45］张莹．从核心和外围专利的关联性论企业专利战略［J］．科技创业月刊，2013（1）：23-25
［46］郑加飞，郑明波，李念武，等．石墨烯包覆碳纳管-硫（CNT-S）复合材料及锂硫电池性能［J］．无机化学学报，2013，29（7）：1355-1360.
［47］Alan L Porter. Tech Mining［J］. Competitive Intelligence Magazine，2005（8-1）：31.
［48］B Yoon，C Yoon，Y Park. On the development and application of a self-organizing feature map-based patent map［J］. R & D Management，2002，32（4）：291-300.
［49］C Jeong，K Kim. Creating patents on the new technology using analogy-based patent mining［J］. Expert Systems with Applications，2014，41（8）：3605-3614.
［50］Harhoff D，et al. Citation frequency and the value of patented inventions［J］. Review of Economics and Statistics，1999，81（3）：511-515.
［51］L Kinglien. New Prototype Design Process：Integrating Designing Around Existing Patents and the Theory of Inventive Problem-Solving［J］. 技術學刊，2010，25：293-305.
［52］Lanjouw J O，et al. Patent quality and research productivity：Measuring innovation with multiple indi-

cators [J]. Economic Journal, 2014, 114 (495): 441-465.

[53] Lee Yong-Gil. What affects a patent's value? An analysis of variables that affect technological "direct Economic" and indirect economic value: An exploratory conceptual approach [J]. Scientometrics, 2009, 79 (3): 623-633.

[54] Mattevi C, Kim H, Chhowalla M. A review of chemical vapour deposition of graphene on copper [J]. Journal of Materials Chemistry, 2011, 21: 3324-3334.

[55] Nair R R, Blake P, Grigorenko A N, et al. Fine structure constant defines visual transparency of grapheme [J]. Science, 2008: 104-106.

[56] Tromp R M, Hannon J B. Thermodynamics and kinetics of graphene growth on SiC (0001) [J]. Physical review letters, 2009, 102 (10): 106104.

[57] Yanmin Liu, et. al. Integrating requirements analysis and design around strategy for designing around patents [J]. Computing Control and Industrial Engineering (CCIE), 2011 (2).

[58] Y C Hung, Y L Hsu, et. al. An integrated process for designing around existing patents through the theory of inventive problem-solving [J]. Proceedings of the Institution of Mechanical Engineers Part B/Journal of Engineering Manufacture, 2007.

[59] IP 小熊. 九阳：豆浆机专利的"铁血"捍卫 [EB/OL]. (2014-05-04) [2016-05-05]. http://www.wipren.com.

[60] 研发型项目的特点与重点 [EB/OL]. [2016-06-23]. http://www.uggd.com/article/gl/xmgl/35247.html.

[61] 滴滴打车的创新之路 [EB/OL]. [2015-09-14]. http://mt.sohu.com/20150914/n421068009.shtml.

[62] 何来 1.6 升油耗？比亚迪"秦"混动车详解 [EB/OL]. (2014-01-10) [2016-06-10]. http://news.mydrivers.com.

[63] 华为 Mate9 曝光，与徕卡合体号称拍照杀手 [EB/OL]. [2016-02-26]. http://news.zol.com.cn/570/5701714.html.

[64] 技术链 [EB/OL]. [2016-06-23]. http://baike.baidu.com/link? url=MmXXhm7ahze0Xc5HH7mouGOxl1YimGXKf0aS-Sj_Yr64Any-TJCf7V7ZpIYJjxb5BWDcEgh2l8gyGHxtxNP4IK.

[65] 刘铁生. 科研项目中的专利挖掘 [EB/OL]. [2016-06-26]. http://wenku.baidu.com.

[66] 手机测试标准 [EB/OL]. [2016-06-23]. http://wenku.baidu.com/link? url=C5frbrB-IlEjQdwMZypCoAp-qK6uVmrm-R7SzfJL07dTK53B_HttRLMXOwKNYLK-gUHNttTAUJG7RdtsOlI31yK2r7gB3RTzjs0KTEKkPLW.

[67] 信息技术 [EB/OL]. [2016-06-30]. http://baike.baidu.com/subview/3226/11250234.htm.

[68] 楊惟中，等. 發明法則於建構專利組合之研究 [EB/OL]. [2016-06-30]. http://www.doc88.com/p-7344274208338.html.

[69] 楊惟中，等. 結合發明法則之專利技術功效佈局分析 [EB/OL]. [2016-06-30]. http://www.doc88.com/p-776894146654.html.

[70] 尹居中. 人工膝关节专利分析 [EB/OL]. (2000-06-01) [2016-06-30]. http://designer.mech.yzu.edu.tw/article/articles/design/file/ (2000-06-01) %20% A4H% A4u% BD% A5% C3% F6% B8% 60% B1M% A7Q% A4% C0% AAR.pdf.

[71] 鹦鹉股份公司旗下专利 [EB/OL]. [2016-05-10]. http://mt.sohu.com/20160510/

n448711492. shtml.
[72] 于鹏. 专利挖掘与规避设计 [EB/OL]. [2016-06-30]. http://wenku. baidu. com/view/b734020e561252d381eb6e44. html?from=search.
[73] 郑凯安. 前瞻科技专利布局剖析 [EB/OL]. [2016-06-30]. http: //www. doc88. com/p-39990970230. html.
[74] Edward Kahn. Patent Mining in a Changing World [EB/OL]. [2016-06-23]. http: //ipfrontline. com/2005/06/patent-mining-in-a-changing-world/.

推 荐 书 目

1.《专利分析：方法、图表解读与情报挖掘》(第2版)
2.《专利分析：检索、可视化与报告撰写》
3.《专利挖掘》(第2版)
4.《专利布局》(第2版)
5.《专利检索之道》

6.《发明分析与权利要求撰写：专利律师指南（原书第2版）》
7.《专利工程：构建高价值专利组合与控制市场指南》
8.《高价值专利筛选》
9.《高价值专利培育与评估》
10.《专利估值：通过分析改进决策》

11.《国外及我国港澳台专利申请策略》
12.《专利运营之道》
13.《专利转移转化案例解析》
14.《专利导航典型案例汇编》
15.《企业创新与专利信息利用实务》(第2版)